单片机的C语言应用程序设计
（第6版）

马忠梅　李元章　王美刚　王　拓　等编著

北京航空航天大学出版社

内容简介

本书是针对目前最通用的单片机 8051 和最流行的程序设计语言——C 语言，讲解单片机的 C 语言应用程序设计的教材。现 C51 编译器有支持经典 8051 和 8051 派生产品的版本，统称为 Cx51。全书共 14 章，既有单片机的基础部分；Cx51 的基础部分：数据与运算、流程控制语句、构造数据类型及函数与程序结构；又有 Cx51 的应用部分：内部资源、扩展资源、输出控制、数据采集、人机交互及物联网传感器采集的 C 编程。本书还对软件工程推崇的模块化编程技术有所阐述，特别还为实时控制的精确定时讲述了 C 语言与汇编语言的混合编程技术。本书配备了大量的习题，可供师生选用。

本书的特点是取材原文资料，总结实际教学和应用经验，实例较多，实用性强。本书中 C 语言是针对 8051 特有结构描述的，这样，即使是无编程基础的人，也可通过本书学习单片机的 C 编程。

本书既可作大专院校师生、培训班师生、全国大学生电子设计竞赛的教材，也可作从事单片机应用的技术人员的参考用书。

图书在版编目(CIP)数据

单片机的 C 语言应用程序设计 / 马忠梅等编著. -- 6 版. -- 北京 ：北京航空航天大学出版社，2017.8

ISBN 978-7-5124-2477-7

Ⅰ. ①单… Ⅱ. ①马… Ⅲ. ①单片微型计算机—C 语言—程序设计 Ⅳ. ①TP368.1②TP312

中国版本图书馆 CIP 数据核字(2017)第 182942 号

单片机的 C 语言应用程序设计(第 6 版)

马忠梅　李元章　王美刚　王拓　等编著

责任编辑　张军香

*

北京航空航天大学出版社出版发行

北京市海淀区学院路 37 号(邮编 100191)　http://www.buaapress.com.cn

发行部电话：(010)82317024　传真：(010)82328026

读者信箱：emsbook@buaacm.com.cn　邮购电话：(010)82316936

涿州市新华印刷有限公司印装　各地书店经销

*

开本：710×1 000　1/16　印张：23.5　字数：501 千字

2017 年 9 月第 6 版　2021 年 1 月第 3 次印刷　印数：8 001～11 000 册

ISBN 978-7-5124-2477-7　定价：45.00 元

前　言

北京航空航天大学出版社 1997 年出版的以 KEIL 公司 C51 编译器 DOS 版本为基础的《单片机的 C 语言应用程序设计》，是国内第 1 本单片机 C 语言教材，受到广大单片机用户的欢迎。1999 年出版的《单片机的 C 语言应用程序设计(修订版)》补充了单片机基础知识和各章习题，使其成为一些学校的单片机教材。第 3 版对修订版进行了 Windows 环境使用的升级。繁体版《单晶片 C 语言程式设计》已在中国台湾地区出版。第 4 版规范了程序的格式，增加了“Flash 存储器的扩展”和“I^2C 总线扩展存储器”内容。第 5 版增加了“物联网数据采集”一章和附录“预处理”，删除了“开发环境”的使用“附录”和一些不常用的内容。物联网被称为继计算机、互联网之后世界信息产业第三次浪潮。物联网将任何物体与互联网相连接，进行信息交换和通信。RFID 和无线传感器网络是物联网的基础。无线传感器网络系统由传感器终端节点、协调器节点和 PC 机组成。带 8051 内核的 SOC 芯片 CC2530 作为传感器数据采集终端节点，大大方便了组建 ZigBee 无线传感器网络，采用宏函数编程可简化程序设计。第 6 版增加了国产 STC15 单片机对温湿度、加速度传感器、陀螺仪等传感器的数据采集。

KEIL 公司 C51 编译器 DOS 版本曾由美国 Franklin 公司在市场上销售多年，最早传入我国并得到广泛使用的是 Franklin C51 V3.2 版本。随着时间的推移，KEIL 公司的产品不断升级，V5.0 以上版本 C51 编译器就配有基于 Windows 的 μVision 集成开发环境和 dScope 软件模拟调试程序。现 C51 编译器有支持经典 8051 和 8051 派生产品的版本，统称为 Cx51。新版本 μVision 把模拟调试器 dScope 与集成开发环境无缝结合起来，界面更友好，使用更方便，支持的单片机品种更多。

单片机体积小，质量轻，具有很强的灵活性且价格不高，得到越来越广泛的应用。8051 在小到中型应用场合很常见，已成为单片机领域的实际标准。20 世纪 80 年代中期，Intel 公司将 8051 内核使用权以专利互换或出售形式转给世界许多著名 IC 制造厂商，如 NXP、Atmel、Maxim、Infineon、ADI、TI、Winbond 和 Silicon Labs 公司等，这样 8051 就变成有众多制造厂商支持的、发展出上百个品种的大家族。到目前为止，其他任何一个单片机系列均未发展到如此的规模。随着硬件的发展，8051 软件工具已有 C 级编译器及实时多任务操作系统 RTOS(Real Time Operating System)。在 RTOS 的支持下，单片机的程序设计更简单、更可靠、实时性更强。因而 8051 是单片机教学的首选机型。C 语言是一种编译型程序设计语言，它兼顾了多种高级语言的特点，并具备汇编语言的功能。用 C 语言来编写目标系统软件，会大大缩短开发周期，且明显地改善软件的可读性，便于改进和扩充，从而研制出规模更大、性能更完备的系统。用C语言进行8051单片机程序设计是单片机开发与应用的必然趋势。单片机的程序设计应该以C语言为主,汇编语言为辅。汇编语言掌握到只要可以读懂程序,在时间要求比较严格的模块中进行程序的优化即可。采用C语言也不必对单片机和硬件接口的结构有很深入的了解,编译器可以自动完成变量存储单元的分配,编程者就可以专注于应用软件部分的设计,大大加快了软件的开发速度。采用C语言可以很容易地进行单片机的程序移植工作,有利于产品中的单片机的重新选型。

随着国内单片机开发工具研制水平的提高,现在的单片机仿真器普遍支持C语言程序的调试,为单片机编程使用C语言提供了便利的条件。C语言的模块化程序结构特点,可以使程序模块共享,不断丰富。C语言的可读性的特点,更容易使大家借鉴前人的开发经验,提高自己的软件设计水平。采用C语言,可针对单片机常用的接口芯片编制通用的驱动函数,可针对常用的功能模块、算法等编制相应的函数,这些函数经过归纳整理可形成专家库函数,供广大的单片机爱好者使用和完善,这样可大大地提高国内单片机软件设计水平。国外嵌入式系统的程序设计也是采用C语言,我们可以借鉴其编程经验,进行交流,以达到和国际接轨的目的。过去长时间困扰人们的“高级语言产生代码太长,运行速度太慢,不适合单片机使用”的致命缺点已基本被克服。目前,8051上的C语言的代码长度,在未加入人工优化的条件下,已经做到了最优汇编程序水平的1.2～1.5倍,可以说,比得上中等程序员的水平。只要有好的仿真器的帮助,用人工优化关键代码就是很简单的事了。如果谈到开发速度、软件质量、结构严谨和程序坚固等方面,则C语言编程的完美绝非汇编语言编程所能比拟。

本书为教材,第1章为单片机基础知识。第2章从讨论8051的编程语言及其特点出发,给出了国际上现有各种C51编译器的性能比较,然后通过一个KEIL Cx51的编程实例讲解C语言的结构。第3章列举了逻辑和算术操作数,这些数据对嵌入式应用很重要。单片机有多个存储空间——程序、数据、表格等,而且寻址不同,因此了解8051的各种类型的变量和各种类型的存储空间很重要。第4章讲解了分支和循环结构,它们是结构化编程方法的基础。其中解释了结构化编程的思想,如包括在循环开头和结尾处检测的不同。第5章为构造的数据类型,它们是函数的基础。此章包括结构、数组、指针和联合。实例包括从内插比较到直接计算的查表使用。第6章阐述函数和程序结构,并有函数值的传进传出和变量的存储类型及作用域。第7章为使用多个文件开发程序进行混合编程,它是现代编程的关键。当几个编程者共同开发一个项目时,模块化程序设计不再是因高级语言速度慢而采用汇编编程的一种技术,而是便于管理的有组织编程的关键。第8章是针对8051系列内部资源中断、定时器/计数器、串行口的编程及使用,还有单片机的多机通信编程。这些是单片机最有特色的部分,是设计精巧系统的关键。第9章为8051扩展资源的C编程,介绍并行接口芯片、串行总线芯片的扩展及应用编程。第10章为输出控制通道的D/A

转换和步进电机控制的C编程。第11章为数据采集的C编程。第12章为人机界面LED/LCD、键盘与单片机的接口及编程。第13章针对物联网技术涉及的温湿度、加速度传感器和RFID等，给出数据采集程序。第14章介绍国产STC15单片机，给出内部资源编程和扩展资源对温湿度、加速度传感器、陀螺仪等传感器的数据采集程序。

许多内容取材于学生的例程开发和竞赛设计，王拓、孙娟、李嘉斌、刘佳伟、李奇、曾礼、徐旭昊、于佳维等参与了物联网开发设计实践。感谢TI公司大学计划部沈洁、黄争、潘亚涛，中科院计算所徐勇军、王鹏、陈彦明，奥尔斯公司李朱峰，无线龙公司康凯对北京理工大学—美国德州仪器物联网技术联合实验室的支持。感谢STC宏晶科技公司大学计划对北京理工大学STC高性能单片机联合实验室的支持。

具有实际经验的设计者或系统开发者，会发现本书实例极具参考价值，由参考程序开发实用程序，将会使自己的程序更有效。对于已有其他语言的编程经验并熟悉单片机硬件的读者，通过此书的工作实例来学习一种语言会比使用其他教科书要快得多，且许多实例可直接在新的设计项目中采用。对于学习单片机应用课程的学生或面临设计项目的人员，本书提供了通常用于嵌入式系统的硬件及使用8051的实用程序，甚至可复制一些8051系列应用的原理图。

本书取材于原文资料，总结了实际教学和应用经验，编程实例丰富，内容覆盖面广。希望本书能对单片机的教学和应用推广工作起到积极的作用。由于程序和图表较多，难免有误漏之处，恳请读者批评指正。

作　者

2017年5月

目　　录

目　录

第1章

单片机基础知识

1.1 8051 单片机的特点

单片机(microcontroller,又称微控制器)是在一块硅片上集成了各种部件的微型计算机。这些部件包括中央处理器 CPU、数据存储器 RAM、程序存储器 ROM、定时器/计数器和多种 I/O 接口电路。

8051 单片机的基本结构如图 1-1 所示。

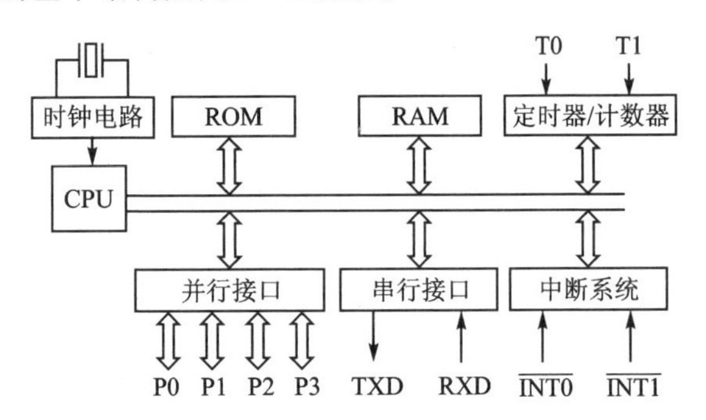

图 1-1 8051 单片机的基本结构

8051 是 MCS-51 系列单片机中的一个产品。MCS-51 系列单片机是 Intel 公司推出的通用型单片机。其基本型产品是 8051、8031 和 8751。这 3 个产品片内程序存储器的制造工艺不同。8051 的片内程序存储器 ROM 为掩膜型的,在制造芯片时已将应用程序固化进去,使其具有了某种专用功能;8031 片内无 ROM,使用时需外接 ROM;8751 的片内 ROM 是 EPROM 型的,固化的应用程序可以方便地改写。

以上 3 个器件是 HMOS 工艺的。此外还有低功耗基本型的 CMOS 工艺器件 80C51、80C31 和 87C51 等,分别与上述器件兼容。CMOS 具有低功耗的特点,如 8051 功耗约为630 mW,而 80C51 的功耗只有 120 mW。

除片内 ROM 类型不同外,8051、8031 和 8751 的其他性能完全相同。其结构特点如下:

➢ 8 位 CPU;

- 片内振荡器及时钟电路；
- 32根I/O线；
- 外部存储器ROM和RAM寻址范围各64 KB；
- 2个16位的定时器/计数器；
- 5个中断源，2个中断优先级；
- 全双工串行口；
- 布尔处理器。

MCS-51系列单片机已有十多个产品。其性能如表1-1所列。

表1-1 MCS-51系列单片机性能表

ROM形式			片内ROM/KB	片内RAM/B	寻址范围/KB	I/O			中断源
片内ROM	片内EPROM	外接EPROM				计数器	并行口	串行口	
8051	8751	8031	4	128	2×64	2×16	4×8	1	5
80C51	87C51	80C31	4	128	2×64	2×16	4×8	1	5
8052	8752	8032	8	256	2×64	3×16	4×8	1	6
80C252	87C252	80C232	8	256	2×64	3×16	4×8	1	7

表中列出了4组性能上略有差异的单片机。前两组属于同一规格，都可称为51系列；后两组为52系列，性能要高于51系列。除了存储器配置等差别外，8052片内ROM中还掩膜了BASIC解释程序，因而可以直接使用BASIC程序。此外，87C51和87C252还具有两级程序保密系统。

8051单片机系列指的是MCS-51系列和其他公司的8051派生产品。这些派生产品是在基本型基础上增强了各种功能的产品，如高级语言型、Flash型、EEPROM型、A/D型、DMA型、多并行口型、专用接口型和双控制器串行通信型等。Atmel公司的AT89系列单片机把8051内核与其Flash专利存储技术相结合，具有较高的性价比。NXP公司具有丰富的外围部件，是8051系列单片机品种较多的生产厂家。MAXIM公司和Infineon公司的单片机增加了数据指针和运算能力。ADI公司和TI公司把ADC、DAC和8051内核结合起来，推出微转换器系列芯片。Cypress公司把8051内核和USB接口结合起来，推出USB控制器芯片。Silicon Labs公司的片上系统单片机C8051F系列改进了8051内核，具有JTAG接口，可实现在线下载和调试程序，是8051最具生命力的体现。国产STC15单片机具有宽电压、高速、高可靠、低功耗特性，是新一代8051单片机。目前这些增强型的8051系列产品都基于CMOS工艺，故又称为80C51系列。它们给8位单片机注入了新的活力，为它的开发应用开拓了更广阔的前景。Oregano System公司的Core8051 IP和Synopsys 公司的 DW8051_core 是与 8051 指令兼容的 8 位单片机 IP 核。DW8051_core 采用 4 个时钟周期为 1 个指令周期的模式，在时钟周期相同的情况下，处理能力是标准 8051 的 3 倍。基于 IP 核和 FPGA 的 SoC(System on Chip，片上系统)设计方法具有极大的灵活性，可以大大缩短项目的开发周期。

1.2　8051 单片机的内部结构

图 1-2 所示为 8051 单片机内部结构框图，包括 CPU、存储器、并行口、串行口、定时器/计数器和中断逻辑几部分。

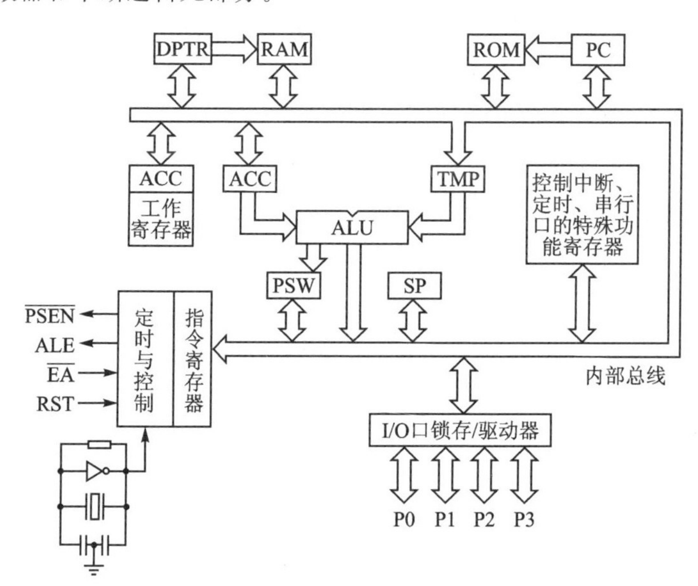

图 1-2　8051 单片机的内部结构框图

1.2.1　中央处理器

8051 的中央处理器 CPU 由运算器和控制逻辑构成，其中包括若干特殊功能寄存器(SFR)。

1. 以 ALU 为中心的运算器

算术逻辑单元 ALU 能对数据进行加、减、乘、除等算术运算和“与”、“或”、“异或”等逻辑运算及位操作运算。

ALU 只能进行运算，运算的操作数可以事先存放到累加器 ACC 或暂存器 TMP 中，运算结果可以送回 ACC、通用寄存器或存储单元中。累加器 ACC 也可以写为 A。B 寄存器在乘法指令中用来存放乘数，在除法指令中用来存放除数，运算后 B 中为部分运算结果。

程序状态字 PSW 是 8 位寄存器,用来寄存本次运算的特征信息,用到其中的 7 位。PSW 的格式如图 1-3 所示。下面是其各位的含义。

CY: 进位标志。有进位/借位时,CY=1;否则 CY=0。

AC: 半进位标志。当 D3 位向 D4 位产生进位/借位时,AC=1;否则 AC=0。常用于十进制调整运算中。

F0: 用户可设定的标志位,可置位/复位,也可供测试。

RS1,RS0: 4 个通用寄存器组的选择位。该两位的 4 种组合状态用来选择 0~3 寄存器组,如表 1-2 所列。

OV: 溢出标志。当带符号数运算结果超出 -128~+127 范围时,OV=1;否则OV=0。当无符号数乘法结果超过 255 时,或当无符号数除法的除数为 0 时,OV=1;否则 OV=0。

P: 奇偶校验标志。每条指令执行完,若 A 中 1 的个数为奇数时,P=1,即奇校验方式;否则 P=0,即偶校验方式。

	D7	D6	D5	D4	D3	D2	D1	D0
PSW	CY	AC	F0	RS1	RS0	OV	—	P

图 1-3 PSW 的格式

表 1-2 RS1、RS0 与工作寄存器组的关系

RS1	RS0	工作寄存器组	RS1	RS0	工作寄存器组
0	0	0 组(00H~07H)	1	0	2 组(10H~17H)
0	1	1 组(08H~0FH)	1	1	3 组(18H~1FH)

2. 控制器、时钟电路和基本时序周期

控制逻辑主要包括定时和控制逻辑、指令寄存器、译码器及地址指针 DPTR 和程序计数器 PC 等。

单片机是程序控制式计算机。它的运行过程是在程序控制下逐条执行程序指令的过程,即从程序存储器中取出指令送到指令寄存器 IR,然后指令译码器 ID 进行译码;译码产生一系列符合定时要求的微操作信号,用以控制单片机各部分动作。

8051 的控制器在单片机内部协调各功能部件之间的数据传送、数据运算等操作,并对单片机发出若干控制信息。这些控制信息有的使用专门的控制线,如 $\overline{PSEN}$、ALE、$\overline{EA}$及 RST;也有一些是与 P3 口的某些引脚合用,如$\overline{WR}$和$\overline{RD}$就是 P3.6 和 P3.7。其具体功能在介绍 8051 引脚时一起叙述。

(1) 8051 的时钟

时钟是时序的基础,8051 片内由一个反相放大器构成振荡器,可以由它产生时钟。

时钟可以由两种方式产生,即内部方式和外部方式。具体电路如图 1-4 所示。

➢ 内部方式:在 XTAL1 和 XTAL2 引脚外接石英晶体作定时元件,内部反相放

大器自激振荡，产生时钟。时钟发生器对振荡脉冲二分频，即若石英频率 $f_{OSC}=6$ MHz，则时钟频率为 3 MHz。因此，时钟是一个双相信号，由 P1 相和 P2 相构成。f_{OSC} 可在 1.2～12 MHz之间选择，小电容可以取 30 pF 左右。

(a) 内部方式　　(b) 外部方式

图 1-4　时钟产生电路

➢ 外部方式：可以通过 XTAL1 和 XTAL2 引脚接入外部时钟。

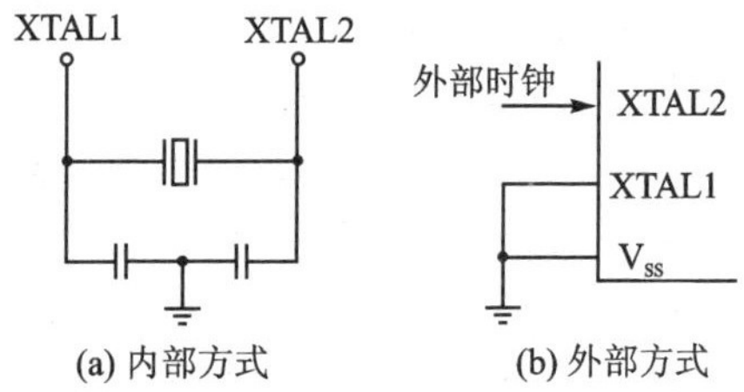

(2) 8051 的基本时序周期

一条指令译码产生的一系列微操作信号在时间上有严格的先后次序，这种次序就是计算机的时序。8051 的主要时序将在存储器扩展时讨论。这里先介绍其基本时序周期。

➢ 振荡周期：指振荡源的周期，若为内部产生方式，则为石英晶体的振荡周期。
➢ 时钟周期：(称 S 周期)为振荡周期的两倍，时钟周期＝振荡周期 P1＋振荡周期 P2。
➢ 机器周期：一个机器周期含 6 个时钟周期(S 周期)。
➢ 指令周期：完成一条指令占用的全部时间。8051 的指令周期含 1～4 个机器周期。其中多数为单周期指令，还有 2 周期和 4 周期指令。

若 $f_{OSC}=6$ MHz，则 8051 的各周期参数如下：

振荡周期＝1/6 μs；　　时钟周期＝1/3 μs；
机器周期＝2 μs；　　指令周期＝2～8 μs。

(3) 指令部件

➢ 程序计数器 PC：8051 的 PC 是 16 位的计数器。其内容为下一条待执行指令的地址，可寻址范围为 64 KB。
➢ 指令寄存器 IR：IR 用来存放当前正在执行的指令。
➢ 指令译码器 ID：ID 对 IR 中指令操作码进行分析解释，产生相应的控制信号。
➢ 数据指针 DPTR：DPTR 是 16 位地址寄存器，既可以用于寻址外部数据存储器，也可以寻址外部程序存储器中的表格数据。DPTR 可以寻址 64 KB 地址空间。

1.2.2　存储器组织

8051 单片机存储器结构的特点之一是将程序存储器和数据存储器分开，并有各自的寻址机构和寻址方式。这种结构的单片机称为哈佛结构单片机。该结构与通用微机的存储器结构不同。一般微机只有一个存储器逻辑空间，可随意安排 ROM 或 RAM，访存时用同一种指令。这种结构称为普林斯顿型。

8051 单片机在物理上有 4 个存储空间：片内程序存储器和片外程序存储器；片内数据存储器和片外数据存储器。

8051 片内有 256 字节数据存储器 RAM 和 4 KB 的程序存储器 ROM。除此以外，还可以在片外扩展 RAM 和 ROM，并且各有 64 KB 的寻址范围，也就是最多可以在外部扩展 2×64 KB 存储器。8051 的存储器组织结构如图 1-5 所示。其中虚线所示部分为 8052 芯片所特有的存储区。

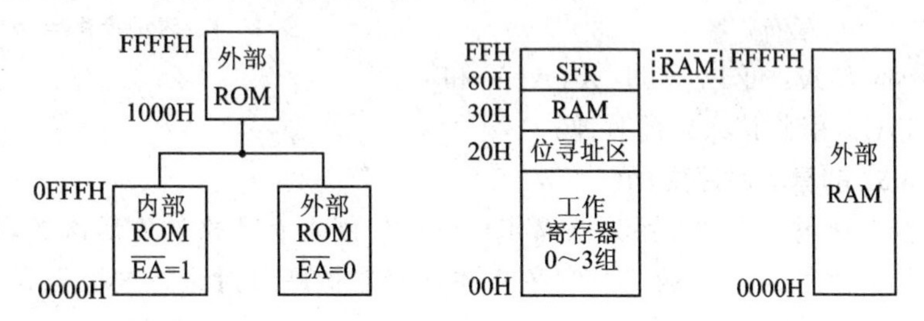

图 1-5　8051 的存储器组织结构

64 KB 的程序存储器(ROM)空间中，有 4 KB 地址区对于片内 ROM 和片外 ROM 是公用的。这 4 KB 地址为 0000H～0FFFH；而 1000H～FFFFH 地址区为外部 ROM 专用。CPU 的控制器专门提供一个控制信号 $\overline{EA}$，用来区分内部 ROM 和外部 ROM 的公用地址区：当 $\overline{EA}$ 接高电平时，单片机从片内 ROM 的 4 KB 存储区取指令，而当指令地址超过 0FFFH 后，就自动地转向片外 ROM 取指令；当 $\overline{EA}$ 接低电平时，CPU 只从片外 ROM 取指令。这种接法特别适用于采用 8031 单片机的场合，由于 8031 内部不带 ROM，所以使用时必须使 $\overline{EA}$=0，以便直接从外部 ROM 中取指令。

程序存储器的某些单元是保留给系统使用的：0000H～0002H 单元是所有执行程序的入口地址，复位以后，CPU 总是从 0000H 单元开始执行程序；0003H～002AH 单元均匀地分为 5 段，用做 5 个中断服务程序的入口。用户程序不应进入上述区域。

数据存储器 RAM 也有 64 KB 寻址区，在地址上与 ROM 是重叠的。8051 通过不同的信号来选通 ROM 或 RAM：当从外部 ROM 取指令时，用选通信号 $\overline{PSEN}$；而当从外部 RAM 读写数据时，采用读写信号 $\overline{RD}$ 或 $\overline{WR}$ 来选通。因此，不会因地址重叠而出现混乱。

8051 的 RAM 虽然字节数不很多，但却起着十分重要的作用。256 字节被分为两个区域：00H～7FH 是真正的 RAM 区，可以读/写各种数据；而 80H～FFH 是专门用于特殊功能寄存器(SFR，Special Function Register)的区域。对于 8051 安排了 21 个特殊功能寄存器；对于 8052 则安排了 26 个特殊功能寄存器。每个寄存器为 8 位，所以实际上 128 字节并没有全部利用。

对于片内 RAM 的低 128 字节(00H～7FH)，还可以分为 3 个区域。第一个区域从 00H～1FH 安排了 4 组工作寄存器，每组占用 8 个 RAM 字节，记为 R0～R7。在某一时刻，CPU只能使用其中的一组工作寄存器，工作寄存器组的选择则由程序状态寄存器PSW中的两位来确定。第二个区域是可位寻址区，占用20H～2FH，共16字节(128位)。这个区域除了可以作为一般RAM单元进行读/写外，还可以对每个字节的每一位进行操作，并且对这些位都规定了固定的位地址：从20H单元的第0位起到2FH单元的第7位止共128位，用位地址00H～7FH分别与之对应。对于需要进行按位操作的数据，可以存放到这个区域。第三个区域就是一般的RAM，地址为30H～7FH，共80字节。所以真正可以给用户使用的RAM单元并不多。对于8052芯片来说，片内多安排了128字节RAM单元，地址也为80H～FFH，与特殊功能寄存器区域地址重叠，但在使用时，可以通过指令加以区别。

内部RAM的各个单元，都可以通过直接地址来寻找。而对于工作寄存器，则一般都直接使用R0～R7。对于特殊功能寄存器，也是直接使用其名字较为方便。8051内部特殊功能寄存器符号及地址如表1-3所列。其中带"*"号的特殊功能寄存器都是可以位寻址的，并可用"寄存器名.位"来表示，如ACC.0、B.7等。

表1-3　8051内部特殊功能寄存器

符　号	地　址	注　解	符　号	地　址	注　解
ACC*	E0H	累加器	P3*	B0H	通道3
B*	F0H	乘法寄存器	PCON	87H	电源控制及波特率选择
PSW*	D0H	程序状态字	SCON*	98H	串行口控制器
SP	81H	堆栈指针	SBUF	99H	串行数据缓冲器
DPL	82H	数据存储器指针(低8位)	TCON*	88H	定时器控制
DPH	83H	数据存储器指针(高8位)	TMOD	89H	定时器方式选择
IE*	A8H	中断允许控制器	TL0	8AH	定时器0低8位
IP*	D8H	中断优先级控制器	TL1	8BH	定时器1低8位
P0*	80H	通道0	TH0	8CH	定时器0高8位
P1*	90H	通道1	TH1	8DH	定时器1高8位
P2*	A0H	通道2			

这些寄存器分别用于以下各个功能单元。

CPU：　ACC、B、PSW、SP、DPTR(由两个8位寄存器DPL和DPH组成)；

并行口：　P0、P1、P2、P3；

中断系统：　IE、IP；

定时器/计数器：　TMOD、TCON、T0、T1(分别由两个8位寄存器TL0和TH0，TL1和TH1组成)；

串行口：　SCON、SBUF、PCON。

8051单片机的特殊功能寄存器中包含有堆栈指针SP。堆栈是在内存中专门开辟出来的按照"先进后出，后进先出"原则进行存取的区域。堆栈指针SP就是用来指示堆栈位置的。在使用堆栈之前,先给SP赋值,以规定堆栈的起始位置,称为栈底。当数据存入堆栈后,堆栈指针SP的值也随之变化。堆栈有两种类型:向上生长型和向下生长型,如图1-6所示。8051的堆栈属于向上生长型,在数据压入堆栈时,SP的内容自动加1作为本次进栈的地址指针,然后再存入信息。所以随着信息的存入,SP的值越来越大。在信息从堆栈弹出之后,SP的值随着减少。向下生长型的堆栈则相反,栈底占用较高地址,栈顶占用较低地址。8051单片机复位后,堆栈指针SP总是初始化到内部RAM地址07H。用户也可以根据需要通过指令改变SP的值,从而改变堆栈的位置。

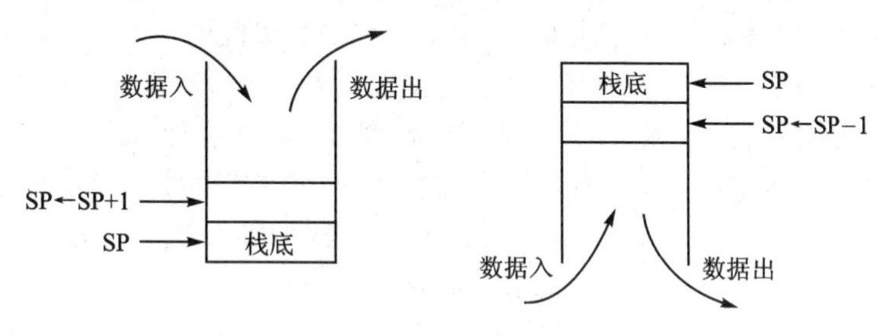

图1-6 两种不同类型的堆栈

1.2.3 片内并行接口

8051单片机有4个8位的并行接口,记作P0、P1、P2和P3,共32根I/O线,实际上它们就是SFR中的4个。每个口主要由4部分构成:端口锁存器、输入缓冲器、输出驱动器和引至芯片外的端口引脚。它们都是双向通道,每一条I/O线都能独立地用做输入或输出;作输出时数据可以锁存,作输入时数据可以缓冲。但这4个通道的功能不完全相同。图1-7所示为4个通道中各个通道的1位逻辑图。从图中可以看到,P0口和P2口内部各有一个2选1的选择器,受内部控制信号的控制,在如图位置则是处在I/O口工作方式。4个接口在进行I/O操作时,特性基本相同。

① 作为输出口用时,内部带锁存器,故可以直接与外设相连,不必外加锁存器。

② 作为输入口用时,有两种工作方式,即所谓"读端口"和"读引脚"。读端口时,实际上并不从外部读入数据,而只是把端口锁存器中的内容读入到内部总线,经过某种运算和变换后,再写回到端口锁存器。属于这类操作的指令很多,如对端口内容取反等。而读引脚时才真正地把外部的数据读入到内部总线。逻辑图中各有两个输入缓冲器,CPU根据不同的指令,分别发出"读端口"或"读引脚"信号,以完成两种不同的读操作。

③ 在端口作为外部输入线,也就是读引脚时,要先通过指令,把端口锁存器置1,然后再执行读引脚操作,否则就可能读入出错。若不先对端口置1,端口锁存器中原来状态有可能为0,则加到输出驱动场效应管栅极的信号为1,该场效应管就导通,对地呈现低阻抗。这时即使引脚上输入的是1信号,也会因端口的低阻抗而使信号变

低,使得外加的1信号读入后不一定是1。若先执行置1操作,则可以驱动场效应管截止,引脚信号直接加到三态缓冲器,实现正确的读入。由于在输入操作时还必须附加一个准备动作,所以这类I/O口被称为“准双向”口。

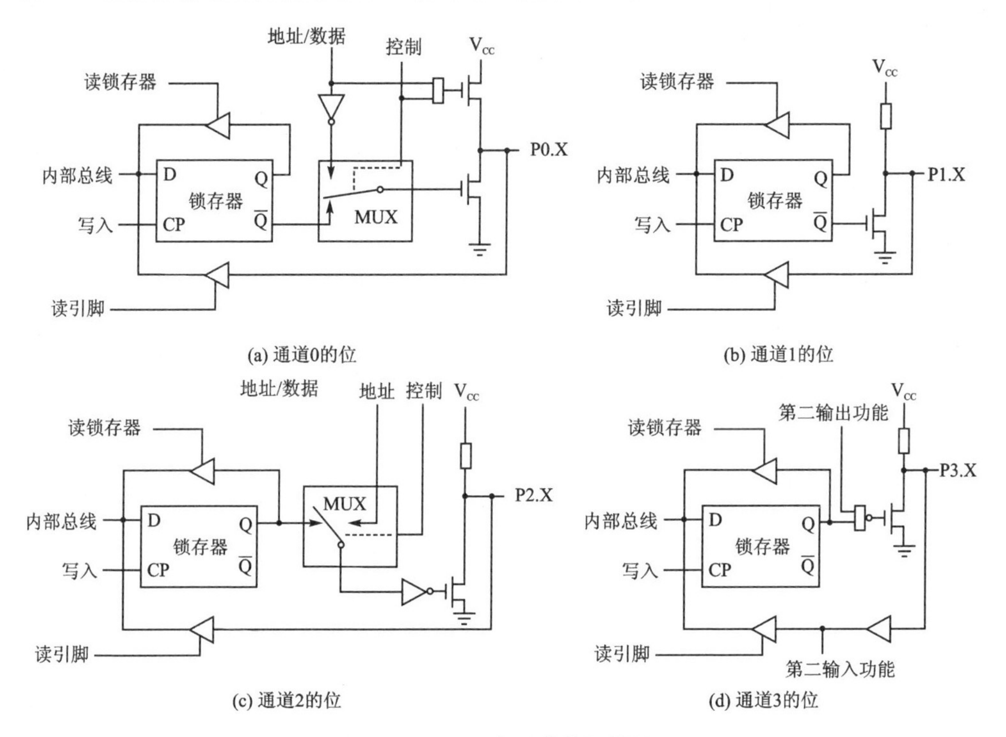

图1-7 8051各通道位逻辑图

这4个接口特性上的差别主要是P0、P2和P3都有第二功能,而P1口则只能用做I/O口。

8051的芯片引脚中没有专门的地址总线和数据总线,在向外扩展存储器和接口时,由P2口输出地址总线的高8位A15~A8,由P0口输出地址总线的低8位A7~A0,同时对P0口采用总线复用技术。P0口又兼作8位双向数据总线D7~D0,即由P0口分时输出低8位地址或输入/输出8位数据。在不作总线扩展用时,P0口和P2口可以作为普通I/O口使用。

P0口作为低8位地址总线和8位数据总线使用时,内部控制信号使MUX开关倒向上端,从而使地址/数据信号通过输出驱动器输出。当向外部存储器读/写时,P0口就用做低8位地址和数据总线。这时P0口是一个真正的双向口。

P2口还可以作为高8位地址总线用,同样通过MUX开关的倒换来完成。P2在外部存储器读/写时,作高8位地址线用。

P3口的每一位都有各自的第二功能,如表1-4所列。

表 1-4 通道3的第二功能

通道位	第二功能	注释	通道位	第二功能	注释
P3.0	RXD	串行输入口	P3.4	T0	计数器0计数输入
P3.1	TXD	串行输出口	P3.5	T1	计数器1计数输入
P3.2	$\overline{\text{INT0}}$	外部中断0输入	P3.6	$\overline{\text{WR}}$	外部数据RAM写选通信号
P3.3	$\overline{\text{INT1}}$	外部中断1输入	P3.7	$\overline{\text{RD}}$	外部数据RAM读选通信号

4个接口的负载能力也不相同。P1、P2和P3口都能驱动3个74LS系列TTL门,并且不需外加电阻就能直接驱动MOS电路。P0口在驱动TTL电路时能带8个74LS系列TTL门,但驱动MOS电路时,若作为地址/数据总线,则可以直接驱动;而作为I/O口时,需外接上拉电阻(电阻接V_{CC}),才能驱动MOS电路。

1.2.4 内部资源

1. 串行口

8051单片机内部有一个可编程的、全双工的串行接口,串行收/发存储在特殊功能寄存器(SFR)的串行数据缓冲器SBUF中的数据,SBUF占用内部RAM地址99H。但在机器内部,实际上有两个数据缓冲器:发送缓冲器和接收缓冲器。因此,可以同时保留收/发数据,进行收/发操作,但收/发操作都是对同一地址99H进行的。

2. 定时器/计数器

8051内部有两个16位可编程定时器/计数器,记为T0和T1。16位是指它们都是由16个触发器构成的,故最大计数模值为$2^{16}-1$。可编程是指它们的工作方式由指令来设定,或者当计数器用,或者当定时器用,并且计数(定时)的范围也可以由指令来设置。这种控制功能是通过定时器方式控制寄存器TMOD来完成的。

如果需要,定时器在计到规定的定时值时可以向CPU发出中断申请,从而完成某种定时的控制功能。在计数状态下同样也可以申请中断。定时器控制寄存器TCON用来负责定时器的启动、停止及中断管理。

在定时工作时,时钟由单片机内部提供,即系统时钟经过12分频后作为定时器的时钟。计数工作时,时钟脉冲(计数脉冲)由T0和T1(即P3.4和P3.5)输入。

3. 中断系统

8051的中断系统允许接受5个独立的中断源,即两个外部中断,两个定时器/计数器中断以及一个串行口中断。

外部中断通过$\overline{\text{INT0}}$和$\overline{\text{INT1}}$(即P3.2和P3.3)输入,输入方式可以是电平触发(低电平有效),也可以是边沿触发(下降沿有效)。两个定时器中断请求是当定时器溢出时向 CPU 提出的，即当定时器由状态全 1 转为全 0 时发出的。第五个中断请求是由串行口发出的，串行口每发送完一个数据或接收完一个数据，就提出一次中断申请。

8051 单片机可以设置两个中断优先级，即高优先级和低优先级，由中断优先级控制寄存器 IP 来控制。

1.2.5　芯片引脚

8051 单片机采用 40 引脚双列直插封装的芯片，有些引脚具有两种功能。引脚排列如图 1－8所示。

下面是引脚功能介绍：

- V_{CC}(40)：电源＋5 V。
- V_{SS}(20)：接地。
- XTAL1(19)和 XTAL2(18)：使用内部振荡电路时，用来接石英晶体和电容；使用外部时钟时，用来输入时钟脉冲。
- P0 口(39～32)：双向 I/O 口，既可作地址/数据总线口用，也可作普通 I/O 口用。
- P1 口(1～8)：准双向通用 I/O 口。
- P2 口(21～28)：准双向口，既可作地址总线口输出地址高 8 位，也可作普通 I/O 口用。
- P3 口(10～17)：多用途端口，既可作普通 I/O 口用，也可按每位定义的第二功能操作。

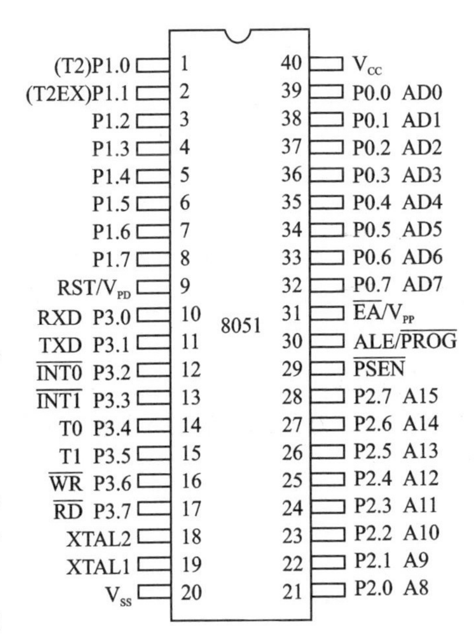

图 1－8　8051 单片机引脚图

- ALE/$\overline{\text{PROG}}$(30)：地址锁存信号输出端。在访问片外存储器时，若 ALE 为有效高电平，则 P0 口输出地址低 8 位，可以用 ALE 信号作外部地址锁存器的锁存信号。$f_{ALE}=1/6\ f_{OSC}$，可以作系统中其他芯片的时钟源。第二功能$\overline{\text{PROG}}$是对 8751 的 EPROM 编程时的编程脉冲输入端。
- RST/V_{PD}(9)：复位信号输入端。8051 接通电源后，在时钟电路作用下，该脚上出现两个机器周期(24 个振荡周期)以上的高电平，使内部复位。第二功能是 V_{PD}，即备用电源输入端。当主电源 V_{CC} 发生故障，降低到低电平规定值时，V_{PD}将为 RAM 提供备用电源，以保证存储在 RAM 中的信号不丢失。
- $\overline{\text{EA}}$/V_{PP}(31)：内部和外部程序存储器选择线。$\overline{\text{EA}}=0$ 时访问外部 ROM 0000H～FFFFH；$\overline{\text{EA}}=1$ 时，地址0000H～0FFFH 空间访问内部 ROM，地址

1000H～FFFFH空间访问外部 ROM。在对 8751 的 EPROM 编程时，此引脚接编程电压 12.5 V。

➢ $\overline{\text{PSEN}}$(29)：片外程序存储器选通信号，低电平有效。

对 8052 单片机，由于内部多一个定时器，还需要附加别的输入端，为此，又借用 P1.0 和 P1.1 作为定时器 2 的输入 T2 和 T2EX。

1.2.6　单片机的工作方式

单片机的工作方式包括：复位方式、程序执行方式、单步执行方式、低功耗操作方式及 EPROM 编程和校验方式。

1. 复位方式

RST 引脚是复位信号的输入端。复位信号是高电平有效。高电平有效的持续时间应为 24 个振荡周期以上。若时钟频率为 6 MHz，则复位信号至少应持续 4 μs 以上，才可以使单片机复位。复位以后，07H 写入栈指针 SP，P0 口～P3 口均置 1(允许输入)，程序计数器 PC 和其他特殊功能寄存器 SFR 全部清零。只要复位脚保持高电平，8051 便循环复位。当 RST 端由高变低后，8051 由 ROM 的 0000H 开始执行程序。8051 的复位操作不影响内部 RAM 的内容。当 V_{CC} 加电后，RAM 的内容是随机的。

单片机的复位方式有上电自动复位和手工复位两种。图 1－9(a)为上电自动复位电路，(b)为手工按钮复位电路，(b)中 $C=22\ \mu F$，$R=200\ \Omega$，$R_K=1\ k\Omega$。

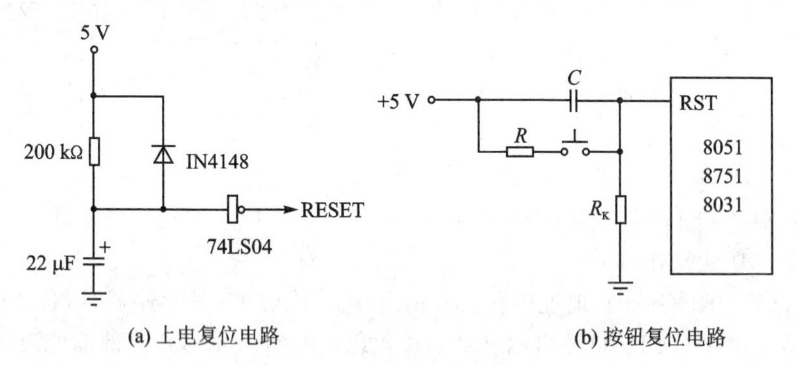

图 1－9　两种复位电路

只要 V_{CC} 上升时间不超过 1 ms，通过在 V_{CC} 和 RST 引脚之间加一个 10 μF 的电容，就可以实现自动上电复位，即打开电源就可以自动复位。

2. 程序执行方式

程序执行方式是单片机的基本工作方式，所执行的程序可以放在内部 ROM、外部 ROM，或者同时放在内、外 ROM 中。若程序放在外部 ROM 中(如对 8031)，则应使$\overline{\text{EA}}=0$；否则，可令$\overline{\text{EA}}=1$。由于复位之后 PC=0000H，所以程序的执行总是从地址0000H开始。但真正的程序一般不从0000H开始存放,因此,需要在0000H单元存放一条转移指令,使程序跳转到真正的程序入口地址。

3. 单步执行方式

单步执行方式是使程序的执行处于外加脉冲(通常用一个按键产生)的控制下,一条指令一条指令地执行,即按一次键,执行一条指令。

单步执行方式可以利用8051的中断控制来实现。其中断系统规定:从中断服务程序返回以后,至少要执行一条指令后才能重新进入中断。将外加脉冲加到$\overline{INT0}$输入,平时为低电平。通过编程规定$\overline{INT0}$信号是低电平有效,因此不来脉冲时总是处于响应中断的状态。在中断服务程序中要安排这样的指令:

```
JNB      P3.2,$        ;若INT0 = 0,不往下执行
JB       P3.2,$        ;若INT0 = 1,不往下执行
RETI                   ;返回主程序执行一条指令
```

因此,只有$\overline{INT0}$上来一个正脉冲,才能通过第一、第二两条指令,返回主程序并执行一条指令。由于$\overline{INT0}$此时已回到0,故重新进入中断,在第一条指令处等待正脉冲的到来,从而实现来一个正脉冲执行一条指令的单步操作。

4. 低功耗操作方式

CMOS型单片机有两种低功耗操作方式:节电方式和掉电方式。在节电方式下,CPU停止工作,而RAM、定时器、串行口和中断系统继续工作;在掉电方式下,仅给片内RAM供电,片内所有其他的电路均不工作。

CMOS型单片机用软件来选择操作方式,由电源控制寄存器PCON中的有关位控制。这些有关的位是:

```
IDL (PCON.0)          ;节电方式位。IDL = 1 时,激活节电方式
PD  (PCON.1)          ;掉电方式位。PD = 1 时,激活掉电方式
GF0 (PCON.2)          ;通用标志位
GF1 (PCON.3)          ;通用标志位
```

(1) 节电方式

一条将IDL位置1的指令执行后,80C51就进入节电方式。这时提供给CPU的时钟信号被切断,但时钟信号仍提供给RAM、定时器、中断系统和串行口,同时CPU的状态被保留起来,也就是栈指针SP、程序计数器PC、程序状态字PSW、累加器ACC及通用寄存器的内容。在节电方式下,V_{CC}仍为5 V,但消耗电流由正常工作方式的24 mA降为3.7 mA。

可以有两种途径退出节电方式而恢复到正常方式。

一种途径是有任一种中断被激活,此时IDL位将被硬件清除,随之节电状态被

结束。中断返回时将回到进入节电方式的指令后的一条指令,恢复到正常方式。

PCON 中的标志位 GF0 和 GF1 可以用做软件标志,若置 IDL=1 的同时也置 GF0/GF1=1,则节电方式中激活的中断服务程序查询到此标志,便可以确定服务的性质。

退出节电方式的另一种途径是靠硬件复位,复位后 PCON 中各位均被清零。

(2) 掉电方式

一条将 PD 位置 1 的指令执行后,80C51 就进入掉电方式。掉电后,片内振荡器停止工作,时钟冻结,一切工作都停止,SFR 内容也被破坏,只有片内 RAM 的内容被保持。掉电方式下 V_{CC} 可以降到 2 V,耗电仅 50 μA。

退出掉电方式、恢复正常工作方式的唯一途径是硬件复位。应在 V_{CC} 恢复到正常值后再进行复位,复位时间需 10 ms,以保证振荡器再启动并达到稳定。实际上复位本身只需 25 个振荡周期(2~4 μs)。但在进入掉电方式前,V_{CC} 不能掉下来,因此要有掉电检测电路。

1.3 8051 单片机的系统扩展

在很多应用场合,8051 自身的存储器和 I/O 资源不能满足要求,这时就要进行系统扩展。目前,存储器和 I/O 接口电路已经使用各种规模的集成电路工艺,制作成常规芯片或是可编程的芯片。系统扩展时,就是实现单片机与这些芯片的接口及编程使用。

1.3.1 外部总线的扩展

8051 受到引脚的限制,没有对外专用的地址总线和数据总线,那么在进行对外扩展存储器或 I/O 接口时,需要首先扩展对外总线(局部系统总线)。

8051 提供了引脚 ALE(Address Latch Enable),在 ALE 为有效高电平期间,P0 口上输出 A7~A0。通常在 8051 片外扩展一片地址锁存器,用 ALE 的有效电平边沿作锁存信号,将 P0 口上的地址信息锁存,直到 ALE 再次有效。在 ALE 无效期间,P0 口传送数据,即用做数据总线口。这样就把 P0 口扩展为地址/数据总线复用口。

另外,P2 口可用于输出地址高 8 位 A15~A8,所以对外 16 位地址总线 AB15~AB0 由 P2 口和 P0 口锁存器构成,P0 口兼作 8 位数据总线 DB7~DB0。数据总线用于传送指令和数据信息。

8051 引脚中的输出控制线(如 $\overline{RD}$、$\overline{WR}$、$\overline{PSEN}$ 和 ALE)及输入控制信号线(如 $\overline{EA}$、$\overline{INT0}$、$\overline{INT1}$、RST、T0 和 T1)等构成了外部控制总线 CB。

8051 扩展的外部三总线示意图如图 1-10 所示。

通常用做单片机的地址锁存器的芯片有 74LS373、8282 和 74LS273 等。

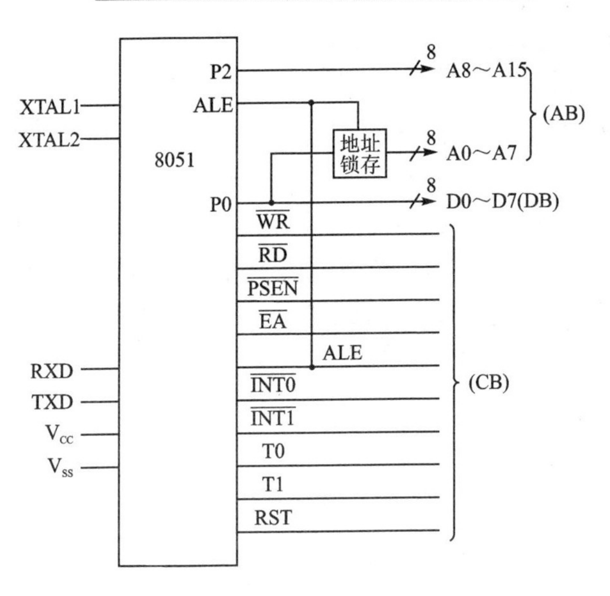

图1-10　8051外部三总线示意图

图1-11(a)、(b)和(c)所示分别为74LS373、8282和74LS273的引脚，以及它们用做地址锁存器的接法。

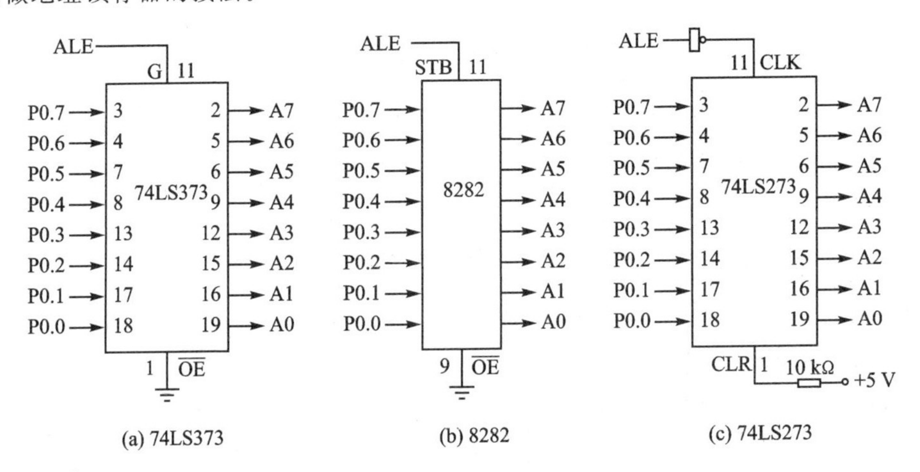

图1-11　地址锁存器的引脚和接口

74LS373和8282是带三态输出的8位锁存器，其结构和用法类似。以74LS373为例，当三态端$\overline{OE}$为有效低电平，使能端G为有效高电平时，输出跟随输入变化；当G端由高变低时，输出端8位信息被锁存，直到G端再次有效。

1.3.2　外部程序存储器的扩展

1. 程序存储器的扩展性能

① 数据存储器与程序存储器的片外 64 KB 扩展地址空间(0000H～FFFFH)完全重叠。它们并联挂接在外部系统总线上。至于哪类存储器选通操作,由控制信号和片选型号确定。外部程序存储器的读信号为$\overline{\text{PSEN}}$,由 MOVC 指令产生。

② 扩展的外部程序存储器的地址指针为程序计数器 PC 和数据指针 DPTR。

③ 扩展的外部程序存储器多使用 EPROM(Erase Program Read Only Memory)型。

2. 外部程序存储器的操作时序

图 1-12 所示为外部程序存储器的读操作时序。

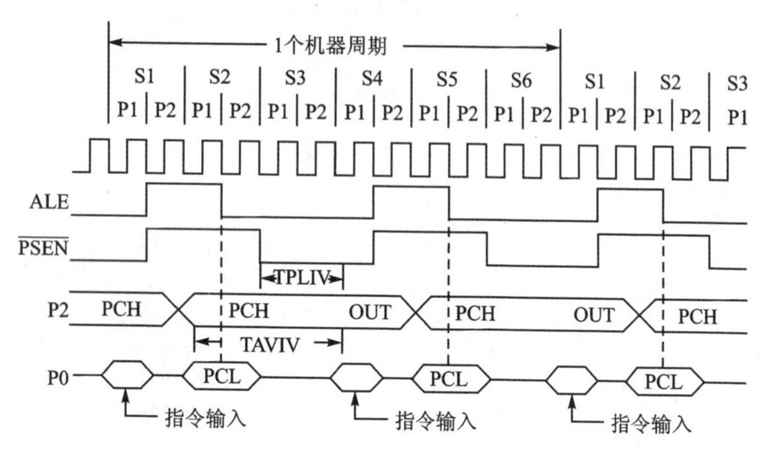

图 1-12　外部程序存储器读时序

这个图反映了地址、指令或数据、控制信号$\overline{\text{PSEN}}$和 ALE 等相关信息在一个机器周期中的时间配合关系。

取指令时,读外部程序存储器。这时 P2 口、P0 口扩展的总线上出现的或者是指令地址(PCH、PCL),或者是指令码。其中 P0 口分时输出 PCL 和输入指令码。

取指一开始,S2P1 之后 P2 口输出 PCH,P0 口输出 PCL;S3P1 时,读信号$\overline{\text{PSEN}}$变为有效低电平,存储器输出允许;S4P1 时,按 PC 值读出的指令出现在数据总线 P0 口上,CPU 在$\overline{\text{PSEN}}$的上升沿前将指令读入,并寄存到指令寄存器 IR 中。

从图中可以看到,在访问外部程序存储器的一个周期时序中,ALE 信号与$\overline{\text{PSEN}}$信号两次有效。这表示在一个机器周期中,允许单片机两次访问外部程序存储器,即取出两个指令字节。对于单字节指令(多数指令为单字节),第二次读出的同一指令被放弃。

3. 外部程序存储器的扩展方法

(1) 单片机与外部程序存储器的一般连接

图 1-13 所示为单片机与外部程序存储器的三总线连接。

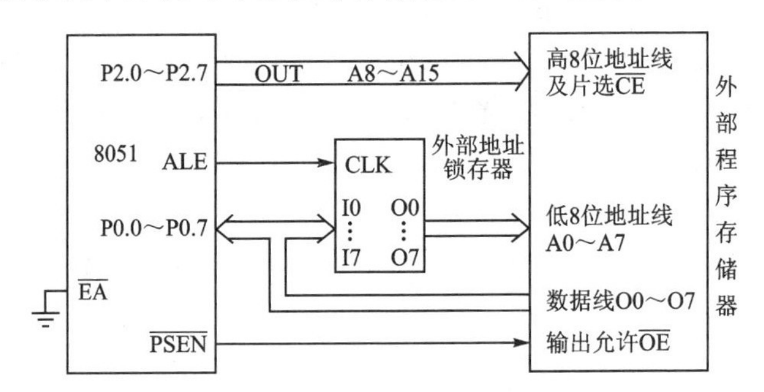

图 1-13 外部程序存储器的连接

图中 P2 口与 EPROM 的高 8 位地址线及片选$\overline{CE}$连接;P0 口经地址锁存器输出的地址线与 EPROM 的低 8 位地址线相连,同时 P0 口又与 EPROM 的数据线相连;单片机的 ALE 连接锁存器的锁存控制端;$\overline{PSEN}$连接 EPROM 的输出允许$\overline{OE}$;8051 的内、外存储器选择端$\overline{EA}$接地。

(2) Flash 存储器

Flash 存储器又称闪速存储器或快擦写存储器,它是在 EPROM 工艺的基础上增添了芯片整体电擦除和可再编程功能,使其成为性价比高、可靠性高、擦写快、非易失的存储器。Flash 逐步取代了 EPROM,新型的单片机中的程序存储器都是采用 Flash,如 Atmel、NXP 和 SST 等公司的单片机产品。项目开发者可借助通用编程器将程序代码写入片内的 Flash 存储器。现在有的公司产品增加了在系统编程(ISP,In System Programming)能力,大大方便了 Flash 存储器的编程。若程序代码只有几 KB,开发者可在 8051 系列单片机产品中进行选型。若程序代码量很大,可再进行程序存储器扩展,外接独立的 Flash 存储器芯片。

(3) Flash 存储器的编程方法

Flash 的片内有厂商和产品型号编码(ID 码,Identification),其擦除和编程都是通过对内部寄存器写命令字进行读取和识别的,以确定编程算法。不同的厂商命令字不同,内部命令寄存器的地址不同,存放 ID 码的地址也不同,用户可以从厂家的网上查询。

对 Flash 的写入(编程),多数产品按扇区进行。写入一个扇区所需时间是 Tw,Tw 可以从产品资料中查得。对 Flash 的写入方法简述如下:写查产品 ID 码的命令字→从指定单元读 ID 码→发编程命令字→置扇区地址→置扇区内字节地址→写一字节。一字节一字节地写,直到一个扇区内所有字节地址都写完→延时 Tw→写下一个扇区。

对芯片的擦除方法是,对指定地址写入 3 个以上的命令字就可完成整片的擦除。

硬件电路连接正确,执行软件就可产生 Flash 擦除或编程所需的时序信号,完成擦除和编程。有不少的编程器生产厂家对不同厂商的产品进行综合,可以完成对不同型号 Flash 的编程和擦除。

(4) Flash 存储器的扩展

Flash 存储器是 EPROM 的改进,单片机外部扩展 Flash 方法和扩展 EPROM 方法一样。单片机外扩的 Flash 既可以作为程序存储器,也可作为数据存储器存放需周期性更改的数据;由于扇区写的特点,也可以使其中的一部分作为程序存储器,而另一部分作为数据存储器。下面以 AT29C256 为例,介绍单片机扩展 Flash 的方法。

AT29C256 是 Atmel 公司生产的 CMOS 型 Flash 存储器,容量为 32K×8 位,其性能如下:

- 电可擦除可改写及数据保持;
- 读出时间为 70 ns,芯片擦除时间为 10 ms,写入时间为 10 ms/页(一页为 64 字节);
- 单一电源(+5 V)供电;
- 重复使用次数>1 万次;
- 低功耗,工作电流 50 mA,待机电流 300 μA。

引脚名	引脚号	引脚号	引脚名
$\overline{WE}$	1	28	V_{CC}
A_{12}	2	27	A_{14}
A_7	3	26	A_{13}
A_6	4	25	A_8
A_5	5	24	A_9
A_4	6	23	A_{11}
A_3	7	22	$\overline{OE}$
A_2	8	21	A_{10}
A_1	9	20	$\overline{CE}$
A_0	10	19	I/O_7
I/O_0	11	18	I/O_6
I/O_1	12	17	I/O_5
I/O_2	13	16	I/O_4
GND	14	15	I/O_3

图 1-14　AT29C256 的引脚图

AT29C256 的引脚图如图 1-14 所示,引脚功能如表 1-5 所列。单片机 8051 与 AT29C256 的连线如图 1-15 所示。

表 1-5　AT29C256 引脚功能

引　脚	功　能
$A_0 \sim A_{14}$	地址线
$\overline{CE}$	片选
$\overline{OE}$	输出允许
$\overline{WE}$	写允许
$I/O_0 \sim I/O_7$	数据输入/输出

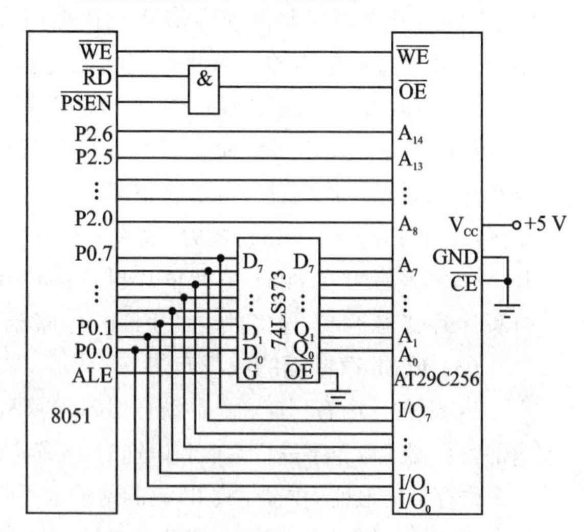

图 1-15　单片机 8051 与 AT29C256 的连线图

1.3.3　外部数据存储器的扩展

1. 数据存储器的扩展性能

① 外部数据存储器的寻址范围为 64 KB,并与外部 I/O 接口统一编址。外部

RAM 和外部 I/O 接口的读/写控制信号为$\overline{RD}$和$\overline{WR}$,由 MOVX 指令产生。

② 外部 RAM 在 64 KB 范围寻址时,地址指针为 DPTR。若对外部 RAM 按页面寻址(256 字节为一页),则用 R0 或 R1 作页内地址指针,P2 口作页地址指针。

2. 外部数据存储器的操作时序

图 1-16 所示为外部数据存储器的读/写操作时序。该时序由两个机器周期组成,第一周期为取指周期,第二周期为读/写周期。

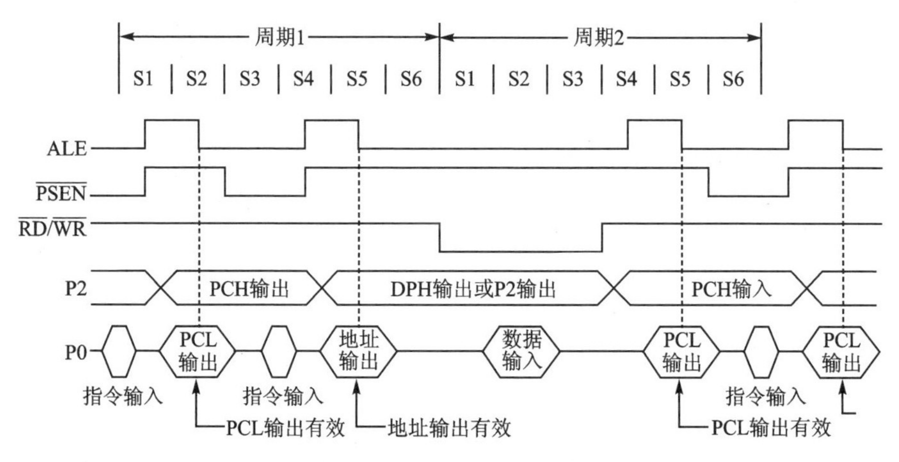

图 1-16　外部数据存储器的取指和读/写周期时序

当取出 MOVX 指令时,P2 口和 P0 口扩展的外部总线上分时出现该指令地址 PCH、PCL 值及其指令码;当执行 MOVX 指令时,外部总线分时出现外部 RAM 地址 DPH、DPL 及读/写的数据。

在取指周期(周期 1)的 S2 期间,ALE 有效,P2 口输出 PCH,P0 口输出 PCL,ALE 的下降沿将 PCL 值送入地址锁存器。在 S3S4 期间,按 P2 口和地址锁存器的地址取出的指令出现在 P0 口,在 PSEN 的上升沿前,CPU 将指令存入片内指令寄存器 IR。在 S5 期间,P2 口输出外部 RAM 地址 DPH,P0 口输出 DPL,执行周期(周期 2)的 S1 以后,读/写信号$\overline{RD}$/$\overline{WR}$变为有效,其间按照 DPTR 输出的地址,对外部 RAM 进行读/写操作。在 S2 期间,读/写数据出现在数据总线及 P0 口,在$\overline{RD}$/$\overline{WR}$信号的上升沿前,数据被读入单片机或被写入寻址的地址单元。

从时序图中可以看到:在周期 1 中,ALE 两次有效;在周期 2 中,ALE 只有效一次。因此在执行 MOVX 指令时,ALE 信号不是固定频率的信号,不适合作为时钟脉冲。

3. 外部数据存储器的扩展方法

外部数据存储器扩展时,地址总线和数据总线的连接方法同程序存储器的扩展相同。控制信号中主要是读信号$\overline{RD}$和写信号$\overline{WR}$有所不同。8051 的$\overline{RD}$信号与外部

RAM的输出允许$\overline{OE}$相连，8051的$\overline{WR}$信号与外部RAM的写信号$\overline{WR}$相连。外部RAM的片选信号与外部I/O接口的片选信号由统一译码产生。

常用的静态RAM芯片有6116(2 KB)，6264(8 KB)和62256(32 KB)等。下面以6264芯片为例，讨论RAM的扩展方法。

6264是8K×8位的SRAM芯片，其引脚图如图1-17所示，各引脚功能如下：

A0～A12： 地址线；

$\overline{CE1}$： 片选线1，低电平有效；

$\overline{WE}$： 写允许线，低电平有效；

IO7～IO0： 双向数据线；

CE2： 片选线2，高电平有效；

$\overline{OE}$： 读允许线，低电平有效。

图1-18是8051与6264的接口电路。

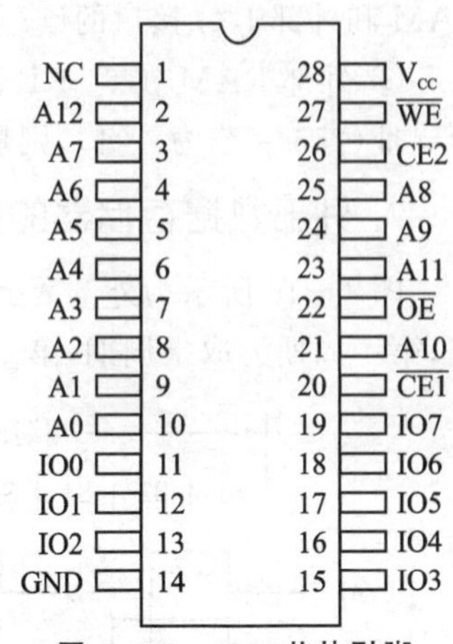

图1-17 6264芯片引脚

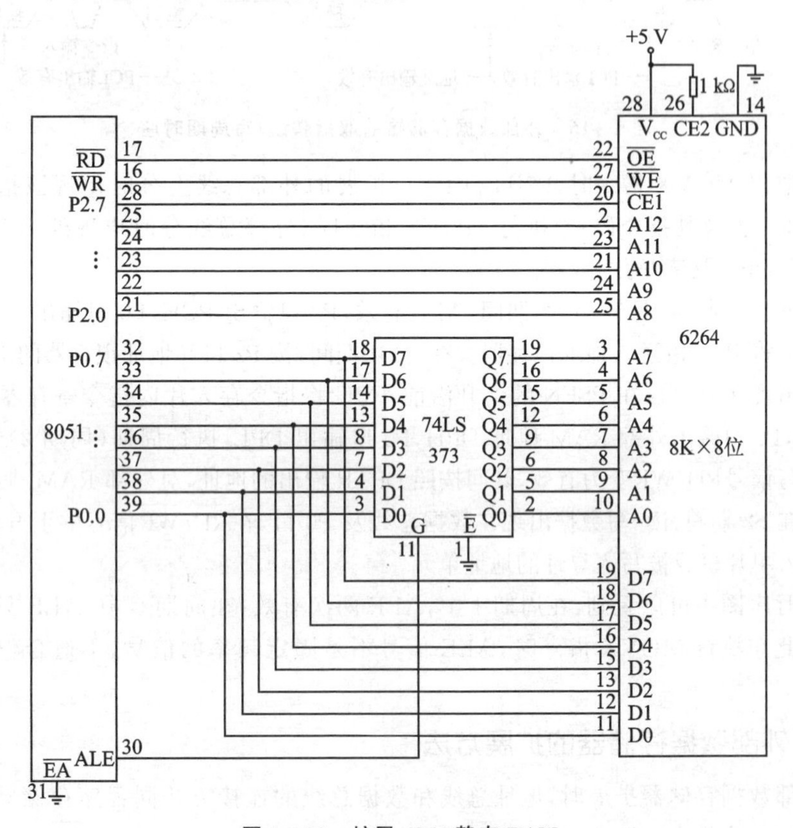

图1-18 扩展6264静态RAM

当单片 RAM 的容量不能满足需要时,就要进行多片扩展。扩展时各片的数据线、地址线和控制线都并行挂接在系统三总线上,只有各片的片选信号$\overline{CE}$要分别处理。

产生片选信号主要有两种方法:线选法和译码法。

采用线选法时,用所需的低位地址线进行片内存储单元寻址,余下的高位地址线可分别用做各芯片的片选信号。当芯片对应的片选地址线输出有效电平时,该片 RAM 选通操作。线选法构成的存储系统单元地址不连续,造成存储器的部分空间浪费。

采用译码法时,仍由低位地址线进行片内寻址,高位地址线经过译码器译码产生各个片选信号。

图 1-19(a)、(b)所示分别为 8051 用线选法和译码法产生片选$\overline{CE}$的多片 RAM 扩展电路。

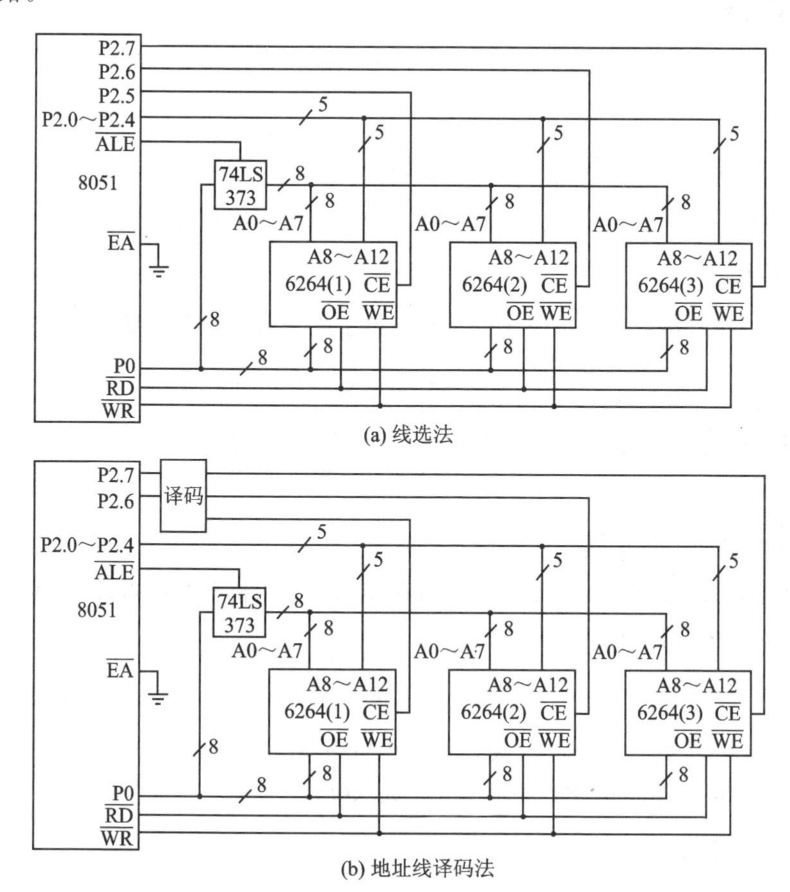

图 1-19 扩展多片 6264 时两种产生$\overline{CE}$的方法

1.4 8051单片机的指令系统

指令是指示计算机执行某些操作的命令，一台计算机所能执行的全部指令的集合称为指令系统。一条指令是机器语言的一个语句，包括操作码字段和操作数地址字段。对于不同的指令，指令字节数可能不同，8051的指令可以是1字节、2字节或3字节指令。

1.4.1 寻址方式

寻址方式就是根据指令中给出的地址码寻找真实操作数地址的方式。8051单片机的寻址方式有以下7种。

1. 寄存器寻址

寄存器寻址时，指令中地址码给出的是某一通用寄存器的编号，寄存器的内容为操作数。例如指令

```
MOV   A,  R0                    ; A←(R0)
```

8051可寄存器寻址的是：R0～R7、ACC、CY(位)、DPTR。

2. 直接寻址

直接寻址时，指令中地址码部分直接给出了操作数的有效地址。例如指令

```
MOV   A,  4FH                   ; A←(4FH)
```

可用于直接寻址的空间是：内部RAM低128字节(包括其中的可位寻址区)、特殊功能寄存器。

3. 寄存器间接寻址

寄存器间接寻址时，指令中给出的寄存器的内容为操作数的地址，而不是操作数本身，即寄存器为地址指针。例如指令

```
MOV   A,  @R1                   ; A←((R1))
```

8051中可以用R0或R1间接寻址片内或片外RAM的256字节范围，可以用DPTR或PC间接寻址64 KB外部RAM或ROM。

4. 立即寻址

立即寻址时，指令中地址码部分给出的就是操作数，即取出指令的同时立即得到了操作数。例如指令

```
MOV   A,  #6FH                  ; A←6FH
```

5. 变址寻址

变址寻址时,指定的变址寄存器的内容与指令中给出的偏移量相加,所得的结果作为操作数的地址。例如指令

```
MOVC    A,   @A + DPTR          ; A←((A) + (DPTR))
```

不论用 DPTR 或 PC 作为基址指针,变址寻址方式都只适用于 8051 的程序存储器,通常用于读取数据表。

6. 相对寻址

相对寻址时,由程序计数器 PC 提供的基地址与指令中提供的偏移量 rel 相加,得到操作数的地址。这时指出的地址是操作数与现行指令的相对位置。例如指令

```
SJMP    rel                     ; PC←(PC) + 2 + rel
```

7. 位寻址

位寻址时,操作数是二进制数的某一位,其位地址出现在指令中,例如指令

```
SETB    bit                     ; (bit)←1
```

8051 可用于位寻址的空间是:内部 RAM 的可位寻址区和 SFR 区中的字节地址可以被 8 整除(即地址以 0 或 8 结尾)的寄存器所占空间。

1.4.2 指令说明

8051 指令系统按其功能可分为:数据传送指令、转移指令、算术运算指令、逻辑运算指令和十进制指令。

1. 数据传送指令

(1) MOV (Move)

传送指令有许多不同的形式,这取决于数据取自何处和传到何方。传送指令不破坏地址中的数据,只是把数据复制到目的地址。有几种组合是没有的:没有寄存器/寄存器的传送,但是指定寄存器组的每个寄存器都有它的直接地址,可以使用直接地址来传送;也没有间接/间接传送。传送指令种类和例子如下:

```
累加器/寄存器   MOV A,R7        MOV R1,A
累加器/直接     MOV A,22H       MOV 03,A      ;03 即组 0 中的 R3
累加器/间接     MOV A,@R1       MOV @R0,A     ;仅有 R0 和 R1
累加器/立即     MOV A,#22
寄存器/直接     MOV R3,7FH      MOV 6EH,R2
寄存器/立即     MOV R1,#5FH
直接/直接       MOV 1FH,7EH
```

```
直接/间接        MOV 23,@R1          MOV @R0,26
直接/立即        MOV 27,#01
间接/立即        MOV @R0,#7FH
数据指针/立即    MOV DPTR,#0FFC0H                        ;装入2字节
进位/位          MOV C,ACC.2         MOV 20.3,C
```

注意符号"#"和"@"的意义。常常忘掉符号"#",其结果就取出了直接地址中的数据。常常使用符号替代直接地址,如:MOV RELAYSTATUS,#0FFH;而且,特殊功能寄存器常使用名字,如:MOV TCON,#13H。

(2) MOVC (Move Code)

用于访问程序空间。常用DPTR的传送来取程序存储器中的查表数据。

```
MOVC    A,@A+DPTR       ;注意它破坏A中的值
MOVC    A,@A+PC
```

用后一条指令来取存放在指令后的表格数据。

(3) MOVX (Move External)

主要依靠这种指令访问外部RAM。页MOVX使用R0或R1,仅输出8位地址到P0口,不影响P2口。主要用在使用端口引脚多而没有大量外部RAM的场合,也可管理I/O寻址。在使用这种指令前把页选择输出到P2。

```
MOVX    A,@DPTR         MOVX @DPTR,A
MOVX    A,@R0           MOVX @R1,A
```


这些是寻址外部I/O接口和变量的标准指令。使用高级语言时,对程序员是透明的。

(4) XCH (Exchange)

不像MOV指令完成从一处到另一处的拷贝,XCH指令交换两个字节。所有的操作都涉及累加器。

```
累加器/寄存器       XCH A,R4
累加器/直接         XCH A,1EH
累加器/间接         XCH A,@R1
```

(5) PUSH

把一个字节放到堆栈上。可把任何直接地址的内容推入堆栈,包括SFR,即可以把累加器、B、PSW和各种硬件控制寄存器推入堆栈。不可以使用R0~R7的名字把其内容推入堆栈,因为改变PSW的两位会切换寄存器组。

```
PUSH  B
```

(6) POP

与PUSH操作相反。要记住弹出的顺序应与推入的顺序相反,否则会引起混乱。

```
    POP  PSW
```

2. 转移指令

8051有一些非常有效的分支转移指令。转移和调用实际上有3种不同的寻址方式,大多数汇编器为程序员完成处理工作。许多汇编器接受JMP和CALL指令,决定应使用的最有效的指令。短转移覆盖指令前128字节到后127字节的地址范围。AJMP和ACALL提供16位地址的11位,高5位为下一个程序指令地址的高位,转移在同一2 KB的块以内,可以在地址上节省一个字节。LCALL和LJMP包括全部绝对的16位目的地址。

(1) 无条件转移

没有测试条件的转移。

```
AJMP    SUBROUTINE    ；必须在同一2 KB块内（Absolute Jump）
LJMP    POINTA        ；64 KB程序空间的任何位置（Long Jump）
SJMP    WAITING       ；相对转移+127～-128（Short Jump）
JMP     @A+DPTR       ；间接转移（Jump Indirect）
```

(2) 条件转移

测试并完成短转移或继续下一条指令。

```
JZ      POINTX          ；若累加器的所有位都为零（Zero）
JNZ     POINTY          ；若累加器的任一位不为零（Not Zero）
JC      POINTZ          ；Jump if Carry
JNC     POINTZ          ；Jump if Not Carry
JB      P3.5,POINTA     ；Jump if Bit is set
JNB     P3.1,POINTB     ；Jump if Not Bit
JBC     22.3,POINTC     ；还清除测试位（if Bit is set and Clear bit）
```

(3) CJNE (Compare and Jump if Not Equal)

比较,不相等就转移。注意,并不是所有的组合都存在。还要注意的是这种指令设置进位标志,因而用于大于或小于的比较测试非常有效。

```
CJNE    A,3EH,POINTZ
CJNE    A,#10,POINTW
CJNE    R5,#34,LOOP
CJNE    @R1,#5,GOINGON
```

仅能使用寄存器的直接地址比较寄存器和累加器的内容,因为它取决于所用的寄存器组。

下面是一个不等式测试的例子。假定R6的值决定程序的转移分支,取决于R6大于、小于或等于20,分别转移到GR,LE或EQ。

```
    CJNE    R6,#20,NE
EQ: ...
    JMP ...
NE: JC      LE
GR: ...
    JMP ...
LE: ...
    JMP ...
```

(4) DJNZ (Decrement and Jump if Not Zero)

用于重复循环的非常方便的指令,重复的次数在循环之外设置,然后进入循环,减到零退出。

```
DJNZ        R3,POINTQ
DJNZ        3FH,POINTJ
```

(5) CALL

有两种地址范围,调用指令把下一条指令的地址的两个字节推入到堆栈上,这样返回指令可在子程序完成后,设置程序计数器(PC)回到下一条指令。

```
ACALL     ROUTINE                 ; Absolute Call
LCALL     DISPLAY                 ; Long Call
```

(6) RET (Return)

返回指令把堆栈上的两个字节的值放入程序计数器,在子程序完成后继续原程序流程。RETI 增加了恢复中断逻辑,允许同一优先级的中断。

```
RET
RETI                              ; Return from Interrupt
```

可以使用调用和返回指令而不返回到调用的原始位置,即改变堆栈顶的两个字节就可以让程序返回到所需要的位置。

(7) NOP (No Operation)

没有任何实质性操作,只是消耗一个指令时间,用于延时。

3. 算术运算指令

所有的算术运算都是 8 位的。除了加 1 和减 1 指令,其他的算术运算指令把结果放到累加器中,破坏原累加器的内容。

(1) ADD

不把进位标志加到最低位,但产生进位结果。多字节操作第一步选择这种指令,但多数情况清零进位标志,然后在循环中使用 ADDC。

```
ADD    A,R5                  ADD    A,@R0
ADD    A,22                  ADD    A,#22
```

(2) ADDC (Add with Carry)

带进位标志的加法。

```
ADDC  A,R5                  ADDC  A,@R0
ADDC  A,22                  ADDC  A,#22
```

(3) SUBB (Substract with Borrow)

没有不带借位标志的减法指令。减数太大就产生借位位。对于多字节减法,处理结束后没有借位标志就是所求的结果,否则还需要再处理。

```
SUBB  A,R5                  SUBB  A,@R0
SUBB  A,22                  SUBB  A,#22
```

(4) MUL (Multiply)

只有一个硬件乘法指令,产生16位结果在累加器(低字节)和B寄存器(高字节)中。若结果超出8位,则溢出标志置位,进位标志总清零。

```
MUL   AB
```

(5) DIV (Divide)

累加器内容除以B寄存器内容,结果在ACC中,余数(不是小数部分)在B中。进位和溢出标志总清零。

```
DIV   AB
```

(6) INC和DEC (Increment&Decrement)

除数据指针外,加1减1的指令是对称的。0减1或FF加1分别翻转得到FF和0。

```
INC   A                     DEC   A
INC   R2                    DEC   R5
INC   45H                   DEC   3EH
INC   @R0                   DEC   @R1
INC   DPTR
```

4. 逻辑运算操作

逻辑运算允许变量的位操作。

(1) ANL (Logical-AND)

若逻辑"与"两个位都为1,则结果为1。

```
ANL   A,R6
ANL   A,25H
ANL   A,@R1
ANL   A,#03H
```

```
ANL   25H,A
ANL   P1,#08H
ANL   C,ACC.5                        ；位操作
ANL   C,/ACC.5                       ；使用位的取反
```

(2) ORL (Logical - OR)

若逻辑"或"任何一位为1则结果为1。

```
ORL   A,R6
ORL   A,25H
ORL   A,@R1
ORL   A,#03H
ORL   25H,A
ORL   P1,#08H
ORL   C,ACC.5                        ；位操作
ORL   C,/ACC.5                       ；使用位的取反
```

(3) XRL (Logical Exclusive - OR)

逻辑"异或"当仅一位为1时结果为1;若两位都为1则结果为0。

```
XRL   A,R6                    XRL   A,#03H
XRL   A,25H                   XRL   25H,A
XRL   A,@R1                   XRL   P1,#08H
```


(4) CPL (Complement)

取反操作。1变0,0变1。

```
CPL   A                              ；累加器的所有8位
CPL   C                              ；进位标志
CPL   P3.5
```

(5) CLR (Clear)

包括清除字节或位。位操作针对20H～2FH区域的128位和SFR的可位寻址位。

```
CLR   A
CLR   C                              ；进位标志
CLR   ACC.7
CLR   P1.5
```

(6) SETB (Set Bit)

置位,使指定位为1。

```
SETB   C
SETB   20.3
SETB   ACC.7
```

(7) 移位 (Rotate)

字节向左(向最高位)或向右(向最低位)移一位。若包括进位标志,则最后一位移到进位标志,而进位标志移到另一端。

```
RL    A        ; Rotate Left
RR    A        ; Rotate Right
RLC   A        ; Rotate Left through the Carry flag
RRC   A        ; Rotate Right through the Carry flag
```

5. 十进制指令

有几条总是用于二-十进制码(BCD)数据的指令。

(1) XCHD

这条指令交换累加器和间接地址的低4位,高4位仍保留原值。

```
XCHD    A,@R0
```

(2) SWAP

这条指令交换累加器的高4位和低4位。

```
SWAP    A
```

(3) DA (Decimal - Adjust)

累加器的十进制调整。若已完成BCD的加法,AC标志置位或任一高、低4位的值超过9,那么这条指令做加00H、06H、60H、66H得到十进制形式。

```
DA    A
```

注意:这只是完成十六进制到十进制的转换,并不用于十进制减法。一般来讲用二进制(十六进制)形式完成算术运算,只有在输入或输出时才转换成十进制形式。

1.4.3 伪指令

汇编语言必须通过汇编器的处理,才能转换为计算机能识别和执行的机器语言。伪指令是汇编器用的指令。8051汇编器常用的伪指令有以下几种。

1. ORG伪指令 (Origin)

一般形式:ORG 16位地址

ORG指令出现在源程序或数据块的开始,用以指明此语句后面的目标程序或数据块存放的起始地址。在一个源程序中,可以多次使用ORG规定不同程序段的起始位置,但定义的地址顺序应该是从小到大的。**例**

```
        ORG     0000H
        AJMP    MAIN
        ORG     0003H
        AJMP    INT0
MAIN:   MOV     R0,#40H
          ⋮
INT0:   MOV     TH0,#1CH
          ⋮
        RETI
```

2. DB 伪指令(Define Byte)

一般形式:[标号:]　DB　字节数据项表

DB 伪指令的功能将项表中的字节数据存放到从标号开始的连续字节单元中。项表中数据用逗号分隔。**例**

```
SEG:  DB  88H,100,"7","C"
```

3. DW 伪指令(Define Word)

一般形式:[标号:]　DW　双字节数据项表

DW 的功能与 DB 类似,通常 DB 用于定义数据表,DW 用于定义 16 位的地址表。汇编以后,每个 16 位地址按照低位地址存低位字节,高位地址存高位字节的顺序存放。**例**

```
TAB:  DW  1234H,7BH
```

4. EQU(或=)伪指令(Equal)

一般形式:名字　EQU　表达式

或　　　　名字 = 表达式

它用于给一个表达式的值或一个字符串起一个名字,之后的名字可以当做程序地址、数据地址或立即数使用,因此表达式可以是 8 位或 16 位二进制数值。名字必须是以字母开头的字母数字串,必须是先前未定义过的。**例**

```
COUNT = 10
SPACE   EQU   10H
```

5. DATA 伪指令(Data)

一般形式:名字　DATA　直接字节地址

DATA 伪指令给一个 8 位内部 RAM 单元起一个名字。名字必须是以字母开头的字母数字串,必须是先前未定义过的。同一单元地址可以有多个名字。**例**

```
ERROR   DATA   80H
```

6. XDATA 伪指令 (External Data)

一般形式：名字　XDATA　直接字节地址

XDATA 伪指令给一个 8 位外部 RAM 单元起一个名字。名字的规定同 DATA 伪指令。**例**

```
IO_PORT   XDATA   0CF04H
```

7. BIT 伪指令

一般形式：名字　BIT　位地址

BIT 伪指令给一个可位寻址的位单元起一个名字。名字的规定同 DATA 伪指令。**例**

```
SW1   BIT   30H
```

8. END 伪指令

一般形式：[标号:]　END

END 伪指令指出源程序到此结束,汇编器对其后的程序语句不予处理。一个源程序只在全部程序最后使用一个 END。**例**

```
ORG  0100H
MOV  A,#23H
ADD  A,#34H
END
```

1.4.4　指令系统表

8051 指令系统总共有 111 条指令。下面是指令中符号的含义。

Rn：　表示通用寄存器 R0～R7。

Ri：　表示通用寄存器中可用做 8 位地址指针的 R0 和 R1(i=0,1)。

#data：　表示 8 位立即数。

#data16：　表示 16 位立即数。

direct：　表示 8 位片内 RAM 或 SFR 区的直接地址。

addr16/addr11：表示外部程序存储器的 16 位或 11 位地址。

rel：　表示 8 位偏移量。

bit：　表示直接位地址。

每条指令的助记符、含义、所占字节数和执行时所需要的振荡周期如表 1-6 所列。

指令系统分类如下：

8051指令系统中有51种功能的111条汇编指令，对应有255条目标指令。全部指令分为4大类，即传送、交换、栈出入指令，算术、逻辑运算指令，转移指令和布尔指令集。

表1-6 8051指令系统

助记符	说 明	字节数	振荡器周期
(1) 传送、交换、栈出入指令			
MOV A,Rn	寄存器传送到累加器	1	12
MOV A,direct	直接字节传送到累加器	2	12
MOV A,@Ri	间接RAM传送到累加器	1	12
MOV A,#data	立即数传送到累加器	2	12
MOV Rn,A	累加器传送到寄存器	1	12
MOV Rn, direct	直接字节传送到寄存器	2	24
MOV Rn,#data	立即数传送到寄存器	2	12
MOV direct,A	累加器传送到直接字节	2	12
MOV direct,Rn	寄存器传送到直接字节	2	24
MOV direct, direct	直接字节传送到直接字节	3	24
MOV direct, @Ri	间接RAM传送到直接字节	2	24
MOV direct, #data	立即数传送到直接字节	3	24
MOV @Ri,A	累加器传送到间接RAM	1	12
MOV @Ri,direct	直接字节传送到间接RAM	2	24
MOV @Ri,#data	立即数传送到间接RAM	2	12
MOV DPTR, #data16	16位常数加载到数据指针	3	24
MOVC A,@A+DPTR	代码字节传送到累加器	1	24
MOVC A,@A+PC	代码字节传送到累加器	1	24
MOVX A,@Ri	外部RAM(8位地址)传送到ACC	1	24
MOVX A,@DPTR	外部RAM(16位地址)传送到ACC	1	24
MOVX @Ri,A	ACC传送到外部RAM(16位地址)	1	24
MOVX @DPTR,A	ACC传送到外部RAM(16位地址)	1	24
PUSH direct	直接字节压入堆栈	2	24
POP direct	从栈中弹出直接字节	2	24
XCH A,Rn	寄存器和累加器交换	1	12
XCH A,direct	直接字节和累加器交换	2	12
XCH A,@Ri	间接RAM和累加器交换	1	12

续表 1-6

助记符	说　明	字节数	振荡器周期
XCHD A,@Ri	间接 RAM 和累加器交换低 4 位字节	1	12
SWAP A	累加器内部高、低 4 位交换	1	12
(2) 算术、逻辑运算指令			
ADD A,Rn	寄存器加到累加器	1	12
ADD A,direct	直接字节加到累加器	2	12
ADD A,@Ri	间接 RAM 加到累加器	1	12
ADD A,#data	立即数加到累加器	2	12
ADDC A,Rn	寄存器加到累加器(带进位)	1	12
ADDC A,direct	直接字节加到累加器(带进位)	2	12
ADDC A,@Ri	间接 RAM 加到累加器(带进位)	1	12
ADDC A, #data	立即数加到累加器(带进位)	2	12
SUBB A,Rn	ACC 减去寄存器(带借位)	1	12
SUBB A,direct	ACC 减去直接字节(带借位)	2	12
SUBB A,@Ri	ACC 减去间接 RAM(带借位)	1	12
SUBB A,#data	ACC 减去立即数(带借位)	2	12
INC A	累加器加 1	1	12
INC Rn	寄存器加 1	1	12
INC direct	直接字节加 1	2	12
INC @Ri	间接 RAM 加 1	1	12
DEC A	累加器减 1	1	12
DEC Rn	寄存器减 1	1	12
DEC direct	直接地址字节减 1	2	12
DEC @Ri	间接 RAM 减 1	1	12
INC DPTR	数据指针加 1	1	24
MUL AB	A 和 B 的寄存器相乘	1	48
DIV AB	A 寄存器除以 B 寄存器	1	48
DA A	累加器十进制调整	1	12
ANL A,Rn	寄存器“与”到累加器	1	12
ANL A,direct	直接字节“与”到累加器	2	12
ANL A,@Ri	间接 RAM“与”到累加器	1	12
ANL A,#data	立即数“与”到累加器	2	12
ANL direct,A	累加器“与”到直接字节	2	12
ANL direct,#data	立即数“与”到直接字节	3	24

续表 1-6

助记符	说　明	字节数	振荡器周期
ORL A,Rn	寄存器"或"到累加器	1	12
ORL A,direct	直接字节"或"到累加器	2	12
ORL A,@Ri	间接 RAM"或"到累加器	1	12
ORL A,#data	立即数"或"到累加器	2	12
ORL direct,A	累加器"或"到直接字节	2	12
ORL direct,#data	立即数"或"到直接字节	3	24
XRL A,Rn	寄存器"异或"到累加器	1	12
XRL A,direct	直接字节"异或"到累加器	2	12
XRL A,@Ri	间接 RAM"异或"到累加器	1	12
XRL A,#data	立即数"异或"到累加器	2	12
XRL direct,A	累加器"异或"到直接字节	2	12
XRL direct,#data	立即数"异或"到直接字节	3	24
CLR A	累加器清零	1	12
CPL A	累加器取反	1	12
RL A	累加器循环左移	1	12
RLC A	经过进位位的累加器循环左移	1	12
RR A	累加器循环右移	1	12
RRC A	经过进位位的累加器循环右移	1	12
(3) 转移指令			
ACALL addr11	绝对调用子程序	2	24
LCALL addr16	长调用子程序	3	24
RET	从子程序返回	1	24
RETI	从中断返回	1	24
AJMP addr11	绝对转移	2	24
LJMP addr16	长转移	3	24
SJMP rel	短转移(相对转移)	2	24
JMP @A+DPTR	相对 DPTR 的间接转移	1	24
JZ rel	累加器为零则转移	2	24
JNZ rel	累加器为非零则转移	2	24
CJNE A,direct, rel	比较直接字节和 ACC,不相等则转移	3	24
CJNE A,#data, rel	比较立即数和 ACC,不相等则转移	3	24
CJNE Rn,#data, rel	比较立即数和寄存器,不相等则转移	3	24
CJNE @Ri,#data,rel	比较立即数和间接 RAM,不相等则转移	3	24

续表 1-6

助记符	说　明	字节数	振荡器周期
DJNZ Rn,rel	寄存器减1,不为零则转移	3	24
DJNZ direct, rel	直接字节减1,不为零则转移	3	24
NOP	空操作	1	12
(4) 布尔指令集			
CLR C	清进位	1	12
CLR bit	清直接寻址位	2	12
SETB C	进位位置位	1	12
SETB bit	直接寻址位置位	2	12
CPL C	进位位取反	1	12
CPL bit	直接寻址位取反	2	12
ANL C,bit	直接寻址位"与"到进位位	2	24
ANL C,/bit	直接寻址位的反码"与"到进位位	2	24
ORL C,bit	直接寻址位"或"到进位位	2	24
ORL C,/bit	直接寻址位的反码"或"到进位位	2	24
MOV C,bit	直接寻址位传送到进位位	2	12
MOV bit,C	进位位传送到直接寻址位	2	24
JC rel	如果进位位为1则转移	2	24
JNC rel	如果进位位为0则转移	2	24
JB bit, rel	如果直接寻址位为1则转移	3	24
JNB bit, rel	如果直接寻址位为0则转移	3	24
JBC bit,rel	如果直接寻址位为1则转移并清除该位	3	24

1.5　实用程序设计

1. 256种分支转移程序 JMP256

功能:根据入口条件转移到256个目的地址。

入口:(R3)=转移目的地址的序号(00H～FFH);

出口:(PC)=转移子程序的入口地址。

```
JMP256:    MOV     A,R3                 ；取地址
           MOV     DPTR,#TBL            ；装载转移表基址
           CLR     C
           RLC     A                    ；变址×2
           JNC     LOW128               ；是前128个子程序,则转移
           INC     DPH                  ；否,基址加256
LOW128:    MOV     SAVE,A               ；暂存变址
           MOVC    A,@A+DPTR
           PUSH    ACC                  ；子程序首址低8位进栈
           MOV     A, SAVE
           INC     A
           MOVC    A, @A+DPTR
           PUSH    ACC                  ；子程序首址高8位进栈
           RET                          ；子程序首址弹入PC
TBL:       DW      ROUT0                ；256个子程序首址
           DW      ROUT1
           ⋮
           DW      ROUT255
```

说明：执行这段程序后，栈指针SP并不受影响，仍恢复为原来的值。

2. $m\times n$ 矩阵元素查找程序MATRIX

设 $m\times n$ 矩阵如下：

$$\begin{matrix} X_{0,0} & X_{0,1} & \cdots & X_{0,j} & \cdots & X_{0,n-1} \\ X_{1,0} & X_{1,1} & \cdots & X_{1,j} & \cdots & X_{1,n-1} \\ \vdots & \vdots & \vdots & \vdots & \vdots & \vdots \\ X_{i,0} & X_{i,1} & \cdots & X_{i,j} & \cdots & X_{i,n-1} \\ \vdots & \vdots & \vdots & \vdots & \vdots & \vdots \\ X_{m-1,0} & X_{m-1,1} & \cdots & X_{m-1,j} & \cdots & X_{m-1,n-1} \end{matrix}$$

元素在存储器中逐行存放，即从低地址到高地址为 $X_{0,0}\ X_{0,1}\cdots\ X_{m-1,n-1}$，共 $m\times n$ 个元素，每个元素占2个单元，这样元素 $X_{i,j}$ 存放地址的算法应为

$$元素地址=表基址+(i\times n+j)\times 2$$

其中，i 为 $0\sim(m-1)$；j 为 $0\sim(n-1)$。

功能：根据元素下标查找元素值。

入口：(I)＝元素下标变量 i；

　　　(J)＝元素下标变量 j。

出口：(AR3)＝双精度矩阵元素 $X_{i,j}$ 的值。

```
MARTIX: MOV     A,I
        MOV     B,#N
        MUL     AB
        ADD     A,J              ;(A) = i×n + j
        RL      A                ;(A) = (i×n + j)×2
        MOV     R3,A             ;保存变址
        ADD     A,#05            ;修改变址
        MOVC    A,@A + PC        ;查 X_{i,j} 的低位
        XCH     A,R3             ;低位送 R3,恢复变址
        INC     A                ;修正变址
        INC     A
        MOVC    A,@A + PC        ;查 X_{i,j} 的高位
        RET
TAB:    DW      X_{0,0},X_{0,1}, …, X_{0,n-1}
        ⋮
        DW      X_{m-1,0},X_{m-1,1}, …, X_{m-1,n-1}
```

3. 通过堆栈传递参数的方法

通常在调用子程序前,要给出子程序运行所要用到的参数,也就是入口参数。子程序运行的结果应返回给调用程序,也就是出口参数。调用程序与子程序之间的这些参数传递,一般可采用以下3种方法:

① 把参数装载到规定的工作寄存器(R0~R7)或A中;

② 通过地址R0、R1和DPTR,把参数放在存储器中;

③ 通过堆栈传递参数。

调用程序:

```
I       DATA    30H
J       DATA    31H
        PUSH    J
        PUSH    I
        ACALL   SUB
        POP     ACC
```

子程序:

```
SUB:    DEC     SP
        DEC     SP
        POP     ACC             ;I
        MOV     B,#N
        MUL     AB              ;I×N
        POP     02H             ;J
```

```
ADD A,R2
ADD A,#7
INCSP
MOVC A,@A+PC
PUSH ACC
INC SP
INC SP
RET
DB ...
```

说明：程序中两条 DEC SP 指令是为了调整指针 SP，使它指向下标变量 I；而两条 INC SP 指令则是调整指针，使执行 RET 指令时正确返回。

习题一

1. 8051 单片机由哪几部分组成？
2. 8051 单片机有多少个特殊功能寄存器？它们可以分为几组，各完成什么主要功能？
3. 决定程序执行顺序的寄存器是哪个？它是几位寄存器？它是否为特殊功能寄存器？它的内容是什么信息？
4. DPTR 是什么特殊功能寄存器？DPTR 的用途是什么？它由哪几个特殊功能寄存器组成？
5. 8051 的引脚有多少 I/O 线？它们和单片机对外的地址总线和数据总线有什么关系？地址总线和数据总线各是几位？
6. 什么是堆栈？堆栈指针 SP 的作用是什么？8051 单片机堆栈的最大容量不能超过多少字节？
7. 若采用 6 MHz 的晶振，8051 的振荡周期和机器周期分别为多少 μs？一条单字节双周期指令的指令周期为多少 μs？
8. 8051 内部 RAM 低 128 字节可分为几个区域？其中通用寄存器区的字节地址范围为多少？如何实现寄存器组的切换？可位寻址区的字节地址和位地址范围分别为多少？
9. 8051 单片机对外有几条专用控制线？其功能是什么？
10. 8031 的 $\overline{EA}$ 端必须怎样处理？为什么？
11. 8051 单片机的存储器结构与通用微机的存储器结构相比有何特点？
12. 8051 向外扩展的程序存储器和数据存储器的最大容量各是多少？
13. 8051 四个并行接口各自的功能是什么？
14. 对 8051 的 P1 口的输入操作前，应对端口进行怎样的处理？为什么？
15. 8051 复位时，SP、P0 口～P3 口、其他 SFR 及 PC 的初始化状态是怎样的？
16. CMOS 单片机有哪两种低功耗工作方式？两者的主要不同是什么？
17. 在读外部程序存储器时，P0 口上一个指令周期中出现的数据序列是什么？在读外部数据存储器时，P0 口上出现的数据序列又是什么？
18. 为什么外扩存储器时，P0 口要外接锁存器，而 P2 口却不接？
19. 在使用外部程序存储器时，8051 还有多少条I/O线可用？在使用外部数据存储器时，还有多少条 I/O 线可用？
20. 程序存储器和数据存储器的扩展有何相同点及不同点？
21. 若要完成以下的数据传送，应如何用 8051 的指令来实现？

① R3 内容传送 R4。

② 外部 RAM 40H 单元内容送 R1。

③ 外部 RAM 30H 单元内容送内部 RAM 30H 单元。

④ 外部 RAM 2000H 单元内容送内部 RAM 20H 单元。

⑤ ROM 4000H 单元内容送 R1。

⑥ ROM 3000H 单元内容送内部 RAM 30H 单元。

⑦ ROM 5000H 单元内容送外部 RAM 70H 单元。

22. 已知 A=7AH，R0=30H，(30H)=A5H，PSW=80H。问执行以下各指令的结果(每条指令都用题中规定的数据参加操作)是什么？

```
XCH     A,R0        A = ________  R0 = ________
XCH     A,30H       A = ________
XCH     A,@R0       A = ________
XCHD    A,@R0       A = ________
SWAP    A           A = ________
ADD     A,R0        A = ________  Cy = ________  OV = ________
ADD     A,30H       A = ________  Cy = ________  OV = ________
ADD     A,#30H      A = ________  Cy = ________  OV = ________
ADDC    A,30H       A = ________  Cy = ________  OV = ________
SUBB    A,30H       A = ________  Cy = ________  OV = ________
SUBB    A,#30H      A = ________  Cy = ________  OV = ________
```

23. 设内部 RAM 的 30H 单元的内容为 40H，即(30H)=40H；还知(40H)=10H，(10H)=00H，端口 P1=CAH。问执行以下指令后，各有关存储器单元、寄存器及端口的内容(即 R0、R1、A、B、P1、40H、30H、10H 单元)是什么？

```
MOV     R0,#30H
MOV     A,@R0
MOV     R1,A
MOV     B,@R1
MOV     @R1,P1
MOV     P2,P1
MOV     10H,#20H
MOV     30H,10H
```

24. 设 A=83H，R0=17H，(17H)=34H，执行以下指令后，A=？

```
ANL     A,#17H
ORL     17H,A
XRL     A,@R0
CPL     A
```

25. 试编写程序，将内部 RAM 的 20H、21H、22H 连续 3 个单元的内容依次存入 2FH、2EH 和 2DH 单元。

26. 编写程序，进行两个 16 位数的减法：6F5DH－13B4H，结果存至内部 RAM 的 40H 和 41H 单元，40H 存差的低 8 位。

27. 编写程序，若累加器内容分别满足以下条件，则程序转至 LABEL 存储单元。

① A >=10　　　　　　　② A<10

28. 已知 SP=25H,PC=2345H,(24H)=12H,(25H)=34H,(26H)=56H。问执行 RET 指令以后,SP=? PC=?

29. 若 SP=25H,PC=2345H,标号 LABEL 所在的地址为 3456H,问执行长调用指令 LCALL LABEL之后,堆栈指针和堆栈内容发生什么变化? PC=?

30. 上题中的 LCALL 指令能否直接换成 ACALL LABEL 指令?为什么?

31. 试编写程序,查找在内部 RAM 的 20H~50H 单元中是否有 0AAH 这一数据。若有这一数据,则将 51H 单元置为 01H;若未找到这一数据,则将 51H 置为 00H。

32. 试编写程序,查找在内部 RAM 的 20H~50H 单元内出现 00H 的次数,并将查找的结果存入 51H 单元。

33. 外部数据 RAM 中有一个数据块,存有若干字符数字,首地址为 16 位的 SOUCE。现要求将该数据块传送到内部 RAM 以 DIST 开始的区域,直到遇到字符"$"时才停止("$"也要传送,它的 ASCII 码是 24H)。试编写有关程序。

34. 外部数据 RAM 在 2000H~2100H 区域有一个数据块,现要将它们传送到 3000H~3100H 的区域,试编写有关程序。

35. 外部数据 RAM 从 2000H 开始有 100 个数据,现要将它们移动到从 2030H 开始的区域,试编写有关的程序。

36. 从内部 RAM 的 BLOCK 单元开始有一个无符号数数据块,长度存于 LEN 单元,编程求出数据块中的最小元素,并将其存入 MINI 单元。

37. 有 10 组 3 字节的被加数和加数,分别存放于从 FIRST 和 SECOND 开始的区域中,编程求这 10 组数的总和,并将其存入以 SUM 开始的单元,先存低位和。设和为 4 字节数。

第2章

C与8051

2.1 8051的编程语言

现有4种编程语言支持8051单片机，即汇编、PL/M、C和BASIC。

BASIC原附在PC机上，是初学编程的第一种语言。一个新变量名定义后可在程序中作变量使用，非常易学，根据解释行就可以找到错误，而不是当程序执行完才能显现出来。BASIC由于逐行解释自然很慢，每一行必须在执行时转换成机器代码，需要花费许多时间，不能做到实时性。为简化使用变量，BASIC的所有变量都用浮点值。像2+2这样简单的运算完全是浮点算术操作，因而程序复杂且执行时间长；即使是编译BASIC，也不能解决此浮点运算问题。8052单片机片内固化有解释BASIC语言，BASIC适用于要求编程简单而对编程效率或运行速度要求不高的场合。

PL/M是Intel从8080微处理器开始为其系列产品开发的编程语言，很像PASCAL，是一种结构化语言，使用关键字定义结构。PL/M编译器像好的汇编器一样可产生紧凑代码。PL/M总的来说是"高级汇编语言"，可详细控制代码的生成。但对于8051系列，PL/M不支持复杂的算术运算、浮点变量，也无丰富的库函数支持。学习PL/M无异于学习一种新语言。

C语言是一种源于编写UNIX操作系统的语言，是一种结构化语言，可产生紧凑代码。C语言结构是以括号{ }而不是以字和特殊符号表示的语言。C语言可以进行许多机器级函数控制而不用汇编语言。与汇编语言相比，C语言有如下优点：

- 对单片机的指令系统不要求了解，仅要求对8051的存储器结构有初步了解；
- 寄存器的分配、不同存储器的寻址及数据类型等细节可由编译器管理；
- 程序有规范的结构，可分为不同的函数，这种方式可使程序结构化；
- 具有将可变的选择与特殊操作组合在一起的能力，改善了程序的可读性；
- 关键字及运算函数可用近似人的思维过程方式使用；
- 编程及程序调试时间显著缩短，从而提高效率；
- 提供的库包含许多标准子程序，具有较强的数据处理能力；
- 已编好的程序容易植入新程序，因为C语言具有方便的模块化编程技术。

C 语言作为一种非常方便的语言而得到广泛的支持,C 语言程序本身并不依赖于机器硬件系统,基本上不作修改就可根据单片机的不同较快地移植过来。

8051 汇编语言非常像其他汇编语言,指令系统比第一代微处理器要强一些。8051 的不同存储器区域使得其复杂一些。尽管懂汇编语言不是目的,但看懂汇编语言可帮助了解任何影响语言效率的 8051 特殊限定。例如,懂得汇编语言指令就可使用片内 RAM 作变量的优势,因为片外变量需要几条指令才能设置累加器和数据指针进行存取。要求使用浮点和启用函数时,只有具备汇编编程经验,才能避免生成庞大的、效率低的程序。这需要考虑简单的算术运算或使用先算好的查表法。最好的单片机编程者应是由汇编语言转用 C 语言的人,而不是原来用过标准 C 语言的人。

2.2　Cx51 编译器

8051 系列单片机以其工业标准的地位,从 1985 年开始就有 8051 单片机的 C 语言编译器,简称 Cx51。并非所有的 Cx51 编译器都产生能发挥 8051 特点的有效代码。下面就各公司的编译器做简要介绍。

American Automation

编译器通过 # asm 和 endasm 预处理选择支持汇编语言。此编译器编译速度慢,要求汇编的中间环节。

IAR

瑞典的 IAR 是支持分体切换(Bank Switch)的编译器。它和 ANSI 兼容,只是需要一个较复杂的链接程序控制文件支持后,程序才能运行。它通过 Archimedes 公司传入我国,现国内已有 IAR 办事处。

Avocet

软件包包括编译器、汇编器、链接器、库 MAKE 工具和编辑器,集成环境类似 Borland 和 Turbo。C 编译器产生一个汇编语言文件,然后再用汇编器,编译较快。

Bso/Tasking

是一家专业开发和销售嵌入式系统软件工具的公司,一直为 Intel、LSI、Motorola、Philips、Simens 和 Texas Instruments 编写嵌入式系统的配套软件工具。开发基于Windows的集成开发环境软件(IDE)、调试器(Debuggers)和交叉模拟器(Simulators),支持鼠标器,界面友好。软件格式符合 Intel OMF - 51 和 Intel Hex 标准。其汇编器和 Intel 汇编器兼容。其 C 编译器支持内置函数,允许用 8051 指令,如测试并清除(JBC)和十进制调整(DAA)。Intel 8051 软件工具包括:ASM51、PL/M51、C51 和 CrossView51 调试器。

Dunfield Shareware

是非专业的软件包,不支持 floats、longs 或结构等。不生成重定位代码。

KEIL

德国的 KEIL 公司在代码生成方面处于领先地位,可产生最少的代码。支持浮点和长整数、重入和递归。若使用单片模式,则它是最好的选择。KEIL 公司曾通过美国 Franklin 公司在市场上销售多年,现 KEIL 被 ARM 公司收购。

Intermetrics

其编译器用起来较困难,要由可执行的宏语句控制编译、汇编和链接,且选项很多。

Micro Computer Controls

不支持浮点数、长整数、结构和多维数组。Define 不允许有参数,称做 C 编译器很勉强。其生成的源文件必须用 Intel 或 MCC 的 8051 汇编器汇编。

编译器性能比较如下:

编译器的算术支持(float 和 long)很重要。生成代码的大小比编译速度重要(若项目需要许多快速运算,那么 8051 不是合适的选择)。开发速度比代码的长短重要。是否有浮点库是编译器是否有价值的体现。表 2-1 所列的测试结果是在 12 MHz 的 286 上编译的,单片机用12 MHz晶振。

表 2-1　整体特性

编译器	版　本	编译时间	存储模式	编译堆栈	浮点支持
American Automation	16.02.07	6 min 3 s	SML	No	[1]
IAR	4.05A	2 min 3 s	TSCMLB	Yes	Yes
Avocet	1.3	1 min 47 s	SML	No	Yes
Bso/Tasking	1.10	2 min 25 s	SAL	Yes	Yes
KEIL	3.01	1 min 28 s	SAL	Yes	Yes
Intermetrics	3.32	2 min 52 s	SL[3]	No	Yes
MCC	1.7	[2]	SML	No	No
Dunfields	2.11	[2]	SL[4]	No	No

注:[1]　仅大模式有浮点支持;　　[3]　支持几种动态分配方案;
[2]　不能编译所有测试程序;　　[4]　ROM 和 RAM 必须映像到同一地址空间。

KEIL 和 IAR 以其性能领先:KEIL 以其紧凑代码和使用方便领先;IAR 以其性能完善和资料完善领先。其次是 Bso/Tasking。

2.3　KEIL 8051 开发工具

KEIL 8051 开发工具套件可用于编译 C 源程序和汇编源程序,链接和定位目标文件及库,创建 HEX 文件,以及调试目标程序。

➢ μVision for Windows:是一个集成开发环境。它将项目管理、源代码编辑和程序调试等组合在一个功能强大的环境中。
➢ Cx51 国际标准优化 C 交叉编译器:从 C 源代码产生可重定位的目标模块。
➢ Ax51 宏汇编器:从 8051 汇编源代码产生可重定位的目标模块。
➢ BL51 链接器/定位器:组合由 Cx51 和 Ax51 产生的可重定位的目标模块,生成绝对目标模块。
➢ LIB51 库管理器:从目标模块生成链接器可以使用的库文件。
➢ OH51 目标文件至 HEX 格式的转换器:从绝对目标模块生成 Intel HEX 文件。
➢ RTX-51 实时操作系统:简化了复杂的实时应用软件项目的设计。

软件和手册的最新修改和订正都在 RELEASE.TXT 文件中说明。这些文件都放在\KEIL\UV2 和\KEIL\C51\HLP 文件夹内。

KEIL 公司发布两种类型的套件:测试版套件和产品套件。

① 测试版套件:包括 8051 工具软件的测试版、用户手册。测试版可以生成目标代码在 2 KB范围以内的应用。这个套件主要是评估 8051 工具软件的有效性,并产生小的目标应用程序。

② 产品套件:包括 8051 工具软件的无限制版、全套手册系列(包括用户手册)。这个产品套件有技术支持及产品升级。软件的升级通过 www.keil.com 提供。

1. KEIL 开发套件

KEIL 软件公司提供一流的 8051 系列开发工具,将软件开发工具绑定到不同的套件或工具包中。表 2-2 所列为所有的 KEIL 8051 开发工具的"对照表"。下面描述每个套件及其内容。

表 2-2 KEIL 8051 开发工具对照表

部 件	PK51	DK51	CA51	Ax51	FR51
μVision 项目管理器和编辑器	√	√	√	√	
Ax51 汇编器	√	√	√	√	
Cx51 编译器	√	√	√		
BL51 链接器/定位器	√	√	√	√	
LIB51 库管理器	√	√	√	√	
μVision 调试器/模拟器	√	√			
RTX51 Tiny	√				
RTX51 Full					√

(1) PK51 专业开发套件

PK51 专业开发套件提供了所有工具,适合专业开发人员建立和调试 8051 系列单片机的复杂嵌入式应用。专业开发套件可配置用于 8051 及其所有派生产品。

(2) DK51 开发套件

DK51 开发套件是 PK51 的精简版,不包括 RTX51 Tiny 实时操作系统。开发套件可配置用于 8051 及其所有派生产品。

(3) CA51 编译器套件

如果开发者只需要一个 C 编译器而不需要调试系统,则 CA51 编译器套件就是最好的选择。CA51 编译器套件只包含 μVision IDE 集成开发环境。CA51 不提供 μVision 调试器的功能。这个套件包括了要创建嵌入式应用的所有工具软件,可配置用于 8051 及其所有派生产品。

(4) Ax51 汇编器套件

Ax51 汇编器套件包括一个汇编器和创建嵌入式应用所需要的所有工具。它可配置用于 8051 及其所有派生产品。

(5) RTX51 实时操作系统

RTX51 实时操作系统(FR51)是 8051 系列单片机的实时内核。RTX51 Full 是 RTX51 Tiny 的超集,包括 CAN 通信协议接口子程序。

2. 软件开发流程

使用 KEIL 的软件工具时,项目的开发流程基本上与使用其他软件开发项目一样。

① 创建一个项目,从器件数据库中选择目标芯片,并配置工具软件的设置。

② 用 C 或汇编创建源程序。

③ 用项目管理器构造(build)应用。

④ 纠正源文件中的错误。

⑤ 调试链接后的应用。

一个完整的 8051 工具集的框图可以非常好地说明整个开发流程,如图 2-1 所示。

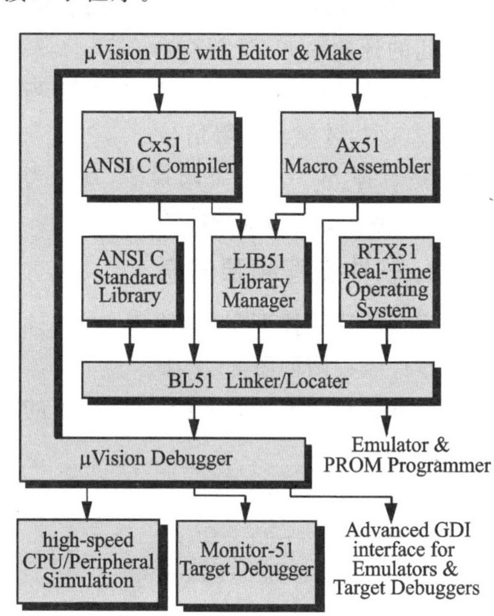

图 2-1 软件开发流程

2.4　KEIL Cx51 编程实例

1. 实例的技术要求

输入+5 V TTL 脉冲信号,对其进行获取及处理。

① 设有 8 个微动开关 W1～W8。

➢ W1,W2 组成 4 个状态,决定采样时间 t。采样时间的单位为秒。

状态	00	01	10	11
$t=$	2	4	6	8

➢ W3,W4,W5 组成 8 个状态,决定报警阈 S。

状态	000	001	010	011	100	101	110	111
$S=$	50	100	150	200	250	300	350	400

➢ W6 为报警方式选择 SC。

SC=0 为上阈报警,SC=1 为下阈报警。

② 开机后机器开始计数,采样时间以设置的 t 值进行计算,计数完毕后求出单位时间的计数率 N(计数/秒)。

③ 选择 SC=0 为上阈报警,判断当 $N \leqslant S$ 时发出报警信号,一直报警到 $N > S+0.2$ s 时,才撤消报警信号。

④ 选择 SC=1 为下阈报警,判断当 $N \geqslant S$ 时发出报警信号,一直报警到 $N < S-0.2$ s 时,才撤消报警信号。

2. 软件流程和源程序

根据所述的技术要求,使用 P1 口输入 8 位微动开关值。采用 P3.1 为高时报警。软件流程图如图 2-2 所示。

根据流程图编程的 KEIL Cx51 下的源程序 MZMFR.C 如下:

```
/* This program is a example */
                                                /* item1 */
#include < reg51.h >                            /* item2 */
#define uint unsigned int
#define uchar unsigned char

uchar bdata FLAG;
sbit FLAG1 = FLAG^1;
```

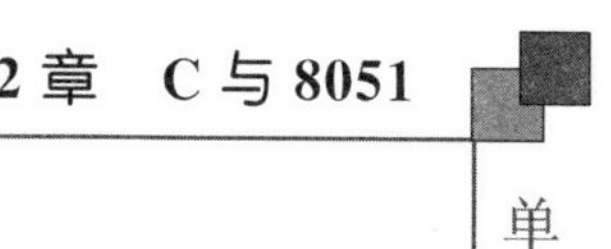

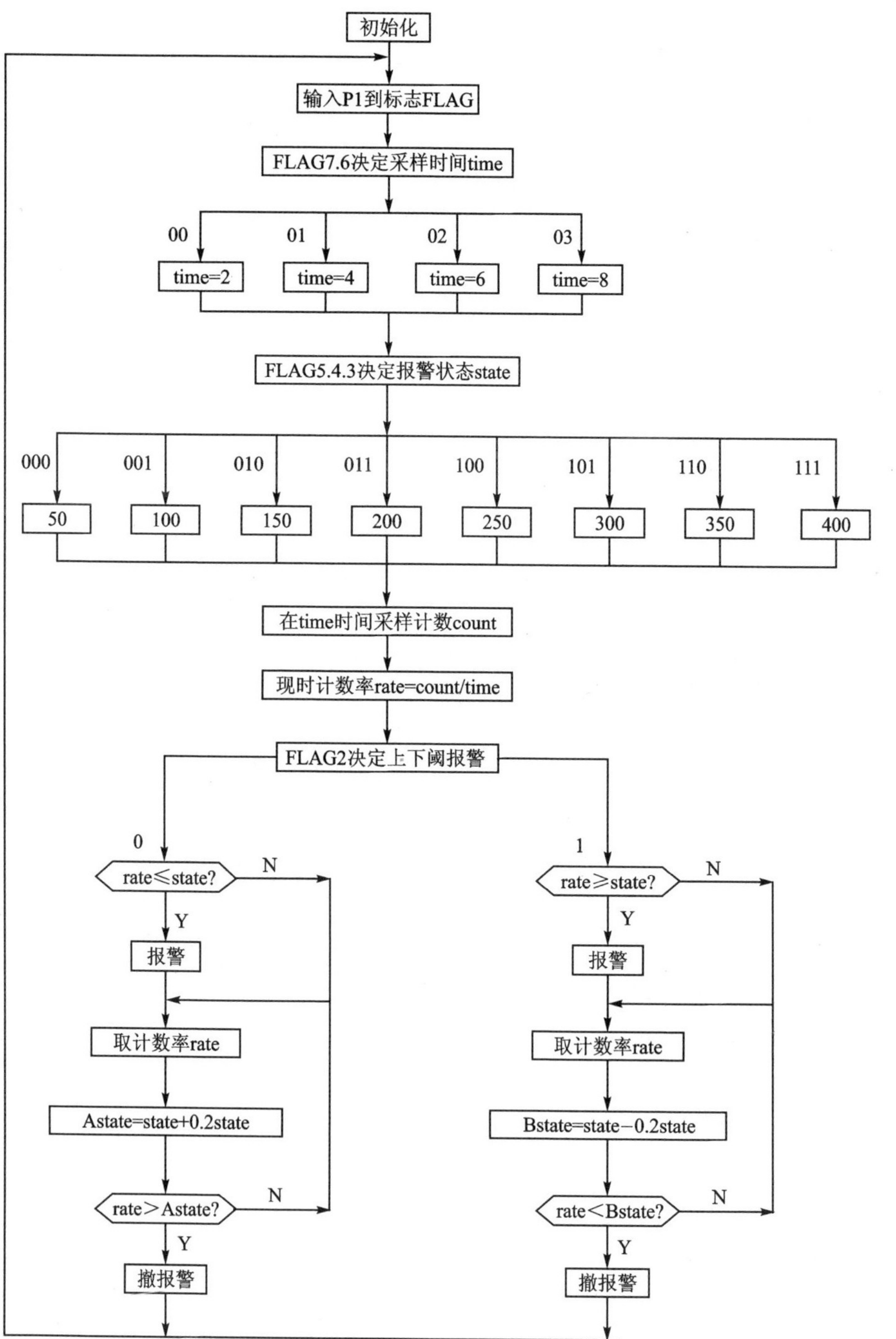
初始化
输入P1到标志FLAG
FLAG7.6决定采样时间time
00
01
02
03
time=2
time=4
time=6
time=8
FLAG5.4.3决定报警状态state
000
001
010
011
100
101
110
111
50
100
150
200
250
300
350
400
在time时间采样计数count
现时计数率rate=count/time
FLAG2决定上下阈报警
0
1
rate≤state?
N
Y
报警
取计数率rate
Astate=state+0.2state
rate>Astate?
N
Y
撤报警
rate≥state?
N
Y
报警
取计数率rate
Bstate=state−0.2state
rate<Bstate?
N
Y
撤报警

图2-2 软件流程图

```
sbit FLAG2 = FLAG^2;
sbit P1_1 = P1^1;
uchar data time,Dtime,Btime;
uint fetch_rate(void);                    /* item3 */

main(){                                   /* item4 */
  char bdata JFLAG;
  uint data state,Astate,Bstate,rate;     /* item 5 */
  do {
    P1 = 0xFF;                            /* item6 */
    FLAG = P1;
    TXD = 0;                              /* P3.1 */
    JFLAG = FLAG >> 6;
    JFLAG = JFLAG&0x03;
    switch(JFLAG) {
      case 0:
          time = 2;Dtime = 20;break;
      case 1:
          time = 4;Dtime = 40;break;
      case 2:
          time = 6;Dtime = 60;break;
      case 3:
          time = 8;Dtime = 80;break;
    }
    Btime = Dtime;
    JFLAG = FLAG >> 3;JFLAG = JFLAG&0x07;
    switch(JFLAG) {
      case 0:
          state = 50;break;               /* item7 */
      case 1:
          state = 100;break;
      case 2:
          state = 150;break;
      case 3:
          state = 200;break;
      case 4:
          state = 250;break;
      case 5:
          state = 300;break;
```

```
        case 6:
            state = 350;break;
        case 7:
            state = 400;break;
        }
        FLAG1 = 0;
        TMOD = 0x51;
        TH1 = 0;
        TL1 = 0;
        TH0 = 0x3C;
        TL0 = 0xB0;
        TR0 = 1;
        TR1 = 1;
        ET0 = 1;
        EA = 1;
        rate = fetch_rate();                    /* item8 */
        if (! FLAG2) {
          Astate = state + 2 * state/10;
          if (rate <= state) {
            TXD = 1;
            do {
              rate = fetch_rate();
            }while(rate <= Astate);
            TXD = 0;
          }
        }
        else {
          Bstate = state - 2 * state/10;
          if (rate >= state) {
            TXD = 1;
            do {
              rate = fetch_rate();
            }while(rate >= Bstate);
            TXD = 0;
          }
         }
        }while(1);
}
unsigned int fetch_rate(){                      /* item9 */
```

```
                                        /* item10 */
    uint count;
    do{ }while(!FLAG1);
    FLAG1 = 0;
    count = TH1 * 256 + TL1;
    TH1 = 0;
    TL1 = 0;
    Dtime = Btime;
    return(count/time);                 /* item11 */
  }                                     /* item12 */

  timer0 () interrupt 1 using 1 {
    TH0 = 0x3C;
    TL0 = 0xB0;
    Dtime = Dtime - 1;
    if(Dtime = = 0) {FLAG1 = 1;}
  }
```

其中 reg51.h 文件定义了所有 8051 的特殊功能寄存器及中断。使用 6 MHz 晶振，每100 ms中断一次，采样时间 time 秒，Btime 为 Dtime 的保留值，是采样时间内应发生中断的次数。中断服务程序判断采样时间到设置标志位 FLAG1。fetch_rate() 在采样时间到后，取采样的计数值 count，求计数率，返回值为 rate。程序应循环到取微动开关前，以便能判断开关设置值的变化，随时修改门限值及上下阈报警。

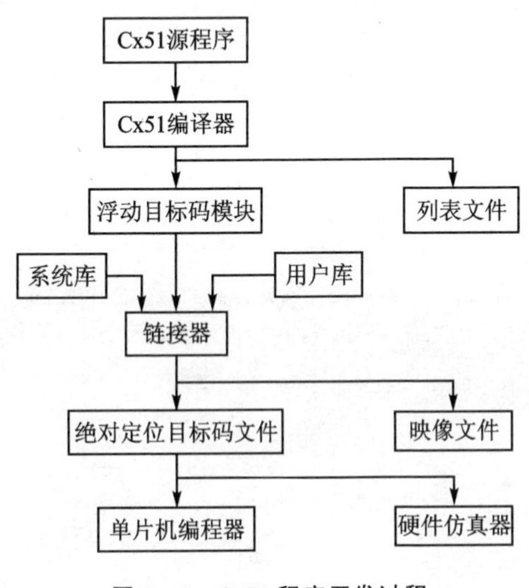

图 2-3　Cx51 程序开发过程

Cx51 源程序是一个 ASCII 文件，可以用任何标准的 ASCII 文本编辑器来编写，例如：记事本、写字板等。其书写格式自由度较高，灵活性很强，有较大的任意性。程序开发过程如图 2-3 所示。程序要点如下：

① 一般情况下，每个语句占用一行。

② 不同结构层次的语句，从不同的起始位置开始，即在同一结构层次中的语句，缩进同样的字数。

③ 表示结构层次的大括号通常写在该结构语句第一字母的下方，与结构化语句对齐，并占用一行。

2.5 Cx51程序结构

Cx51程序结构与一般C语言没有什么差别。一个Cx51程序大体上是一个函数定义的集合,在这个集合中仅有一个名为main的函数(主函数)。主函数是程序的入口,主函数中的所有语句执行完毕,则程序执行结束。下面配合实例用item说明。

函数定义[item9]由类型、函数名、参数表和函数体4部分组成。函数名是一个标识符,标识符都是大小写可区别的,最长为255个字符。参数表是用圆括号括起来的若干参数,项与项之间用逗号隔开。函数体[item10][item12]是用大括号括起来的若干C语句,语句与语句之间用分号隔开,最后一个语句一般是return(在主函数中可以省略)[item11]。每一个函数都返回一个值。该值由return语句中的表达式指定(省略时为零)。函数的类型就是返回值的类型,函数类型(除整型外)均需在函数名前加以指定。

Cx51函数的一般格式如下:

```
类型  函数名(数据类型 形式参数,数据类型   形式参数,……)
{
    数据说明部分;
    执行语句部分;
}
```

一个函数在程序中可以3种形态出现:函数定义、函数调用和函数说明。函数定义[item9]相当于汇编中的一般子程序。函数调用[item8]相当于调用子程序的CALL语句,在C语言中,更普遍地规定函数调用可以出现在表达式中。函数定义和函数调用不分先后,但若调用在定义之前,那么在调用前必须先进行函数说明。函数说明[item3]是一个没有函数体的函数定义,而函数调用则要求有函数名和实参数表。

Cx51中函数分为两大类:一类是库函数;一类是用户定义函数。库函数是Cx51在库文件中已定义的函数,其函数说明在相关的头文件中。这类函数,用户在编程时只要用include预处理指令将头文件包含在用户文件[item2]中,直接调用即可。用户函数是用户自己定义、自己调用的一类函数。从某种意义上来看,C编程实际上是对一系列用户函数的定义。

关于Cx51程序的编程要点,配合实例用如下item说明。

① C语言是由函数构成的。一个C源程序至少包含一个函数(main)[item4],也可以包含一个main函数和若干其他函数。因此,函数是C程序的基本单位。被调用的函数可以是编译器提供的库函数,也可以是用户根据需要自己编写的函数。

② 一个函数由两部分组成。

第一部分：函数说明部分[item9]。它包括函数名、函数类型、函数属性、函数参数(形参)名和形式参数类型。一个函数名后面必须跟一个圆括号，函数参数可以没有，如main()[item4]。

第二部分：函数体，即函数说明部分下面的大括号{…}内的部分。如果一个函数内有多个大括号，则最外层的一对{ }为函数体的范围，如[item10][item12]。

函数体一般包括变量定义[item5]和由若干语句组成的执行部分。当然，在某些情况下也可以没有变量定义部分，甚至可以既无变量定义部分，也无执行部分。

③ 一个C程序总是从main函数[item4]开始执行的，而不论main函数在整个程序中的位置如何。

④ C程序书写格式自由，一行内可以写几个语句[item7]，一个语句可以分写在多行上。C程序无行号。

⑤ 每个语句和数据定义的最后必须有一个分号[item6]。分号是C语句的必要组成部分。分号不可少，即使是程序中最后一个语句也应包含分号。

⑥ C语言本身没有输入/输出语句，输入和输出的操作是由库函数scanf和printf等函数来完成的。C语言对输入/输出实行“函数化”。

⑦ 可以用/ * … * /[item1]对C程序中的任何部分作注释。一个好的、有使用价值的源程序都应当加上必要的注释，以增强程序的可读性。

习题二

1. C语言的优点是什么？
2. 写出一个Cx51程序的构成。
3. C语言程序主要的结构特点是什么？
4. C语言以函数为程序的基本单位。这有什么好处？
5. 为什么本书中不包括BASIC例子和PL/M例子？
6. 为什么当前会出现以C语言取代汇编语言的发展趋势？
7. 结合使用的C编译系统说明C语言程序的开发过程。

第3章 Cx51数据与运算

3.1 数据与数据类型

数据——具有一定格式的数字或数值叫做数据。数据是计算机操作的对象。不管使用何种语言、何种算法进行程序设计，最终在计算机中运行的只有数据流。

数据类型——数据的不同格式叫做数据类型。

数据结构——数据按一定的数据类型进行的排列、组合及架构称为数据结构。

Cx51 提供的数据结构是以数据类型的形式出现的，Cx51 的数据类型如图 3-1 所示。

Cx51 编译器具体支持的数据类型有：位型（bit）、无符号字符型（unsigned char）、有符号字符型（signed char）、无符号整型（unsigned int）、有符号整型（signed int）、无符号长整型（unsigned long）、有符号长整型（signed long）、浮点型（float）和指针型等，如表 3-1 所列。

编译的数据类型（如结构）包含表 3-1所列的数据类型。由于 8051 系列是 8 位机，因而不存在字节对齐问题。这意味着数据结构成员是顺序放置的。

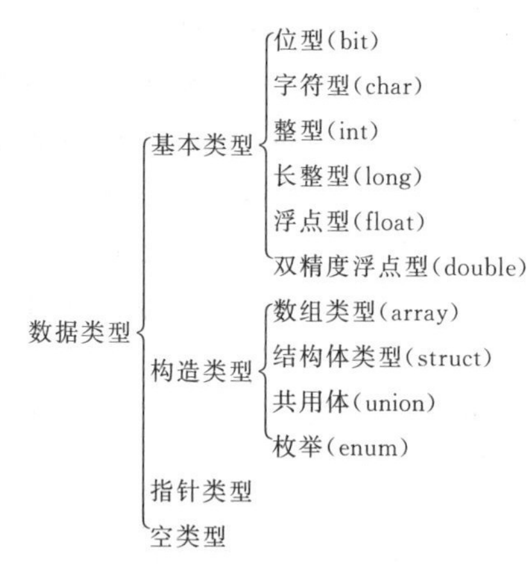

图 3-1　Cx51 的数据类型

数据类型的转换：当计算结果隐含着另外一种数据类型时，数据类型可以自动进行转换。例如，将一个位变量赋给一个整型变量时，位型值自动转换为整型值，有符号变量的符号也能自动进行处理。这些转换也可以用 C 语言的标准指令进行人工转换。

表3-1 KEIL Cx51的数据类型

数据类型	长度/bit	长度/Byte	值 域
bit	1	…	0、1
unsigned char	8	1	0～255
signed char	8	1	－128～127
unsigned int	16	2	0～65 535
signed int	16	2	－32 768～32 767
unsigned long	32	4	0～4 294 967 295
signed long	32	4	－2 147 483 648～2 147 483 647
float	32	4	±1.176E－38～±3.40E＋38(6位数字)
double	64	8	±1.176E－38～±3.40E＋38(10位数字)
一般指针	24	3	存储空间 0～65 535

3.2 常量与变量

C语言中的数据有常量、变量之分。

常量——在程序运行的过程中,其值不能改变的量称为常量。与变量一样,常量可以有不同的数据类型。如0、1、2、－3为整型常量;4.6、－1.23等为实型常量;'a'、'b'为字符型常量。可以用一个标识符号代表一个常量,例如下面程序中的CONST。

变量——在程序运行中,其值可以改变的量称为变量。一个变量主要由两部分构成:一个是变量名,一个是变量值。每个变量都有一个变量名,在内存中占据一定的存储单元(地址),并在该内存单元中存放该变量的值。

下例为对符号常量和变量进行说明。

```
#define CONST 60
main( ) {
  int variable,result;
  variable = 20;
  result = variable * CONST;
  printf("result = %d\n",result);
}
```

程序运行结果:

```
result = 1200
```

在程序开头 #define CONST 60 这一行定义了一个符号常量CONST,其值为60。这样在后面的程序中,凡是出现CONST的地方,都代表常量60。

在程序中,variable和result就是变量。它们的数据类型为整型(int)。

注意：符号常量与变量的区别在于，符号常量的值在其作用域(本例中为主函数)中，不能改变，也不能用等号赋值。习惯上，总将符号常量名用大写，变量名用小写，以示区别。

与面向数学运算的计算机相比，8051 系列单片机对变量类型或数据类型的选择更具有关键性的意义。在表 3-1 所列出的数据类型中，只有 bit 和 unsigned char 两种数据类型可以直接支持机器指令。对于 C 这样的高级语言，不管使用何种数据类型，虽然某一行程序从字面上看，其操作十分简单，但实际上系统的 C 编译器需要用一系列机器指令对其进行复杂的变量类型、数据类型的处理。特别是当使用浮点变量时，将明显地增加运算时间和程序的长度。当程序必须保证运算精度时，C 编译器将调用相应的子程序库，把它们加到程序中去。然而许多不熟练的程序员，在编写 C 程序时往往会使用大量的、不必要的变量类型。这将导致 C 编译器相应地增加所调用的库函数的数量，以处理大量增加的变量类型。这最终会使程序变得过于庞大，运行速度减慢，甚至会因此在链接(link)时出现因程序过大而装不进代码区的情况。所以必须特别慎重地进行变量和数据类型的选择。

位变量(bit)——变量的类型是位，位变量的值可以是 1(true)或 0(false)。与 8051 硬件特性操作有关的位变量必须定位在 8051 CPU 片内存储区(RAM)的可位寻址空间中。

字符变量(char)——字符变量的长度为 1 字节(Byte)即 8 位。这很适合 8051 单片机，因为 8051 单片机每次可处理的数据也为 8 位。除非指明是有符号变量(signed char)，无符号字符变量(unsigned char)的值域是0～255。对于有符号的变量，最具有重要意义的位是最高位上的符号标志位(msb)，在此位上，1 代表"负"，0 代表"正"。有符号字符变量和无符号字符变量在表示 0～127 的数值时，其含义是一样的，都是 0～0x7F。负数一般用补码表示，即用 11111111 表示-1，用 11111110 表示-2 等。有趣的是，这与二进制计算中，用 0 减 1 和用 0 减 2 所得的结果是一样的。当进行乘除法运算时，符号问题就变得十分复杂，而 C 编译器会自动地将相应的库函数调入程序中来解决这个问题。

整型变量(int)——整型变量的长度为 16 位。与 8080 和 8086 CPU 系列不同，8051 系列 CPU 将 int 型变量的 msb 存放在低地址字节。有符号整型变量(signed int)也使用 msb 位作为标志位，并使用二进制的补码表示数值。可直接使用几种专用的机器指令来完成多字节的加、减、乘、除运算。

地址	⋮
+0	0x12
+1	0x34
	⋮

图 3-2 整型变量存储方式

整型变量值 0x1234 以图 3-2 所示的方式保存在内存中。

长整型变量(long int)——长整型变量的长度是 32 位，占用4 字节(Byte)，其他方面与整型变量(int)相似。

长整型变量(long int)值 0x12345678 以图 3-3 所示的方式保存在内存中。

浮点型变量(float)——浮点型变量为32位,占4字节。许多复杂的数学表达式都采用浮点变量数据类型。它用符号位表示数的符号,用阶码和尾数表示数的大小。用它们进行任何数学运算都需要使用由编译器决定的各种不同效率等级的库函数。KEIL Cx51的浮点变量数据类型的使用格式与IEEE—754标准(32)有关,具有24位精度,尾数的高位始终为“1”,因而不保存。位的分布为:1位符号位、8位指数位、23位尾数。

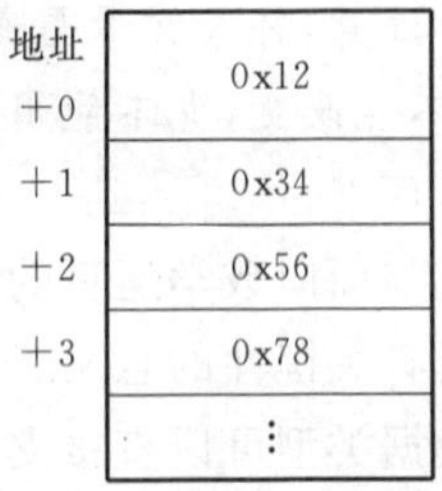

地址	
+0	0x12
+1	0x34
+2	0x56
+3	0x78
	⋮

图3-3 长整型变量存储方式

符号位是最高位,尾数为最低的23位,内存中按字节存储如下:

地 址	+0	+1	+2	+3
内 容	SEEE EEEE	EMMM MMMM	MMMM MMMM	MMMMMMMM

其中,S:符号位,1表示负,0表示正;

E:阶码(在两个字节中)偏移为127;

M:23位尾数,最高位为“1”。

注意:字节的顺序和存储器大端/小端选择及编译器版本有关。

浮点变量值-12.5的十六进制为0xC1480000,按图3-4所示的方式保存于内存中。

下面就有符号/无符号(signed/unsigned)问题作一些说明。在编写程序时,如果使用signed和unsigned两种数据类型,那么就得使用两种格式类型的库函数。这将使占用的存储空间成倍增长。因此在编程时,如果只强调程序的运算速度而又不进行负数运算,则最好采用无符号(unsigned)格式。

无符号字符类型的使用:无论何时,应尽可能地使用无符号字符变量,因为它能直接被8051所接受。基于同样的原因,也应尽量使用位变量。有符号字符变量(signed char)虽然也只占用1字节,但需要进行额外的操作来测试代码的符号位。这无疑会降低代码效率。

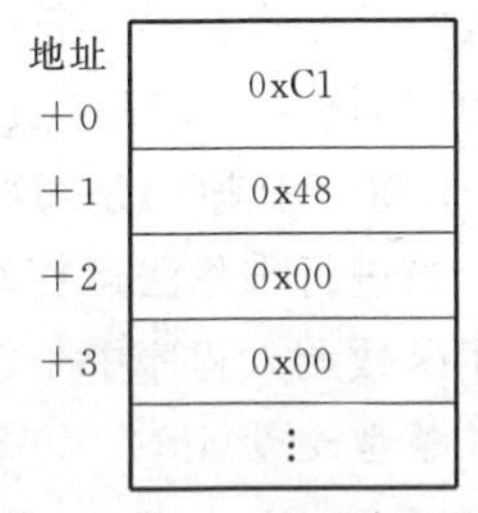

图3-4 浮点变量存储方式

最后要提到的是使用缩写形式定义数据类型。在编程时,为了书写方便,经常使用简化的缩写形式来定义变量的数据类型。其方法是在源程序开头使用#define语句。例如:

```
#define uchar unsigned char
#define uint unsigned int
```

这样,在以后的编程中,就可以用uchar代替unsigned char,用uint代替unsigned int来定义变量。

3.3　Cx51 数据的存储类型

在讨论 KEIL Cx51 的数据类型的时候，必须同时提及其存储类型及其与 8051 单片机存储器结构的关系，因为 KEIL Cx51 是面向 8051 系列单片机及其硬件控制系统的开发工具。它定义的任何数据类型必须以一定的存储类型的方式定位在 8051 的某一存储区中，否则便没有任何实际意义。8051 系列单片机存储器结构参见 1.2.2 小节。

在 8051 系列单片机中，程序存储器与数据存储器严格分开，特殊功能寄存器与片内数据存储器统一编址。这是单片机与一般微机的存储器结构有所不同的两个特点。

KEIL Cx51 编译器完全支持 8051 单片机的硬件结构，可完全访问 8051 硬件系统的所有部分。该编译器通过将变量、常量定义成不同的存储类型(data、bdata、idata、pdata、xdata、code)的方法，将它们定位在不同的存储区中。

存储类型与 8051 单片机实际存储空间的对应关系如表 3-2 所列。

当使用存储类型 data、bdata 定义常量和变量时，Cx51 编译器会将它们定位在片内数据存储区中(片内 RAM)。这个存储区根据 8051 单片机 CPU 的型号不同，其长度分别为 64、128、256 或 512 字节。以今天的标准来看，这个存储区不很大，但它能快速存取各种数据。外部数据存储器从物理上讲属于单片机的一个组成部分，但用这种存储器存放数据，在使用前必须将它们移到片内数据存储区中。片内数据存储区是存放临时性传递变量或使用频率较高的变量的理想场所。

表 3-2　Cx51 存储类型与 8051 存储空间的对应关系

存储类型	与存储空间的对应关系
data	直接寻址片内数据存储区，访问速度快(128 字节)
bdata	可位寻址片内数据存储区，允许位与字节混合访问(16 字节)
idata	间接寻址片内数据存储区，可访问片内全部 RAM 地址空间(256 字节)
pdata	分页寻址片外数据存储区(256 字节)，由 MOVX @R0 访问
xdata	片外数据存储区(64 KB)，由 MOVX @ DPTR 访问
code	代码存储区(64 KB)，由 MOVC @ DPTR 访问

当使用 code 存储类型定义数据时，Cx51 编译器会将其定义在代码空间(ROM 或 EPROM)。这里存放着指令代码和其他非易失信息。调试完成的程序代码被写入 8051 单片机的片内 ROM/EPROM 或片外 EPROM 中。在程序执行过程中，不会有信息写入这个区域，因为程序代码是不能进行自我改变的。

当使用 xdata 存储类型定义常量、变量时，Cx51 编译器会将其定位在外部数据存储空间(片外 RAM)。该空间位于片外附加的 8 KB、16 KB、32 KB 或 64 KB RAM 芯片中(如一般常用的 6264、62256 等)。其最大可寻址范围为 64 KB。在使用外部数据区的信息之前，必须用指令将它们移动到内部数据区中；当数据处理完之后,将结果返回到片外数据存储区。片外数据存储区主要用于存放不常使用的变量,或收集等待处理的数据,或存放要被发往另一台计算机的数据。

还有两种存储类型是 idata 和 pdata。

pdata:属于 xdata 类型。它的一字节地址(高 8 位)被妥善保存在 P2 口中,用于 I/O操作。

idata:可以间接寻址内部数据存储器(可以超过 127 字节)。

访问片内数据存储器(data、bdata、idata)比访问片外数据存储器(xdata、pdata)相对要快一些,因此可将经常使用的变量置于片内数据存储器,而将规模较大的,或不常使用的数据置于片外数据存储器中。Cx51 存储类型及其大小和值域如表 3-3 所列。

表 3-3 Cx51 存储类型及其大小和值域

存储类型	长度/bit	长度/Byte	值 域	
data	8	1	0～255	8 bit
idata	8	1	0～255	8 bit
pdata	8	1	0～255	8 bit
code	16	2	0～65 535	16 bit
xdata	16	2	0～65 535	16 bit

变量的存储类型定义举例:

```
char data var1;                              /* item1 */
bit bdata flags;                             /* item2 */
float idata x,y,z;                           /* item3 */
unsigned int pdata dimension;                /* item4 */
unsigned char xdata vector[10][4][4]         /* item5 */
```

item1:字符变量 char var1 被定义为 data 存储类型,Cx51 编译器将把该变量定位在 8051 片内数据存储区中(地址:00H～0FFH)。

item2:位变量 flags 被定义为 bdata 存储类型,Cx51 编译器将把该变量定位在 8051 片内数据存储区(RAM)中的位寻址区(地址:20H～2FH)。

item3:浮点变量 x、y、z 被定义为 idata 存储类型,Cx51 编译器将把该变量定位在 8051 片内数据存储区,并只能用间接寻址的方法进行访问。

item4:无符号整型变量 dimension 被定义为 pdata 存储类型,Cx51 将把该变量定位在片外数据存储区(片外 RAM),并用操作码 MOVX @Ri 访问。

item5:无符号字符三维数组变量 unsigned char vector[10][4][4]被定义为 xdata 存储类型,Cx51 编译器将其定位在片外数据存储区(片外 RAM)中,并占据 10×4×4=160 字节存储空间,用于存放该数组变量。

如果在变量定义时略去存储类型标志符，则编译器会自动选择默认的存储类型。默认的存储类型进一步由 SMALL，COMPACT 和 LARGE 存储模式指令限制。例如，若声明 char var1，则在使用 SMALL 存储模式下，var1 被定位在 DATA 存储区中；在使用 COMPACT 存储模式下，var1 被定位在 PDATA 存储区中；在使用 LARGE 存储模式下，var1 被定位在 XDATA 存储区中。

存储模式：存储模式决定了变量的默认存储类型、参数传递区和无明确存储类型说明变量的存储类型。

在固定的存储器地址上进行变量的传递，是 Cx51 的标准特征之一。在 SMALL 模式下，参数传递是在片内数据存储区中完成的。LARGE 和 COMPACT 模式允许参数在外部存储器中传递。Cx51 同时也支持混合模式，例如，在 LARGE 模式下，生成的程序可将一些函数放入 SMALL 模式中，从而加快执行速度。

关于存储模式的详细说明如表 3－4 所列。

表 3－4　存储模式及说明

存储模式	说　明
SMALL	参数及局部变量放入可直接寻址的片内存储器(最大 128 字节，默认存储类型是 DATA)，因此访问十分方便。另外所有对象，包括栈，都必须嵌入片内 RAM。栈长很关键，因为实际栈长依赖于不同函数的嵌套层数
COMPACT	参数及局部变量放入分页片外存储区(最大 256 字节，默认的存储类型是 PDATA)，通过寄存器 R0 和 R1(@R0，@R1)间接寻址，栈空间位于 8051 系统内部数据存储区中
LARGE	参数及局部变量直接放入片外数据存储区(最大 64 KB，默认存储类型为 XDATA)，使用数据指针 DPTR 来进行寻址。用此数据指针进行访问效率较低，尤其是对两个或多个字节的变量，这种数据类型的访问机制直接影响代码的长度。另一不方便之处在于这种数据指针不能对称操作

Cx51 甚至允许在变量类型定义之前，指定存储类型。因此，定义 data char x 与定义char data x是等价的，但应尽量使用后一种方法。

3.4　8051 特殊功能寄存器(SFR)及其 Cx51 定义

8051 单片机片内有 21 个特殊功能寄存器(SFR)，分散在片内 RAM 区的高 128 字节中，地址为 80H～0FFH。对 SFR 的操作，只能用直接寻址方式。

8051 单片机中，除了程序计数器 PC 和 4 组通用寄存器组之外，其他所有的寄存器，均称为 SFR，并位于片内特殊寄存器区，每个 SFR 和其地址如表 3－5 所列。SFR 中有 11 个寄存器具有位寻址能力。这些寄存器的字节地址都能被 8 整除，即字节地址是以 8 或 0 为尾数的。

8051单片机的SFR如表3-5所列。

表3-5 8051特殊功能寄存器一览表

SFR	MSB			位地址/位定义				LSB	字节地址
B									F0H
ACC									E0H
PSW	D7	D6	D5	D4	D3	D2	D1	D0	D0H
	CY	AC	F0	RS1	RS0	OV	F1	P	
IP	BF	BE	BD	BC	BB	BA	B9	B8	B8H
	—	—	—	PS	PT1	PX1	PT0	PX0	
P3	B7	B6	B5	B4	B3	B2	B1	B0	B0H
	P3.7	P3.6	P3.5	P3.4	P3.3	P3.2	P3.1	P3.0	
IE	AF	AE	AD	AC	AB	AA	A9	A8	A8H
	EA	—	—	ES	ET1	EX1	ET0	EX0	
P2									A0H
SBUF									99H
SCON	9F	9E	9D	9C	9B	9A	99	98	98H
	SM0	SM1	SM2	REN	TB8	RB8	TI	RI	
P1									90H
TH1									8DH
TH0									8CH
TL1									8BH
TL0									8AH
TMOD	GATE	C/$\overline{T}$	M1	M0	GATE	C/$\overline{T}$	M1	M0	89H
TCON	8F	8E	8D	8C	8B	8A	89	88	88H
	TF1	TR1	TF0	TR0	IE1	IT1	IE0	IT0	
PCON	SMOD	—	—	—	GF1	GF0	FD	IDL	87H
DPH									83H
DPL									82H
SP									81H
P0									80H

为了能直接访问这些特殊功能寄存器，KEIL Cx51提供了一种自主形式的定义方法。这种定义方法与标准C语言不兼容，只适用于对8051系列单片机进行C编程。

这种定义的方法是引入关键字“sfr”，语法为：sfr sfr_name '=' int constant ';'**例**

```
sfr SCON = 0x98;          /* 串口控制寄存器地址 98H */
sfr TMOD = 0x89;          /* 定时器/计数器方式控制寄存器地址 89H */
```

注意：sfr后面必须跟一个特殊寄存器名，“=”后面的地址必须是常数，不允许带有运算符的表达式，这个常数值的范围必须在特殊功能寄存器地址范围内，位于0x80～0xFF之间。

8051系列单片机的寄存器数量与类型是极不相同的，因此建议将所有特殊的“sfr”定义放入一个头文件中。该文件应包括8051单片机系列成员中的SFR定义，可由用户自己用文本编辑器编写。

对SFR的16位数据的访问：在新的8051系列产品中，SFR在功能上经常组合为16位值。当SFR的高端地址直接位于其低端地址之后时，对SFR 16位值可以进行直接访问。例如8052的定时器2就是这种情况。为了有效地访问这类SFR，可使用关键字“sfr16”。16位SFR定义的语法与8位SFR相同，16位SFR的低端地址必须作为“sfr16”的定义地址。**例**

```
sfr16 T2 = 0xCC;          /* 定时器 2:T2 低 8 位地址 = 0CCH
                             T2 高 8 位地址 = 0CDH */
```

定义中名字后面不是赋值语句，而是一个SFR地址，高字节必须位于低字节之后。这种定义适用于所有新的SFR，但不能用于定时器/计数器0和1。

在典型的8051应用问题中，经常需要单独访问SFR中的位，Cx51的扩充功能使之成为可能。特殊位(sbit)的定义，像SFR一样不与标准C兼容，使用关键字“sbit”可以访问位寻址对象。

与SFR定义一样，用关键字“sbit”定义某些特殊位，并接受任何符号名，“=”号后将绝对地址赋给变量名。这种地址分配有3种方法。

第一种方法：sfr_name '^' int_constant

当特殊寄存器的地址为字节(8位)时，可使用这种方法。sfr_name必须是已定义的SFR的名字。'^'后的语句定义了基地址上的特殊位的位置。该位置值必须是0～7的数。**例**

```
sfr PSW = 0xD0;           /* 定义 PSW 寄存器地址为 0xD0 */
sbit OV = PSW^2;          /* 定义 OV 位为 PSW.2,地址为 0xD2 */
sbit CY = PSW^7;          /* 定义 CY 位为 PSW.7,地址为 0xD7 */
```

第二种方法：int_constant^int_constant

这种方法以一个整常数作为基地址。该值必须在0x80～0xFF之间，并能被8整除，确定位置的方法同上。**例**

```
sbit OV = 0xD0^2;         /* OV 位地址为 0xD2 */
sbit CY = 0xD0^7;         /* CY 位地址为 0xD7 */
```

第三种方法：int_constant

这种方法将位的绝对地址赋给变量,地址必须位于0x80~0xFF之间。**例**

```
sbit OV = 0xD2;
sbit CY = 0xD7;
```

特殊功能位代表了一个独立的定义类,不能与其他位定义和位域互换。

3.5 8051并行接口的Cx51定义

使用Cx51进行编程时,8051片内I/O口与片外扩展I/O口可以统一在头文件中定义,也可以在程序中(一般在开始的位置)进行定义。

对于8051片内I/O口用关键字sfr来定义。**例**

```
sfr P0 = 0x80;                    /* 定义P0口,地址80H */
sfr P1 = 0x90;                    /* 定义P1口,地址90H */
```

对于片外扩展I/O口,则根据其硬件译码地址,将其视为片外数据存储器的一个单元,使用#define语句进行定义。**例**

```
#include <absacc.h>
#define PORTA XBYTE [0xffc0]   /* 将PORTA定义为外部I/O口,地址为0xffc0,长度为8
                                  位 */
```

一旦在头文件或程序中对这些片内外I/O口进行定义以后,在程序中就可以自由使用这些口了。

定义口地址的目的是为了便于Cx51编译器按8051实际硬件结构建立I/O口变量名与其实际地址的联系,以便使程序员能用软件模拟8051的硬件操作。

标准8051的端口没有数据方向寄存器。P1、P2和P3口都有内部上拉,都可以作为输入或输出。写端口就是写一个要在端口引脚出现的值;而读端口,必须先写一个1到所需的端口位(1也是芯片RESET后的初始值)。下面的样例程序显示如何读和写I/O引脚。

```
sfr P1 = 0x90;                       // P1的SFR定义
sfr P3 = 0xB0;                       // P3的SFR定义
sbit DIPswitch = P1^4;               // P1口位4的DIP开关输入
sbit greenLED = P1^5;                // P1口位5的绿LED输出

void main (void) {
  unsigned char inval;
  inval = 0;                         // inval的初始化值
  while (1) {
      if (DIPswitch == 1) {          // 检查P1.4输入是否为高
        inval = P1 & 0x0F;           // 从P1读位0~3
        greenLED = 0;                // 置P1.5输出为低
```

```
        }
        else {                              // 若 P1.4 输入为低
          greenLED = 1;                     // 置 P1.5 输出为高
        }
        P3 = (P3 & 0xF0) | inval;          // 值输出到 P3.0～P3.3
    }
}
```

3.6　位变量(BIT)的Cx51定义

除了通常的C数据类型外，Cx51编译器支持bit数据类型，下面对此进行说明。

① 位变量的Cx51定义的语法及语义如下：

```
bit direction_bit;              /* 将 direction_bit 定义为位变量 */
bit lock_pointer;               /* 将 lock_pointer 定义为位变量 */
bit display_invers;             /* 将 display_invers 定义为位变量 */
```

② 函数可包含类型为bit的参数，也可以将其作为返回值。**例**

```
bit func(bit b0,bit b1)
{ /* … */
return (b1);
}
```

注意：使用禁止中断(#pragma disable)或包含明确的寄存器组切换(using n)的函数不能返回位值，否则编译器将会识别出来，并返回一个错误信息。

③ 对位变量定义的限制：位变量不能定义成一个指针，如不能定义bit * bit_pointer。

不存在位数组，如不能定义bit b_array[ ]。

在位定义中，允许定义存储类型，位变量都被放入一个位段，此段总位于8051内部RAM中，因此存储类型限制为DATA或IDATA。如果将位变量的存储类型定义成其他类型，都将导致编译出错。

④ 可位寻址对象：可位寻址对象指可以字节或位寻址的对象。该对象应位于8051片内可位寻址RAM区中，Cx51编译器允许数据类型为idata的对象放入8051片内可位寻址RAM区中。先定义变量的数据类型和存储类型：

```
bdata int ibase,                /* ibase 定义为 bdata 整型变量 */
bdata char bary[4];             /* bary [4]定义为 bdata 字符型数组 */
```

然后可使用"sbit"定义可独立寻址访问的对象位，即：

```
sbit mybit0 = ibase^0;              /* mybit0 定义为 ibase 的第 0 位 */
sbit mybit15 = ibase^15;            /* mybit15 定义为 ibase 的第 15 位 */
sbit Ary07 = bary[0]^7;             /* Ary07 定义为 bary[0] 的第 7 位 */
sbit Ary37 = bary[3]^7;             /* Ary37 定义为 bary[3] 的第 7 位 */
```

对象"ibase"和"bary"也可以字节寻址。**例**

```
Ary37 = 0;                          /* bary[3]的第 7 位赋值为 0 */
bary[3] = 'a';                      /* 字节寻址:bary[3]赋值为'a' */
```

sbit定义要求基址对象的存储类型为bdata,否则只有绝对的特殊位定义(sbit)是合法的。位置('^'操作符)后的最大值依赖于指定的基类型,对于char/uchar而言是0～7;对于int/uint而言是0～15;对于long/ulong而言是0～31。

3.7 Cx51运算符、表达式及其规则

3.7.1 Cx51算术运算符及其表达式

1. Cx51最基本的五种算术运算符

\+ 加法运算符,或正值符号;

\- 减法运算符,或负值符号;

* 乘法运算符;

/ 除法运算符;

% 模(求余)运算符。例如9%5,结果是9除以5所得的余数4。

2. 算术表达式、优先级与结合性

算术表达式——用算术运算符和括号将运算对象连接起来的式子称为算术表达式。其中的运算对象包括常量、变量、函数、数组和结构等。**例**

a+b;　　　　　　　　a*(b+c)-(d-e)/f;

a+b*c/d;　　　　　　a+b/c-2.5+'b';

C语言规定了算术运算符的优先级和结合性。

优先级——指当运算对象两侧都有运算符时,执行运算的先后次序。按运算符优先级别的高低顺序执行运算。

结合性——指当一个运算对象两侧的运算符的优先级别相同时的运算顺序。

算术运算符的优先级规定为:先乘除模,后加减,括号最优先。即在算术运算符中,乘、除、模运算符的优先级相同,并高于加减运算符。在表达式中若出现括号,则括号中的内容优先级最高。**例**

a+b/c　　在这个表达式中，除号的优先级高于加号，故先运算 b/c 所得的结果，之后再与 a 相加。

(a+b)*(c-d)-e　　该表达式中，括号优先级最高，符号"*"次之，减号优先级最低，故先运算(a+b)和(c-d)，然后再将二者结果相乘，最后再与 e 相减。

算术运算符的结合性规定为自左至右方向，又称为"左结合性"，即当一个运算对象两侧的算术运算符优先级别相同时，运算对象先与左面的运算符结合。**例**

a+b-c　式中 b 两边是"+"、"-"运算符，优先级别相同，则按左结合性，先执行 a+b，再与 c 相减。

下面再介绍强制类型转换运算符"()"。

如果一个运算符的两侧的数据类型不同，则必须通过数据类型转换，将数据转换成同种类型。转换的方式有两种。

一种是自动(默认)类型转换，即在程序编译时由 C 编译自动进行数据类型转换。如图 3-5 所示为自动数据类型转换规则，图中横向向左箭头表示必定的转换。如 char，int 变量同时存在时，则必定将 char 转换成 int 类型。当 float 与 double 类型共存时，在运算时一律先转换成 double 类型，以提高运算精度。图中纵向箭头表示当运算对象为不同类型时的转换方向。例如 int 与 long 型数据进行运算时，先将较低类型 int 转成较高的类型 long，然后再进行运算，结果为 long 类型。一般来说，当运算对象的数据类型不相同时，先将较低的数据类型转换成较高的数据类型，运算的结果为较高的数据类型。

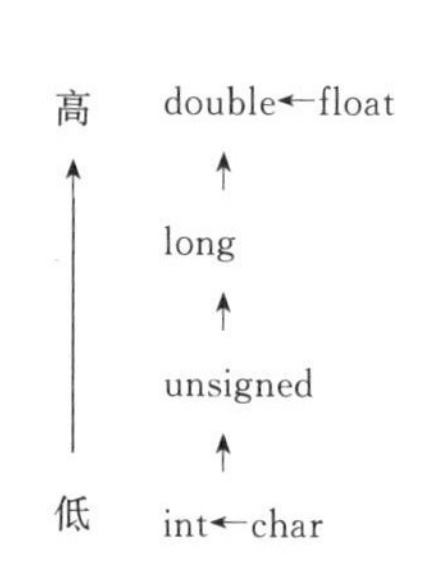

图 3-5　自动数据类型转换规则

另一种数据类型的转换方式为强制类型转换，需要使用强制类型转换运算符，其形式为

(类型名)(表达式);

如下例：

(double) a　　将 a 强制转换成 double 类型。

(int) (x+y)　　将 x+y 的值强制转换成 int 类型。

(float) (5%3)　　将模运算 5%3 的值强制转换成 float 类型。

使用强制转换类型运算符后，运算结果被强制转换成规定的类型。**例**

```
unsigned char x,y;
unsigned int z;
z = x + (unsigned int)y;
z = (unsigned int)x * y;
```

这样的加法和乘法才能保证结果超过 1 字节时正确。

3.7.2 Cx51关系运算符、表达式及优先级

1. Cx51提供六种关系运算符

运算符	含义	优先级
<	小于	优先级相同(高)
>	大于	
<=	小于或等于	
>=	大于或等于	
==	测试等于	优先级相同(低)
!=	测试不等于	

2. 关系运算符的优先级

- 前4种关系运算符(<、>、<=、>=)优先级相同,后两种也相同;前4种优先级高于后两种。
- 关系运算符的优先级低于算术运算符。
- 关系运算符的优先级高于赋值运算符,如图3-6所示。

  例 c>a+b　　等效于　c>(a+b)

  a>b!=c　　等效于　(a>b)!=c

  a==b<c　　等效于　a==(b<c)

  a=b>c　　等效于　a=(b>c)

优先级

算术运算符　(高)

关系运算符

赋值运算符　(低)

图3-6　运算符的优先级

- 关系运算符的结合性为左结合。
- 关系表达式:用关系运算符将两个表达式(可以是算术表达式、关系表达式、逻辑表达式及字符表达式等)连接起来的式子,称为关系表达式。
- 关系表达式的结果:由于关系运算符总是二目运算符,故它作用在运算对象上产生的结果为一个逻辑值,即真或假。C语言以1代表真,以0代表假。

  例 若a=4,b=3,c=1,则

  a>b的值为真,表达式值为1;

  b+c<a的值为假,表达式值为0;

  (a>b)==c的值为真,表达式值为1(因为a>b值为1,等于c值);

  d=a>b,d的值为1;

  f=a>b>c,由于关系运算符的结合性为左结合,故a>b值为1;而1>c值为0,故f值为0。

3.7.3 Cx51逻辑运算符、表达式及优先级

Cx51提供3种逻辑运算符:

&& 逻辑“与”(AND);

|| 逻辑“或”(OR);

! 逻辑“非”(NOT)。

“&&”和“||”是双目运算符,要求有两个运算对象;而“!”是单目运算符,只要求有一个运算对象。

Cx51逻辑运算符与算术运算符、关系运算符和赋值运算符之间优先级的次序如图3-7所示。其中“!”(非)运算符优先级最高,算术运算符次之,关系运算符再次之,“&&”和“||”再再次之,最低为赋值运算符。

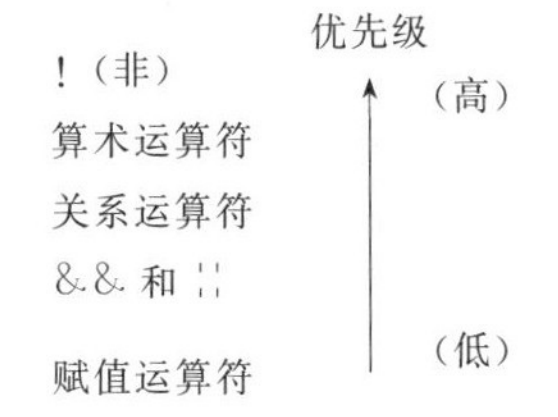

图3-7 优先级次序

- 逻辑表达式的结合性为自左向右。
- 逻辑表达式:用逻辑运算符将关系表达式或逻辑量连接起来的式子称为逻辑表达式。
- 逻辑表达式的值应该是一个逻辑量真或假。
- 逻辑表达式的值与关系表达式的值相同,以0代表假,以1代表真。

例 若a=4,b=5,则

! a	为假(0)。因为a=4为真,所以! a为假(0)。
a || b	为真(1)。因为a,b为真,所以两者相“或”也为真。
a&&b	为真(1)。
! a&&b	为假(0)。因为!优先级高于&&,故先执行! a,其值为假(0);而0&&b为0,故结果为假(0)。

通过上面的例子可以看出,系统给出的逻辑运算结果不是0就是1,不可能是其他值。这与后面讲到的位逻辑运算是截然不同的,应该注意区别逻辑运算与位逻辑运算这两个不同的概念。

在由多个逻辑运算符构成的逻辑表达式中,并不是所有逻辑运算符都被执行,只是在必须执行下一个逻辑运算符后才能求出表达式的值时,才执行该运算符。由于逻辑运算符的结合性为自左向右,所以对于运算符“&&”(逻辑“与”)来说,只有左边的值不为假(0)才继续执行右边的运算。对于运算符“||”(逻辑“或”)来说只有左边的值为假才继续进行右边的运算。例如:a=1,b=2,c=3,d=4,m,n原值为1。

表达式:(m=a>b) &&(n=c>d)

因为a>b为假(0),即m=0,故无须再执行右边的&&(n=c>d)运算,表达式值为假(0)。

表达式:(m=a>b) || (n=c>d)

因为a>b为假(0),即m=0,故需继续向右执行;又因为c>d为假(0),即n=0,两者相“或”(||),结果为0,故表达式值为0。

3.7.4 Cx51 位操作及其表达式

Cx51 提供了如下位操作运算符：

& 按位与；

| 按位或；

^ 按位异或；

~ 按位取反；

<< 位左移；

>> 位右移。

除了按位取反运算符"~"以外，以上位操作运算符都是两目运算符，即要求运算符两侧各有一个运算对象。

位运算符只能是整型或字符型数，不能为实型数据。

1. "按位与"运算符"&"

运算规则：参加运算的两个运算对象，若两者相应的位都为 1，则该位结果值为 1，否则为 0，即

0 & 0=0　　　　1 & 0=0

0 & 1=0　　　　1 & 1=1

例 若 a=54H=01010100B，b=3BH=00111011B 则表达式 c=a & b 的值为 10H，即

```
a:        01010100
b:  &     00111011
--------------------
c   =     00010000     (10H)
```

2. "按位或"运算符"|"

运算规则：参加运算的两个运算对象，若两者相应的位中有一个为 1，则该位结果为 1，即

0 | 0=0　　　　0 | 1=1

1 | 0=1　　　　1 | 1=1

例 若 a=30H=00110000B，b=0FH=00001111B 则表达式：c=a | b 的值为 3FH，即

```
a:    00110000
b: |  00001111
----------------
      00111111     (3FH)
```

3. "异或"运算符"^"

运算规则：参加运算的两个运算对象，若两者相应的位值相同，则结果为 0；若两

者相应的位值相异,则结果为1,即

0^0=0　　　　1^0=1

0^1=1　　　　1^1=0

例　若a=A5H=10100101B,b=37H=00110111B,则表达式: c=a^b的值为92H,即

```
 a:      10100101
^b:      00110111
-------------------
         10010010    (92H)
```

4. "按位取反"运算符"～"

"～"是一个单目运算符,用来对一个二进制数按位进行取反,即0变1,1变0。

例　若a=F0H=11110000B,则表达式: a=～a的值为0FH,即

```
a:   11110000
～
-------------------
     00001111     (0FH)
```

"～"运算符的优先级比别的算术运算符、关系运算符和其他运算符都高。例如: ～a&b的运算顺序为先做～a运算,再做&运算。

5. 位左移和位右移运算符(<<,>>)

位左移、位右移运算符"<<"和">>",用来将一个数的各二进制位的全部左移或右移若干位;移位后,空白位补0,而溢出的位舍弃。

例　若a=EAH=11101010B,则表达式: a=a<<2,将a值左移两位,其结果为A8H,即

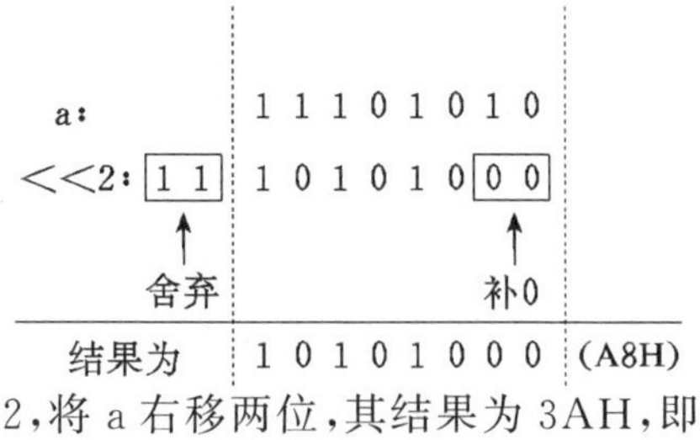

a:		1 1 1 0 1 0 1 0	
<<2:	[1 1] 舍弃	1 0 1 0 1 0 [0 0] 补0	
结果为		1 0 1 0 1 0 0 0	(A8H)

表达式: a=a>>2,将a右移两位,其结果为3AH,即

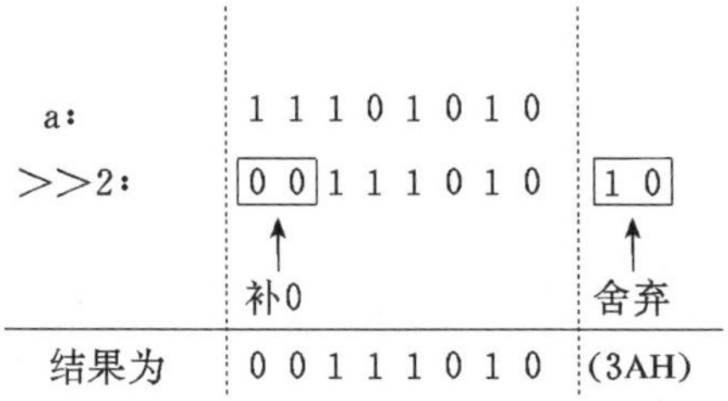

a:	1 1 1 0 1 0 1 0		
>>2:	[0 0] 补0 1 1 1 0 1 0	[1 0] 舍弃	
结果为	0 0 1 1 1 0 1 0		(3AH)

下面举一个利用位移运算符进行右循环移位的例子。

例　若a＝11000011B＝E3H，将a值右循环移两位。

a右循环n位，即将a中原来左面(8－n)位右移n位，而将原来右端的n位移到最左面n位。

上述问题可以由下列步骤来实现，即

① 将a的右端n位先放到b中的高n位中：b＝a＜＜(8－n)

② 将a右移n位，其左面高n位被补0：c＝a＞＞n

③ 将b,c进行"或"运算：a＝c ¦ b

对a进行循环右移二位的程序可这样编写：

```
main ( )
{
   unsigned char a = 0xc3,b,c;
   int n = 2;
   b = a << (8 - n);
   c = a >> n;
   a = c | b;
}
```

结果：循环右移前a＝11000011B；循环右移后a＝11110000B。

移位与数学运算：对于二进制数来说，左移一位相当于该数乘以2，而右移一位相当于该数除以2，利用这一性质可以用移位来做快速乘除法。例如，若要对某数乘以10，则使用这种方法将比直接做乘法更有效率，即先将该数左移两位再与该数本身相加，然后再左移一位。

移位运算并不能改变原变量本身，除非将移位的结果赋给另一变量，例如，x＝a＜＜3。

在控制系统中，位操作方式比算术方式使用更频繁。以8051片外I/O口为例，这种I/O口的字长为1字节(8位)。在实际控制应用中，人们常常想要改变I/O口中某一位的值而不影响其他位。当这个口的其他位正在点亮报警灯，或命令A/D转换器开始转换时，用这一位可以开动或关闭一部电动机。正像前面已经提过的那样，有些I/O口是可以位寻址的(例如8051片内I/O口)，但大多数片外附加I/O口只能对整个字节作出响应。因此要想在这些地方实现单独位控制(或线控制)就要采用位操作。**例**

```
#define PORTA XBYTE[0xffc0]
void main( )
{  ……
   PORTA = (PORTA & 0xbf) | 0x04;
   ……
}
```

在此程序片段中，第一行定义了一个片外 I/O 口变量 PORTA。其地址在片外数据存储区的 0xffc0 上。在 main( )函数中 PORTA＝(PORTA & 0xbf) | 0x04，作用是先用“&”运算符将 PORTA.6 位置成低电平，然后用 | 0x04 运算将 PORTA.2 位置成高电平。

下面再举一个使用位操作运算扫描识别键盘的例子。

图 3-8 所示为 8051 单片机与一个 4×4 键盘接口的扫描电路。

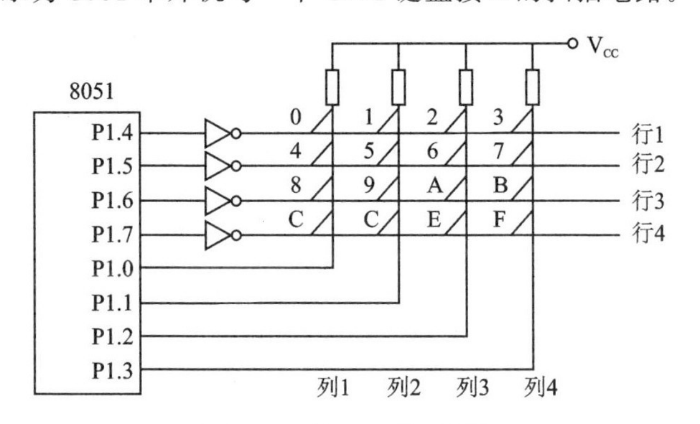

图 3-8　键盘扫描原理图

该电路直接扫描一个矩阵键盘，而不是使用编码芯片来完成键识别。在这些按规则进行行扫描的键盘矩阵上，每次只有一行电平被拉低。在逐次扫描拉低这些行的同时，读那些列的信息，在被拉低的行上被按下的按键所对应的列的位值为 0，而其他列的位值为高电平。如图中所示，8051 的 P1 口作为 4×4 键盘的接口。其中 P1 口的高 4 位作为行驱动线，而 P1 口的低 4 位作为列读入线。每隔 40 ms P1 口高 4 位的行驱动线被逐次拉低，以便避免键盘的颤动干扰，对用户的输入进行正确的识别。接下来程序所要做的工作就是测试输入的任何变化——新键的按下或旧键的释放。使用位操作运算，可以很容易地将这些变化识别出来。如表 3-6所列，该表显示了如何用位操作运算来识别键盘变化的过程。

表 3-6　使用位操作检测键值变化

键　值	P1.7	P1.6	P1.5	P1.4	P1.3	P1.2	P1.1	P1.0
原键值(old)	0	0	1	0	0	0	1	0
新键值(new)	0	1	0	0	0	0	0	1
原值“异或”新值(old^new)	0	1	1	0	0	0	1	1
新按键(old^new & new)	0	1	0	0	0	0	0	1
释放键(old^new & old)	0	0	1	0	0	0	1	0

表 3-6 中对于 P1 口的高 4 位，以 1 代表低电平，以 0 代表高电平；对于 P1 口的低 4 位(软件取反)，以 0 代表高电平，以 1 代表低电平；用新读入的值与原值进行比较

以测试新键的按下与旧键的释放。所编写的软件用来对硬件电平求反,以使逻辑电平更适合直接驱动硬件电路。

从表3-6中可以看出P1口原读入值为00100010。由于P1口高4位为行驱动线,按1为低电平,0为高电平的原则,此时硬件电路的第2列(P1.5)为低电平。由于P1口的低4位为列读入位值,按1为低电平,0为高电平的规定,则第2行第2列的键被按下。其键值为5。

根据同样的原理,对于新读入值01000001意味着此时第2行第2列键值为5的键被释放,而第3行第1列键值为8的键被按下。下面所进行的逻辑位操作也很好地说明了这一点。

在表3-6中P1口高4位(P1.7～P1.4)新值0100与原值0010说明扫描不同行,而新按键栏(位操作为old^new & new)和释放键栏(位操作为old^new & old)中P1口高4位为1的是扫描的行。对于读回列信息的P1口的低4位(P1.3～P1.0),新按键栏值为0001说明第一列(P1.0)有新键被按下;而释放键栏值为0010说明第2列(P1.1)有键被释放。因而低4位的逻辑操作可识别键的变化。

图3-9为键扫描程序流程图。

键扫描程序如下:

```
unsigned int old,new,push,rel,temp;
unsigned char clmn_pat;
void key (void){
  for (clmn_pat = 0x10;clmn_pat < > 0;clmn_pat << 1){   /* item1 */
    P1 = P1 & clmu_pat;
    P1 = P1 | 0x0f;
    new = (new << 4) | ((~P1)& 0x0f);                  /* item2 */
    }
     if ((temp = new^old) > 0) {                        /* item 3 */
       push = temp & new;
       rel = temp & old;
       old = new;
     }
}
```

item1:在程序中使用了for循环,详细内容将在第4章讨论。到发现变量clmn_pat变成0为止,这段程序将循环4次。变量clmn_pat的初值为0x10,在向左移动4次后,有1的位将变为0,变量clmn_pat的所有位的值将全为0。像汇编语言执行一个位移指令一样,一个<<指令逐次将所有移动的值填上0。

item2：读回列信息，4位一组，每行左移4位，共构成2字节无符号整数，可采用逻辑操作，很容易判别是否有键变化。

item3：Cx51允许"嵌入式赋值"，所以if测试中包含了对temp变量的赋值操作。可以不使用temp变量，但那样会产生更长的代码，因为如果不使用temp变量，则逻辑位操作将被迫执行3次。另外，请注意程序中"="与"=="的差别。"=="号将只对等式进行测试，而不进行任何赋值操作。

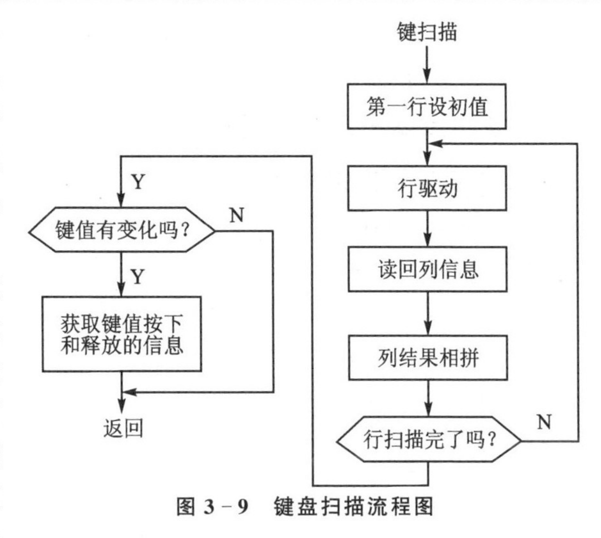

图3-9　键盘扫描流程图

3.7.5　自增减运算符、复合运算符及其表达式

1. 自增减运算符

自增减运算符的作用是使变量值自动加1或减1。如：

++i、--i　在使用i之前，先使i值加(减)1。

i++、i--　在使用i之后，再使i值加(减)1。

粗略地看，++i和i++的作用都相当于i=i+1，但++i和i++的不同之处在于++i先执行i=i+1，再使用i的值；而i++则是先使用i的值，再执行i=i+1。

例1　若i值原来为5，则

j=++i　j值为6，i值也为6；

j=i++　j值为5，i值为6。

例2　若i原值为3，则表达式k=(++i)+(++i)+(++i)的值为18，因为++i最先执行，先对表达式进行扫描，对i进行3次自加(++i)，则此时i=6，然后执行k=6+6+6=18，故k值为18。

对表达式k=(i++)+(i++)+(i++)，其结果是k值为9，而i值为6。这是因为先对i进行3次相加，再执行3次i的自加。

注意：

① 自增运算(++)和自减运算(--)只能用于变量，而不能用于常量表达式。

② (++)和(--)的结合方向是"自右向左"。

例 3　-i++相当于-(i++)，假如 i 原值为 3，则表达式 k=-i++，结果 k 值为-3，而i 值为 4。

2. 复合运算符及其表达式

凡是二目运算符，都可以与赋值运算符"="一起组成复合赋值运算符。Cx51 共提供了 10 种复合赋值运算符，即

+=，-=，*=，/=，%=，<<=，>>=，&=，^=，|=。

采用这种复合赋值运算的目的，是为了简化程序，提高 C 程序编译效率。如：

a+=b	相当于 a=a+b	a%=b	相当于 a=a%b
a-=b	相当于 a=a-b	a<<=8	相当于 a=a<<8
a*=b	相当于 a=a*b	a>>=8	相当于 a=a>>8
a/=b	相当于 a=a/b	……	等等

又如：PORTA &=0xf7 相当于 PORTA=PORTA & 0xf7。其作用是使用"&"位运算，将 PORTA.3 位置 0。

习题三

1. 哪些变量类型是 8051 单片机直接支持的？

2. 下面给出的数中哪些是错误的表示？在正确表示的数中指出整数或浮点，以及十进制、八进制或十六进制数。

1524；　0398；　-5.0；　241；　2.876；　043.2；　7f；　4.3E10；　0xff；　e-12；　8L；　0x8.d7；　4e5；　0x4e5；　25.0325；　-3.27521e-8；　0x372；　.0321；0；　0f35d。

3. 8051 主要的存储空间是什么？为什么两个 RAM 空间不同？

4. 编一段程序，把 8 位口新的输入值和前一次的输入值进行比较，然后产生一个 8 位数。这个数中的位为"1"的条件是：仅当新输入的位为"0"，而前一次输入的位为"1"。

5. C 中的类型是怎么分配的？什么是赋值操作？

6. 按给定的存储类型和数据类型，写出下列变量的说明形式。

up，down　整数，使用堆栈存储；

first，last　浮点小数，使用外部数据存储器存储；

cc，ch　字符，使用内部数据存储器存储。

7. 判断下列关系表达式或逻辑表达式的运算结果(1 或 0)。

① 10==9+1；　② 0&&0；　③ 10&&8；　④ 8‖0；

⑤ ！(3+2)；　⑥ 设 x=10，y=9；x>=8&&y<=x。

8. 设 x=4，y=8，说明下列各题运算后，x，y 和 z 的值分别是多少？

① z=(x++)*(--y)；　② z=(++x)-(y--)；

③ z=(++x)*(--y)；　④ z=(x++)+(y--)。

9. 分析下列运算表达式运算顺序。

① c=a ¦¦ (b)；　② x+=y-z；　③ -b>>2；

④ c=++a%b--；　⑤ ！m&n；　⑥ a<b ¦¦ c&d。

10. C 中哪一种操作有最高的优先级？

第4章

Cx51 流程控制语句

4.1 C 语言程序的基本结构及其流程图

C 语言是一种结构化编程语言。这种结构化语言有一套不允许交叉程序流程存在的严格结构。结构化语言的基本元素是模块。它是程序的一部分,只有一个出口和一个入口,不允许有偶然的中途插入或以模块的其他路径退出。结构化编程语言在没有妥善保护或恢复堆栈和其他相关的寄存器之前,不应随便跳入或跳出一个模块。因此使用这种结构化语言进行编程,当要退出中断时,堆栈不会因为程序使用了任何可以接受的命令而崩溃。

结构化程序由若干模块组成,每个模块中包含着若干个基本结构,而每个基本结构中可以有若干条语句。

归纳起来,C 语言有 3 种基本结构:顺序结构、选择结构、循环结构。

4.1.1 顺序结构及其流程图

顺序结构是一种最基本、最简单的编程结构。在这种结构中,程序由低地址向高地址顺序执行指令代码。如图 4-1 所示,程序先执行 A 操作,再执行 B 操作,两者是顺序执行的关系。

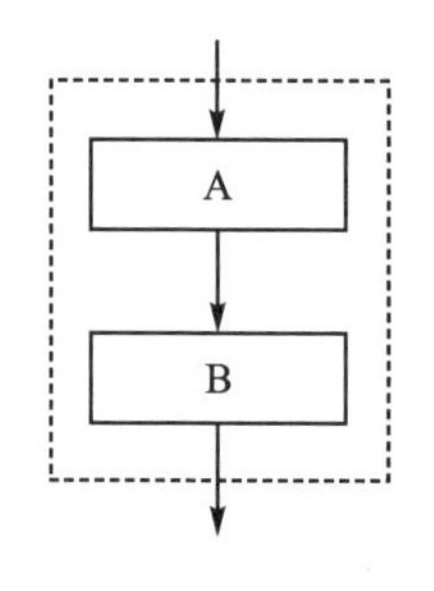

图 4-1 顺序结构流程图

4.1.2 选择结构及其流程图

如果计算机只能做像顺序结构那样简单的基本操作,则它的用途十分有限。计算机功能强大的原因就在于它具有决策能力或者说具有选择能力。例如:

- 依靠条件选择开关,打开或关闭水泵。
- 如果上面的这种操作重复执行了 22 次,那么继续执行下面另一个操作。
- 连续监测一个信号。这个信号指示语言芯片可以接收下一个字的代码。

以上这些都是人们通常要求计算机做出选择(决策)的例子。依靠选择(决策)测试,程序可以进行循环(自己返回)或分支操作(在几个可能的方向上选择一个方向进入)。

在选择结构中，程序首先对一个条件语句进行测试。当条件为真(True)时，执行一个方向上的程序流程；当条件为假(False)时，执行另一个方向上的程序流程。如图4-2所示，P代表一个条件。当P条件成立(为真)时，执行A操作，否则执行B操作；但两者只能选择其一。两个方向上的程序流程最终将汇集到一起，从一个出口中退出。

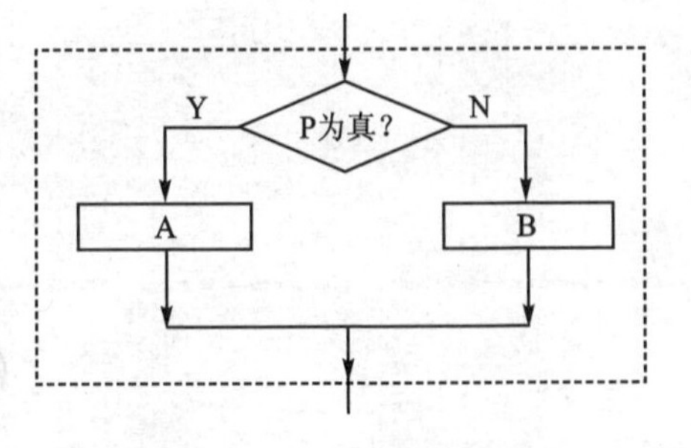

图4-2　选择结构流程图

常见的选择语句有：if、else if语句。由选择结构可以派生出另一种基本结构——多分支结构。在多分支结构中又分为串行多分支结构和并行多分支结构两种情况。

1. 串行多分支结构及其流程图

如图4-3所示，在串行多分支结构中，以单选择结构中的某一分支方向作为串行多分支方向(假如，以条件为真作为串行方向)继续进行选择结构的操作；若条件为假，则执行另外的操作。最终程序在若干种选择之中选出一种操作来执行，并从一个共用的出口退出。这种串行多分支结构由若干条if、else if语句嵌套构成。

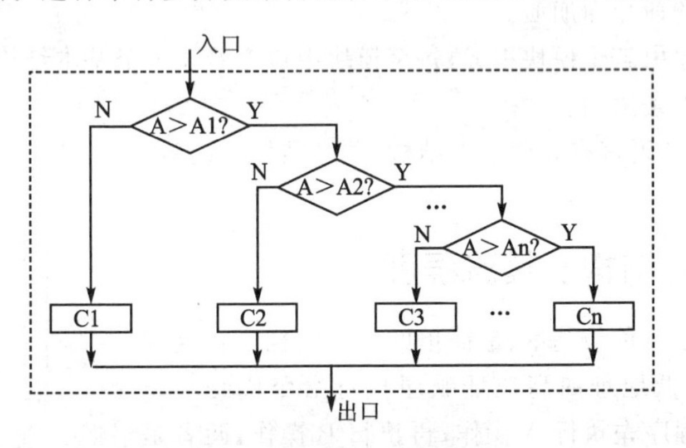

图4-3　串行多分支结构流程图

2. 并行多分支结构及其流程图

如图4-4所示，在并行多分支结构中，根据k值的不同，而选择A1、A2、…、An等不同操作中的一种来执行。常见的用于构成并行多分支结构的语句为switch-case语句。

4.1.3　循环结构及其流程图

所有的分支结构都使程序流程一直向前执行(除非使用了某种goto语句)，而使用循环结构则可使分支流程重复地进行。

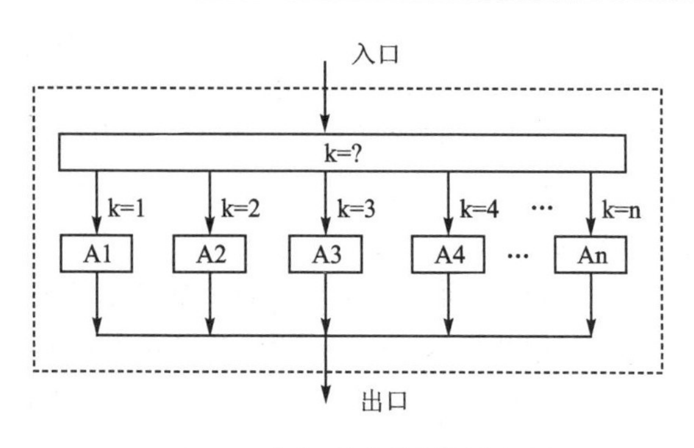

图 4-4 并行多分支结构流程图

循环结构又分成“当”(while)型循环结构和“直到”(do while)型循环结构两种。

1. “当”(while)型循环结构及其流程图

如图 4-5 所示,在这种结构中,当判断条件 P 成立(为真)时,反复执行操作 A,直到 P 条件不成立(为假)时,才停止循环。

2. “直到”(do while)型循环结构及其流程图

如图 4-6 所示,在这种结构中,先执行操作 A,再判断条件 P。若 P 成立(为真),则再执行操作 A,此时反复执行操作 A,直到 P 为假为止。

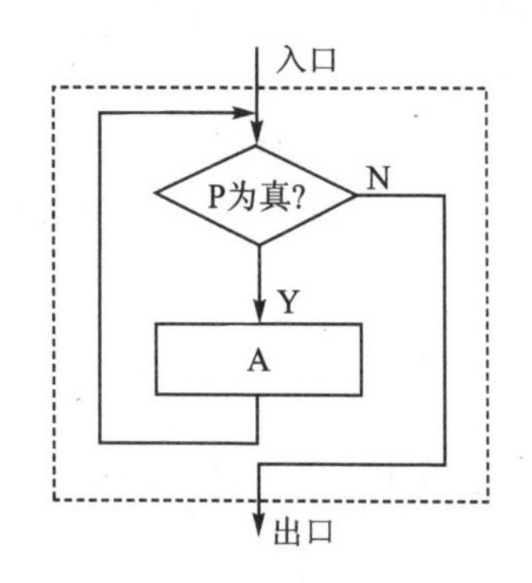

图 4-5 “while”型循环结构流程图

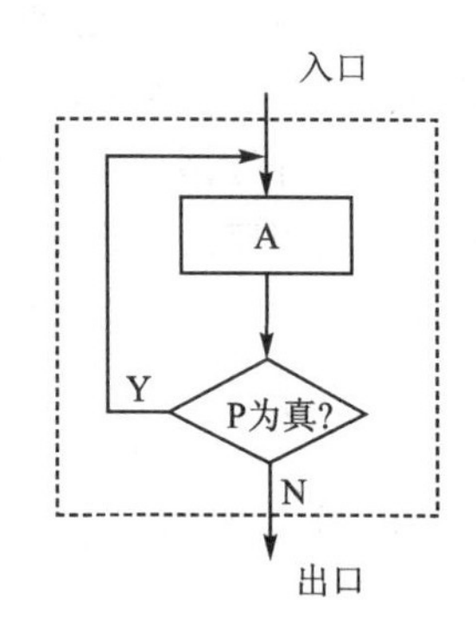

图 4-6 “do while”型循环结构流程图

构成循环结构的常见语句主要有:while、do while 和 for 等。

可以证明,由以上基本结构组成的程序,能够处理任何复杂的问题。换句话说,任何复杂的程序都是由以上 3 种基本结构组成的。

下面谈谈程序的流程图。在进行编程之前,应该先画出程序的流程图。程序的流程图不是一个程序的细节,而只是这个程序关于解决问题的方法概述。一般来说,一个程序模块的代码的长度应该由不多于一页的程序段组成,所以相应的程序的流程图也应画在一张单页纸上。一幅长达数页,含有许多路径的程序流程图是令人望而生畏的,虽然从技术的角度看,它们是正确无误的,但这样的程序流程图是不能帮助人们来弄懂这段程序究竟是在干什么的。为了使程序的流程图便于理解,当它们复杂到不能放在一页中的时候,可以用把它们分解成若干段子程序的方法对它们进行简化。这些子程序的细节可以在其他页上的程序流程图中加以适当的展开。这样主流程图总是展示程序各个段的概貌,如果需要了解各分段程序解决问题的细节,请查阅各分段程序流程图及其相应的子程序。

所有流程图应使用功能命名,而不应以特定的变量名作参考。例如等待某键按下启动,可采用图 4-7 所示的几种表示法。其中,表示法 2 最好,表示法 3 次之。

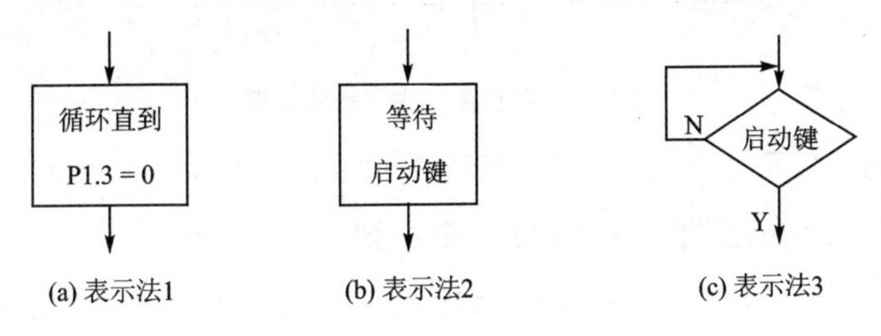

图 4-7 流程图表示法

4.2 选择语句

计算机的基本特性之一是具有重复执行一系列指令的能力;而计算机的另一个基本特性是具有选择(决策)能力。可以想象,假如计算机不具备这种选择(决策)能力,那么在它执行各种循环语句时,就不能按照人们的意志,在循环中的某个特定的条件下,及时完成相应的操作,或及时终止整个循环过程。那样程序就会进入无限循环状态,也就是通常所说的"死机"。

4.2.1 if 语句

C 语言的一个基本判定语句(条件选择语句)是 if 语句。它的基本结构是:

if(表达式)

{语句}

在这种结构中,如果括号中的表达式成立(为真),则程序执行花括号中的语句;否则程序将跳过花括号中的语句部分,执行下面其他语句。C 语言提供了 3 种形式的 if 语句。

形式一: if(表达式){语句}

例

```
if (p1 ! = 0)
{c = 20;}
```

形式二: if(表达式){语句 1} else {语句 2}

例

```
if(p1 != 0)
{c = 20;}
else
{c = 0;}
```

形式三： if (表达式 1) {语句 1}
　　　　else if (表达式 2) {语句 2}
　　　　else if (表达式 3) {语句 3}
　　　　⋮
　　　　else if (表达式 m) {语句 n}
　　　　else　{语句 m}

例

```
if (a >= 4) {c = 40;}
else if (a >= 3) {c = 30;}
else if (a >= 2) {c = 20;}
else if (a >= 1) {c = 10;}
else   {c = 0;}
```

if 语句的嵌套：在 if 语句中又含有一个或多个 if 语句，这种情况称为 if 语句的嵌套。其基本形式如下：

```
                ┌if   (  )
                │  if(  )   {语句 1}┐
外层嵌套 if 语句 ┤  else     {语句 2}┘— 内层嵌套 if 语句
                │
                └else
                   if(  )   {语句 3}┐
                   else     {语句 4}┘— 内层嵌套 if 语句
```

请注意 if 与 else 的对应关系。else 总是与它上面的最近的一个 if 语句相对应，如上所示。最好使内层嵌套的 if 语句也包含有 else 部分。这样，在程序中 if 的数目与 else 的数目一一对应，不致出错。另外，在编程时最好使用相同深度的缩进排写的形式，将同一嵌套层次上的 if-else 语句在同一列的位置上对齐。这样，在阅读程序时，嵌套层次一目了然，可以提高可阅读性。

当 if 和 else 的数目不同时，如：

```
if (a > b)
   if(a > d) c = 15;
   else c = 0;
```

可以用花括号将不对称的 if 括起来，以确定它们之间的相应关系。

```
if(  )
```

```
{if( )  {语句 1}}
else    {语句 2}
```

例

```
if (a > b)
{if(a > d) c = 15;}
else c = 0;
```

在 C 语言中要特别注意的是条件表达式操作符。它是对 if/else 决策所做的标记。这种决策必须做出对一个变量赋予不同值的选择。它是一种测试,对为真的条件赋予第一个值,而对为假的条件赋予第二个值。如:

```
if (a > b)  c = (a > d)? 15:0;
```

在这句中若(a>b)成立,则执行 c=(a>d)? 15:0;否则将不予执行。在 c=(a>d)?15:0;语句中使用了另一种选择语句——条件运算符。这条语句的意思是若 a>d 条件成立,则 c 取值为 15,否则取值为 0。

在用 C 语言编程序时,令人感到最难掌握的也是条件表达式,因为在 C 语言中条件表达式往往是对赋值运算符、关系运算符、逻辑运算符和测试运算符的一种综合运用,因此理解、掌握和运用起来有一定的难度。如:

```
if( -- lim > 0 &&(c = getchar ( ))! = 0xff && c! = '\n')
```


在这个 if 语句中,条件表达式由 3 个子条件表达式组成。第一个子条件表达式为(-- lim>0。其含义是:首先对变量 lim 自减 1,如果结果大于 0,则该条件表达式为真。第二个子条件表达式为(c=getchar( )) !=0xff。其含义是:首先调用函数 getchar( ),再将其返回值赋给 c。此时若 c 不等于 0xff,则该条件表达式为真。第 3 个子条件表达式为 c !='\n'。其含义是:如果 c 不等于换行符'\n',则该条件表达式为真。由于 3 个子表达式之间是相与(&&)的关系,所以只有当 3 个子条件表达式同时为真时,整个条件表达式才为真;否则哪怕三个子条件表达式中只有一个不为真,则整个 if 语句的条件表达式为假。

4.2.2 switch/case 语句

在实际应用中,常常会遇到多分支选择问题。例如以一个变量的值作为判断条件,将此变量的值域分成几段,每一段对应着一种选择或操作。这样当变量的值处在某一个段中时,程序就会在它所面临的几种选择中选择相应的操作。这显然是一个典型的并行多分支选择问题。虽然可以用前面已掌握的 if 语句来解决这个问题,但由于一个 if 语句只有两个分支可供选择,因此必须用嵌套的 if 语句结构来处理。如果分支较多,则嵌套的 if 语句层数多,程序冗长,从而导致可读性降低。为此,C 语言提供了一个 switch 语句,用于直接处理并行多分支选择问题。switch 语句的一般形式如下：

```
switch (表达式)
{
    case  常量表达式 1：{语句 1} break；
    case  常量表达式 2：{语句 2} break；
    ⋮
    case  常量表达式 n ：{语句 n} break；
    default           ：{语句 n+1}
}
```

① 当swith括号中表达式的值与某一case后面常量表达式的值相等时，就执行它后面的语句，然后因遇到break而退出switch语句。当所有的case中的常量表达式的值都没有与表达式的值相匹配时，就执行default后面的语句。

② 每一个case的常量表达式必须是互不相同的，否则将出现混乱局面(对表达式的同一个值，有两种或两种以上的选择)。

③ 各个case和default出现的次序，不影响程序执行的结果。例如可以先出现"case 常量表达式 n："，再出现"default："，然后才是"case 常量表达式 1："……

④ 如果在case语句中遗忘了break，则程序在执行了本行case选择之后，不会按规定退出switch语句，而是将执行后续的case语句。有经验的程序员可以在switch语句中预设一系列不含break的case语句，这样程序会把这些case语句加在一起执行。这对某些应用可能是很有效的，但对另一些情况则将引起麻烦，因此使用时必须谨慎小心。**例**

```
switch(k) {
  case 0:
    x = 1; break;
  case 2:
    c = 6;
    b = 5;
    break;
  case 3:
    x = 12;
  default:
    break;
}
```

4.3 循环语句

在许多实际问题中，需要进行具有规律性的重复操作，如求累加和、数据块的搬移等。而计算机的基本特性之一就是具有重复执行一组语句的能力，即循环能力。

利用这种循环能力，程序员只要编写一个包含重复执行语句的简短程序，就能执行所需的成千上万次的重复操作。几乎所有的实用程序都包含有循环结构。循环结构是结构化程序设计的 3 种基本结构之一。它和顺序结构、选择结构一起共同作为各种复杂程序的基本构造单元。因此熟练地掌握和运用循环结构的概念是程序设计，尤其是 C 程序设计最基本的要求。

作为构成循环结构的循环语句，一般是由循环体及循环终止条件两部分组成的。一组被重复执行的语句称为循环体，能否继续重复执行下去，则取决于循环终止条件。

在 C 语言中用来实现循环的语句有 3 种：while 语句、do while 语句、for 语句。

4.3.1　while 语句

while 语句的一般形式为：

```
while(表达式)
{语句}                    /* 循环体 */
```

在这里，表达式是 while 循环能否继续的条件，而语句部分则是循环体，是执行重复操作的部分。只要表达式为真，就重复执行循环体内的语句；反之，则终止 while 循环，执行循环之外的下一行语句。

while 循环语句的语法流程图如图 4 - 8 所示。

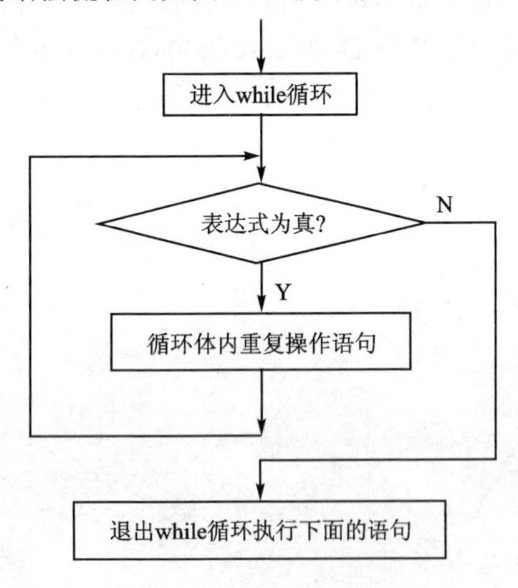

图 4 - 8　while 循环的语句

while 循环结构的最大特点在于，其循环条件测试处于循环体的开头。要想执行重复操作，首先必须进行循环条件测试，若条件不成立，则循环体内的重复操作一次也不能执行。如：

```
while((P1 & 0x10) == 0)
{    }
```

这个语句的作用是等待来自用户或外部硬件的某些信号的变化。该语句对 8051 的 P1 口的第 5 位(bit4)进行测试。如果第 5 位电平为低(0),则由于循环体无实际操作语句,故继续测试下去(等待);一旦 P1 口的第 5 位电平变高,则循环终止。

再如:

```
while ((P1 & 0x10) > 0 && y++<= 5)
{
    a = 1;
    b = 45;
    x = P1;
}
```

在本例中,表达式所列出的测试条件是由两个分测试条件相“与”构成的。

第一个分测试条件是(P1 & 10H)>0。它的作用是对 8051 P1 口的第 5 引脚(P1.4)进行测试。如果它等于 1,则条件为真(1),否则为假(0)。在本句中使用“>”0 而不是“=10H”来进行测试较为安全。因为使用“=10H”进行测试(P1 & 10H),会将屏蔽数值和相等测试混淆,从而潜伏某种隐患。

第二个分测试条件是 y++<=5。它的含义是当 y<5 时条件为真(1),否则为假(0)。y++<5 中先测试 y<5,然后再执行 y 自加 1 的运算。

把上面两个分测试条件相“与”,则这个 while 循环的功能是:只有当 P1.4 电平为高,并持续一段时间(由 y++<=5 来控制)时,执行花括号{ } 中语句:a=1, b=45, x=P1;否则退出此 while 循环体,执行下一条语句。

注意:

① 在 while 循环体内有 3 条语句,应使用花括号{ }括起来,表示这是一个语句块。当循环体内只有一条语句时,可以不使用花括号,但此时使用花括号将使程序更加安全可靠;特别是在进行 while 循环的多重嵌套时,使用花括号来分隔循环体将提高程序的可读性和可靠性。

② 在 while 循环体中,应有使循环趋向于结束的语句。在本例中,当 P1.4=0 或 y>5 时,while 循环体结束。若无此种语句,则循环将无休止地继续下去。

4.3.2　do while 语句

4.3.1 节讨论的 while 循环语句是在循环执行之前检测循环结束条件的。如果条件不成立,则该循环不会被执行。在程序设计中,有时需要在循环体的结尾处,而不是在循环体的开始处检测循环结束条件。do while 循环语句可以满足这种要求。do while 语句的格式为:

do

{语句} /* 循环体 */
while (表达式);

do while 循环语句的执行过程如下：首先执行循环体语句，然后执行圆括号中的表达式。如果表达式的结果为真(1)，则循环继续，并再一次执行循环语句。只有当表达式的结果为假(0)时，循环才会终止，并以正常方式执行程序后面的语句。

do while 循环语句把 while 循环语句作了移位，即把循环条件测试的位置从起始处移至循环的结尾处。该语句大多用于执行至少一次以上循环的情况。

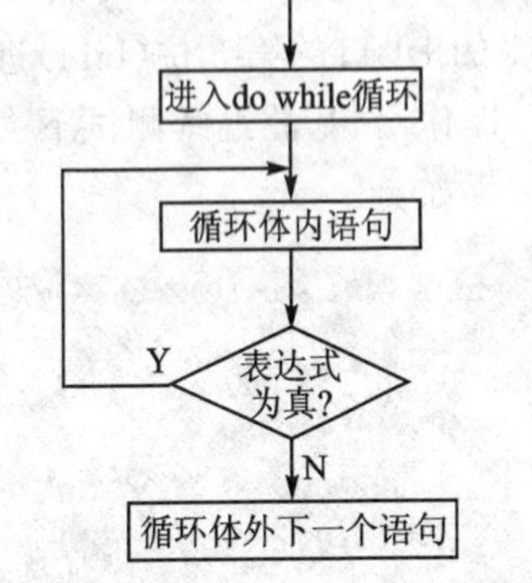

图 4-9 do while 的程序流程图

do while 的程序流程图如图 4-9 所示。例

```
int sum = 0, i;
do {
    sum += i;
    i++;
}while (i <= 10);
```

程序运行结果：变量 sum 值为 55。

4.3.3 for 语句

在 C 语言中，for 语句是循环语句中最为灵活也最为复杂的一种。它不仅可以用于循环次数已经确定的情况，而且可以用于循环次数不确定但已经给出循环条件的情况。它既可以包含一个索引计数变量，也可以包含任何一种表达式。除了被重复的循环指令体外，表达式模块由 3 部分组成。第一部分是初始化表达式。对 C 语言而言，任何表达式在开始执行时都应该做一次初始化。第二部分是对结束循环进行测试。对 C 语言而言，可以是任何一种测试，一旦测试为假，就会结束循环。第三部分是尺度增量。对 C 语言而言，进行任何指定的操作或在测试之后，在进入循环之前将要执行的表达式都可以放在这里。如果为了有效和保密，可以使用这种结构，让 C 去做别人几乎不能理解的事情。for 循环语句的一般形式为：

for(表达式 1;表达式 2;表达式 3)
{语句} /* 循环体 */

for 循环语句执行过程如下：

① 先对表达式 1 赋初值，进行初始化。

② 判断表达式 2 是否满足给定的循环条件，若满足循环条件，则执行循环体内语句，然后执行第③步；若不满足循环条件，则结束循环，转到第⑤步。

③ 若表达式 2 为真，则在执行指定的循环语句后，求解表达式 3。

④ 回到第②步继续执行。

⑤ 退出 for 循环,执行下面一条语句。

例

```
int i, sum;
sum = 0
for(i = 0; i <= 10; i++)
sum += i;
```

程序运行结果:变量 sum 值为 55。

一般来说,C 程序中,凡是允许一个语句出现的地方,都能使用一个语句块,但该语句块一定要包括在一对花括号{ }中。

例 1

```
for (y = 0; y <= 99; y = y + 3){
    delay (33);
    px = ~px;
}
```

例 2

```
for (da = start; status == busy; leds = ~leds) {
    delay(33);
}
```

本例中,for 循环的表达式对预先用 # define 语句指定的口和位进行赋值操作。这些口和位可以启动 A/D 转换器(da=start),并等待转换完成(status==busy);也可以用延时的方法按预设的速率触发脉冲信号(leds=~leds)。在粗心的读者看来,这个 for 循环中,除了延时之外,似乎没有做别的事情,而实际上则恰恰相反。对 A/D转换器来说,循环之后的下一个动作应该是完整地读出转换结果。

循环的基本用途之一是用嵌套循环产生时间延迟,执行的指令消磨一段已知的时间。这种延时方式是依靠一定数量的时钟周期来计时的,所以延时依赖于晶振的振荡频率。8051 单片机的数据手册中列出了每一条机器指令所需要的时钟周期数,使用 12 MHz 的晶振,12 个振荡周期的指令花费 1 μs,而 24 个振荡周期指令花费 2 μs。所有 3 字节指令每条指令用2 μs,所有分支指令每条指令用 2 μs;所有 1～2 字节逻辑和算术指令,每条指令用 1 μs,而寄存器到寄存器传送(MOV)用 2 μs。MUL 和 DIV 指令是唯一的例外,每条指令要花费 4 μs。当需要执行其他操作时,用软件编程的方法来获得延时的效率是很低的。软件延时使控制器在延时循环时接收不到其他的输入,解决这个问题的方法是使用中断。

下面是一个一次延时 1 ms 的延时程序。如给这个程序传递一个 50 的数值,则可以产生约 50 000 μs 即 50 ms 的延时。**例**

```
void msec(unsigned int x){
  unsigned char j;
  while(x--){
    for (j = 0; j < 125; j++)
    {;}
  }
}
```

这个程序可以用整型值产生较长的延时。根据汇编代码进行的分析表明,用 j 进行的内部循环大约延时 8 μs,程序编写得近似正确,但并不精确。不同的编译器会产生不同的延时,因此 j 的上限值 125 应根据实验进行补偿调整。

习题四

1. 如何编程可以不使用 goto 语句,而从 do 或 for 的循环中提前退出?
2. 什么是结构化程序设计?结构化程序的书写格式有什么特点?
3. 非结构化语言存在的缺陷是什么?
4. 在结构化语言中是否需要 goto 语句是争论的话题。什么情况下使用 goto 比使用其他结构可能更容易处理?
5. C 中的 while 和 do while 的不同点是什么?
6. 用选择分支编写程序,把输入的一个数字按下列对应关系显示。当输入^Z 时,程序结束。

输入数字	显示
1	A
2	B
3	C
4	D
其他	?

7. 若在 C 中的 switch 操作漏掉 break,会发生什么?
8. 编写程序,输出 x^3 数值表,x 为 0～10。
9. 用 3 种循环方式分别编写程序,显示整数 1～100 的平方。

第 5 章

Cx51 构造数据类型

前面讲述的字符型(char)、整型(int)和浮点型(float)等数据，都属于基本数据类型。C 语言还提供了一些扩展的数据类型。它们是对基本数据类型的扩展，称之为构造数据类型。这些按一定规则构成的数据类型有：数组、结构、指针、共用体和枚举等。

5.1 数 组

C 语言具有使用户能够定义一组有序数据项的能力。这组有序的数据即数组。数组是一组具有固定数目和相同类型成分分量的有序集合。其成分分量的类型为该数组的基本类型。如整型变量的有序集合称为整型数组，字符型变量的有序集合称为字符型数组。这些整型或字符型变量是各自所属数组的成分分量，称为数组元素。

构成一个数组的各元素必须是同一类型的变量，而不允许在同一数组中出现不同类型的变量。

数组数据是用同一个名字的不同下标访问的，数组的下标放在方括号中，是从 0 开始(0,1,2,3,…,n)的一组有序整数。例如数组 a[i]，当 i=0,1,2,…,n 时，a[0]、a[1]、…、a[n]分别是数组 a[i]的元素(或成员)。数组有一维、二维、三维和多维数组之分，常用的有一维数组、二维数组和字符数组。

5.1.1 一维数组

1. 一维数组定义的形式

类型说明符　数组名[常量表达式]

例

```
char ch[10]
```

该例定义了一个一维字符型数组，有 10 个元素，每个元素由不同的下标表示，分别为ch[0]、ch[1]、ch[2]、…、ch[9]。注意，数组的第 1 个元素的下标为 0 而不是 1，即数组的第 1 个元素是 ch[0]而不是 ch[1]，而数组的第 10 个元素为 ch[9]。

2. 一维数组的初始化

数组中的值,可以在程序运行期间,用循环和键盘输入语句进行赋值。但这样做将耗费许多机器运行时间,对大型数组而言,这种情况更加突出。对此可以用数组初始化的方法加以解决。

所谓数组初始化,就是在定义说明数组的同时,给数组赋新值。这项工作是在程序的编译中完成的。对数组的初始化可用以下方法实现。

① 在定义数组时对数组的全部元素赋初值。**例**

```
int idata a[6] = {0, 1, 2, 3, 4, 5};
```

在上面进行的定义和初始化中,将数组的全部元素的初值依次放在花括号内。这样,在初始化后,a[0]=0, a[1]=1, a[2]=2,…,a[5]=5。

② 只对数组的部分元素初始化。**例**

```
int idata a[10] = {0, 1, 2, 3, 4, 5};
```

上面定义的 a 数组共有 10 个元素,但花括号内只有 6 个初值,则数组的前 6 个元素被赋予初值,而后 4 个元素的值为 0。

③ 在定义数组时,若不对数组的全部元素赋初值,则数组的全部元素被默认地赋值为 0。

例 1


```
int idata a[10];
```

则 a[0]～a[9]全部被赋初值 0。

例 2

```
unsigned int ary[20];
unsigned int x;
ary[9] = x;      /* 给第十个数组元素赋值 */
```

程序举例:由开关控制指示灯。

图 5-1 所示为由 8751 单片机控制指示灯的电路,此电路从与 P0 口相连的 8 个开关读入控制量信息,将最近读入的 10 次信息存储在 10 字节数组 int array[10]中,并把最后一次读入的信息显示在与 P2 口相连的 8 位 LED 指示灯上。每次读入显示信息间隔 100 ms,由延时程序 msec(100)完成。

相应的 C 语言程序流程图如图 5-2 所示。

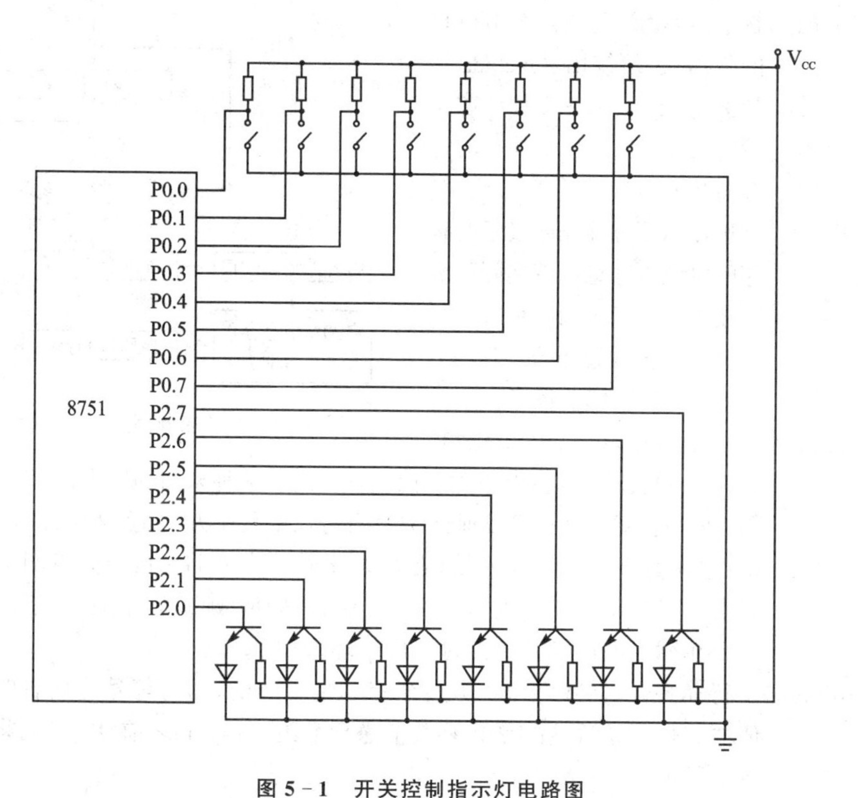

图 5-1　开关控制指示灯电路图

实际 C 语言程序如下：

```
# include < reg51.h >              /* item 1 */
void msec (unsigned int);          /* item 2 */
void main ( ) {
  unsigned char array[10];
  unsigned char i;
  while(1){                        /* item 3 */
    for(i = 0; i <= 9; i++){       /* item 4 */
      array[i] = P2 = P0;          /* item 5 */
      msec(100);                   /* item 2 */
    }
  }
}
void msec (unsigned int x){
  unsigned char j;
  while ((x--)! = 0){
  for (j = 0, j < 125; j++)
  {;}
  }
}
```

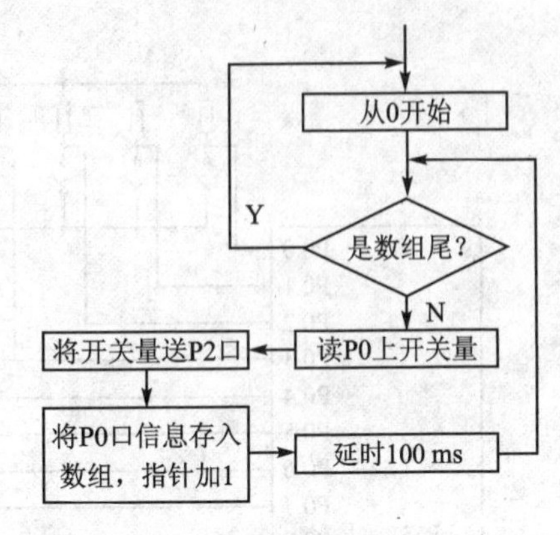

图5-2 开关控制指示灯流程图

item1 在本例中为了定义两个I/O口的名称,必须使用#include语句引用reg51.h头文件。该文件定义了8051内部所有的寄存器和I/O口。

item2 这里显示了一个ms级延时程序的原型。这意味着实际函数存在于其他模块中,而这里只是简单地告诉编译器。其细节必须调用实际的子程序。

item3 在C语言中,可以用while(1)或for(;;)表示一个无结束的无限循环。由于某种未知的原因,有些人认为第二种方法更好些。可以理解,这两种方法都是作为“永远”来定义的。

item4 for程序块显示,i从0开始(在初始化时这个0将i指向数组的第一个元素)。当i不大于9时,程序一直保持循环(测试条件是:小于或等于9)。在循环的底部,i每经过一次循环就加1。

item5 本行array[i]=P2=P0中两个等号是有效的,因为等号是从右向左赋值的。也就是说,在P2口将其值送到数组array[i]之前,P0口已将其值赋给了P2口。

5.1.2 二维数组

1. 二维数组定义的一般形式

类型说明符 数组名[常量表达式][常量表达式];

例

```
int a[3][5];
```

该例定义了3行5列共15个元素的二维数组a[ ][ ]。

二维数组的存取顺序是:按行存取,先存取第一行元素的第0列,1列,2列,……直到第一行的最后一列;然后返回到第二行开始,再取第二行的第0列,1列,……直到第二行的最后一列。如此顺序下去,直到最后一行的最后一列。

```
→a[0][0]→a[0][1]→a[0][2]→a[0][3]→a[0][4]┐
┌────────────────────────────────────────┘
└→a[1][0]→a[1][1]→a[1][2]→a[1][3]→a[1][4]┐
┌────────────────────────────────────────┘
└→a[2][0]→a[2][1]→a[2][2]→a[2][3]→a[2][4]
```

C语言允许使用多维数组。有了二维数组的基础,理解掌握多维数组并不困难。

例如,float a[2][3][4];定义了一个类型为浮点数的三维数组。

2. 二维数组的初始化

(1) 对数组的全部元素赋初值

可以用下面两种方法对数组的全部元素赋初值。

① 分行给二维数组的全部元素赋初值。**例**

```
int a[3][4] = {{1,2,3,4},{5,6,7,8},{9,10,11,12}};
```

这种赋值方法很直观,把第一行花括号内的数据赋给第一行元素,第二个花括号内的数据赋给第二行元素,……,即按行赋初值。

② 也可以将所有数据写在一个花括号内,按数组的排列顺序对各元素赋初值。**例**

```
int a[3][4] = {1,2,3,4,5,6,7,8,9,10,11,12};
```

(2) 对数组中部分元素赋初值

例 1

```
int a[3][4] = {{1},{ },{5,6}};
```

赋值后的数组元素如下:

$$\begin{bmatrix} 1 & 0 & 0 & 0 \\ 0 & 0 & 0 & 0 \\ 5 & 6 & 0 & 0 \end{bmatrix}$$

例 2

```
float xdata ary2d [10][10];
float xdata x;
x = ary2d [5][0]; /* 取 ary2d [ ][ ]的第六行第一个元素值赋给变量 x */
```

5.1.3　字符数组

基本类型为字符类型的数组称为字符数组。显然,字符数组是用来存放字符的。在字符数组中,一个元素存放一个字符,所以可以用字符数组来存储长度不同的字符串。

1. 字符数组的定义

字符数组的定义与数组定义的方法类似。

如 char a[10],定义 a 为一个有 10 个字符的一维字符数组。

2. 字符数组置初值

字符数组置初值的最直接的方法是将各字符逐个赋给数组中的各个元素。如:

```
char a[10] = {'B','E','I',' ','J','I','N','G','\0'};
```

定义了一个字符型数组a[ ],有10个数组元素,并且将9个字符(其中包括一个字符串结束标志\0)分别赋给a[0]～a[8],剩余的a[9]被系统自动赋予空格字符。其状态如下所示:

a[0]	a[1]	a[2]	a[3]	a[4]	a[5]	a[6]	a[7]	a[8]	a[9]
B	E	I	␣	J	I	N	G	\0	␣

C语言还允许用字符串直接给字符数组置初值。其方法有以下两种形式:

```
char a[10] = {"BEI  JING"};
char a[10] = "BEI  JING"。
```

用双引号(" ")括起来的一串字符,称为字符串常量,比如"Happy"。C编译器会自动地在字符末尾加上结束符'\0'(NULL)。

用单引号' '括起来的字符为字符的ASCII码值,而不是字符串。比如'a'表示a的ASCII码值97;而"a"表示一个字符串,由两个字符a和\0组成。

一个字符串可以用一维数组来装入,但数组的元素数目一定要比字符多一个,以便C编译器自动在其后面加入结束符'\0'。

若干个字符串可以装入一个二维字符数组中,称为字符数组。数组的第一个下标是字符串的个数,第二个下标定义每个字符串的长度。该长度应当比这批字符串中最长的串多一个字符,用于装入字符串的结束符'\0'。比如char a[60][81],定义了一个二维字符数组a,可容纳60个字符串,每串最长可达80个字符。

例

```
uchar code msg [ ] [17] =
  {{ "This is a test",\n},
   { "message 1",\n},
   { "message 2",\n}};
```

这是一个二维数组,第二个下标必须给定,因为它不能从数据表中得到;第一个下标可省略,由数据常量表决定(本例中实际为3)。

5.1.4　查　表

数组的一个非常有用的功能之一就是查表。

许多专家希望单片机、控制器能对他们提出的公式进行高精度的数学运算。但对大多数实际应用来说,这并不是完全必要的。在许多嵌入式控制系统应用中,人们更愿意采用表格而不是数学公式计算。特别是那些对于传感器的非线性转换需要进行补偿的场合(例如水泵的流量传感器的非线性补偿),使用查表法(如有必要再加上线性插值法)将比采用复杂的曲线拟合所需要的数学方法有效得多,因为表格查找执行起来速度更快,所用代码较少。表可以事先计算好后装入代码存储区中,使用内插法可以增加查表值的精度,减少表的长度。

数组的使用非常适合于这种查表方法。

下面举一个将摄氏温度转换成华氏温度的例子来说明这个问题。

```
#define uchar unsigned char
uchar code tempt[ ] = {32, 34, 36, 37, 39, 41};  /* 数组,设置在代码存储区中,长度为
                                                     实际输入的数值数 */

uchar ftoc(uchar degc){
  return tempt[degc];                            /* 返回华氏温度值 */
}
main( ){
  x = ftoc(5);                                   /* 得到与5 ℃相应的华氏温度值 */
}
```

在程序的开始处,uchar code tempt[ ]={32,34,36,37,39,41};定义了一个无符号字符型数组tempt[ ],并对其进行初始化,将摄氏温度0、1、2、3、4、5对应的温度32、34、36、37、39、41赋予数组tempt[ ],类型代码code指定编译器将此表定位在代码存储区中。

在主程序main( )中调用函数ftoc(char degc),从tempt[ ]数组中查表获取相应的温度转换值。x=ftoc(5);执行后,x的结果为与5 ℃相应的华氏温度41 ℉。

5.1.5 数组与存储空间

当程序中设定了一个数组时,C编译器就会在系统的存储空间中开辟一个区域,用于存放该数组的内容。数组就包含在这个由连续存储单元组成的模块的存储体内。对字符数组而言,占据了内存中一串连续的字节位置。对整型(int)数组而言,将在存储区中占据一串连续的字节对的位置。对长整型(long)或浮点型(float)数组,一个成员将占有4字节的存储空间。对于多维数组来说,一个10×10×10的三维浮点数组需要大约4 KB的存储空间,而一个25×25×25的三维浮点数组就需要大于64 KB的存储空间(8051单片机的最大可寻址空间只有64 KB)。

当数组,特别是多维数组中大多数元素没有被有效地利用时,就会浪费大量的存储空间。8051单片机这样的嵌入式控制器,不像复用式系统那样拥有大型的存储区。其存储资源极为有限,因此无论如何不能被不必要地占用。因此在进行Cx51编程开发时,要仔细地根据需要来选择数组的大小。

5.2 指 针

指针是C语言中的一个重要概念,也是C语言的重要特色之一。C语言区别于其他高级程序设计语言的主要特点,就是它在处理指针时所表现出的能力和灵活性。使用指针可以有效地表示复杂的数据结构;有效而方便地使用数组;动态地分配存储器,直接处理内存地址;在调用函数时还能输入或返回多于1个的变量值;可以使程序简洁、紧凑、高效。可以说,不掌握指针就没有掌握C语言的精华。

5.2.1 指针的基本概念

为了了解指针的基本概念,必须了解数据在内存中是如何存储和读取的。

一旦程序中定义了一个变量,C编译器在编译时就给这个变量在内存中分配相应的内存空间。通常C语言系统对一个整型(int)变量分配2字节内存单元;对一个字符(char)型变量分配1字节内存单元;对一个浮点型(float)变量分配4字节内存单元。

对于变量要弄清两个概念,一个是变量名,一个是变量值。前者是一个数据的标号,后者是一个数据的内容。

对于内存单元,也要弄清两个概念,一个是内存单元的地址,一个是内存单元的内容。前者是内存对该单元的编号,表示该单元在整个内存中的位置。后者指的是在该内存单元中存放着的数据。

在变量与内存单元的对应关系中,变量的变量名与内存单元的地址相对应;变量的变量值与内存单元的内容相对应。

假设程序中定义了3个整型变量a、b、c。它们的值分别为6、8、10,而C编译系统将地址为1000和1001的2字节内存单元分配给了变量a,将地址为1002和1003的2字节内存单元分配给了变量b,将地址为1004和1005的2字节内存单元分配给了变量c;则变量a,b,c与地址为1000～1005的内存单元之间的对应关系如图5-3所示。

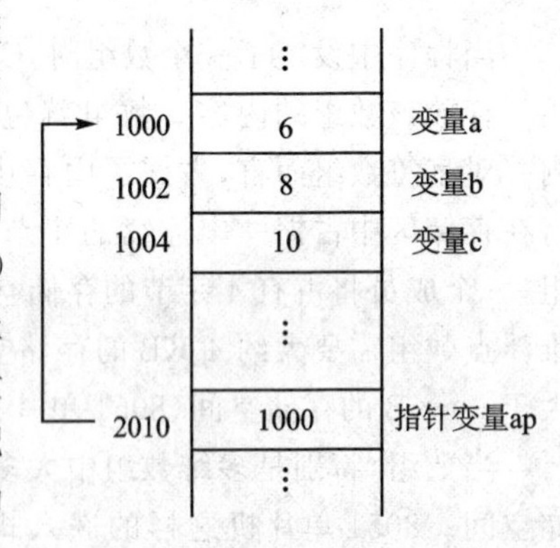

图5-3 变量与内存单元的关系

在内存中变量名a、b、c是不存在的,对变量值的存取是通过地址进行的。存取的方式有两种。

第一种是直接访问方式。例如:printf("%d",a)。其执行过程是这样的:先根据变量名与内存单元地址的对应关系,找到变量a在内存中的位置,即地址1000,然后从由地址1000开始的2字节中取出变量a的值6,把它用printf( )语句按一定格式输出。这种访问方式就是直接访问方式。

第二种是间接访问方式。例如要存取变量 a 的值时,可以将变量 a 的地址放在另一个内存单元中(如放在 2010、2011 中)。访问时,先找到存放变量 a 的地址的内存单元地址(2010,2011),从中取出变量 a 的地址(1000),然后从地址为 1000、1001 的 2 字节内存单元中取出变量 a 的值 6。这种访问方式就是间接访问方式。在这种访问方式中就使用了指针。

为了使用指针进行间接访问,必须弄清关于指针的两个基本概念,即变量的指针和指向变量的指针变量(简称指针变量)。

变量的指针——变量的指针就是变量的地址。对于上面提到的变量 a 而言,其指针就是 1000。

指向变量的指针变量——若有一个变量专门用来存放另一个变量的地址(即指针),则该变量称为指向变量的指针变量(简称指针变量)。指针变量的值是指针。上面提到的地址为 2010 的内存单元,如果定义一个变量 ap,并使其定位在地址为 2010 的这个内存单元上,则 ap 就是一个指针变量。因为 ap 中(即 2010 址址单元中)存放着变量 a 的地址 1000。

请务必区分"指针"和"指针变量"这两个概念。例如,可以说变量 a 的指针(地址)为 1000,不能说 a 的指针变量是 1000。变量 a 的指针变量应该是 ap,ap 的指针是 2010。

1. 指针变量的定义

C 语言规定,所有的变量在使用之前必须定义,以确定其类型。指针变量也不例外,由于它是用来专门存放地址的,因此必须将它定义为"指针类型"。指针定义的一般形式为:

类型识别符　* 指针变量名;

例

```
int * ap;
float * pointer;
```

注意:指针变量名前面的"*"号表示该变量为指针变量。但指针变量名应该是 ap,pointer,而不是 * ap 和 * pointer。

2. 指针变量的引用

弄清指针和指针变量的概念,掌握了指针变量的定义后,就可以使用指针来进行间接访问了。**例**

```
int a, b, c;      /* 定义整型变量 a,b,c */
int * ap ;        /* 定义指针变量 ap */
int * bp ;        /* 定义指针变量 bp */
int * cp ;        /* 定义指针变量 cp */
```

当进行完变量、指针变量定义之后,如果对这些语句进行编译,那么C编译器就会给每一个变量和指针变量在内存中安排相应的内存单元。然而,这些单元的地址除非使用特殊的调试程序,否则是看不到的。为了能清楚地说明问题,假设C编译器对这些变量的地址定位如图5-4所示。

C编译器将地址为1000和1001的2字节内存单元指定给变量a使用;将地址为1002和1003的2字节内存单元指定给变量b使用;将地址为1004和1005的2字节内存单元指定给变量c使用。同理指针变量ap的地址为2010;指针变量bp的地址为2012;指针变量cp的地址为2014。注意,到现在为止还没有对上述所有的变量和指针变量进行赋值,故这些变量(指针变量)所对应的内存单元均为空白。

下面使用赋值语句对变量a,b,c进行赋值。

```
a = 6;
b = 8;
c = 10;
```

通过编译,C编译器就会在变量a、b、c对应的地址单元中装入初值6、8、10。具体情形如图5-5所示。

到现在为止,仍然没有对指针变量ap、bp和cp赋值,所以它们所对应的内存地址单元仍然为空白,即它们虽然已被定义为指针变量,但现在仍然没有被装入指针,它们没有指向。

为了使空白的指针变量指向某一个具体的变量,就必须执行指针变量的引用操作。

指针变量的引用是通过取地址运算符"&"来实现的。使用取地址运算符"&"和赋值运算符"="就可以使一个指针变量指向一个变量。例如:

```
ap = &a;
bp = &b;
cp = &c;
```

通过这些取地址运算和赋值运算操作后,指针ap就指向了变量a,即指针变量ap所对应的内存地址单元中就装入了变量a所对应的内存单元的地址1000;指针变量bp就指向了变量b,即指针变量bp所对应的内存地址单元中就装入了变量b所对应的内存单元的地址1002;而指针变量cp就指向了变量c,即指针变量cp所对应的内存地址单元中装入了变量c所对应的内存单元的地址1004。具体情形如图5-6所示。

在完成了变量、指针变量的定义及指针变量的引用之后,就可以通过指针和指针变量来对内存进行间接访问了。这时就要用到指针运算符(又称间接运算符)"*"。

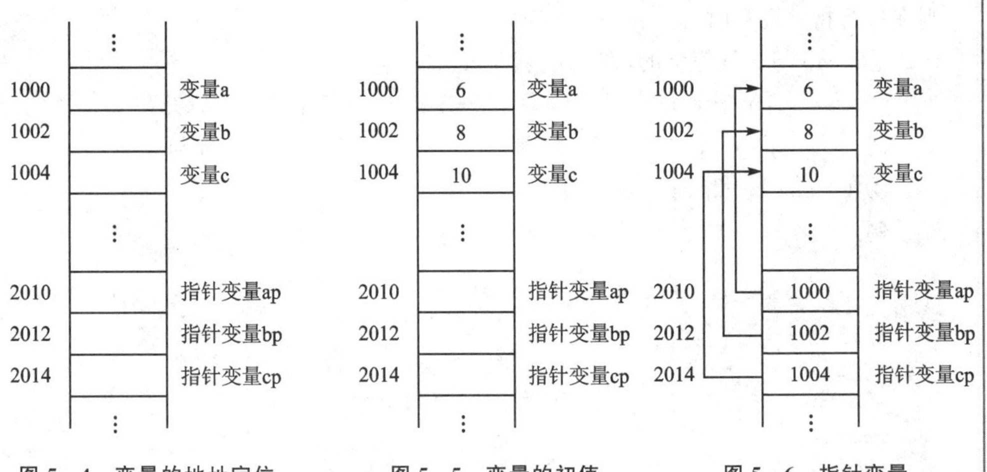

图 5-4　变量的地址定位　　图 5-5　变量的初值　　图 5-6　指针变量

例如,要将整型变量 a 的值赋给整型变量 x,如图 5-7 所示。

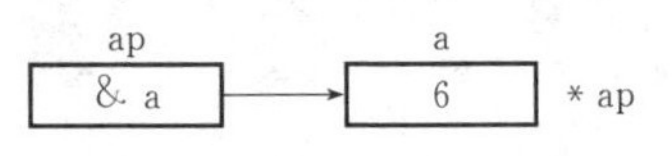

图 5-7　用指针变量访问内存

若使用直接访问方式,则用

```
x = a;
```

若使用指针变量 ap 进行间接访问,则用

```
x = * ap;
```

此时程序先从指针变量 ap 中取出 a 变量的指针(地址)1000,然后从地址为 1000 的内存单元中取出 a 变量的值 6 赋给变量 x。

应当特别注意的是:"*"在指针变量定义时和在指针运算时所代表的含义是不同的。

在进行指针变量定义时,* ap 中的"*"是指针变量类型说明符。

在进行指针运算时,x= * ap 中的"*"是指针运算符。

同样的"*"号,同样的 * ap 在不同的场合下,含义截然不同,请注意加以区分。

在实际的编程和运算过程中,变量的地址和指针变量的地址是不可见的。变量、指针变量和内存单元地址这三者之间的对应关系完全由 C 编译器来确定。程序设计者只能通过取地址运算符"&"和指针运算符"*"来使指针变量与变量建立起联系,因此初学者难免会觉得指针运算比较抽象,难于掌握,故有必要对取地址运算符"&"和指针运算符"*"再做如下说明。

如果已经完成了指针变量的定义和引用,即

```
int * ap, a;
ap = & a;
```

则在进行指针运算时,有

① *ap与a是等价的,即*ap就是a。

② &*ap:由于*ap与a等价,则&*ap与&a等价。

③ *&a:由于ap与&a等价,则*&a与*ap等价,即*&a与a等价。

④ (*ap)++相当于a++。

例

```
#define uchar unsigned char
uchar count;
uchar *x;                      /* x指向字符型变量 */
uchar xdata *y;                /* 存在外部数据RAM */
uchar data *z;                 /* 存在内部数据RAM */
uchar code *w;                 /* 存在程序代码空间 */
uchar data * xdata zz;         /* 外部RAM指针指向内部RAM数据 */
x = & cowrit                   /* 得变量的地址即指针 */
 *x = 0xfe;                    /* 指针变量赋值 */
```

5.2.2 数组指针和指向数组的指针变量

指针既然可以指向变量,当然也可以指向数组。

数组的指针——所谓数组的指针,就是数组的起始地址。

指向数组的指针变量——若有一个变量用来存放一个数组的起始地址(指针),则称它为指向数组的指针变量。

1. 指向数组的指针变量的定义、引用和赋值

首先,定义一个数组a[10]和一个指向数组的指针变量app:

```
int a[10];                  /* 定义a为包含10个整型元素的数组 */
int *app;                   /* 定义app为指向整型数据的指针 */
```

当未对指针变量app进行引用时,app与a[10]毫不相干,即此时指针变量app并未指向数组a[10]。

为了将指针变量app指向数组a[10],需要对app进行引用,有如下两种引用方法。

(1) app=&a[0]

此时数组a[10]的第一个元素a[0]的地址就赋给了指针变量app,也就是将指针变量app指向数组a[ ]的第0号元素a[0]。

(2) app=a

此种引用的方法与(1)的作用完全相同,但形式上更简单。C语言规定,数组名可以代表数组的首地址,即第一个元素的地址,因此下面两个语句是等价的,即

```
app = &a[0];
app = a;
```

也可以把指针变量的定义和引用放在一个语句中完成。例

```
int * app = & a[0];
int * app = a;
```

其作用是定义一个指针变量 app,并将数组 a[ ]的首地址赋给指针变量 app(而不是 * app),如图 5-8 所示。

2. 通过指针引用数组元素

引用数组元素,可以使用数组下标法如 a[3],也可以使用指针法。与数组下标法相比,使用指针法引用数组元素能使目标程序代码效率高(占用内存少,运行速度快)。

通过指针引用数组元素的方法如下(设指针变量 app 的初值为 & a[0],如图 5-9 所示):

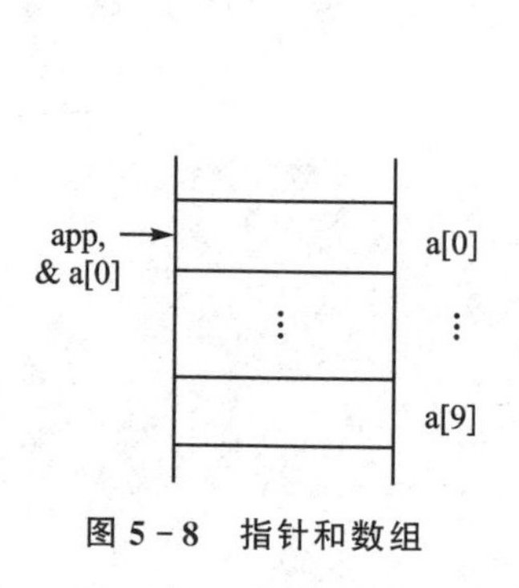

图 5-8 指针和数组

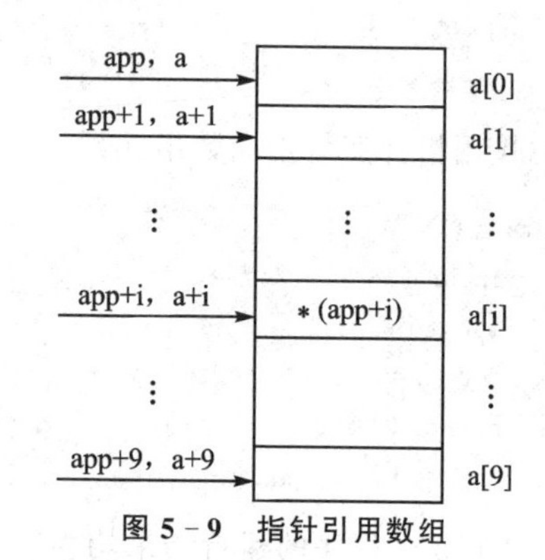

图 5-9 指针引用数组

① app+i 和 a+i 就是数组元素 a[i]的地址,即它们指向数组 a[ ]的第 i 个元素。由于 a 代表数组的首地址,则a+i与 app+i 等价。

② *(app+i)或*(a+i)是 app+i 或 a+i 所指向的数组元素,即 a[i]。

③ 指向数组的指针变量可以带下标,如 app[i]与*(app+i)等价。

要特别注意对 app+i 的含义的理解。

C语言规定:app+1 指向数组首地址的下一个元素,而不是将指针变量 app 的值简单地加 1。例如,若数组的类型是浮点型(float),每个数组元素占 4 字节,则对于浮点型指针变量 app 来说,app+1 意味着使 app 的原值(地址)加 4 字节,以使它指向下一个元素。一般来说,app+i 所代表的地址实际上是 app+i×d,d 是一个数组元素在内存中所占字节数(由元素的类型来确定,如对于整型 d=2;对实型 d=4;对字符型 d=1)。

例 设一个整型数组 a,有 10 个元素。要求输出全部元素的值。

解 要输出数组的全部元素的值有3种方法。

① 下标法。

```
main( ){
  int a[10] = {1,2,3,4,5,6,7,8,9,10};
  int i;
  for (i = 0; i < 10; i++)
  printf ("%d", a[i]);
}
```

② 通过数组名计算数组元素的地址,找出元素的值。

```
main ( ){
   int a[10] = {1,2,3,4,5,6,7,8,9,10};
   int i;
   for (i = 0; i < 10; i++)
   printf ("%d", *(a + i));
}
```

③ 用指针变量指向数组元素。

```
main ( ) {
  int a[10] = {1,2,3,4,5,6,7,8,9,10};
  int *p;
  for (p = a; p < (a + 10); p++)
  printf ("%d", *p);
}
```

以上3个程序的运行结果均为

```
1  2  3  4  5  6  7  8  9  10
```

在这个例子中第①、②种方法执行的效率相同。C编译器在进行编译时,就是将a[i]转换成*(a+i)来处理的。由于要进行元素的地址计算,因此第①、②种方法找数组元素很费时间。而第③种方法由于用指针变量直接指向数组元素,不必每次都重新计算地址,因此像p++这样的自加计算比第①、②种方法要快得多,能大大提高运算的效率。

3. 关于指针变量的运算

若先使指针变量p指向数组a[ ](即p=a;),则

① p++(或p+=1)。

该操作将使指针变量p指向下一个数组元素,即a[1]。若再执行x=*p,则将取出a[1]的值,将其赋给变量x。

② *p++。

由于++与*运算符优先级相同,而结合方向为自右向左,故*p++等价于*(p++)。其作用是先得到 p 指向的变量的值(即*p),然后再执行 p 自加运算。例如:

```
for(i = 0; i < 10; i++ ) {
  printf ("%d", *p);
  p++;
}
```

等价于:

```
for (i = 0; i < 10; i++)
 printf("%d", *p++);
```

③ *p++与*++p 作用不同。

前者先取*p 值,后使 p 自加 1;后者先使 p 自加 1,再取*p 值。若 p 的初值为 &a[0],则执行 x=*p++时,x 值为 a[0]的值;而执行 x=*++p 后,x 值等于 a[1]的值。

④ (*p)++。

表示 p 所指向的元素值加 1。要注意的是元素值加 1 而不是指针变量值加 1。若指针变量 p 指向 &a[0],且 a[0]=3,则(*p)++等价于(a[0])++。此时 a[0]值增为 4。

⑤ 若 p 当前指向数组中第 i 个元素,则

*(p--)与 a[i--]等价,相当于先执行*p,然后再使 p 自减;

*(++p)与 a[++i]等价,先执行 p 自加,再执行*p 运算;

*(--p)与 a[--i]等价,先执行 p 自减,再执行*p 运算。

例 1

```
#define uint unsigned int
uint xdata a[ ];              /* ① */
a[22] = 0xff;
unit xdata *a;               /* ②。①和②方式等同 */
*(a + 22) = 0xff;
```

例 2

```
#include < reg51.h >
#define uchar unsigned char
uchar code m1[ ] = {"This is a test"};
uchar code m2[ ] = {"You failed     "};
uchar code m3[ ] = {"You passed     "};
uchar code *code fail[ ] = {& m1[0],&m2[0],0};
uchar code *code pass[ ] = {& m1[0],&m3[0],0};
void display (uchar code *message) {
  uchar code *m;
```

```
    for (; *message != 0; message++) {
        for (m = message; *m! = 0; m++) {
            P1 = *m;
        }
    }
}
main( ) {
    display (& pass [0]);
}
```

5.2.3　指向多维数组的指针和指针变量

下面以二维数组为例来说明指向多维数组的指针和指针变量的使用方法。

现在定义一个整型的三行四列的两维数组 a[3][4]。

同时,定义一个这样的指针变量(*p)[4]。它的含义是:p 是一个指针变量,指向一个包含 4 个元素的一维数组。

下面使指针变量 p 指向数组 a[3][4]的首址:p=a。

则此时, p 和 a 等价,均指向数组 a[3][4]的第 0 行首址。

p+1 和 a+1 等价,均指向数组 a[3][4]的第 1 行首址。

p+2 和 a+2 等价,均指向数组 a[3][4]的第 2 行首址。

⋮

而　(p+1)+3 与 & a[1][3]等价,指向 a[1][3]的地址。

(*(p+1)+3)与 a[1][3]等价,表示 a[1][3]的值。

⋮

一般,对于数组元素 a[i][j]来讲,有

(p+i)+j 就相当于 & a[i][j],表示数组第 i 行第 j 列元素的地址。

(*(p+i)+j)就相当于 a[i][j],表示数组第 i 行第 j 列元素的值。

例　输出二维数组中任一行、列元素的值。

```
main( ){
    int a[3][4] = {{1,3,5,7},{9,11,13,15},{17,19,21,23}};
    int (*p)[4], i, j;
    p = a;
    i = 2;
    j = 2;
    printf("a[%d,%d] = %d\n", i, j, *((*p + i) + j));
}
```

运行结果:

```
a[2,2] = 21
```

5.2.4 关于 KEIL Cx51 的指针类型

KEIL Cx51 支持“基于存储器的”指针和“一般”指针两种指针类型。

基于存储器的指针类型由 C 源代码中存储器类型决定，并在编译时确定。用这种指针可以高效访问对象，且只需 1～2 字节。

一般指针需占用 3 字节：1 字节为存储器类型，2 字节为偏移量。存储器类型决定了对象所用的 8051 存储空间，偏移量指向实际地址。一个“一般”指针可以访问任何变量而不管它在 8051 存储器空间中的位置。这样就允许一般函数如 memcpy( ) 等，将数据以任意一个地址拷贝到另一个地址空间。

1. 基于存储器的指针

基于存储器的指针以存储器类型为参量，在编译时才被确定。因此，为指针选择存储器的方法可以省掉，以便这些指针的长度可为 1 字节(idata *，data *，pdata *)或者为 2 字节(code *，xdata *)。在编译时，这类操作一般被“内嵌”(inline)编码，而无须进行库调用。

基于存储器的指针定义举例：

```
char xdata * px;
```

定义了一个指向 xdata 存储器中字符类型(char)的指针。指针自身在默认存储区(决定于编译模式)，长度为 2 字节(值为 0～0xFFFF)。

```
char xdata * data pdx;
```

除了明确定义指针位于 8051 内部存储区(data)中外，其他与上例相同。它与编译模式无关。

```
data char xdata * pdx;
```

本例与上例完全相同。存储器类型定义既可以放在定义的开头，也可以直接放在定义的对象名之前。这种形式与早期的 Cx51 编译器版本相兼容。

```
struct time {
  char hour;
  char min;
  char sec;
  struct time xdata * pxtime;
}
```

在结构 struct time 中(关于结构的细节详见 5.3 节)，除了其他结构成员外，还包含有一个具有和 struct time 相同的指针 pxtime，time 位于外部存储器(xdata)，指针 pxtime 具有 2 字节长度。

```
struct time idata * ptime;
```

这个声明定义了一个位于默认存储器中的指针。它指向结构 time,time 位于 idata 存储器中,结构成员可以通过 8051 的@R0 或@R1 进行间接访问,指针 ptime 为 1 字节长。

```
ptime -> pxtime -> hour = 12;
```

使用上面的关于 struct time 和 struct time idata * ptime 的定义,指针 pxtime 被从结构中间接调用,指向位于 xdata 存储器中的 time 结构。结构成员 hour 被赋值 12。

上面的例子阐明了 KEIL Cx51 指针的一般定义及使用方法。KEIL Cx51 所有的数据类型都和 8051 的存储器类型相关。所有用于一般指针的操作同样可以用于基于存储器的指针。

2. 一般指针

一般指针包括 3 字节:2 字节偏移和 1 字节存储器类型,即

地 址	+0	+1	+2
内 容	存储器类型	偏移量高位	偏移量低位

其中,第一个字节代表了指针的存储器类型,存储器类型编码如下:

存储器类型	idata/data/bdata	xdata	pdata	code
值	0x00	0x01	0xFE	0xFF

注意:使用其他类型值可能会导致不可预测的程序动作。类型值和编译器的版本有关。

例如:以 xdata 类型的 0x1234 地址作为指针可以表示如下:

地 址	+0	+1	+2
内 容	0x01	0x12	0x34

当用常数作指针时,必须注意正确定义存储类型和偏移。

例如,将常数值 0x41 写入地址为 0x8000 的外部数据存储器:

```
#define XBYTE((char * ) 0x10000L)
XBYTE[0x8000] = 0x41;
```

其中,XBYTE 被定义为(char *)0x10000L,0x10000L 为一般指针。其存储类型为 1,偏移量为 0000。这样 XBYTE 成为指向 xdata 零地址的指针,而 XBYTE[0x8000]则是外部数据存储器的 0x8000 绝对地址。

注意：绝对地址被定义为long型常量，低16位包含偏移量，而高8位表明了存储器类型。为了表示这种指针，必须用长整数来定义存储类型。

KEIL Cx51编译器不检查指针常数，用户必须选择有实际意义的值。

5.3 结　构

C语言重要的特点之一，是具有构造数据类型的能力。它可以在诸如字符型(char)、整型(int)和浮点型(float)等简单数据类型的基础上，按层次产生各种构造数据类型，如数组、指针、结构和共用体等。前面已经讨论了数组和指针两种构造数据类型，但是仅有这些是不够的，有时还需将不同类型的数据组成一个有机的整体。这些组合在一起的数据是互相关联的。这种按固定模式将信息的不同成分聚集在一起而构成的数据就是结构。

C语言中的结构，就是把多个不同类型的变量结合在一起形成的一个组合型变量，称为结构变量，简称结构。这些不同类型的变量可以是基本类型、枚举类型、指针类型、数组类型或其他结构类型的变量。这些构成一个结构的各个变量称为结构元素(或成员)。它们的定义规则与变量名相同。

5.3.1 结构的定义和引用

结构的定义和引用主要有以下3个步骤。

1. 定义结构的类型

定义一个结构类型的一般形式为

```
struct 结构名{
  结构成员说明
};
```

结构成员说明的格式为

类型标识符　成员名；

注意： 在同一结构中不同分量不可同名。

例如，定义一个名为date的结构类型：

```
struct date {
  int month;
  int day;
  int year;
};
```

如上所示，定义了一个结构的类型。struct date表示这是一个“结构类型”。其中struct是关键字，不能省略；date为结构名。它包含了3个结构成员：int month、 int day 和 int year。这三个结构成员的数据类型都是整型(int),当然也可以根据实际需要选用各种不同类型的变量作为结构的成员。特别要指出的是:struct date 是程序员自己定义的结构类型。它和系统定义的标准类型(如 int, char 和 float 等)一样可以用来定义变量的类型。

2. 定义结构类型变量

上面定义的 struct date 只是结构体的类型名,而不是结构体的变量名。为了在程序中正常地执行结构操作,除了定义结构的类型名之外,还需要进一步定义该结构类型的变量名。

定义一个结构的变量的方法有如下 3 种。

① 先定义结构的类型,再定义该结构的变量名。**例**

```
struct date {
  int month;
  int day;
  int year
};
date date1, date2;              /* 定义结构的变量名 */
```

上例中,在定义了结构的类型 struct date 之后,使用"date date1, date2;"来定义 date1、date2 为 date 类型的结构变量,即定义 date1、date2 为具有 struct date 类型的结构变量。

② 在定义结构类型的同时定义该结构的变量。**例**

```
struct date {
  int month;
  int day;
  int year;
} date1, date2;                 /* 定义结构变量名 */
```

这种定义方法的一般形式为

```
struct  结构名 {
  结构成员说明
}变量名 1,变量名 2,…,变量名 n;
```

③ 直接定义结构类型变量。其一般形式为

```
struct {
  结构成员说明
}变量名 1,变量名 2…变量名 n;
```

3. 结构类型变量的引用

前面已经指出:结构体类型与结构体类型变量是两个不同的概念。结构类型变量在定义时,一般先定义一个结构类型,然后再定义某一个结构类型变量为该结构体类型。

就结构而言,可操作的对象是结构类型变量,而不是结构类型。也就是说,当对结构进行引用时,只能对结构类型变量进行赋值、存取和运算,而不能对结构类型进行赋值、存取和运算。这是因为在编译时,C编译器不对抽象的结构类型分配内存空间,只对具体的结构类型变量分配内存空间。

对结构类型变量的引用应当遵守如下规则。

① 结构不能作为一个整体参加赋值、存取和运算;也不能整体地作为函数的参数,或函数的返回值。

对结构所执行的操作,只能用 & 运算符取结构的地址,或对结构变量的成员分别加以引用。引用的方式为

结构变量名.成员名;

例

```
date1.year = 2003;
```

"."是成员运算符。它在所有的运算符中优先级最高,因此可以把 date.year 作为一个变量来看待。上面的赋值语句作用是将年号2003赋给 struct date 类型的结构变量 date1 的成员 year。

② 如果结构类型变量的成员本身又属于一个结构类型变量,则要用若干个成员运算符"."一级一级地找到最低一级的成员,只有最低一级的成员才能参加赋值、存取和运算。"->"符号和"."符号等同。一般情况下,多级引用时,最后一级用"."符号,高的级别用"->"符号。**例**

```
clerk1 . birthday . year = 1957;
```

注意:不能用 clerk1 . birthday 来访问 clerk1 变量的成员 birthday,因为 birthday 本身也是一个结构类型变量。

③ 结构类型变量的成员可以像普通变量一样进行各种运算,如

```
float sum = clerk1 . wages + clerk2 . wages;
```

例

```
#define uchar unsigned char
#define uint unsigned int
struct stateform {
  unsigned long s;
  uint t;
  uchar done;
};
struct stateform state;
state.t = 321;
```

5.3.2　结构数组

在讲到 date 结构类型时，虽然只定义了两个具有该类型的结构变量 date1、date2，但在使用时已经感到了引用它们的麻烦。因为尽管这两个变量结构相同，具有同样的成员项，但当使用 printf( )语句打印它们时，必须分别使用两个 printf( )语句。试想，假如有若干个这样的结构变量，要将它们的内容全部打印出来，将是何等麻烦！为了避免上述情况的发生，可以将具有同样结构类型的若干个结构变量定义成结构数组。这样就可以使用循环语句对它们进行引用，从而大大提高效率。

结构数组的定义　若数组中的每个元素都是具有相同结构类型的结构变量，则称该数组为结构数组。

结构数组与变量数组的不同之处，就在于结构数组的每一个元素，都是具有同一个结构类型的结构变量。它们都具有同一个结构类型，都含有相同的成员项。

结构数组与结构变量的定义方法相似，只需将结构变量改成结构数组即可。

例　定义一个有 10 个元素的结构数组 date1[10]。

```
struct date {
  int month;
  int day;
  int year;
};
struct date date1[10];     /* 定义结构数组变量 */
```


例

```
#define uchar unsigned char
#define uint unsigned int
struct stateform{
  unsigned long s;
  uint t;
  uchar done;
};
struct stateform state [20];
state[11]. s = 0x04000000;
```

若把 unsigned long s 改为 uchar s[4]，则程序可简单地变为

```
state[11].s[0] = 0x04;
```

5.4　共用体

无论任何数据，在使用前必须定义其数据类型。只有这样，在编译时，C 编译器

才会根据其数据类型,在内存中指定相应长度的内存单元,供其使用。不同类型的数据占据各自拥有的内存空间,彼此互不“侵犯”。那么是否存在某种数据类型,使C编译器在编译时为其指定一块内存空间,并允许各种类型的数据共同使用呢?回答是肯定的。这种数据类型就是共用体或称联合(union)。

共用体是C语言的构造类型数据结构之一。它与数组、结构等一样,也是一种比较复杂的构造数据类型。

共用体与结构类似,也可以包含多个不同数据类型的元素,但其变量所占有的内存空间并不是各成员所需存储空间的总和,而是在任何时候,其变量至多只能存放该类型所包含的一个成员,即它所包含的各个成员只能分时共享同一存储空间。这是共用体与结构的区别所在。

定义共用体类型的一般格式为

```
union 共用体类型标识符 {
  类型说明符  变量名;
};
```

说明共用体变量的一般格式为

```
union 共用体类型标识符  共用体变量名表;
```

下面程序定义了一个名为int _ or _ char的共用体类型。该类型包含两个不同类型的元素:一个是int型,另一个是char型。

```
union int _ or _ char {
  int i;
  char ch;
};
```

下面语句定义一个int _ or _ char类型共用体变量cnvt。它能使一个整型变量cnvt.i和一个字符型变量cnvt.ch分时共享同一存储空间。

```
union int _ or _ char cnvt;
```

与结构变量一样,也可以在定义共用体类型的同时,定义共用体变量。**例**

```
union int _ or _ char {
  int i;
  char ch;
} cnvt;            /* 定义共用体变量 */
```

对于共用体变量,系统只给该变量按其各共用体成员中所需空间最大的那个成员的长度分配一个内存空间。如上面的cnvt共用体变量,共有两个元素:一个为int类型,需要2字节内存空间;另一个是char类型,只需1字节空间,所以C编译器只给共用体变量cnvt分配2字节内存空间。这样在共用体中,每时每刻,只能保存共用体类型中的一个成员,而且此时也只能访问该成员。由此可知,共用体变量可以在

不同时间内保存不同类型和长度的数据,从而提供了在同一存储单元中可以分时操作不同类型数据的功能。**例**

```
#include < reg51.h >
#define uint unsigned int
#define uchar unsigned char
union u {uint word;
        struct{uchar hi; uchar lo;}bytes};
union u newcount;
uint oldcount;
newcount.bytes.hi = TH1;
newcount.bytes.lo = TL1;
oldcount = newcount.word;
```

这样,定时器的计数值既可以按字节使用,也可以按字使用。

5.5 枚 举

在C语言中,用做标志的变量通常只能被赋予True(1)或False(0),两个值之一。但由于疏忽,有时会将一个在程序中作为标志使用的变量,赋予了除True(1)或False(0)以外的值。另外,这些变量通常被定义成int数据类型,从而使它们在程序中的作用模糊不清。如果先定义标志类型的数据变量,然后指定这种被说明的数据变量只能赋值为True或False,不能赋予其他值,就可以避免上述情况的发生。枚举(enum)数据类型正是因这种需要而产生的。

1. 枚举的定义和说明

枚举数据类型是一个有名字的某些整数型常量的集合。这些整数型常量是该类型变量可取得的所有合法值。枚举定义应当列出该类型变量的可取值。

一个完整的枚举定义说明语句的一般格式为

enum　枚举名{枚举值列表}变量列表;

枚举的定义和说明也可以分成两句完成,即

enum　枚举名　{枚举值列表};

enum　枚举名　变量列表;

例

```
enum day {Sun, Mon, Tue, Wed, Thu, Fri, Sat} d1, d2;
```

或

```
enum day {Sun, Mon, Tue, Wed, Thu, Fri, Sat};
enum day d1, d2;
```

只有在建立了枚举类型的原型 enum day,将枚举名与枚举值列表联系起来,并进一步说明该原型的具体变量“enum day d1, d2;”之后,C编译系统才会给d1、d2分配存储空间,这些变量才可以具有与所定义的相应枚举列表中的值。

2. 枚举变量的取值

枚举列表中,每一项符号代表一个整数值。在默认情况下,第一项取值为0,第二项取值为1,第三项取值为2,……,依次类推。此外,也可以通过初始化,指定某些项的符号值。某项符号值初始化后,该项后续各项符号值随之依次递增,例如:

```
enum direct {up, down, left = 10, right};
```

则C编译器将up赋值为0,将down赋值为1。由于left被初始化为10,则right值为11。

例 将颜色为红、绿、蓝的3种球作全排列,共有几种排法?打印出每种组合的3种颜色。

程序如下:

```
main( ) {
  enum color {red, green, blue};
  enum color i, j, k, st;
  int n = 0, lp;
  for (i = red; i <= blue; i++)
  for (j = red; j <= blue; j++)
  for (k = red; k <= blue; k++) {
    n = n + 1;
    printf(" % - 4d",n);
    for (lp = 1; lp <= 3; lp++) {
      switch(lp) {
        case 1: st = i; break;
        case 2: st = j; break;
        case 3: st = k; break;
        default: break;
      }
      switch (st) {
        case red: printf(" % - 10s", "red"); break;
        case green: printf((" % - 10s", "green"); break;
        case blue: printf((" % - 10s", "blue"); break;
        default: break;
      }
    }
    printf("\n");
  }
  printf("\n total: % 5d \n", n);
}
```

习题五

1. 10 个元素的 int 数组要有多少字节？它们是低位字节一组，然后高位字节一组，还是字节对？若数组在 2020H 开始放置，在哪个位置能找到[5]的 2 个字节？

2. 写出二维数组 Data[2][4]的各个元素，按它们在内存中存储时的顺序排列。

3. 对于 8051，为什么多于 2 维的数组不常见？

4. 8051 中不同的存储空间是什么？同一地址可以表示不同的空间吗？

5. 怎样使用指针解决不同存储空间的问题？所采用的折衷方案是什么？

6. 解释指向数组的指针和指针数组的不同。各举一个例子。

7. 指针的存储类型和数据类型的意义是什么？指针本身的数据类型如何确定？

8. 数组和指针有什么区别吗？

9. 写出下列数组使用 * 运算的替换形式。

① data[2]；　② num[i+1]；　③ man[5][3]。

10. 设下列运算表达式中 p 是指针，试分析各表达式的运算顺序。

① b= * p－－；　② x= * p++；

③ a[++i]= * p++；　④ y= * －－ * ++p－6。

11. 结构的数据特征是什么？在什么场合下使用结构处理数据？

12. 结构的定义和说明在程序中的作用是什么？在对结构初始化时应该注意些什么问题？

13. 设计一个结构保存坐标值(假设在 X－Y 空间画图)。

14. 使用 union 的目的是什么？定义 union，它用于容纳下列数据：

```
int     data[4];
char    ch[8];
float   f。
```

第6章

Cx51函数

在高级语言中，函数和另外两个名词“子程序”“过程”用来描述同样的事情；在Cx51中，使用“函数”这个术语。它们都含有以同样的方法重复地去做某件事的意思。主程序(main( ))可以根据需要用来调用函数。当函数执行完毕时，就发出返回(return)指令，而主程序main( )用后面的指令来恢复主程序流的执行。同一个函数可以在不同的地方被调用，并且函数可以重复使用。

在前面几章的程序举例中已经看到，C语言程序是由一个个函数构成的。在构成C语言程序的若干个函数中，必有一个是主函数main( )。下面所示为C语言程序的一般组成结构。

```
全局变量说明
main( )   /* 主函数 */      ┐
{                           │
局部变量说明                 ├─主程序
执行语句                     │
}                           ┘

function_1(数据类型 形式参数,数据类型 形式参数…)  /* 函数1 */   ┐
{                                                                │
局部变量说明                                                      │
执行语句                                                          │
}                                                                │
⋮                                                                ├─函数
function_n(数据类型 形式参数,数据类型 形式参数…)  /* 函数n */   │
{                                                                │
局部变量说明                                                      │
执行语句                                                          │
}                                                                ┘
```

所有的函数在定义时都是相互独立的，一个函数中不能再定义其他函数，即函数不能嵌套定义,但可以互相调用。函数调用的一般规则是:主函数可以调用其他普通函数;普通函数之间也可以互相调用,但普通函数不能调用主函数。

一个C程序的执行从main( )函数开始,调用其他函数后返回到主函数main( )中,最后在主函数main( )中结束整个C程序的运行。

6.1 函数的分类

从C语言程序的结构上划分,C语言函数分为主函数main( )和普通函数两种。而对普通函数,从不同的角度或以不同的形式又可以进行如下分类。

从用户使用的角度划分,函数有两种:一种是标准库函数;一种是用户自定义函数。

1. 标准库函数

标准库函数是由C编译系统的函数库提供的。早在C编译系统设计过程中,系统的设计者事先将一些独立的功能模块编写成公用函数,并将它们集中存放在系统的函数库中,供系统的使用者在设计应用程序时使用。故把这种函数称为库函数或标准库函数。C语言系统一般都具有功能强大、资源丰富的标准函数库。因此,作为系统的使用者,在进行程序设计时,应该善于充分利用这些功能强大、内容丰富的标准库函数资源,以提高效率,节省时间。

2. 用户自定义函数

用户自定义函数,顾名思义,是用户根据自己的需要编写的函数。从函数定义的形式上划分可以有3种形式:无参数函数、有参数函数和空函数。

无参数函数:此种函数在被调用时,既无参数输入,也不返回结果给调用函数。它是为完成某种操作而编写的。

有参数函数:在调用此种函数时,必须提供实际的输入参数。此种函数在被调用时,必须说明与实际参数一一对应的形式参数,并在函数结束时返回结果,供调用它的函数使用。

空函数:此种函数体内无语句,是空白的。调用此种空函数时,什么工作也不做,不起任何作用。而定义这种函数的目的并不是为了执行某种操作,而是为了以后程序功能的扩充。在程序的设计过程中,往往根据需要确定若干模块,分别由一些函数来实现。而在程序设计的第一阶段,往往只设计最基本的功能模块的函数,其他模块的功能函数,则可以在以后补上。为此,先将这些非基本模块的功能函数定义成空函数,先占好位置,以后再用一个编好的函数代替它。这样做,程序的结构清楚,可读性好,以后扩充新功能也方便。

6.2 函数的定义

6.1 节讨论了函数定义形式的划分。函数有 3 种形式：无参数函数、有参数函数和空函数。下面讨论这 3 种函数的具体定义方法。

1. 无参数函数的定义方法

无参数函数的定义形式为

返回值类型标识符　函数名( )
{函数体语句}

无参数函数一般不带返回值，因此，函数返回值类型识别符可以省略。例

```
#include < stdio.h >
func( ){
  printf ("Function In func respond the call of Main\n");
}
main( ) {
  printf("Function In Main Calls A Function in func\n");
  func( )
}
```

上面程序中，实际定义了两个函数 main( )和 func( )。它们都是无参数函数。因此它们的返回值标识符可以省略，默认值是 int 类型。

在上面的程序中，函数 func( )放在主函数 main( )之前。这是经典的 C 写法。但是标准 C(ANSI C)则要求用另一种格式进行规范化书写。首先，即使是无参数函数，其返回值类型标识符也要注明“void”关键字。而主函数 main( )则要放在文件的前面，被调用的函数应在开头进行原型声明。上面的程序若按 ANSI C 写法应改为

```
# include < stdio.h >
void func (void);   /* 进行函数原型声明 */
main(void) {
  printf("Function In Main Calls A Function in func\n");
  func( );
}
void func (void) {
  printf("Function In func respond the call of main\n");
}
```

2. 有参数函数的定义方法

有参数函数的定义形式为

返回值类型识别符　函数名(数据类型　形式参数,数据类型　形式参数…)

{函数体语句}

例　求两个数的最大公约数。

```
#include < stdio.h >
int gcd(int u,int v) {
  int temp;
  while (v! = 0) {
    temp = u % v;
    u = v;
    v = temp;
  }
  return (u);
}
main( ) {
  int result, a = 150, b = 35;
  printf("a = %d, b = %d", a, b);
  result = gcd(a, b);
  printf("The gcd of %d and %d is %d\n", a, b, result);
}
```

程序运行结果:

```
a = 150   b = 35
The gcd of 150 and 35 is 5
```


在本程序中,int gcd (u,v)就是一个典型的有参数函数。其中int为函数返回值类型标志符,gcd为函数名,而括号中的u,v则为函数的输入形式参数。在gcd函数的结尾处有一个返回语句return(u)。其中u为函数的返回变量。

3. 空函数的定义方法

空函数的定义形式为

返回值类型说明符　函数名( )

{　　}

例

```
float min( )
{    }
```

6.3　函数的参数和函数值

C语言采用函数之间的参数传递方式,使一个函数能对不同的变量进行功能相同的处理,从而大大提高了函数的通用性与灵活性。

函数之间的参数传递，通过主调用函数的实际参数与被调用函数的形式参数之间进行数据传递来实现。被调用函数的最后结果由被调用函数的 return 语句返回给主调用函数。

1. 形式参数和实际参数

形式参数　在定义函数时，函数名后面括号中的变量名称为“形式参数”，简称形参。

实际参数　在函数调用时，主调用函数名后面括号中的表达式称为“实际参数”，简称实参。

以前面提到的求两个数的最大公约数程序为例，程序中，函数说明语句 int gcd (u,v)括号中的变量 u、v 即为该函数的被调用函数的形式参数。而在主函数 main( )中的 result＝gcd(a,b)语句括号中的变量 a、b，则是调用函数的实际参数。该语句在调用 gcd( )函数的同时，将已赋值的实际参数 a、b 传递给 gcd(u,v)函数的形式参数 u、v，由 gcd 函数用 u、v 进行运算。

在 C 语言的函数调用中，实际参数与形式参数之间的数据传递是单向进行的，只能由实际参数传递给形式参数，而不能由形式参数传递给实际参数。

实际参数与形式参数的类型必须一致，否则会发生类型不匹配的错误。被调用函数的形式参数在函数未被调用之前，并不占用实际内存单元。只有当函数调用发生时，被调用函数的形式参数才被分配给内存单元，此时内存中调用函数的实际参数和被调用函数的形式参数位于不同的单元中。在调用结束后，形式参数所占有的内存被系统释放，而实际参数所占有的内存单元仍然保留并维持原值。

2. 函数的返回值

主调用函数 main( )在调用有参数函数 gcd( )时，将实际参数 a、b 传递给被调用函数的形式参数 u、v。然后，被调用函数 gcd( )使用形式参数 u、v 作为输入变量进行运算，所得结果通过返回语句 return u 返回给主函数，并在主函数的 result＝gcd(a,b)句中通过等号赋值给变量 result。这个 return u 中 u 变量值就是被调用函数的返回值，简称函数的返回值。

函数调用时，主调用函数与被调用函数之间参数传递及函数值返回的全部过程示意如图 6－1 所示。

函数的返回值是通过函数中的 return 语句获得的。一个函数可以有一个以上的 return 语句，但多于一个的 return 语句必须在选择结构(if 或 do/case)中使用，因为被调用函数一次只能返回一个变量值。

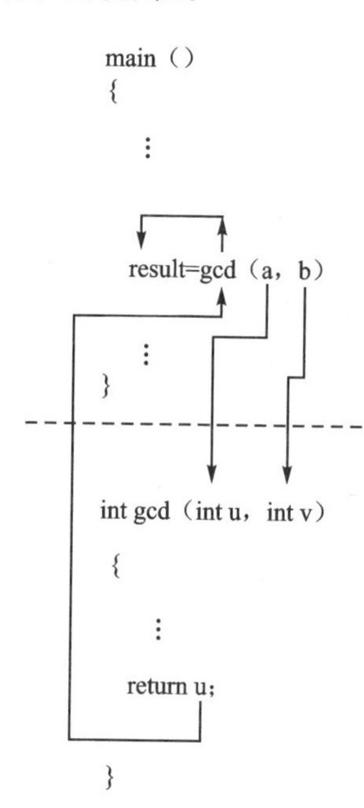

图 6－1　函数调用的参数传递过程

return 语句中的返回值也可以是一个表达式,如可以使用冒号":"选择表达式。

例

```
return(x > y? x:y);
```

当 x>y 为真时,返回 x 值;否则,返回 y 值。

函数的返回值的类型一般在定义函数时,用返回类型标识符来指定。例如:

int gcd(u,v)中,在函数名 gcd 之前的 int 指定函数的返回值为整型(int);

char letter(a,b)中,指定函数的返回值的类型为字符(char)。

C语言规定,凡不加返回类型标识符说明的函数,都按整型(int)来处理。如果函数返回值的类型说明和 retrun 语句中表达式的变量类型不一致,则以函数返回类型标识符为标准进行强制类型转换。

另外,有时为了明确表示被调用函数不带返回值,可以将该函数定义为无类型"void"。例

```
void print _ message( )
{…}
```

在许多C语言程序中,为了使程序减少出错,保证正确调用,凡不要求返回结果的函数,一般都被定义为 void 函数。

6.4 函数的调用

6.4.1 函数调用的一般形式

函数调用的一般形式为

函数名 (实际参数表列);

对于有参数型函数,若包含多个实际参数,则应将各参数之间用逗号分隔开。主调用函数的数目与被调用函数的形式参数的数目应该相等。实际参数与形式参数按实际顺序一一对应传递数据。

如果调用的是无参数函数,则实际参数表可以省略,但函数名后面必须有一对空括号。

6.4.2 函数调用的方式

主调用函数对被调用函数的调用可以有以下3种方式。

(1) 函数调用语句

即把被调用函数名作为主调用函数中的一个语句。例

```
print _ message( );
```

此时并不要求被调用函数返回结果数值,只要求函数完成某种操作。

(2) 函数结果作为表达式的一个运算对象

此时被调用函数以一个运算对象的身份出现在一个表达式中。这就要求被调用函数带有 return 语句,以便返回一个明确的数值参加表达式的运算。被调用函数 gcd 为表达式的一部分。它的返回值乘 2 再赋给变量 result。**例**

```
result = 2 * gcd(a,b);
```

(3) 函数参数

即被调用函数作为另一个函数的实际参数。**例**

```
m = max(a, gcd(u,v));
```

其中,gcd(u,v)是一次函数调用。它的值作为另一个函数调用 max( )的实际参数之一,最后的 m 变量值为 a 和 u、v 的最大公约数中较大的一个。

6.4.3 对被调用函数的说明

在一个函数中调用另一个函数必须具有以下条件:

1) 被调用函数必须是已经存在的函数(库函数或用户自定义函数)。

2) 如果程序中使用了库函数,或使用了不在同一文件中的另外的自定义函数,则应该在程序的开头处使用#include 包含语句,将所用的函数信息包括到程序中来。

例 #include "stdio.h",将标准输入、输出头文件(在函数库中)包含到程序中来。

#include "math.h",将函数库中专用数学库的函数包含到程序中来。

这样在程序编译时,系统就会自动将函数库中的有关函数调入到程序中去,编译出完整的程序代码。

3) 如果程序中使用自定义函数,且该函数与调用它的函数同在一个文件中,则应根据主调用函数与被调用函数在文件中的位置,决定是否对被调用函数作出说明。

① 如果被调用函数出现在主调用函数之后,一般应在主调用函数中,在对被调用函数调用之前,对被调用函数的返回值类型作出说明。一般的形式为

返回值类型说明符 被调用函数的函数名( );

例

```
main( ) {
  int max( );       /* 被调用函数说明 */
  int a = 60, b = 55, m;
  printf("a = %d, b = %d", a, b);
  m = max(a,b);
  printf("max = %d\n", m);
}
```

```
int max( int x, int y) {
  return(x>y? x:y);
}
```

② 如果被调用函数的定义出现在主调用函数之前,可以不对被调用函数加以说明。因为 C 编译器在编译主调用函数之前,已经预先知道已定义了被调用函数的类型,并自动加以处理。例

```
int max(int x,int y) {
  return(x > y? x:y);
}
main ( ) {
  int a = 60, b = 55, m;
  printf("a = %d, b = %d", a,b);
  m = max(a,b);
  printf("max = %d\n", m);
}
```

即被调用函数的定义放在主调用函数之前,就可以不必另加类型说明。

③ 如果在所有函数定义之前,在文件的开头处,在函数的外部已经说明了函数的类型,则在主调用函数中不必对所调用的函数再作返回值类型说明。例


```
int max( );          /* 被调用函数返回值类型说明 */
main( ) {
  …
  m = max(a,b);
  …
}
int max(int x,int y) {
  retrun (x > y? x:y);
}
```

6.4.4　函数的嵌套和递归调用

在 C 语言中,函数的定义都是相互独立的,即在定义函数时,一个函数的内部不能包含另一个函数。尽管 C 语言中函数不能嵌套定义,但允许嵌套调用函数。也就是说,在调用一个函数的过程中,允许调用另外一个函数。当程序变得越来越复杂的时候,为了使一个函数内的源程序限制在 60 行之内,以提高可读性,在一个函数内应将嵌套调用的层次限制在 4～5 层以内。有些 C 编译器对嵌套的深度有一定限制,但这样的限制并不苛刻。就 8051 系列单片机而言,对函数嵌套调用层次的限制是由于其片内 RAM 中缺少大型堆栈空间所致。每次调用都将使 8051 系统把 2 字节(返回程序计数

器的地址)压入内部堆栈,C 编译器通常依靠堆栈来频繁地进行参数传递;但 8051 版 C 编译器,由于片内 RAM 有限所致,只好将参数放在一个人工的外部堆栈中。然而即便是使用片内堆栈,倘若不传递参数,那么 5～10 层的函数嵌套调用也是不成问题的。所以对于小规模程序而言,即使是忽略嵌套调用的层次和堆栈的深度,通常也是安全的。

6.4.5　函数的递归调用

在调用一个函数的过程中,又直接或间接地调用该函数本身。这种情况称为函数的递归调用。

C 语言的强大优势之一,就在于它允许函数的递归调用。函数的递归调用通常用于问题的求解,可以把一种解法逐次地用于问题的子集表示的场合。它可用于计算含嵌套括号的表达式,还普遍用于检索和分类 trees 和 lists 的数据结构。

下面以计算一个数的阶乘为例来说明函数的递归调用。

一般说来,任何大于 0 的正整数 n 的阶乘等于 n 被(n－1)的阶乘乘,即 n! ＝ n(n－1)!。用(n－1)! 的值来表示 n! 的值的表达式就是一种递归调用,因为一个阶乘的值是以另一个阶乘的值为基础的。采用递归调用求正数 n 的阶乘的程序如下:

```
int factorial (int n) {
  int result;
  if(n == 0)
    result = 1;
  else
    result = n * factorial (n - 1);
    return(result);
}
main( ) {
  int j;
  for (j = 0;j < 11; ++ j)
  printf(" %d ! = %d\n", j, factorial(j));
}
```

程序运行结果:

```
0!  = 1
1!  = 1
2!  = 2
3!  = 6
4!  = 24
5!  = 120
6!  = 720
7!  = 5040
8!  = 40320
9!  = 362880
10!  = 3628800
```

在 factorial( )函数中,包含着对它本身的调用。这使该函数成为递归型函数。

6.4.6 用函数指针变量调用函数

在学习指针的概念时,知道可以用指针变量指向变量、字符串和数组。其实,也可以用指针变量指向一个函数,即可以用函数的指针变量来调用函数。

一个函数在编译时,C编译器会给它分配一个入口地址。这个入口地址就称为函数的指针。可以用一个指针变量指向函数,然后通过该指针变量调用此函数。

仍以前面讲述的递归调用程序为例:

```
int factorial(int n) {
  int result;
  if (n = = 0)
    result = 1;
  else {
    result = n * factorial(n - 1);
    return (result);
  }
}
main( ) {
  int j, c;
  for (j = 0; j < 11; j++) {
    c = factorial(j);
    printf(" %d ! = %d\n", j, c);
  }
}
```


main 函数中的“c=factorial(j);”中包含了一次函数调用(调用 factorial( )函数)。每一个函数都占用一段内存单元。它们有一个起始地址。因此可以定义一个指针变量,把它指向factorial( )函数,并通过该指针变量来访问 factorial( )函数。基于这种思想,可以将main( )函数改写如下:

```
main( ) {
  int j, c;
  int *p( );                 /* 函数指针变量定义 */
  p = factorial;             /* 函数指针变量 p 指向 factorial ( ) 函数 */
  for (j = 0; j < 11; j++) {
    c = ( *p)(j);            /* 用指针变量 p 调用 factorial 函数 */
    printf(" %2d ! = %1d\n", j, c);
  }
}
```

程序中 int(* p)( )是函数指针定义语句,说明 p 是一个指向函数的指针变量。此函数的返回值类型为整型 int。注意(* p)( )不能写成 * p( ),因为 * p 两边的括号不能省略，表示p先与*号结合，是指针变量；然后再与()结合，表示此指针变量指向函数。如果写成*p()，由于()优先级高于*号，则表示p为一个函数。该函数的返回值类型是指针。

语句“p=factorial;”的作用是将函数factorial()的入口地址赋给指针变量p。此后调用(*p)(j)就是调用factorial(j)函数。

在main()中赋值语句c=(*p)(j)，包含着函数调用。它和c=factorial(j)是等价的。这就是在用函数指针变量来调用函数。

通过上面的讨论，对用函数的指针变量调用函数归纳如下：

① 指向函数的指针变量的一般定义形式为

函数值返回类型(*指针变量名)(函数形参表……)

*p()表示定义一个指向函数的指针变量，若不对它进行赋值，便不能固定指向某一个函数，而只是表示定义了一个函数指针类型的变量。它是专门用来存放函数的入口地址的。在程序中若把哪个函数的地址赋给它，则它就指向哪个函数。在一个程序中，通过不同的赋值，一个函数指针变量可以先后指向不同的函数。

② 在给函数指针变量赋值时，只需给出函数名而不必给出参数，如p=factorial。

③ 用函数指针变量调用函数时，只需将(*p)代替函数名即可(p为指针变量)，在(*p)之后的括号中可根据需要写上实际参数。

如c=(*p)(j)表示调用由p指向的函数，实参为j。返回的函数值赋给c。

④ 对指向函数的指针变量进行诸如p+n，p++和p--的运算是没有意义的。

6.5 数组、指针作为函数的参数

6.5.1 用数组作为函数的参数

前面已经讨论过如何用变量作为函数的参数。其实，也可以用数组元素，乃至整个数组作为函数的参数。

例如，编写一个min函数，以便在含有10个整数元素的数组中找出最小值。

程序如下：

```
int min(int values [10]) {
 int minimum, i;
 mininum = values [0];
 for(i = 1; i < 10; i++ )
 if(values [i]<minimum)
   minimum = values[i];
 return(minimum);
}
```

```
main( ) {
  int i, minimum _ score;
  int scores[10] = {6, 5, 7, 9, 1, 4, 2, 8, 0, 3}
  for (i = 0; i < 10, i++)
  printf(" scores[ %d] = %d\n", i, scores[i]);
  minimum _ score = min(scores);
  printf("\n minimum _ score is %d\n", minimum _ score);
}
```

程序运行结果:

```
scores[0] = 6
scores[1] = 5
scores[2] = 7
scores[3] = 9
scores[4] = 1
scores[5] = 4
scores[6] = 2
scores[7] = 8
scores[8] = 0
scores[9] = 3
minimum _ score is 0
```


在程序中,主函数 main( )定义了一个 10 元素的数组 scores[10],并进行初始化赋值。在语句 minimum _ score=min(scores)中调用函数 min(scores),同时将数组 scores[ ]作为被调用函数的实际参数。每当 min( )被调用时,实际参数 scores[10]的全部便传递给被调用函数的形式参数 values[10]数组。min( )函数的作用是:将数组元素中最小的值找出来,并作为函数的返回值,返回给调用函数。

通过以上讨论,对用数组作为函数的参数做以下总结。

① 当用数组名作函数的参数时,应该在调用函数和被调用函数中分别定义数组。如上例中,values 是形式参数数组名,scores 是实际参数数组名,应分别在其所在的函数中定义,不能只在一方定义。只有这样,作为调用函数的实际参数数组的全部元素,才能顺利地传递到被调用函数的形式参数数组中。

② 实参数组与形参数组的类型应一致,否则将导致结果出错。

③ 实参数组与形参数组的大小可以一致,也可以不一致。C 编译器对形参数组的大小不作检查,只是将实参数组的地址传给被调用函数。如果要求形参数组得到实参数组的全部元素值,则应使形参数组和实参数组的大小保持一致,形参数组不应大于实参数组。

6.5.2　用指向函数的指针变量作为函数的参数

函数指针变量常用的功能之一是把指针作为参数传递给其他函数。下面简述它的原理。

设一个函数sub( )有两个形式参数(x_1, x_2),定义x_1和x_2为指向函数的指针变量。在调用函数sub时,实际参数用两个实用函数的函数名f_1和f_2给形式参数传递函数地址。这样在函数sub中就可以调用f_1和f_2了。例

```
main( )
{ …
  sub(f1, f2)  /* f1, f2 为函数名 */
       |    |
       |    |___________
  …    |                |
}      |                |
-------↓----------------↓-----------
   sub(int (*x1)( ), int (*x2)( )) {
     int a, b, i, j;
     a = (*x1)(i);
     b = (*x2)(i,j);
   …
   }
```

其中变量i和j是函数f_1和f_2所要求的参数。函数sub( )中的函数指针变量x_1、x_2在函数未被调用时并不占内存单元,也不指向任何函数。在调用sub( )函数时,把实参函数f_1和f_2函数的入口地址传给形式参数指针变量x_1和x_2,使x_1指向函数f_1,x_2指向函数f_2。这时在函数sub( )中,就可以使用$*x_1$和$*x_2$来调用f_1和f_2了。$(*x_1)(i)$等价于$f_1(i)$,而$(*x_2)(i, j)$等价于$f_2(i, j)$。

下面通过一个简单的实例来说明这两种方法的应用。

设一个函数process,在调用它时每次实现不同的功能。对于主程序的两个变量值a、b,第一次调用process时,找出a、b中的最大值;第二次找出其中最小值;第三次求a、b之和。

程序如下:

```
main( ) {
  int max( ), min( ), add( );
  int a = 6, b = 2;
  printf("a = %d b = %d \n", a, b);
  printf("max = ");
  process(a, b, max);
  printf("min = ");
  process(a, b, min);
  printf("sum = ");
  process(a, b, add);
}
```

```
max(int x,int y) {
  int z;
  if(x > y)  z = x;
  else z = y;
  return(z);
}

min(int x,int y) {
  int z;
  if(x < y)  z = x;
  else z = y;
  return(z);
}

add(int x,int y) {
  int z;
  z = x + y;
  return(z);
}

process(int x, int y, int( * fun)( )) {
  int result;
  result = ( * fun)(x, y);
  printf(" % d \n", result);
}
```


程序运行结果：

```
a = 2  b = 6
max = 6
min = 2
sum = 8
```

在程序中，max( )、min( )和add( )是3个已定义的函数，分别用来实现求最大、最小以及求和的功能。

main( )函数在第一次调用process函数时，除了将a,b作为实际参数把两个变量值传给process的形式参数x、y之外，还将函数名max作为实际参数，将其入口地址传送给process函数中的形式参数——指向函数的指针变量fun。这样process( )中，语句(* fun)(x, y)等价于max(x, y)。

同理第二次调用process(x, y, min)函数时，(* fun)(xy)等价于min(x,y)。

第三次调用process(x, y, add)函数时，(* fun)(x, y)等价于add(x, y)。

可见，不论执行max( ),min( )还是add( )，函数process( )中的内容一点也没有改变，只是在调用process( )函数时，实际参数——函数名改变而已。因此用指向函数指针变量作为函数的参数方法,可以使同一个函数来完成不同的函数功能。这样就大大增强了函数使用的灵活性。

6.5.3 返回指针的函数

一个函数可以返回一个整型(int)值、字符(char)值和浮点(float)值,同样也可以返回一个指针型数据,即返回一个数据的地址。这种返回指针值的函数的一般定义形式为

返回值类型 ＊函数名(参数表)

例

```
int  * A(x, y)
```

其中 A 是函数名,调用它后可以得到一个指向整型数据的指针(地址)。在 A 的两侧,分别是＊运算符和( )运算符。由于( )优先级高于＊,故选 A 与( )结合,A( )显然是函数形式。A( )前面的＊表示此函数是指针型函数(函数的返回值是指针)。

例 有一个数据档案记录,每个记录中含有四项数据,要求用返回指针的函数来实现。

程序如下:

```
float  * view (float(pp)[4], int j) {
  float * pt;
  pt = * (pp + j);
  return(pt);
}
main( ) {
  float score[ ][4] = { {8.87, 8.83, 8.64, 8.91},
                        {12.11, 12.23, 12.34, 12.20},
                        {30.44, 30.66, 30.58, 30.40},
                        {20.12, 20.08, 20.21, 20.66}};
  float * view;
  float * p;
  int i, n = 2;
  printf("The record of No. % d are : \n", n);
  p = view(score, n);
  for(i = 0; i < 4; i++)
  printf(" % 5.2f\t", * (p + i));
}
```

程序运行结果:

```
The record of No.2 are :
30.44  30.66  30.58  30.40
```

在上面的程序中,函数 view 被定义为指针型函数。其形式参数 pp 指向包含 4

个元素的一维数组的指针变量，pp＋1 指向 score 数组的第一行；而＊(pp＋1)指向 score 数组的第一行的第 0 列元素。pt 是 float 型指针变量。

在主函数 main( )中，p 是 float 型指针变量，在没有执行调用赋值语句 p＝view (score, n)之前，没有指向任何数据。而在执行 p＝view(score, n)时，程序首先调用 view( )函数，并把实际参数 score[ ]和 n 值传递给 view( )函数的形式参数＊pp[4]和 j，然后通过语句 pt＝＊(pp＋j)，将 view( )函数的内部指针 pt 指向 score[ ][ ]数组的第 j 行地址，并将此指针值返回给主调用函数，继而该地址被赋给指针变量 p。此时，p 指针指向 score[ ][ ]数组的第 n 行，之后这个记录行的四项记录数据就被打印出来。

习题六

1. C 语言中函数有什么特性？函数的存储类型和数据类型的意义是什么？
2. 试总结指针在函数间数据传递中的重要作用。
3. 作为函数形式参数使用的数组名具有什么特征？它们的使用特点是什么？
4. “Driver”是什么？它的优点是什么？
5. 当一个函数需要返回多于一个值时，可以怎么做？
6. 为什么 8051 的 C 函数 printf()比“大”地址空间的计算机更复杂？
7. 编写字符串字符替换函数 replchr(s,cl,c2)，把字符串 s 中的字符 cl 置换为 c2。
8. 编写把十六进制字符串 s 变换成整数值返回的函数 htoi(s)。
9. 编写函数 itob(n)。它把整数 n 变换成二进制字符串，并返回该字符串地址。
10. 编写把字符串 s 逆转的函数 reverse(s)。
11. 把上题的 reverse(s)编写成递归函数。
12. 设计并初始化一个具有 2 个元素的 2 维数组保存图画(如正方形)的 X－Y 坐标值。然后设计一个画图函数。标明怎样调用函数画正方形。

第 7 章

模块化程序设计

7.1 基本概念

7.1.1 程序的组成

程序应该包括数据说明(由数据定义部分来实现)和数据操作(由语句来实现)。数据说明主要定义数据结构(由数据类型表示)和数据的初值。数据操作的任务是对已提供的数据进行加工。从结构化编程的角度,程序应分成若干源程序,每个源程序完成特定的功能,源程序中可重复使用的部分由子程序完成。汇编语言程序完全采用这种结构。在 C 语言中,子程序的作用是由函数来完成的,函数是 C 语言最基本的组成单位。C 程序的组成如图 7-1 所示。

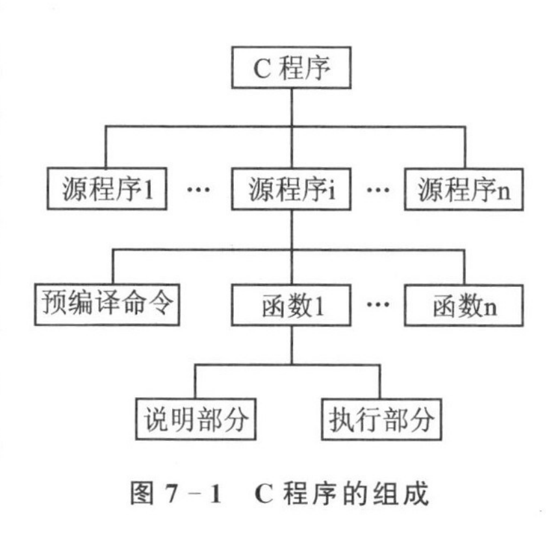

图 7-1 C 程序的组成

7.1.2 常用术语

下面仅介绍与模块化编程有关的术语。

1. 文 件

计算机中数据或程序都是以文件来存储的,文件是计算机的基本存储单位。计算机中用户可见的是各种各样的文件。

2. 源程序文件

一个 C 源程序文件是由一个或多个函数组成的,完成特定的功能。

3. 目标文件

目标文件包含所要开发使用的单片机的机器代码。目标指的是所要用的单片机,目标文件即目标程序文件,是单片机可执行的程序文件。

4. 汇编器/编译器

汇编器是针对汇编语言程序的;编译器是针对高级语言(如C语言)程序的。它们的作用是把源程序翻译成单片机可执行的目标代码,产生一个目标文件。一个源程序文件是一个汇编/编译的单位。对KEIL C工具软件,其汇编/编译如图7-2所示。

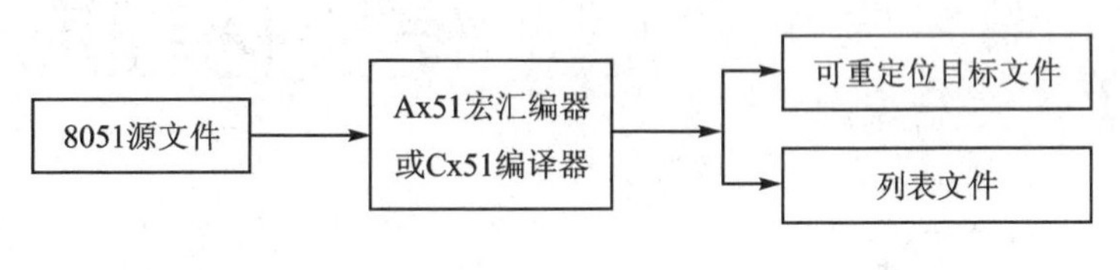

图7-2 汇编/编译图示

因C程序可由多个源文件组成,对每个源程序的编译只能得到相对地址。这需要最后重新进行统一的地址分配(定位)。列表文件是汇编器或编译器生成的包含源程序、目标代码和错误信息等的可打印文件。

5. 段

段和程序存储器或数据存储器有关,有程序段和数据段。段可以是重定位的,具有一个段名、类型及其属性。它们在存储器的最终位置留给链接器/定位器确定,或由编程者指定绝对地址。例如,扩展接口芯片的存储器映像地址或其他硬件地址不由链接器选择。一个完整段由各个模块中具有相同段名的段组合而成。例如,多模块程序的整个程序段是各个子程序段和主程序段的组合。

6. 模 块

模块是包含一个或多个段的文件,由编程者命名。模块的定义决定局部符号的作用域。通常模块为显示、计算或用户接口相关的函数或子程序。

7. 库

库是包含一个或多个模块的文件。这些模块通常是由编译或汇编得到的可重定位的目标模块,在链接时和其他模块组合。链接器从库中仅仅选择与其他模块相关的模块,即由其他模块调用的模块。

8. 链接器/定位器

链接是把各模块中所有具有相同段名及类型名的段连接起来,生成一个完整程序的过程。链接由链接器完成,它识别所有的公共符号(变量、函数和标号名)。一旦公共符号有了目录,以它们作参考的模块“开始”有地址定位填入——“LJMP X,LCALL X”或“MOV DPTR, #X”可开始填充。使用“开始”是因为链接器不能分配绝对地址,它分配的地址是相对其他同类型的程序或数据。一旦所有的外部RAM数据收集起来,而且没有和其他模块的地址重叠,定位器就可以决定绝对地址。定位器是给每个段分配地址的工具。在链接时把模块的同名段放入一整段，定位时重新填入段的绝对地址。所有同类(程序CODE、内部数据DATA和外部数据XDATA等)组合成相应的单一段。KEIL C工具软件中，链接器和定位器合二为一，成为链接器/定位器Lx51，如图7-3所示。

绝对目标文件生成后，可由仿真器调试或者进行EPROM固化，或与模拟器一起使用。绝对目标文件一般使用绝对的Intel目标格式。交叉参考映像文件包含存储器映像、全局和局部符号的存储分配及外部和公共符号的交叉参考报告。

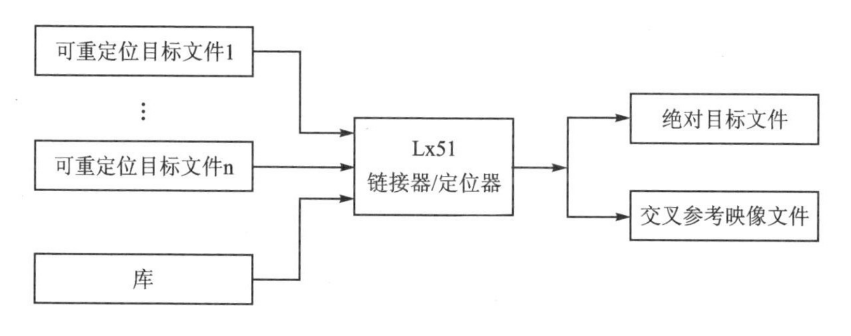

图7-3　链接图示

9. 应用程序

应用程序是整个开发过程的目的，是单一的绝对目标文件。它把全部输入模块的所有绝对及可重新定位的段链接起来，最后形成单一的绝对模块。应用程序准备下载到仿真器调试运行，调试通过后固化到EPROM中，在用户目标系统中运行，完成所需的功能。

7.1.3　文件命名常规

程序文件有几个常用的扩展名。典型源文件是“.ASM”、“.A51”、“.P51”、“.C51”或“.C”。“.ASM”或“.A51”是汇编语言源文件；“.P51”是PL/M语言源文件；“.C51”或“.C”是C语言源文件。包含汇编/编译的程序和错误的列表文件是“.LST”。可重定位的目标模块为“.OBJ”文件，而最后的绝对目标文件用同名而无扩展名的文件表示。转换成Intel的目标文件格式是“.HEX”，库文件是“.LIB”，链接/定位后的映像文件是“.M51”或“.MAP”。链接器/定位器使用的文件是“.LNK”，在编译时加入到源文件中的头文件是“.H”。

“.HEX”是结果输出的目标文件格式，至少Intel和KEIL是采用Intel HEX格式。HEX格式不难辨认。它的格式是文件中的所有字节是可打印的ASCII字符。其他更紧凑格式BIN以单一字节表示每个程序代码字节，这样，文件中有许多非打印的ASCII字符代码。HEX文件中的冒号“:”标示一个新记录，接着的两个字符是以实际数据字节数表示的记录块的长度。典型的 10 代表一个 16 个数据字节的块。下面的 4 个字符是十六进制数,用于表示块中数据的起始地址。再下面的 2 个字符是块的类型码:00 表示是可重定位数据;01 是文件的结束标志。接下去是实际数据,每个十六进制的数字对表示一个字节,16 字节数据以 32 个字符表示。最后两位数字表示校验和,很容易与数据混淆。将所有的 2 个字符十六进制值与校验和加起来,以 256 取模,整个结果为 0。**例**

```
:10000000750800758109850809120016050 8E508BC
⋮
:00000001FF
```

第一行:长度为 16 字节的数据块,起始地址 0000,校检和 BC。

结尾行:长度为 0 字节的结束行,校验和 FF。

7.2　模块化程序开发

7.2.1　采用模块编程的优点

模块化编程是一种软件设计方法。各模块程序应分别编写、编译和调试。最后模块一起链接/定位。模块化编程有以下优点:

① 模块化编程使程序开发更有效。小块程序更容易理解和调试。当知道模块的输入和所要求的输出时,就可直接测试小模块。

② 当同类的需求较多时,可把程序放入库中以备以后使用。例如,显示驱动。若要再使用显示驱动,则由库中把它取出(必要时可修改),而不要全部重新编写。

③ 模块化编程使得要解决的问题与特定模块分离,很容易找到出错的模块,大大简化了调试。

7.2.2　模块化程序开发过程

在进入具体模块编程之前,讨论嵌入式应用的程序开发步骤对编程很有帮助。图 7-4 为程序开发的过程。模块化编程应用了同样的开发过程,模块多采用同种语言编写。多个模块可以不和库文件链接,但链接控制命令就很复杂。

因为需要不断完善,所以这个程序开发过程经常会重复许多遍。好的系统开发者先让各模块工作,然后再把它们集成到最终的软件中。图 7-4 所示描述如下:

① 规划整个项目,包括使用哪些硬件及规划软件怎样分工。

② 编写程序,并把它输入到文件中以便汇编或编译。

③ 编译/汇编源程序,可包括把目标模块放入库中。

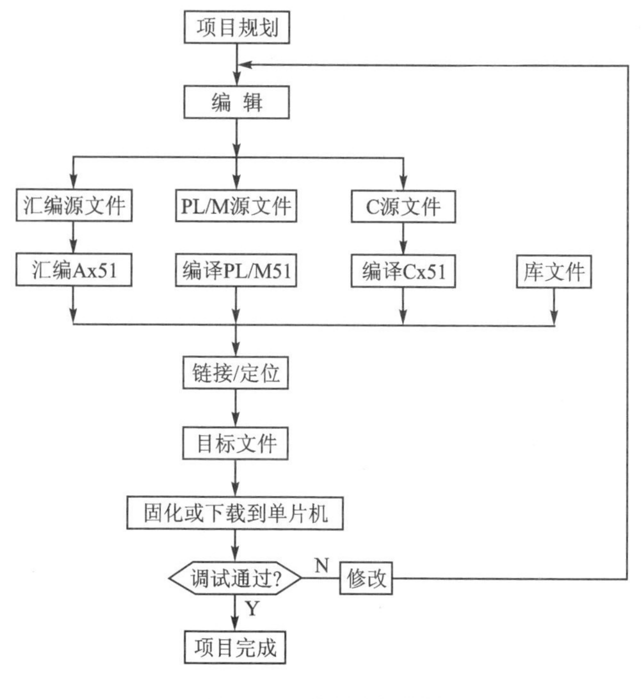

图 7－4　程序开发过程

④ 让目标文件分配到特定的存储位置，这是定位，通常包括链接。整个程序通常有几个源程序，它们分别编写，或许也有库包含在内。

⑤ 让绝对目标文件传入单片机进行控制工作。若是由驻留的监控程序完成，就是下载；若是把文件写入单片机，就是固化。

⑥ 调试程序，看是否有不工作的部分或需要修改的部分。

7.3　汇编和编译

7.3.1　使用汇编语言的模块化设计

8051 系列有几种汇编器支持。许多 C 编译工具软件包也含有或附带有汇编器。汇编器接受助记符，把它翻译成相应的机器码。因为存在一对一的对应关系，简单的汇编器相对容易编制。某些编译器仅产生汇编助记符(汇编语言程序)，然后汇编成机器代码。若采用汇编和高级语言的混合编程，则不能随便混用一个公司的汇编器和另一个公司的编译器。KEIL 工具软件可和 Intel 的汇编工具配合使用。许多情况下它们使用同样的字和指令。Bso/Tasking 的工具非常不同，必须整个使用自身的软件包。

例　步进电机驱动——ASM51。

硬件设置如图7-5所示。P1.3、P1.2、P1.1、P1.0口输出的转动控制为1010→1001→0101→0110→1010。图7-6的流程图描述了整个程序的3个部分。主程序(STEP)、输出子程序(OUT)和延时子程序(DELAY)为驱动步进电机的模块化编程。STEPA.BAT为用于汇编,然后链接这些模块成绝对目标文件的命令,调用汇编器和链接器的控制命令放在这个批文件中。3个程序块一起,直接驱动四相步进电机以每步8 ms的速率工作。主程序取得相位置,把相位置的移动轨迹放入状态中,调用输出模块控制电机。

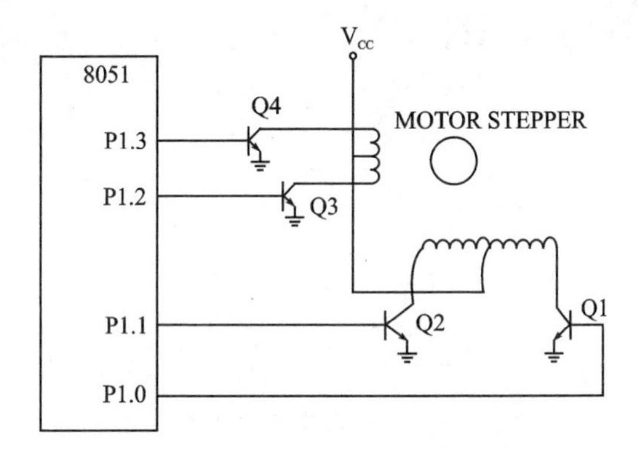

图7-5　步进电机驱动原理图

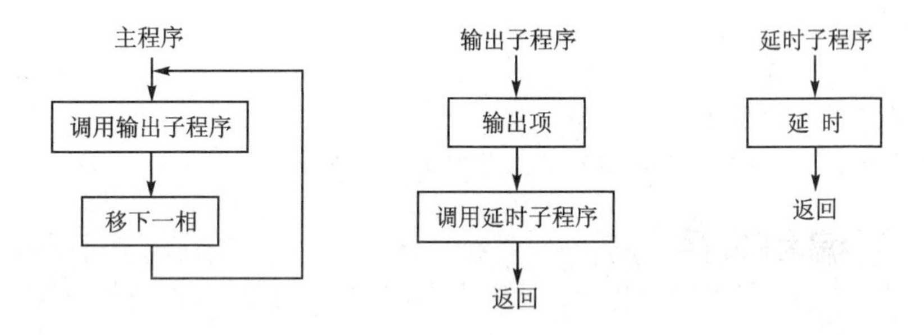

图7-6　步进电机驱动流程图

主程序:STEP.ASM

```
EXTRN       CODE(OUT)
EXTRN       DATA(STATE)
VAR         SEGMENT DATA
STEP        SEGMENT CODE
STACK       SEGMENT IDATA
RSEG        STACK
```

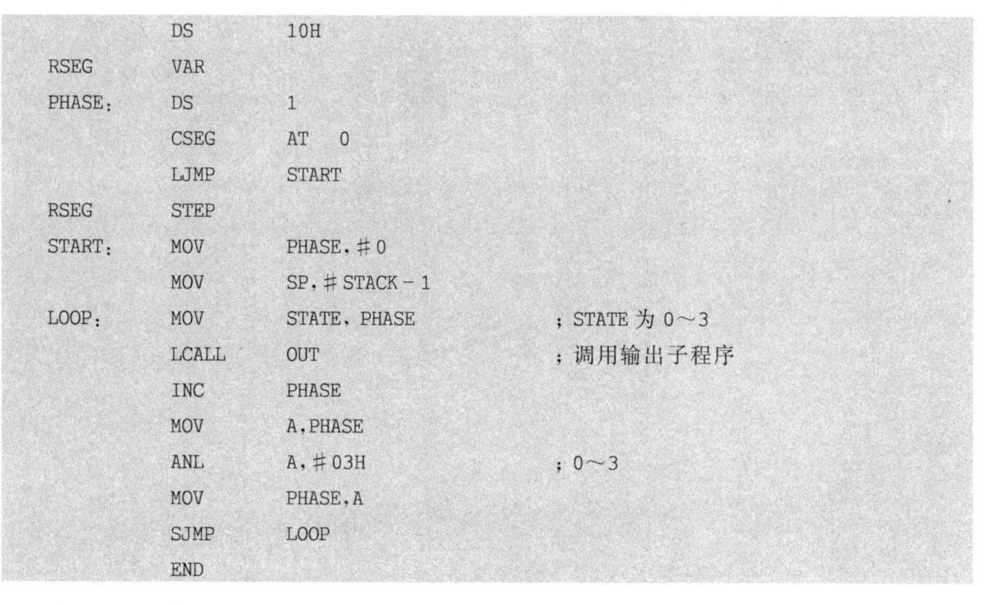

```
            DS          10H
RSEG        VAR
PHASE:      DS          1
            CSEG        AT    0
            LJMP        START
RSEG        STEP
START:      MOV         PHASE,#0
            MOV         SP,#STACK-1
LOOP:       MOV         STATE,PHASE              ;STATE为0～3
            LCALL       OUT                      ;调用输出子程序
            INC         PHASE
            MOV         A,PHASE
            ANL         A,#03H                   ;0～3
            MOV         PHASE,A
            SJMP        LOOP
            END
```

输出子程序:OUT.A51

```
EXTRN       CODE(DELAY)
PUBLIC      STATE,OUT
ROM         SEGMENT CODE
RAM         SEGMENT DATA
OUTPGM      SEGMENT CODE
RSEG        ROM
TABLE:      DB        00001010B
            DB        00001001B
            DB        00000101B
            DB        00000110B
RSEG        RAM
STATE:      DS        1
XSEG        AT        0FFC0H
PORT:       DS        1
RSEG        OUTPGM
OUT:        MOV       DPTR,#TABLE
            MOV       A,STATE                    ;取四个表值之一
            MOVC      A,@A+DPTR
            MOV       DPTR,#PORT                 ;备用扩展口
            MOVX      @DPTR,A
            MOV       P1,A                       ;输出控制
            MOV       R6,#08
            LCALL     DELAY                      ;调用延时子程序
            RET
            END
```

延时子程序:DELAY.A51

```
PUBLIC      DELAY
DELAYP      SEGMENT   CODE
RSEG        DELAYP
DELAY:      MOV       A,R6
            JZ        EXIT                    ; R6 延时 ms 数
            MOV       R0,#250                 ; 250×4 = 1 000
DEL:        NOP
            NOP
            DJNZ      R0,DEL                  ; 每次循环 4 μs
            DJNZ      R6,DELAY
EXIT:       RET
            END
```

批文件:STEPA.BAT

```
a51 step.asm debug
a51 out.a51 debug
a51 delay.a51 debug
l51 step.obj, out.obj, delay.obj
```

批文件的前3行分别汇编3个程序模块;第4行进行链接和定位;第5行把绝对目标文件转换成Intel HEX格式。在μVision IDE环境中,可使用项目文件把这几个源文件管理起来,并配置相应的编译器、汇编器和链接器控制命令。

在这些模块中,除定义PORT的段外,所有段用SEGMENT和RSEG指定都是可重定位的。总之,几个模块编程者要避免绝对段并允许链接器有效使用存储空间。唯一绝对地址是XSEG段即I/O地址。在一个模块中以公用形式(PUBLIC)定义绝对I/O,而其他模块以外部形式(EXTRN)使用它们。这样,当硬件地址变化时,修改起来就容易得多。两个程序模块仍可在各自的文件中一起工作,是因为重要的公用符号在一个模块内是PUBLIC,而在另一个模块内是EXTRN。这在7.4节详细讲述。一旦理解了用名字使用段,并能对变量分配成PUBLIC和EXTRN标号,那么使用可重定位段就不成问题。

7.3.2 使用C语言的模块化设计

C编译器使用起来不复杂。编译器使用包含文件(.H)和#pragma的指令生成所需的依赖机器特性。它们是编译器特定的。

例 步进电机驱动——C。

用图7-6所示程序流程实现图7-5所示的步进电机驱动使用C语言编程,如用共享变量,则变量必须在一个模块中说明为extern,以避免定义成两个不同的变量。

主程序:STEP.C

```
#define uint unsigned int
#define uchar unsigned char
uchar phase = 0;
out(uchar x);
main( ) {
  for(;;) {
    out(phase = ++phase & 0x03);        /* 调用输出模块 */
  }
}
```

输出模块程序:OUT.C

```
#include < reg51.h >
#include < absacc.h >
#define uint unsigned int
#define uchar unsigned char
#define PORT XBYTE[0xffc0]
void delay(uint x);
void out(uchar state) {
  code uchar table[ ] =
    {0x0a, 0x09, 0x05, 0x06};
  P1 = table[state];                     /* 输出控制 */
  PORT = table[state];                   /* 备用 */
  delay(8);                              /* 调用延时模块 */
}
```

延时模块程序:DELAY.C

```
#define uint unsigned int
#define uchar unsigned char
void delay(uint x) {
  uchar j;
  while (x--> 0) {
    for (j = 0; j < 125; j++) {;}
  }
}
```

批文件程序:STEPC.BAT

```
c51 step.c debug
c51 out.c debug
c51 delay.c debug
l51 step.obj, out.obj, delay.obj
```

前3行分别编译3个模块;最后一行链接3个模块成一个目标模块。也可使用

μVision项目文件管理源文件。

7.4 覆盖和共享

7.4.1 覆 盖

单片机片内存储空间有限,链接器/定位器通常重新启用程序不再用的存储位置。这就是说,若一个程序不再调用,也不由其他程序调用(甚至间接调用),那么在其他程序执行完之前,这个程序不再运行。这个程序的变量可以放在与其他程序完全相同的RAM空间,很像可重用的寄存器。这种技术就是覆盖。在汇编中直接通过手工完成这些空间的分配,在C中可以由链接器自动管理。当有几个不相关连的程序时,使用链接器完成空间分配所用的RAM单元数比通过手工完成时所用的少。

7.4.2 共 享

1. 共享变量

共享变量要弄清不同模块之间变量的关系。编译一个模块,而另一模块还没编写时,编译器必须给出另一模块要使用的信息。链接器/定位器给共享变量分配相同的地址。这要求汇编器/编译器能设置程序参考,字节作为字节,整数/字作为整数/字,数组作为数组及指针作为指针。汇编和C语言的共享不同。表7-1是两种语言的简要规则。

表7-1 两种语言的规则

类 型	汇编语言	C语言
动态变量		y( ) { int x;}
静态变量		static int x;
公用变量	PUBLIC X X: ds 2	int x;
外部变量	EXTRN DATA(X) MOV DPTR,# X	extern int x;

静态子程序/函数	Y:…	static y( ){
		…
		};

公共子程序/函数	PUBLIC Y
	Y:
		y( ) {
		…
		};

外部子程序/函数	EXTRN CODE(Y) LCALL Y	y( );

C语言中说明和定义一个变量有很大区别。定义，进行实际的存储器单元分配；说明，仅指出变量的特性，而不分配存储器单元。在函数中定义的局部变量(动态变量)可以被覆盖，一个函数说明的变量在下一次进入函数时不同，即函数调用时会发生变化。一些编译器把变量放在堆栈上，这样运行起来位置不固定；而8051的编译器监视函数调用的嵌套顺序，把几个函数的变量放在同样固定的位置。函数中定义的静态(static)变量，在函数调用中专用不变，动态变量仅在特定函数中有意义。这是由于前述的覆盖。在文件(模块)中某函数外定义或说明的变量(全局变量)，在此函数后和此函数中使用可共享。一个模块要使用另一模块定义的变量必须有extern(外部)说明而不再定义，重要的是extern告诉编译器在其他处查找变量而不分配存储器单元，因而extern停止分配空间。函数外的静态共享变量与模块中的函数共享，在其他模块中不识别。这最适用于含有几个相关函数的模块内共享变量，而无关的模块没机会共享。这样就不会搞错同名变量。

在汇编语言中，变量、子程序或标号与其他模块共享时，必须在定义它们的模块的开头说明为PUBLIC(公用)。使用它们的模块必须在模块的开头包含EXTRN(外部)行。

2. 共享函数/子程序

理解了共享变量就很容易过渡到共享函数。C中函数若是全局的(公用的)，则可以放在调用的函数之后；C中函数若是模块专用的，则它可以定义为静态函数。这样它不能被其他模块调用。C的ANSI标准建议所有函数在主函数前要有原型(进行说明)，然后实际函数可在主函数之后或在其他模块中。这符合自顶向下编程的概念。其实，把实际函数定义放在主函数之前也能运行，而且避免了不必要的程序行。

汇编语言中，子程序使用的符号可在给定模块的任何位置。汇编器首先扫描得到所有的符号名，然后值就可填入LCALL或LJMP。一个模块和另一个模块共享子程序，一个使用PUBLIC；而另一个则使用EXTRN。当指定为EXTRN时，符号类型(CODE、DATA、XDATA、IDATA、BIT或NUMBER)必须特别加以指定，以便链接器可以确定放在一起的正确类型。

7.5　库和链接器/定位器

7.5.1　库

目标模块可以集中放在一个库中，以后通过链接器使用模块。库工具使用create生成一个新库，add或replace把目标模块放到库中，delete删除模块，list可显示当前库中的模块。库中不能加入同名模块或公用符号相同的模块，以避免链接时查找外部参考时的混乱。

C编译特别普遍使用的是编译器提供的库。因为在许多程序中算术程序很少，而在特定应用时仅需几个算术程序。不像解释BASIC,好的嵌入式软件工具仅包含特定应用所必需的部分。链接器应在数学库中寻找必须包含的算术程序模块，例如，浮点COS程序。库中模块无特定的先后顺序。KEIL Cx51编译器包含6个不同的编译库(如表7-2所列),可根据不同函数的需要优化使用。这些库几乎支持所有ANSI标准函数的调用。因此，使用此标准编的C程序可以在编译和链接后立即执行。

表7-2 KEIL Cx51的编译库

库	说　明	库	说　明
Cx51S.LIB	SMALL模式，无浮点运算	Cx51FPC.LIB	浮点运算库(COMPACT模块)
Cx51FPS.LIB	浮点运算库(SMALL模式)	Cx51L.LIB	LARGE模式，无浮点运算
Cx51C.LIB	COMPACT模式，无浮点运算	Cx51FPL.LIB	浮点运算库(LARGE模块)

7.5.2 链接器/定位器

链接器/定位器是模块化编程的核心。KEIL Cx51套件中的Lx51程序完成下列功能。

1. 组合程序模块

将几个不同的程序模块组合为一个模块，并自动从库中挑选模块嵌入到目标文件中。输入文件按命令行中出现的顺序处理。通常的程序模块是由Cx51编译器或Ax51宏汇编器生成的可重入的目标文件。

2. 组合段

将具有相同段名的可重定位段组合成单一的一段。在一个程序模块中定义的一个段称为部分段。一个部分段在源文件中以下列形式指定(参见7.3.1节中的使用汇编语言的步进电机驱动源程序)。

(1) 名　字

每个可重定位段有一个名字，可与来自其他模块同名的可重定位段组合。绝对段没有名字。

(2) 类　型

类型标明段所属的地址空间CODE、XDATA、DATA或BIT。

(3) 定位方式

可重定位段的定位方式有PAGE、INPAGE、INBLOCK、BITADDRE-SSABLE或UNIT。INPAGE标明段必须放入一页(高8位地址相同)中，以使用短转移和短调用指令。INBLOCK段因使用ACALL必须放在2 048字节块中，因为没有链接器可以灵活地判知调用和转移是否在一个块内。可重定位的其他限制是：

PAGE——不能超过256字节限制；

BITADDRESSABLE——必须放在可位寻址的内部RAM空间；

UNIT——允许段从任意字节开始(对位变量是位)。

(4) 长 度

一个段的长度。

(5) 基 址

段的首址。对于绝对段，地址由汇编器赋予；对于可重定位段，地址由Lx51决定。

在处理程序模块时，Lx51自动产生段表(MAP)。该表包含了每个段的类型、基址、长度、可重定位性和名字。Lx51自动将具有相同名字的所有部分段组合到单一可重定位段中。例如，3个程序模块包含段VAR，在组合时，3个段的长度相加，从而组合段的长度也增加了。对组合段有下列规则：

① 所有具有相同名的部分段必须有相同类型(CODE、DATA、IDATA、XDATA或BIT)；

② 组合段的长度不能超过存储区的物理长度；

③ 每个组合的部分段的定位方法也必须相同；

④ 绝对段相互不组合，它们被直接拷贝到输出文件中。

3. 存储器分配

使用为段分配工作所需的存储器时，该存储器所有可重定位段和绝对段都被处理。段经过组合后，它们的位置被定义在8051系列单片机的物理存储器中，每个物理存储器区域被单独处理。

4. 采用覆盖技术使用数据存储器

通过采用一定的覆盖技术，8051系列少量的片内数据存储器可由Lx51有效地使用。由Cx51编译器或是Ax51汇编器生成的参数和局部变量(若使用它们的函数不相互调用)可在存储器中覆盖。这样，所用的存储器单元数得到相当程度的减少。

为完成数据覆盖，Lx51分析所有不同函数间的调用。使用该信息可以确定哪个数据和位段可被覆盖。使用控制命令OVERLAY和NOOVERLAY可允许或禁止覆盖。OVERLAY是默认值，用它可产生非常紧凑的数据区。

5. 决定外部参考地址

具有相同名的外部符号(EXTERN)和公用符号(PUBLIC)被确定后，外部符号指向其他模块中的地址。一个已声明的外部符号用具有相同名字的公用符号确定，外部参考地址由公共参考地址确定。这还与类型(DATA、IDATA、XDATA、CODE、BIT或NUMBER)有关。如果类型不符或未发现外部符号参考地址的公用符号，则会产生错误。公用符号的绝对地址在段定位后决定。

6. 绝对地址计算

定义绝对地址并计算可重定位段的地址。在段分配和外部公用参考地址处理完成后,程序模块中所有可重定位地址和外部地址要进行计算。此时生成的目标文件中的符号信息(DEBUG)被改变,以反映新的值。

7. 产生绝对目标文件

可执行程序以绝对目标格式产生。该绝对目标文件可包含附加的符号信息(DEBUG),从而使符号调试成为可能。符号信息可用 NODEBUGSYMBOLS、NODEBUGPUBLICS 和 NODEBUGLINES 控制命令来禁止。输出文件是可执行的,并可由仿真器装入调试,或被 OHS51 翻译为 Intel HEX 格式文件以供单片机固化。

8. 产生映像文件

产生一个反映每个处理步骤的映像文件。它显示有关链接/定位过程的信息和程序符号,并包含一个公用和外部符号的交叉参考报告。映像文件包含下列信息:

① 文件名和命令行控制命令。

② 所有被处理模块的文件名和模块名。

③ 一个包含段地址、类型、定位方法和名字的存储器分配表。该表可在命令行中用NOMAP控制命令禁止。

④ 段和符号的所有错误列表。列表文件末尾显示出所有出错的原因。

⑤ 一个包含输入文件中符号信息的符号表。这个信息由 MODULES、SYMBOLS、PUBLICS和 LINES 名组成,LINES 是 C 编译器产生的行号。符号信息可用控制命令 NOSYMBOLS、NOPUBLICS 和 NOLINES 完全或部分禁止。

⑥ 一个按字母顺序排列的有关所有 PUBLIC 和 EXTERN 符号的交叉参考报告。其中显示出符号类型和模块名。第一个显示的模块名是定义了 PUBLIC 符号的模块,后面的模块名是定义了 EXTERN 符号的模块。在命令行输入控制命令 IXREF 可产生此报告。

⑦ 在链接器/定位器运行期间检测到的错误同时显示在屏幕上和文件尾部。

7.6 混合编程

7.6.1 混合编程介绍

本章之前介绍的是以同一种语言编写的模块化编程。下面介绍以不同语言编写的模块化编程,即混合编程。混合编程必须指定参数的传递规则。当组合在一起的程序部分以不同语言编写时,大多数是用汇编语言编写硬件相关的程序,编译器也可把中间结果放到片外RAM中。通常情况下以高级语言C编写主程序，这样程序易编写。几个字节的外部代码仅用一次，时间消耗很少，但循环重复使用这些字节消耗很大。好的方法是都以高级语言编写，而在经常用到的函数处让CODE控制有效。函数名的转换如表7-3所列。

表7-3　函数名的转换

说　明	符号名	解　释
void func(void)	FUNC	无参数传递或不含寄存器参数的函数名不作改变转入目标文件中，名字只是简单地转为大写形式
void func(char)	_FUNC	带寄存器参数的函数名加入"_"字符前缀以示区别。它表明这类函数包含寄存器内的参数传递
void func(void) reentrant	_?FUNC	对于重入函数加上"_?"字符串前缀以示区别。它表明该函数包含堆栈内的参数传递

所有程序运行通过后，返回来优化有缺陷的程序。C编译器可以很容易地生成汇编语言源程序，汇编程序必须汇编后才得到最后程序。编译器允许单行的汇编程序，也可把汇编程序集中在同一文件中。参数通常是通过固定的CPU寄存器传给汇编程序的。当使用"#pragma NOREG PARMS"时，则通过固定的存储器位置传递参数。这样就给汇编与KEIL Cx51之间提供了一个非常简洁的接口，且返回值在CPU寄存器中。

例　用汇编语言编写函数toupper，参数传递发生在寄存器R7中。

```
UPPER       SEGMENT CODE         ; 程序段
PUBLIC      _TOUPPER             ; 入口地址
RSEG        UPPER                ; 程序段
_TOUPPER:   MOV A, R7            ; 从R7中取参数
            CJNE A, #'a', $ +3
            JC UPPRET
            CJNE A, #'Z'+1, $ +3
            JNC UPPRET
            CLR ACC.5
UPPRET:     MOV R7, A            ; 返回值放在R7中
            RET                  ; 返回到C
```

7.6.2　参数传递

在混合编程中，关键是传递参数和函数的返回值。它们必须有完整的约定，否则传递的参数在程序中取不到。两种语言必须使用同一规则。汇编语言编程者当然可以自如地控制，因而通常情况下汇编模块服从高级语言。遗憾的是，每种编译器使用

不同的规则,甚至依赖选择的大、中或小存储模式。并非所有编译器都可混合不同模式的模块。

典型规则是:所有参数以内部 RAM 的固定位置传递给程序(KEIL C 控制命令)。若是传递位,那么它们也必须位于内部可位寻址空间的顺序位中。当然顺序和长度(字节/字/字符/整数)必须让调用和被调用程序一致。事实上,内部 RAM 相同标示的块可共享。调用程序在进行汇编程序调用前在块中填入要传递的参数,调用程序在调用时假定所需的值已在块中。

KEIL C 编译器可使用寄存器传递参数,也可用固定存储器位置或使用堆栈。这些只是选项。通过堆栈传递参数,总的来说对 C 更协调并支持重入。若一函数调用自己,则堆栈加深而不是改写变量。尽管这种方法更通用,但对 8051 无效。这是因为要保证有大的堆栈才能存取外部 RAM。所有操作必须用一对指令,每次要设置和保存数据指针。编译器可使用通常的内部堆栈,但对数学库函数不实用。它可能要耗用现有 128 或 256 字节中的 100 字节,而其他软件也需要内部 RAM。

CPU 寄存器中最多传递 3 个函数。这种参数传递技术产生高效代码,可与汇编程序相媲美。参数传递的寄存器选择如表 7-4 所列。

表 7-4 参数传递的寄存器选择

参数类型	char	int	long, float	一般指针
第 1 个参数	R7	R6、R7	R4~R7	R1、R2、R3
第 2 个参数	R5	R4、R5	R4~R7	R1、R2、R3
第 3 个参数	R3	R2、R3	无	R1、R2、R3

下面提供了几个说明参数传递规则的例子。

func1(int a) a 是第一个参数,在 R6、R7 中传递。

func2(int b, int c, int *d) b 在 R6、R7 中传递;c 在 R4、R5 中传递;d 在 R1、R2、R3 中传递。

func3(long e, long f) e 在 R4~R7 中传递;f 不能在寄存器中传递,只能在参数传递段中传递。

func4(float g, char h) g 在 R4~R7 中传递;h 不能在寄存器中传递,必须在参数传递段中传递。

参数传递段给出汇编子程序使用的固定存储区,就像参数传递给 C 函数一样,参数传递段的首址通过名为"?函数名?BYTE"的 PUBLIC 符号确定。当传递位值时,使用名为"?函数名?BIT"的 PUBLIC 符号。所有传递的参数都放在以首址开始递增的存储区内,函数返回值放入 CPU 寄存器,如表 7-5 所列。这样,与汇编语言的接口就相当直观。

在汇编子程序中,当前选择的寄存器组及寄存器 ACC、B、DPTR 和 PSW 都可能改变。当被 C 函数调用时,必须无条件地假定这些寄存器的内容已被破坏。如果在链接/定位程序时选择了覆盖，那么每个汇编子程序包含一个单独的程序段是必要的，因为在覆盖过程中，函数间参量通过子程序各自的段参量计算。汇编子程序的数据区甚至可包含在覆盖部分中，但应注意下面两点：

① 所有段名必须以 Cx51 类似的方法建立。

② 每个有局部变量的汇编程序必须指定自己的数据段，这个数据段只能为其他函数访问作参数传递用。所有参数一个接一个被传递，由其他函数计算的结果被保存入栈。

使用 C 编译器传递参数的最简单的方法是编译一个哑函数，并使其代码列表控制(CODE)有效。这样便可以清楚地看到产生的汇编程序，并在自己调用的子程序中以此作模块。

表 7-5 函数返回值的寄存器

返回值	寄存器	说 明
bit	C	进位标志
(unsigned)char	R7	
(unsigned)int	R6、R7	高位在 R6，低位在 R7
(unsigned)long	R4～R7	高位在 R4，低位在 R7
float	R4～R7	32 位 IEEE 格式，指数和符号位在 R7
指针	R1、R2、R3	R3 放存储器类型，高位在 R2，低位在 R1

前面步进电机驱动 C 语言编程中，延时模块采用 C 不如采用汇编更能准确控制延时时间。设计包含哑函数的 C 模块 delaya.c 如下：

```
#define uint unsigned int
void delay(uint x){
}
```

编译：

```
c51 delaya.c debug code
```

产生的列表文件 delaya.lst 包含 C 源程序和产生的汇编源程序，列表文件如下：

```
C51 COMPILER V7.01   DELAYA                                02/12/2003 15:23:13 PAGE 1

C51 COMPILER V7.01, COMPILATION OF MODULE DELAYA
OBJECT MODULE PLACED IN DELAYA.OBJ
COMPILER INVOKED BY: E:\Keil\C51\BIN\C51.EXE DELAYA.C BROWSE DEBUG OBJECTEXTEND

stmt level    source

   1          #pragma CODE
   2          #define uint unsigned int
   3          void delay(uint x) {
   4    1     }
```

```
 * * * WARNING C280 IN LINE 3 OF DELAYA.C: 'x': unreferenced local variable
C51 COMPILER V7.01   DELAYA                                02/12/2003 15:23:13 PAGE 2

ASSEMBLY LISTING OF GENERATED OBJECT CODE

           ; FUNCTION _delay (BEGIN)
                                                       ; SOURCE LINE # 3
0000 8E00          R      MOV      x,R6
0002 8F00          R      MOV      x + 01H,R7
                                                   ; SOURCE LINE # 4
0004 22                   RET
               ; FUNCTION _delay (END)

MODULE INFORMATION:    STATIC OVERLAYABLE
       CODE SIZE            =          5             ----
       CONSTANT SIZE        =          ----          ----
       XDATA SIZE           =          ----          ----
       PDATA SIZE           =          ----          ----
       DATA SIZE            =          ----          2
       IDATA SIZE           =          ----          ----
       BIT SIZE             =          ----          ----
    END OF MODULE INFORMATION.

C51 COMPILATION COMPLETE.  1 WARNING(S),  0 ERROR(S)
```


例　汇编链接到C。

重新用汇编语言编写延时子程序delaya.A51,程序如下:

```
PUBLIC    _DELAY
DELAYP    SEGMENT CODE
RSEG      DELAYP
_DELAY:   NOP
DELAY:    MOV     R5,#250
DEL:      NOP
          NOP
          DJNZ    R5,DEL
          DJNZ    R7,DELAY
          MOV     A,R6
          JZ      EXIT
          DJNZ    R6,DELAY
EXIT:     RET
          END
```

注意:子程序名_DELAY,表示有参数传递,参见表7-4,否则无法调用。

整个步进电机驱动混合编程的批文件 stepca.bat 如下:

```
c51 step.c debug
c51 out.c debug
a51 delaya.a51 debug
l51 step.obj, out.obj, delaya.obj
```

7.6.3　混合编程实例

在用C语言开发程序的过程中,有时感到速度达不到要求,在更新显示内容或做显示内容的移动时更加明显。在这种情况下,可以找到速度的瓶颈函数,即数据移动和把显示内容从内存移到显示扫描存储器的函数。见下面程序的 move( )和 toscr( )函数,源程序名为display.c。

```
#include < reg52.h >
#include < absacc.h >
#define uchar unsigned char
#define uint unsigned int
#define SLAVE 0x01
#define SBUFF 0x1f
#define RMOVE 0x0000
#define RBUFF 0x2000
#define GMOVE 0x4000
#define GBUFF 0x6000
#define GOFFSET GMOVE - RMOVE
uchar data row,col;
void move(uint src,uint dest,uint Length);
void toscr(uint addr,uchar col1,uchar row1);

void main() {
  uint data i,j,x,y,Length;
  uint data temp;
  row = 2;
  col = 8;
  temp = row * col * 256;
  move(RBUFF,RMOVE,temp);
  move(GBUFF,GMOVE,temp);
  toscr(RMOVE,col,row);
}

void move(uint src,uint dest,uint Length) {
   uchar xdata  * ptr1 = src;
   uchar xdata  * ptr2 = dest;
   P1 = SBUFF;
   while(Length -- ) {
```

```
      * ptr2 ++ = * ptr1 ++ ;
    }
  }

void toscr(uint addr,uchar col1,uchar row1) {
    uchar a;
    uint x,y,i,row16,col2;
    uchar xdata * ptr;
    uchar xdata * ptr1 = addr;
    col2 = col * 2;row16 = row * 16;
    i = (32 - col) * 4;
    ptr = i + 0x8000;
    for(y = 0;y < row16;y ++ ){
     for(x = 0;x < col2;x ++ ) {
        P1 = SBUFF;
          a = * ptr1;
          P1 = 0x00;
           * ptr = a;ptr ++ ;
          P1 = SBUFF;
          a = * (ptr1 + GOFFSET);
          ptr1 ++ ;
          P1 = 0x00;
           * ptr = a;ptr ++ ;
        }
        ptr += i;
    }
     P1 = 0x3f;x = x;x = x; P1 = 0x0f;
}
```


现决定用汇编语言重新编制上面两个函数。应注意的是:首先设计包含哑函数的C模块,即把display.c源程序中的move( )和toscr( )用下面两个空函数来代替。

```
void move(uint src,uint dest,uint Length) {
}

void toscr(uint addr,uchar col1,uchar row1) {
}
```

使用下面的命令编译:

```
c51 display.c debug code
```

生成的列表文件相应内容如下:

```
                ; FUNCTION _move (BEGIN)
0000 8E00     R      MOV      src,R6
0002 8F00     R      MOV      src + 01H,R7
0004 8C00     R      MOV      dest,R4
0006 8D00     R      MOV      dest + 01H,R5
0008 8A00     R      MOV      Length,R2
000A 8B00     R      MOV      Length + 01H,R3

000C 22              RET
                ; FUNCTION _move (END)

                ; FUNCTION _toscr (BEGIN)
0000 8E00     R      MOV      addr,R6
0002 8F00     R      MOV      addr + 01H,R7
0004 8D00     R      MOV      col1,R5
0006 8B00     R      MOV      row1,R3
0008 22              RET
                ; FUNCTION _toscr (END)
```

下面可把 display.c 源程序中的 move( )和 toscr( )函数注释掉,然后用汇编语言重新编制这两个函数,程序名为 move.asm。

```
PUBLIC    _MOVE
MOVEP     SEGMENT     CODE
RSEG      MOVEP
_MOVE:    NOP
MOVE:     MOV         P1,#1FH
          MOV         DPL,R5
          MOV         DPH,R4
MOVEL:    PUSH        DPL
          PUSH        DPH
          MOV         DPL,R7
          MOV         DPH,R6
          MOVX        A,@DPTR
          INC         DPTR
          MOV         R7,DPL
          MOV         R6,DPH
          POP         DPH
          POP         DPL
          MOVX        @DPTR,A
          INC         DPTR
          DJNZ        R3,MOVEL
          MOV         A,R2
          JZ          MOVEE
          DJNZ        R2,MOVEL
```

```
 MOVEE:  RET
PUBLIC   _TOSCR
TOSCRP   SEGMENT    CODE
RSEG     TOSCRP
_TOSCR:  NOP
TOSCR:   MOV        A,R5
          ⋮
         END
```

最后用下面的工具和控制命令编译和链接C模块和汇编模块。

```
c51 diaplay.c debug code
a51 move.asm debug
l51 display.obj,move.obj to display.omf map ix
ohs51 display.omf symfile(display.sym)
```

程序运行速度可提高20%。混合编程需要技巧和细心,要仔细考虑函数传递的参数或返回值不要多于可分配的寄存器,汇编子程序的取名要和哑函数生成的符号名一样。

7.6.4　根据硬件环境的配置

使用KEIL Cx51编译器,要根据不同的硬件环境对4个文件进行修改。下列文件包含在Cx51软件包中。

STARTUP.A51:启动程序,所有的栈指针和存储器,只要需要将被初始化。

INIT.A51:　对文件中已明确的初始化的变量作初始化。如果系统装了看门狗,则该文件可包含附加的看门狗刷新。

PUTCHAR.C:　函数printf、puts等的字符输出核心程序。该程序可根据用户硬件加以修改(如LCD显示)。

GETCHAR.C:　函数getchar、scanf等的字符输入核心程序。该程序可根据硬件加以修改(如矩阵键盘)。

所有文件都包含在C运行库中,因此,不能在链接时指定调用。如果用户改变一个文件,则可将其编译后与其他目标文件一起链接,因而不必改动运行库。库中原文件自动忽略。

例　L51 MYMODULE.OBJ, STARTUP.OBJ, PUTCHAR.OBJ

7.7　程序优化

混合编程总的来讲是用来改善编程的效率,即优化。讨论此问题应该判定何为效率高的程序,是占用的存储空间更少的程序,还是运行时间更短的程序,或是编程省力、省时的程序。幸运的是这些目标不互相排斥。总的来说,字节少的程序运行也快,但循环程序例外。通常说汇编编程比高级语言编程的程序效率高,是指最终程序代码的长度和运行速度,而不是编写和调试所耗用的时间。

所有关于效率的话题,都是假定计算机有足够的处理时间完成每件事,或是处理器能很快完成任务。事实上,多数嵌入式系统花费了大量的处理器时间进行等待。假定程序每秒才触发输出一次,若程序运行更快或效率更高,则耗在等待的时间就更长。实际上应先考虑特定的应用,然后再决定如何努力改善程序效率。总的来说,不经常重复的和包含用户接口的程序,应该用高级语言编写;对小的、经常重复的紧凑循环,应该用汇编语言编写。循环重复,效率的改善成倍增加。有时,包括硬件或特定的数学操作的程序用汇编特殊编制比使用库更有效。

编译时 CODE 控制有效,就可以进行效率的观察。高级语言遵循固定的规则进行递归和返回。程序用寄存器或是内部数据存储器保存数据取决于编译器。大量的程序用来传递数据。用汇编编程就可仔细规划寄存器的使用,以发挥最大效率,因为使用者知道哪些不再需要,而编译器做不到。学习汇编语言和二进制的操作越多,编程选择时会效率越高。以下选择对提高效率有很大的影响,即

① 尽量选择小存储模式以避免使用 MOVX 指令。

② 使用大模式(COMPACT/LARGE)应仔细考虑需要放在内部数据存储器的变量,这些变量要求是经常用的或是用于存放中间结果的。访问内部数据存储器要比访问外部数据存储器快得多。内部 RAM 由寄存器组、位数据区和其他由用户用 data 类型定义的变量共享。由于内部 RAM 容量的限制(128～256 字节,由使用的单片机决定),必须权衡利弊,以解决访问效率与这些对象的数量之间的矛盾。

③ 要考虑操作顺序,完成一件事再做一件事。

④ 注意程序编写细则。例如,若使用 for(;;)循环,则 DJNZ 指令比 CJNE 指令更有效,可减少重复循环计数。

⑤ 当编译器不能使用左移和右移完成乘、除法时,应立即修改。例如,左移为乘以 2。

⑥ 用逻辑 AND/& 取模比用 MOD/%操作更有效。

⑦ 因计算机基于二进制,仔细选择数据存储和数组大小可节省操作。

⑧ 尽可能使用最小的数据类型。8051 系列是 8 位机,显然对具有 char 类型对象的操作比 int 或 long 类型对象的操作要方便得多。

⑨ 尽可能使用 unsigned 数据类型。8051 系列 CPU 并不直接支持有符号数的运算。因而 Cx51 编译器必须产生与之相关的更多的程序代码以解决这个问题。

⑩ 尽可能使用局部函数变量。编译器总是尝试在寄存器里保持局部变量。这样,将循环变量(如 for 和 while 循环中的计数变量)说明为局部变量是最好的。使用 unsigned char/int 的对象通常能获得最好的结果。

选择的编译器对效率有很大的影响。KEIL 编译器令人骄傲。KEIL Cx51 可将即使是有经验的程序员编制的程序进行优化。用户可选 6 个优化级。另外,用 OP-

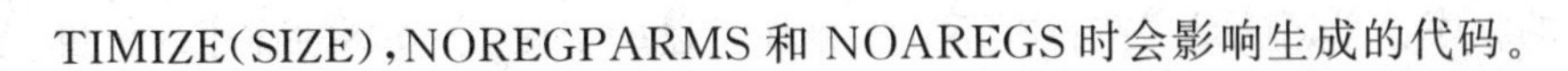

TIMIZE(SIZE),NOREGPARMS和NOAREGS时会影响生成的代码。

习题七

1. 为什么使用模块化设计?
2. 允许从一个模块中调用另一模块的程序,这两个模块必须怎么做?
3. 什么样的程序通常放在"库"中? 当库中的文件比链接器所需要的多时会怎样?
4. 混合编程应注意的是什么?

第 8 章

8051 内部资源的 C 编程

8051 内部资源，即 8051 的片内外围部件，要用特殊功能寄存器或 SFR 寻址。SFR 是位于 80H～FFH 的片内可直接寻址存储器。KEIL 开发工具软件提供了定义这些寄存器的头文件。需要将这些已提供的头文件或自行创建的头文件包含到程序中，才能访问片内外围部件。

很多样例程序的开始，都有类似下面的一行代码：

```
#include <reg51.h>
```

寄存器定义文件位于文件夹 C:\KEIL\C51\INC 或子文件夹中。下面摘录了一部分寄存器定义文件，是有关并行 I/O 口的定义。

```
sfr P0 = 0x80;                    // 8 位 I/O 口 P0
sfr P1 = 0x90;                    // 8 位 I/O 口 P1
sfr P2 = 0xA0;                    // 8 位 I/O 口 P2
sfr P3 = 0xB0;                    // 8 位 I/O 口 P3
```

也可以直接在 C 源程序或头文件中定义自己的 SFR 符号。Cx51 编译器支持 byte SFR 和 bit SFR 符号，例如：

```
sfr IE = 0xA8;                    // 中断允许寄存器的 SFR 地址 0xA8
sbit EA = IE ^ 7;                 // 全部中断允许标志(SFR IE 的位 7)
```

8.1 中　断

所谓中断，是指当计算机执行正常程序时，系统中出现某些急需处理的异常情况和特殊请求，CPU 暂时中止现行程序，转去对随机发生的更紧迫事件进行处理；处理完毕后，CPU 自动返回原来的程序继续执行。

中断允许软件设计不需要关心系统其他部分的定时要求，算术程序不需要考虑隔几个指令检查 I/O 设备是否需要服务。相反，算术程序编写时好像有无限的时间做算术运算而无其他工作在进行。若其他事件需要服务时，则通过中断告诉系统。

8051 单片机有 5 个中断源，有 2 个中断优先级，每个中断源的优先级可以编程控制。中断允许受到 CPU 开中断和中断源开中断的两级控制。

8.1.1 中断源

中断源是指任何引起计算机中断的事件，一般一台机器允许有许多个中断源。8051系列单片机至少有5个中断(8052有6个，其他系列成员最多可达15个中断)。增加很少的硬件就可把各种硬件中断源“线或”成为一个外部中断输入，然后再顺序检索引起中断的特定源。

8051单片机的5个中断源是：

① 外部中断请求0，由$\overline{\text{INT0}}$(P3.2)输入；

② 外部中断请求1，由$\overline{\text{INT1}}$(P3.3)输入；

③ 片内定时器/计数器0溢出中断请求；

④ 片内定时器/计数器1溢出中断请求；

⑤ 片内串行口发送/接收中断请求。

为了了解每个中断源是否产生了中断请求，中断系统应设置多个中断请求触发器(标志位)实现记忆。这些中断源请求标志位分别由特殊功能寄存器TCON和SCON的相应位锁存。

1. 定时器/计数器控制寄存器TCON(Timer/counter Control Register)

D7	D6	D5	D4	D3	D2	D1	D0
TF1		TF0		IE1	IT1	IE0	IT0

➢ IT0,IT1(Interrupt Type)：外部中断0、1触发方式选择位，由软件设置。

1→下降沿触发方式，$\overline{\text{INT0}}$/$\overline{\text{INT1}}$引脚上高到低的负跳变可引起中断；

0→电平触发方式，$\overline{\text{INT0}}$/$\overline{\text{INT1}}$引脚上低电平可引起中断。

➢ IE0,IE1(Interrupt Edge)：外部中断0、1请求标志位。

当外部中断0、1依据触发方式满足条件产生中断请求时，由硬件置位(IE0/IE1=1)。

当CPU响应中断时，由硬件清除(IE0/IE1=0)。

➢ TF0、TF1(Timer Overflow)：定时器/计数器0、1(T/C0、T/C1)溢出中断请求标志。

当T/C0、1计数溢出时，由硬件置位(TF0/TF1=1)。

当CPU响应中断时，由硬件清除(TF0/TF1=0)。

2. 串行口控制寄存器SCON(Serial Port Control Register)

D7	D6	D5	D4	D3	D2	D1	D0
						TI	RI

➢ RI(Receive Interrupt)：串行口接收中断请求标志位。

当串行口接收完一帧数据后请求中断时，由硬件置位(RI=1)。

RI 必须由软件清零。

- TI(Transmit Interrupt):串行口发送中断请求标志位。
  当串行口发送完一帧数据后请求中断时,由硬件置位(TI=1)。
  TI 必须由软件清零。

8.1.2　中断的控制

中断的控制主要实现中断的开关管理和中断优先级的管理。这个管理主要通过对特殊功能寄存器 IE 和 IP 的编程实现。

1. 中断允许寄存器 IE(Interrupt Enable Register)

D7	D6	D5	D4	D3	D2	D1	D0
EA		ET2	ES	ET1	EX1	ET0	EX0

- EX0,EX1(Enable External):外部中断 0、1 的中断允许位。
  1→外部中断 0、1 开中断;
  0→外部中断 0、1 关中断。
- ET0,ET1(Enable Timer):定时器/计数器 0、1(T/C0、T/C1)溢出中断允许位。
  1→T/C0、T/C1 开中断;
  0→T/C0、T/C1 关中断。
- ES(Enable Serial Port):串行口中断允许位。
  1→串行口开中断;
  0→串行口关中断。
- ET2:定时器/计数器 2(T/C2)溢出中断允许位。
  1→T/C2 开中断;
  0→T/C2 关中断。
- EA(Enable All Interrupt):CPU 开/关中断控制位。
  1→CPU 开中断;
  0→CPU 关中断。

8051 复位时,IE 被清零,此时 CPU 关中断,各中断源的中断也都屏蔽。若系统需用中断方式进行事件处理,则系统初始化程序中需编程 IE 寄存器。总的来说,8051 仅配置使用某些中断,其他中断屏蔽。因此不使用外部中断时,外部中断用的引脚可用于通常的 I/O 功能。若仅一个定时器用来提供中断,则其他定时器中断可被屏蔽。当程序中所有中断都不使用时,使用 EA 禁止。

2. 中断优先级寄存器 IP(Interrupt Priority Register)

若系统中多个中断源同时请求中断,则 CPU 按中断源的优先级别,由高至低分别响应。

8051 单片机有两个中断优先级:高优先级和低优先级。每个中断源都可以编程为高优先级或低优先级。这可以实现两级中断嵌套。嵌套的原则是:一个正在执行的中断服务程序可以被较高级的中断请求中断,而不能被同级或较低级的中断请求中断。两级中断通过使用 IP 寄存器设置。

D7	D6	D5	D4	D3	D2	D1	D0
			PS	PT1	PX1	PT0	PX0

➢ PX0,PX1:外部中断 0、1 中断优先级控制位。
　1→高优先级;　0→低优先级。
➢ PT0,PT1:定时器/计数器 0,1 中断优先级控制位。
　1→高优先级;　0→低优先级。
➢ PS:串行口中断优先级控制位。
　1→高优先级;　0→低优先级。

8051 复位时,IP 被清零,5 个中断源都在同一优先级。这时若其中几个中断源同时产生中断请求,则 CPU 按照片内硬件优先级链路的顺序响应中断。硬件优先级由高到低的顺序如图 8-1 所示。

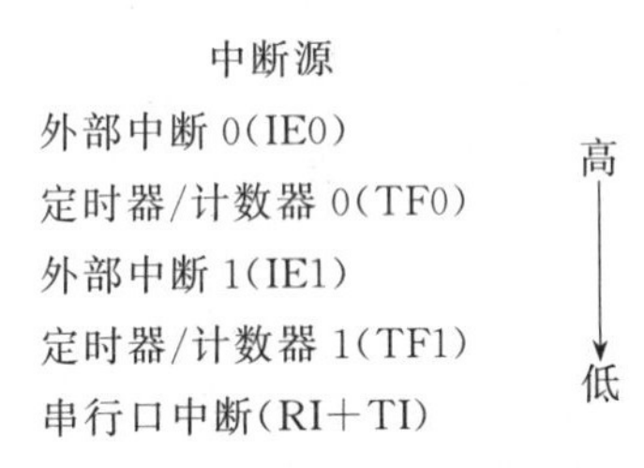

图 8-1　硬件优先级顺序

8.1.3　中断响应

8051 的 CPU 在每个机器周期采样各中断源的中断请求标志位,如果没有下述阻止条件,则将在下一个机器周期响应被激活的最高级中断请求。阻止条件如下:

① CPU 正在处理同级或更高级的中断;

② 现行机器周期不是所执行指令的最后一个机器周期;

③ 正在执行的是 RETI 或者是访问 IE 或 IP 的指令。

CPU 在中断响应后完成如下操作:

① 硬件清除相应的中断请求标志。

② 执行一条硬件子程序,保护断点,并转向中断服务程序入口。

③ 结束中断时执行 RETI 指令,恢复断点,返回主程序。

8051 的 CPU 在响应中断请求时,由硬件自动形成转向与该中断源对应的服务程序入口地址。这种方法为硬件向量中断法。

各中断源的中断服务程序入口地址如表 8-1 所列。

表 8-1　中断源中断服务程序入口

编　号	中断源	入口地址
0	外部中断 0	0003H
1	定时器/计数器 0	000BH
2	外部中断 1	0013H
3	定时器/计数器 1	001BH
4	串行口中断	0023H

各中断服务程序入口地址仅间隔 8 字节，编译器在这些地址放入无条件转移指令，跳转到服务程序的实际地址。

Cx51 编译器支持在 C 源程序中直接开发中断程序，因此简化了用汇编语言开发中断程序的烦琐过程。

使用该扩展属性的函数定义语法如下：

返回值　函数名　interrupt n

n 对应中断源的编号。

向量中断包括把先前的程序计数指针(PC)推入堆栈(像调用)，中断服务程序很像其他子程序(有一个返回)。当向量中断发生时，硬件禁止所有中断(IE 寄存器的 EA 位)。此时表明外部中断或定时溢出的标志位由硬件清除。串行口的标志位不由硬件清除，通常要判别是 RI 还是 TI 引起中断。中断服务程序的不同分支取决于中断源。在重新允许全局 CPU 中断(EA)之前，必须仔细清除各种标志。标志会引起立即的重复中断。8051 对中断实际上有特殊的返回指令——RETI，不是 RET。RETI 重新允许系统识别其他中断。因而，没必要在正常使用中断时复位 EA，只要在程序初始化时开中断一次即可。

在处理一个中断时，不能识别同级或更低优先级的其他中断。当高优先级或低优先级(优先级 0)程序运行时，其他低优先级中断被屏蔽；当高优先级程序运行时，其他高优先级(优先级 1)中断服务程序被屏蔽。仅当 RETI 执行或 EA 设置为 1 时，中断硬件才对其他中断识别。一旦设置了中断请求标志，则标志保留，不管标志是由硬件或是由软件设置。可以通过设置 TCON 中的 TF0、TF1、IE0 或 IE1，以及 SCON 中的 RI 或 TI，用软件引发中断程序。

同样，在向量中断硬件识别之前，可以用软件清除中断请求标志(通常它们被屏蔽，或者是更高或同优先级的中断正在执行中断服务)。注意，外部电平触发的中断不锁存。若在电平出现时被屏蔽，而在中断识别之前电平消失，则它被完全忽略，因为中断处理本身不能锁存外部电平请求。若有重要的电平触发外部中断，就应该仔细考虑中断服务程序。使用中断时，硬件和软件的相互影响最初看起来十分混乱，但实际使用时十分清楚。

在实时系统中，建立优先级是重要的，但如何建立是个问题。这和“任务可等多长时间”有关。例如，有包含下列任务的项目，即

① 从串行口读字符。这要求在下一个字符到来前完成(典型值在 1 ms 内)。

② 识别人按键(在感觉延时前可等 100 ms)。

③ 一个实时时钟(以 10 ms 速率滴答)。在下一个滴答之前需要重新启动定时器并计数一次。

现在来设置优先级：

时钟中断应立即识别，因为任何延迟都会减慢时钟。在中断处理时，必须平衡中断的紧急程度。当自己编写中断服务程序时，最好尽可能地短。这样系统对其他中断保留敏感性。对耗用 CPU 时间，但能在背景任务中完成的不很紧急的处理，可为其设置标志。

对于上述情况，若定时器必须软件重置初值(如方式 1)，则逻辑上应让实时时钟是高优先级中断，但应编写很短的中断服务程序。串行口输入可以是低优先级，按键扫描可以是非中断的背景程序。

再者，上述情况串行接收也可以设成高优先级，因为它仅用几 μs。实时时钟可以是低优先级并包括按键扫描。这种决定的影响是有时丢字符或有时漏掉几 μs。仅特定的应用可决定这种问题的答案。

8051 仅直接支持两级中断优先级和背景非中断级。在同等或更高优先级任务运行时，任务中断要屏蔽，因而不同优先级的使用不可避免。运行很快而且在很长时间内不再使用的任务可放在高优先级。一种情况是步进电机驱动任务，每几 ms 仅使用几 μs，若挂起时间太长，则电机看起来似动非动。

为得到更快、更有效的代码，使用中断服务程序仅能做非常简单的操作，在中断程序中应避免使用太长的变量类型和算术操作。应该在中断程序中使用标志，长的处理在背景程序中完成。例如：

① 让原始的串行字符放入缓冲区，待以后用于行编辑和命令分析；

② 收集数据以后再取平均。

这种设计方法是实际的实时系统不可避免要使用的。

8.1.4　寄存器组切换

当一个特定任务正在执行时，可能有更紧急的事需引起 CPU 注意。在一个具有优先级的系统中，CPU 不是等待第一个任务完成，而是假定前一个任务已完成，立即处理新任务。若程序流程立刻转向新任务，则新任务使用的各寄存器破坏了第一个任务使用的中间信息。当第一个任务重新执行时，寄存器的值可引起错误发生。解决问题的方法是每次发生任务变化时执行一些指令。这就叫做上下文切换。

8051 是一个基于累加器的单片机，具有 8 个通用寄存器(R0～R7)。每个寄存器都是一个单字节的寄存器。这 8 个通用寄存器可以认为是一组寄存器或一个寄存

器组。8051 提供了 4 个可用的寄存器组。当使用中断时，多组寄存器将带来许多方便。典型的 8051 C 程序不需要选择或切换寄存器组，默认使用寄存器组 0。寄存器组 1、2 或 3 最好在中断服务程序中使用，以避免用堆栈保存和恢复寄存器。

8051 有 4 个寄存器组，每组 8 字节位于内部 RAM 的起始位置。分配 R0～R7 对应这8 字节，具体位置取决于 PSW(程序状态字)的两位(RS0、RS1)设置。这两位决定给定时间内 R0～R7 对应的 RAM 的 HEX 地址 0～7、8～F、10～17 或 18～1F。寄存器组使得程序流程有非常快的上下文切换。当中断发生时，典型变化包括由一动作移到另一动作，不是推进和弹出堆栈(通常其他处理器是)，两位的改变可保存所有 8 个寄存器。这是为了上下文切换，是 8051 硬件设计的固有结构。当运行一个中断任务时，采用不同的寄存器组。一个任务的 8 字节保留，另一个不同的 8 字节用在新任务中。通常建议同时把累加器和寄存器 B 的值推入栈。基本上，上下文切换包括两个进栈指令和一个简单的位变化指令。最坏的情况是，要保存 DPH 和 DPL 寄存器。进栈相当快，这是最初硬件设计者的意图。

寄存器组的切换，在汇编语言中由编程者选择。但对混合语言编程的链接器，汇编程序使用的组可被指定，因而链接器不能像普通存储器那样分配寄存器组。在 Cx51 中，寄存器组的选择取决于特定的编译器指令。

高优先级中断可以中断正在处理的低优先级程序，因而必须注意寄存器组。除非可以确定未使用 R0～R7(用汇编程序)，最好给每种优先级程序分配不同的寄存器组。幸运的是，KEIL Cx51 编译器可以特殊指定寄存器独立的函数。当前工作寄存器由 PSW 中的两位设置，也可使用 using 指定，using 后的变量为一个 0～3 的常整数。例


```
void function (void) using 3 {
...
}
```

using 不允许用于外部函数。它对函数的目标代码影响如下：

- 函数入口处将当前寄存器组保留；
- 使用指定的寄存器组；
- 函数退出前，寄存器组恢复。

中断服务函数的完整语法如下：

返回值　函数名([参数])[模式][重入]interrupt n [using　n]

interrupt 后接一个 0～31 的整数，不允许使用表达式。

中断不允许用于外部函数。它对函数目标代码影响如下：

- 当调用函数时，SFR 中的 ACC、B、DPH、DPL 和 PSW(当需要时)入栈；
- 如果不使用寄存器组切换，则甚至中断函数所需的所有工作寄存器都入栈；
- 函数退出前，所有的寄存器内容出栈；
- 函数由 8051 的指令 RETI 终止。

中断服务程序使用的任何程序也使用同一寄存器组,递归程序可以使用。它们自己调用自己是因为它们依赖堆栈。大量的C库程序是可重入的,但使用时需检查一下当中断到来时寄存器有何变化。而且,外部堆栈程序可以使用寄存器加载或卸载值,因而不能假定所有C编译器作者都考虑了所有中断和寄存器组的影响。某些编译器可能未在中断环境下测试。

8.1.5 中断编程

在外部中断源比较多时,可以在8051的一个外部中断请求端"线"与多个中断。这些中断源同时分别接到输入端口的各位。然后在中断服务程序中采用查询法顺序检索引起中断的中断源。这种方法在中断源较多时查询的时间太长,CPU中断响应的速度会明显降低。若采用一个优先权解码芯片74LS148,把多个中断源信号作为一个中断,则效果很好。

例1 多个中断源的处理,原理图如图8-2所示。

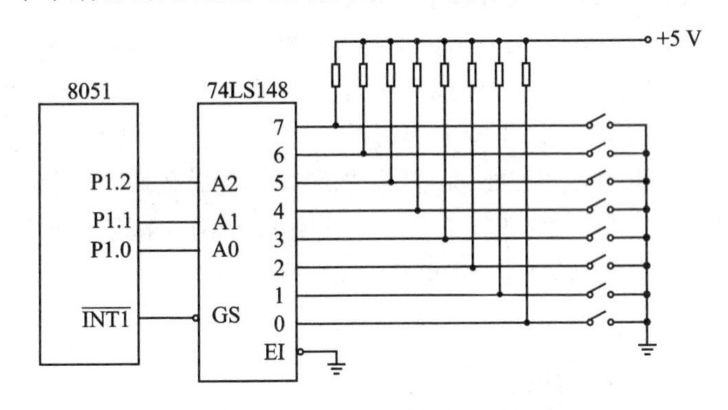

图8-2 多个中断源的中断

解 设计流程图如图8-3所示,中断服务程序仅设标志保存I/O口输入状态。

KEIL Cx51编译器提供定义特定8051系列成员的寄存器头文件。8051的头文件为reg51.h。源程序int31.c如下:

```
#include < reg51.h >
unsigned char status;
bit flag;
void service _ int1() interrupt 2 using 2 {   /* INT1中断服务程序,使用第二组寄存器
*/
    flag = 1;                                  /* 设置标志 */
    status = p1;                               /* 存状态 */
}
void main(void) {
    IP = 0x04;                                 /* 置INT1高优先级中断 */
    IE = 0x84;                                 /* INT1开中断,CPU开中断 */
    for(;;) {
      if (flag) {                              /* 有中断 */
```

```
        switch  (status) {              /* 根据中断源分支 */
                case 0: break;          /* 处理 0 */
                case 1: break;          /* 处理 1 */
                case 2: break;
                case 3: break;
                default:;
        }
        flag = 0;                       /* 处理完成清标志 */
     }
   }
}
```

Cx51 编译器及其对 C 语言的扩充允许编程者控制中断的所有方面和使用寄存器组。这种支持能使编程者创建高效的中断服务程序，用户只需在高级方式下关心中断及必要的寄存器组切换操作，Cx51 编译器就可产生最合适的代码。

图 8－3　多中断源处理框图

可以使用 using 属性为中断函数指定所用的寄存器组。由于小型的中断程序使用默认寄存器组 0，不带 using 属性可能会取得更高的效率。可以比较带和不带 using 命令的汇编代码，看看哪个使应用程序更高效。下面是一个典型的中断函数。

例 2　典型的中断函数如下：

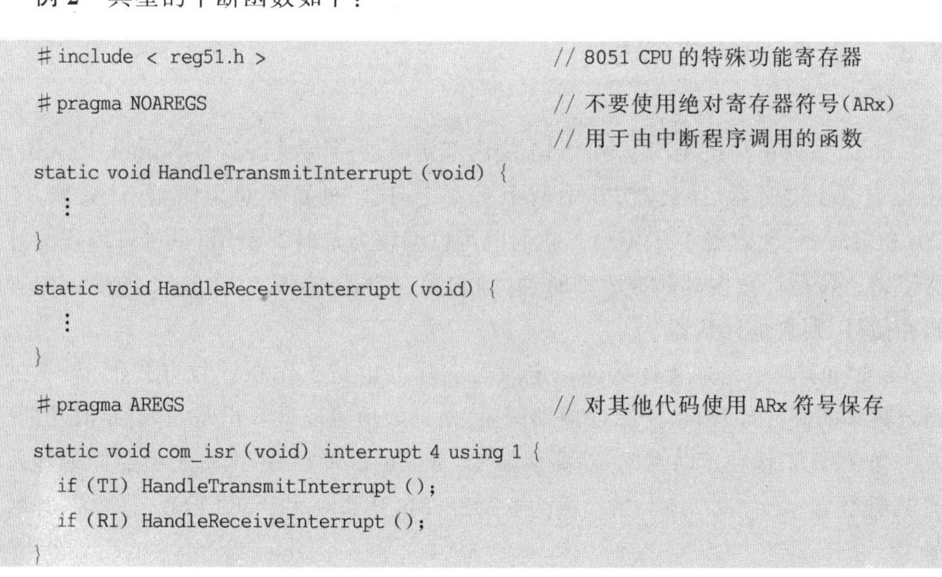

```
#include < reg51.h >                              // 8051 CPU 的特殊功能寄存器
#pragma NOAREGS                                   // 不要使用绝对寄存器符号(ARx)
                                                  // 用于由中断程序调用的函数
static void HandleTransmitInterrupt (void) {
  ⋮
}
static void HandleReceiveInterrupt (void) {
  ⋮
}
#pragma AREGS                                     // 对其他代码使用 ARx 符号保存
static void com_isr (void) interrupt 4 using 1 {
  if (TI) HandleTransmitInterrupt ();
  if (RI) HandleReceiveInterrupt ();
}
```

在例2中,定义了一个中断号为4的中断服务程序。中断函数的名字是com_isr。一旦产生中断,入口代码将保存CPU寄存器,并选中寄存器组1。当退出中断程序时,恢复CPU寄存器。

下面列出了以上中断程序用Cx51编译器编译后所生成的代码。

注意:寄存器组在中断程序入口处被切换,并在退出中断程序时恢复。

```
                    ; FUNCTION com_isr (BEGIN)
0000 C0E0           PUSH     ACC          ;保存累加器和数据指针
0002 C083           PUSH     DPH
0004 C082           PUSH     DPL
0006 C0D0           PUSH     PSW          ;保存 PSW(和当前寄存器组)
0008 75D008         MOV      PSW,#08H     ;选择寄存器组 1
                             ⋮
0052 D0D0           POP      PSW          ;恢复 PSW(和以前寄存器组)
0054 D082           POP      DPL
0056 D083           POP      DPH
0058 D0E0           POP      ACC          ;恢复累加器和 DPTR
005A 32             RETI
                    ; FUNCTION com_isr (END)
```

8051为很多片内外围部件的事件提供中断服务。用中断使能(IE)SFR的EA位,可以允许和禁止所有的中断。当EA是1时,允许中断;当EA是0时,禁止中断。

每个中断也可以分别通过IE SFR中的位来控制。在一些8051派生产品中,有的多于1个IE寄存器。请查看芯片的相关文档,了解其提供的中断类型。

8.2 定时器/计数器

8051系列单片机至少有两个16位内部定时器/计数器(T/C,Timer/Counter)。8052有3个定时器/计数器,其中两个基本定时器/计数器是定时器/计数器0(T/C0)和定时器/计数器1(T/C1)。它们既可以编程为定时器使用,也可以编程为计数器使用。若是计数内部晶振驱动时钟,则它是定时器;若是计数8051的输入引脚的脉冲信号,则它是计数器。

8051的T/C是加1计数的。定时器实际上也是工作在计数方式下,只不过对固定频率的脉冲计数;由于脉冲周期固定,由计数值可以计算出时间,有定时功能。

当T/C工作在定时器时,对振荡源12分频的脉冲计数,即每个机器周期计数值加1,计数频率$=f_{OSC}/12$。当晶振为6 MHz时,计数频率=500 kHz,每2 μs计数值加1。

当 T/C 工作在计数器时，计数脉冲来自外部脉冲输入引脚 T0(P3.4)或 T1(P3.5)。当 T0 或 T1 脚上负跳变时计数值加 1。识别引脚上的负跳变需 2 个机器周期，即 24 个振荡周期。所以 T0 或 T1 引脚输入的可计数外部脉冲的最高频率为 $f_{OSC}/24$。当晶振为 12 MHz 时，最高计数频率为 500 kHz，高于此频率将计数出错。

8.2.1　与 T/C 有关的特殊功能寄存器

1. 计数寄存器 TH 和 TL

T/C 是 16 位的，计数寄存器由 TH 高 8 位和 TL 低 8 位构成。在特殊功能寄存器(SFR)中，对应 T/C0 为 TH0 和 TL0；对应 T/C1 为 TH1 和 TL1。定时器/计数器的初始值通过 TH1/TH0 和 TL1/TL0 设置。

2. 定时器/计数器控制寄存器 TCON(Timer/Counter Control Register)

D7	D6	D5	D4	D3	D2	D1	D0
	TR1		TR0				

➢ TR0、TR1(Timer Run Control Bit)：T/C0、1 启动控制位。

1→启动计数；　0→停止计数。

TCON 复位后清零，T/C 需受到软件控制才能启动计数；当计数寄存器计满时，产生向高位的进位 TF，即溢出中断请求标志。

3. T/C 的方式控制寄存器 TMOD(Timer/Counter Mode Register)

D7	D6	D5	D4	D3	D2	D1	D0
GATE	C/$\overline{T}$	M1	M0	GATE	C/$\overline{T}$	M1	M0
T/C1				T/C0			

➢ C/$\overline{T}$：计数器或定时器选择位。

1→为计数器；　0→为定时器。

➢ GATE：门控信号。

1→T/C 的启动受到双重控制，即要求 TR0/TR1 和$\overline{INT0}$/$\overline{INT1}$同时为高；

0→T/C 的启动仅受 TR0 或 TR1 控制。

➢ M1 和 M0：工作方式选择位。

4 种工作方式，由 M1 和 M0 的 4 种组合状态确定，具体如表 8-2 所列。

表 8-2　定时器/计数器工作方式

M1	M0	方　式	功　能
0	0	0	为 13 位定时器/计数器,TL 存低 5 位,TH 存高 8 位
0	1	1	为 16 位定时器/计数器
1	0	2	常数自动装入的 8 位定时器/计数器
1	1	3	仅适用于 T/C0,两个 8 位定时器/计数器

4. 定时器/计数器 2(T/C2)控制寄存器

D7	D6	D5	D4	D3	D2	D1	D0
TF2	EXF2	RCLK	TCLK	EXEN2	TR2	C/T2	CP/RL

- TF2:T/C2 的溢出标志,必须由软件清除。
- EXF2:T/C2 外部标志。
  当 EXEN2=1,且 T2EX 引脚上出现负跳变而引起捕获或重装载时置位,EXF2 要靠软件来清除。
- RCLK:接收时钟标志。
  1→用定时器 2 的溢出脉冲作为串行口的接收时钟;
  0→用定时器 1 的溢出脉冲作为接收时钟。
- TCLK:发送时钟标志。
  1→用定时器 2 溢出脉冲作为串行口的发送时钟;
  0→用定时器 1 的溢出脉冲作发送时钟。
- EXEN2:T/C2 外部允许标志。
  1→若定时器 2 未用做串行口的波特率发生器,则 T2EX 端的负跳变引起 T/C2 的捕获或重装载;
  0→T2EX 端的外部信号不起作用。
- TR2:T/C2 运行控制位。
  1→T/C2 启动;　0→T/C2 停止。
- C/T2:计数器或定时器选择位。
  1→计数器;　0→定时器。
- CP/RL:捕获/重载标志。
  1→当 EXEN2=1,且 T2EX 端的信号负跳变时,发生捕获操作;
  0→当定时器 2 溢出,或在 EXEN2=1 条件下 T2EX 端信号负跳变时,都会造成自动重装载操作。

8.2.2 定时器/计数器的工作方式

1. 方式0

当TMOD中M1M0=00时,T/C工作在方式0。

方式0为13位的T/C,由TH提供高8位,TL提供低5位(TL的高3位无效)的计数值,满计数值为2^{13},但启动前可以预置计数初值。

当$C/\overline{T}=0$时,T/C为定时器,振荡源12分频的信号作为计数脉冲;当$C/\overline{T}=1$时,T/C为计数器,对外部脉冲输入端T0或T1输入的脉冲计数。

计数脉冲能否加到计数器上,受启动信号的控制。当GATE=0时,只要TR=1,则T/C启动;当GATE=1时,启动信号$=TR \cdot \overline{INT}$,此时T/C启动受到双重控制。

T/C启动后立即加1计数,当13位计数满时,TH向高位进位。此进位将中断溢出标志TF置1,产生中断请求,表示定时时间到或计数次数到。若T/C开中断(ET=1)且CPU开中断(EA=1),则当CPU转向中断服务程序时,TF自动清零。

2. 方式1

当TMOD中M1M0=01时,T/C工作在方式1。

方式1与方式0基本相同,唯一区别在于计数寄存器的位数是16位的,由TH和TL寄存器各提供8位,满计数值为2^{16}。

3. 方式2

当TMOD中M1M0=10时,T/C工作在方式2。

方式2是8位的可自动重装载的T/C,满计数值为2^{8}。

在方式0和方式1中,当计数满后,若要进行下一次定时/计数,须用软件向TH和TL重装预置计数初值。方式2中TH和TL被当作两个8位计数器。计数过程中,TH寄存8位初值并保持不变,由TL进行8位计数。计数溢出时,除产生溢出中断请求外,还自动将TH中初值重装到TL,即重装载。

除此之外,方式2也同方式0。

4. 方式3

方式3只适合于T/C0。当T/C0工作在方式3时,TH0和TL0成为两个独立的计数器。这时,TL0可作定时器/计数器,占用T/C0在TCON和TMOD寄存器中的控制位和标志位;而TH0只能作定时器用,占用T/C1的资源TR1和TF1。在这种情况下,T/C1仍可用于方式0、1、2,但不能使用中断方式。

只有将T/C1用做串行口的波特率发生器时,T/C0才工作在方式3,以便增加一个定时器。

5. T/C2 的工作方式

定时器/计数器 2 包含一个 16 位重装载方式，T/C2 在计数溢出后，自动在瞬间重装载(像 8 位自动重装载方式 2)。自动重装可由外部引脚 T2EX 的负跳变开始，这样外部引脚可用于产生和其他硬件计数器的同步信号。T/C2 可以作看门狗(WATCHDOG)或定时溢出的定时器。

T/C2 还有捕获方式。把瞬时计数值传到另外的 CPU 可读取的寄存器对(RCAP2H、RCAP2L)。这样，在读的过程中，两个字节的计数值无波动的危险。对于快速变化的计数(例如使用内部时钟测量外部脉冲的宽度或周期)，比如计数值在读取高字节时是 37FF，到读取低字节时已变到 3800，结果就得到 3700。若 37FF 瞬间捕获到另外的寄存器对，则 CPU 就可在空闲时间取到 37 和 FF。

8.2.3　定时器/计数器的初始化

1. 初始化步骤

在使用 8051 的定时器/计数器前，应对它进行编程初始化，主要是对 TCON 和 TMOD 编程，还需计算和装载 T/C 的计数初值。一般完成以下几个步骤：

① 确定 T/C 的工作方式——编程 TMOD 寄存器。

② 计算 T/C 中的计数初值，并装载到 TH 和 TL。

③ T/C 在中断方式工作时，须开 CPU 中断和源中断——编程 IE 寄存器。

④ 启动定时器/计数器——编程 TCON 中 TR1 或 TR0 位。

2. 计数初值的计算

(1) 定时器的计数初值

在定时器方式下，T/C 是对机器周期脉冲计数的，如果 $f_{OSC}=6$ MHz，一个机器周期为 $12/f_{OSC}=2\ \mu s$，则

方式 0　13 位定时器最大定时间隔 $=2^{13}\times 2\ \mu s=16.384$ ms；

方式 1　16 位定时器最大定时间隔 $=2^{16}\times 2\ \mu s=131.072$ ms；

方式 2　8 位定时器最大定时间隔 $=2^{8}\times 2\ \mu s=512\ \mu s$。

若使 T/C 工作在定时器方式 1，要求定时 1 ms，求计数初值。如设计数初值为 x，则有

$$(2^{16}-x)\times 2\ \mu s=1\ 000\ \mu s$$

或

$$x=2^{16}-500$$

因此，TH、TL 可置 65 536－500。

(2) 计数器的计数初值

在计数器方式下：

方式 0　13 位计数器的满计数值 $=2^{13}=8\ 192$；

方式 1　16 位计数器的满计数值$=2^{16}=65\ 536$；

方式 2　8 位计数器的满计数值$=2^{8}=256$。

若使 T/C 工作在计数器方式 2,则要求计数 10 个脉冲的计数初值。如设计数初值为 x,则有

$$2^{8}-x=10 \qquad 即 \qquad x=2^{8}-10$$

因此,TH=TL=256－10。

8.2.4　定时器/计数器应用实例

在实时系统中,定时通常使用定时器。这与软件循环的定时完全不同。尽管两者最终都依赖系统的时钟,但在定时器计数时,其他事件可继续进行,而软件定时不允许任何事情发生。

对许多连续计数和持续时间操作,最好以 16 位计数器使用定时器/计数器。当计数器翻转后,继续计数。若计数或时间间隔开始时读出计数器的值,则在计数或时间间隔结束时,从读出值中减去开始时的读出值,所得计数数值即为其间的计数或持续的时间间隔。假设定时器用于 V－F(电压到频率)转换器信号的周期测量。若当逻辑 1 到来时计数值为 3 754,下一个逻辑 1 到来时是 4 586,则 V－F 转换器的周期是 832 个机器周期。使用 12 MHz 晶振计数值为 832 μs(1.202 kHz);使用 11.059 2 MHz 晶振,计数值近似为 903 μs(1.071 kHz)。当计数值有翻转时,只要计数值以 16 位无符号整数对待就无算术问题。

例 1　在 XTAL 频率是 12 MHz 的标准 8051 器件上,用 Timer1 产生 10 kHz 定时器滴答中断。

```
#include < reg52.h >
/* 定时器 1 中断服务程序:每 100 个时钟周期执行 1 次 */
static unsigned long overflow_count = 0;
void timer1_ISR (void) interrupt 3 {
  overflow_count ++ ;                        // 溢出计数器加 1
}

/* main 函数: 置定时器 1 为 8 位定时器重装(方式 2)
定时器计数到 255 时溢出, 用 156 重装并产生中断 */
void main (void) {
  TMOD = (TMOD & 0x0F) | 0x20;               // 设置方式(带重装 8 位定时器)

  TH1 = 256 - 100;                           // 重装 TL1 来计数 100 个时钟周期
  TL1 = TH1;
  ET1 = 1;                                   // 允许定时器 1 中断
  TR1 = 1;                                   // 启动定时器 1 运行
```

```
    EA = 1;         // 全部中断允许
    while (1);      // 不做什么(无限循环)：定时器 1 的中断每 100 个时钟周期将出现 1 次
                    // 由于 8051 CPU 运行在 12 MHz，故中断以 10 kHz 的频率发生
}
```

每次定时器滴答中断都会使变量 overflow_count 加 1。main 函数在 while(1) 循环中将定时器 Timer 1 初始化为无限循环。

例 2　设单片机的 f_{OSC}=12 MHz,要求在 P1.0 脚上输出周期为 2 ms 的方波。

解　周期为 2 ms 的方波要求定时间隔 1 ms,每次时间到时,P1.0 取反。

定时器计数率=$f_{OSC}/12$。机器周期=$12/f_{OSC}$=1 μs

每个机器周期定时器计数加 1,1 ms=1 000 μs

需计数次数=1 000/(12/f_{OSC})=1 000/1=1 000

由于计数器向上计数,为得到 1 000 个计数之后的定时器溢出,必须给定时器置初值为65 536－1 000。

① 用定时器 0 的方式 1 编程,采用查询方式。程序名为 time32.c。

```
#include < reg51.h >
sbit P1 _ 0 = P1^0;
void main (void) {
  TMOD = 0x01;                          /* 定时器 0 方式 1 */
  TR0 = 1;                              /* 启动 T/C0 */
  for (;;) {
    TH0 = (65536 - 1000)/256;           /* 装载计数初值 */
    TL0 = (65536 - 1000) % 256;
    do { } while (!TF0);                /* 查询等待 TF0 置位 */
    P1 _ 0 = !P1 _ 0;                   /* 定时时间到 P1.0 反相 */
    TF0 = 0;                            /* 软件清 TF0 */
  }
}
```

② 用定时器 0 的方式 1 编程,采用中断方式。程序名为 time31.c。

```
#include < reg51.h >
sbit p1 _ 0 = P1^0;
void timer0(void) interrupt 1 using 1{        /* T/C0 中断服务程序入口 */
  P1 _ 0 = !P1 _ 0;                           /* P1.0 取反 */
  TH0 = (65536 - 1000)/256;                   /* 计数初值重装载 */
  TL0 = (65536 - 1000) % 256;
}
void main(void) {
  TMOD = 0x01;                                /* T/C0 工作在定时器方式 1 */
  P1 _ 0 = 0;
```

```
    TH0 = (65536 - 1000)/256;                  /* 预置计数初值 */
    TL0 = (65536 - 1000) % 256;
    EA = 1;                                    /* CPU 开中断 */
    ET0 = 1;                                   /* T/C0 开中断 */
    TR0 = 1;                                   /* 启动 T/C0 开始定时 */
    do { } while (1);
}
```

例 3　如图 8-4 所示，在 P1.7 端接有一个发光二极管，要求利用 T/C 控制，使 LED 亮1 s、灭 1 s，周而复始。

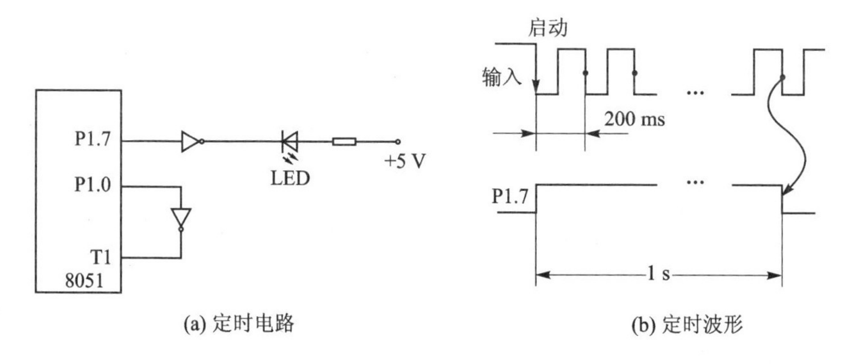

图 8-4　定时电路与定时波形

解　题目要求定时 1 s，T/C 的 3 种工作方式都不能满足。对于较长时间的定时，应采用复合定时的方法。这里使 T/C0 工作在定时器方式 1，定时 100 ms，定时时间到后 P1.0 反相，即 P1.0 端输出周期 200 ms 的方波脉冲。另设 T/C1 工作在计数器方式 2，对 T1 输入的脉冲计数，当计数满 5 次时，定时 1 s 时间到，将 P1.7 端反相，改变灯的状态。

采用 6 MHz 晶振，方式 1 的最大定时才能大于 100 ms。对于 100 ms，机器周期 2 μs 需要的计数次数 $=100\times10^3/2=50\ 000$，即初值为 $65\ 536-50\ 000$。

方式 2 满 5 次溢出中断，初值为 256－5。程序名为 time33.c。

```
#include < reg51.h >
sbit P1_0 = P1^0;
sbit P1_7 = P1^7;
timer0() interrupt 1 using 1 {             /* T/C0 中断服务程序 */
  P1_0 = !P1_0;                            /* 100 ms 到，P1.0 反相 */
  TH0 = (65536 - 50000)/256;               /* 重载计数初值 */
  TL0 = (65536 - 50000) % 256;
}
```

```
timer1() interrupt 3 using 2 {              /* T/C1 中断服务程序 */
 P1_7=!P1_7;                                /* 1s 到,灯改变状态 */
}
main () {
 P1_7=0;                                    /* 置灯初始灭 */
 P1_0=1;                                    /* 保证第一次反相便开始计数 */
 TMOD=0x61;                                 /* T/C0 方式 1 定时,T/C1 方式 2 计数 */
 TH0=(65536-50000)/256;                     /* 预置计数初值 */
 TL0=(65536-50000)%256;
 TH1=256-5;
 TL1=256-5;
 IP=0x08;                                   /* 置优先级寄存器 */
 EA=1;                                      /* CPU 开中断 */
 ET0=1;                                     /* 开 T/C0 中断 */
 ET1=1;                                     /* 开 T/C1 中断 */
 TR0=1;                                     /* 启动 T/C0 */
 TR1=1;                                     /* 启动 T/C1 */
 for (;;) {
 }
}
```


例 4 采用 10 MHz 晶振,在 P1.0 引脚上输出周期为 2.5 s,占空比为 20 %的脉冲信号。

解 对于 10 MHz 晶振,使用定时器最大定时为几十 ms。取 10 ms 定时,则周期 2.5 s 需 250 次中断,占空比为 20 %,高电平应为 50 次中断。

10 ms 定时,晶振 f_{OSC}=10 MHz。

需定时器计数次数 $=10\times10^3\times10/12=8\ 333$

中断服务程序流程如图 8-5 所示。程序名为 time34.c。

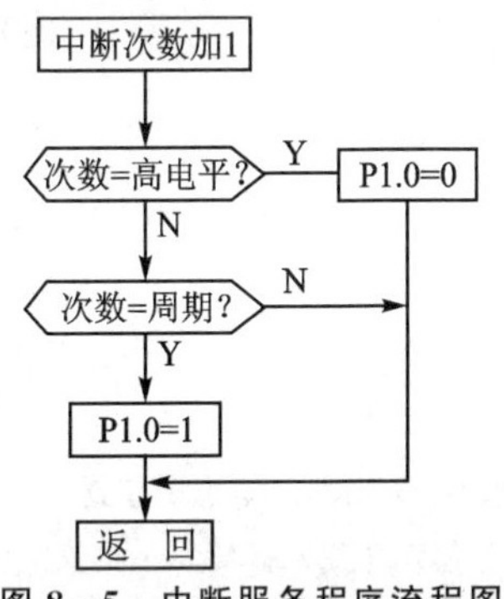

图 8-5 中断服务程序流程图

```
#include < reg51.h >
#define uchar unsigned char
uchar time;
uchar period = 250;
uchar high = 50;
timer0 () interrupt 1 using 1{              /* T/C0 中断服务程序 */
  TH0 = (65536 - 8333)/256;                 /* 重载计数初值 */
  TL0 = (65536 - 8333) % 256;
```

```
    if ( ++time == high) P1 = 0;                 /* 高电平时间到变低 */
    else if(time == period) {                    /* 周期时间到变高 */
      time = 0;
      P1 = 1;
    }
  }
 main () {
      TMOD = 0x01;                               /* 定时器 0 方式 1 */
      TH0 = (65536 - 8333)/256;                  /* 预置计数初值 */
      TL0 = (65536 - 8333) % 256;
      EA = 1;                                    /* 开 CPU 中断 */
      ET0 = 1;                                   /* 开 T/C0 中断 */
      TR0 = 1;                                   /* 启动 T/C0 */
      do { } while (1);
  }
```

附　以下是一个产生占空比变化的脉冲信号的程序。它产生的脉宽调制信号用于电机变速控制。程序名为 motor.c。

```
  # include < reg51.h >
  # define uchar unsigned char
  # define uint unsigned int
  uchar time, status, percent, period;
  bit one _ round;
  uint oldcount, target = 500;

  void pulse (void) interrupt 1 using 1 {             /* T/C0 中断服务程序 */
      TH0 = (65536 - 833)/256;                        /* 1 ms(10 MHz) */
      TL0 = (65536 - 833) % 256;
      ET0 = 1;
      if ( ++ time == percent) P1 = 0;
      else if (time == 100)
       {time = 0;P1 = 1;}
  }

  void tachmeter (void) interrupt 2 using 2 {         /* 外中断 1 服务程序 */
     union {uint word;
            struct {uchar hi; uchar lo;} byte;} newcount;
     newcount.byte.hi = TH1;
     newcount.byte.lo = TL1;
```

```
   period = newcount.word - oldcount;          /* 测得周期 */
   oldcount = newcount.word;
   one _ round = 1;                            /* 每转一圈,引起中断,设置标志 */
 }
 void main(void) {
   IP = 0x04;                                  /* 置 INT1 为高位优先级 */
   TMOD = 0x11;                                /* T0,T1 16 位方式 */
   TCON = 0x54;                                /* T0,T1 运行, IT1 边沿触发 */
   TH1 = 0;TL1 = 0;                            /* 设置初始计数值 */
   IE = 0x86;                                  /* 允许中断 EX1,ET0 */
   for (;;) {
     if(one _ round) {                         /* 每转一圈,调整 */
       if(period < target) {
          if(percent < 100) ++percent;         /* 占空比增 */
       }
       else if(percent > 0) --percent;         /* 占空比减 */
       one _ round = 0;
     }
   }
 }
```


例 5 设 P1 口的 P1.0 和 P1.1 上有两个开关 S1 和 S2,周期开始时,开关全关。2 s 以后 S1 开,0.1 s 后 S2 开;S1 保持开 2.0 s,S2 保持开 2.4 s,周而复始。采用 10 MHz 晶振。

解 根据要求 P1.1,P1.0 上开关顺序为

(关关) —2 s 后→ (关开) —0.1 s 后→ (开开) —1.9 s 后→ (开关) —0.5 s 后→ (关关)

采用 10 MHz 晶振,每 10 ms 中断一次,0.1 s 对应 10 次,开关变化对应的中断次数位置:0、200、210、400、450。相应的 P1.0 输出 0、1、3、2。程序名为 time35.c。

```
 #include < reg51.h >
 #define uchar unsigned char
 #define uint unsigned int
 uchar i;
 uint time;
 code struct {
   int    position;
   char   pattern;
 } next[ ] =                                   /* item1 */
   {{0,0x00},{200,0x01},{210,0x03),{400,0x02},{450,0xff}};
```

```
timer0() interrupt 1 using 1 {                     /* item2 */
   TH0 = (65536 - 8333)/256;
   TL0 = (65536 - 8333) % 256;
   time++ ;                                         /* item3 */
   if (time == next[i].position) {
     if (next[i].pattern == 0xff) i = time = 0;     /* item4 */
     P1 = next [i++].pattern;
   }
}
main() {
   P1 = 0;                                          /* item5 */
   time = 0;
   i = 1;
   TMOD = 0x01;
   TH0 = (65536 - 8333)/256;
   TL0 = (65536 - 8333) % 256;
   TR0 = 1;
   ET0 = 1;
   EA = 1;
   for (;;) {
   }
}
```

item1：采用结构数组定义时间和输出的对应关系。

item2：中断服务程序，每 10 ms 中断一次，重载定时器初值。

item3：记录中断发生的次数。

item4：以 0xFF 判断周期的结束。

item5：初始化变量和定时器。

8.3　串行口

8051 系列单片机片内有通用异步接收/发送器（UART，Universal Asynchronous Receiver/Transmitter）用于串行通信，发送时数据由 TXD 端送出，接收时数据由 RXD 端输入。有两个缓冲器 SBUF（Serial Buffer），一个作发送缓冲器，另一个作接收缓冲器。UART 是可编程的全双工（Full Duplex）的串行口。短距离的机间通信可使用 UART 的 TTL 电平，使用驱动芯片（MAX232 或 1488/1489）可接成 RS232C 和通用微机进行通信。波特率时钟必须从内部定时器 1 或定时器 2 获得。若在应用中要求 RS232 完全的握手功能，则必须借助单片机其他引脚用软件处理。

8.3.1　与串行口有关的 SFR

1. 串行口控制寄存器 SCON(Serial Control Register)

SCON 是串行口控制和状态寄存器。其格式如下：

D7	D6	D5	D4	D3	D2	D1	D0
SM0	SM1	SM2	REN	TB8	RB8	TI	RI

➢ SM0,SM1(Mode Select Bit):串行口工作方式控制位,具体工作方式如表 8-3 所列。

表 8-3　串行口工作方式控制

SM0	SM1	工作方式	说　明	波特率
0	0	方式 0	同步移位寄存器	$f_{OSC}/12$
0	1	方式 1	10 位异步收发	由定时器控制
1	0	方式 2	11 位异步收发	$f_{OSC}/32$ 或 $f_{OSC}/64$
1	1	方式 3	11 位异步收发	由定时器控制

➢ SM2:多机通信控制位(方式 2、3)。
  1→只有接收到第 9 位(RB8)为 1,RI 才置位；　0→接收到字符,RI 就置位。

➢ REN(Receiver Enable):串行口接收允许位。
  1→允许串行口接收；　0→禁止串行口接收。

➢ TB8:方式 2 和方式 3 时,为发送的第 9 位数据,也可以作奇偶校验位。

➢ RB8:方式 2 和方式 3 时,为接收到的第 9 位数据;方式 1 时,为接收到的停止位。

➢ TI(Transmit Interrupt Flag):发送中断标志,由硬件置位,必须由软件清零。

➢ RI(Receive Interrupt Flag):接收中断标志,由硬件置位,必须由软件清零。

2. 电源控制寄存器 PCON(Power Control Register)

PCON 的第 7 位 SMOD 是与串行口的波特率设置有关的选择位。

D7	D6	D5	D4	D3	D2	D1	D0
SMOD				GF1	GF0	PD	IDL

➢ SMOD(Serial Mode):串行口波特率加倍位。
  1→方式 1 和方式 3 时,波特率=定时器 1 溢出率/16;方式 2 波特率=$f_{OSC}/32$;
  0→方式 1 和方式 3 时,波特率=定时器 1 溢出率/32;方式 2 波特率=$f_{OSC}/64$。

➢ GF0,GF1:两个通用标志位。

➢ PD,IDL:CHMOS 器件的低功耗控制位。

8.3.2 串行口的工作方式

1. 方式0

方式0为移位寄存器输入/输出方式。串行数据通过RXD输入/输出,TXD则用于输出移位时钟脉冲。方式0时,收发的数据为8位,低位在前。波特率固定为$f_{OSC}/12$,其中f_{OSC}为单片机外接晶振频率。

发送是以写SBUF寄存器的指令开始的,8位输出结束时TI被置位。

方式0接收是在REN=1和RI=0同时满足时开始的。接收的数据装入SBUF中,结束时RI被置位。

移位寄存器方式在用最小的硬件扩展接口时很有用。串行口外接一片移位寄存器74LS164可构成输出接口电路;串行口外接一片移位寄存器74LS165可构成输入接口电路。在典型1 MHz时钟下,8位加载大约用10 μs。任何数目的移位寄存器都可串接用于输出和输入,通过一系列的SBUF进行写和读。若移位时的波动不重要或移位寄存器中包含并行加载锁存,则可构成非常经济的I/O扩展小系统。

移位寄存器方式的第二种用法是两个单片机之间的通信。与通常波特率9 600相比,1 MHz通信能力的短距离通信很吸引人。

2. 方式1

方式1是10位异步通信方式,有1位起始位(0)、8位数据位和1位停止位(1)。其中的起始位和停止位在发送时是自动插入的。

任何一条以SBUF为目的的寄存器的指令都启动一次发送,发送的条件是TI=0,发送完置位TI。

方式1接收的前提条件是SCON中的REN为1,同时,以下两个条件都满足,本次接收有效,将其装入SBUF和RB8位;否则放弃接收结果。两个条件是:① RI=0;② SM2=0或接收到的停止位为1。

方式1的波特率是可变的,波特率可由以下计算公式计算得到,即

$$方式1波特率=2^{SMOD}\cdot(定时器1的溢出率)/32$$

其中的SMOD为PCON的最高位。定时器1的方式0、1、2都可以使用。其溢出率为定时时间的倒数值。

3. 方式2和方式3

这两种方式都是11位异步接收/发送方式。其操作过程完全一样,所不同的是波特率。

$$方式2波特率=2^{SMOD}\cdot(f_{OSC}/64)$$

方式3波特率同方式1(定时器1作波特率发生器)。

方式2和方式3的发送起始于任何一条“写SBUF”指令。当第9位数据(TB8)输出之后,置位TI。

方式2和方式3的前提条件也是REN为1。在第9位数据接收到后,如果下列条件同时满足,即① RI=0;② SM2=0或接收到的第9位为1,则将已接收的数据装入SBUF和RB8,并置位RI。如果条件不满足,则接收无效。

8051串行口的不同寻常的特征是包括第9位方式。它允许把在串行口通信增加的第9位用于标志特殊字节的接收。对简单网络,第9位方式允许接收单片机信息,仅当字节具有一个第9位时才能被中断。用这种方法,发送器可以广播1字节,让第9位为高作为"每个人请注意"字节。字节可以为节点地址,地址相同的节点可以打开,以接收接下来的字符。所接续的字节(第9位为低)不能引起其他单片机中断,因为未送它们的地址。用这种方式,一个单片机可以和大量的其他单片机对话而不打扰不寻址的单片机。这种系统必须工作在严格的主从方式,由软件进行取舍安排。

8.3.3　串行口的初始化

1. 串行口波特率

通常情况下,使用单片机的串行口时,选用固定晶振,一般为6 MHz、12 MHz和11.059 2 MHz,常用于与微机的通信;波特率也相对固定。串行口常用的波特率及相应的设置如表8-4所列。

2. 初始化步骤

串行口使用前,需编程初始化,主要是设置产生波特率的定时器1、串行口控制和中断控制。具体步骤如下:

① 确定定时器1的工作方式——编程TMOD寄存器。

② 计算定时器1的初值——装载TH1、TL1。

③ 启动定时器1——编程TCON中的TR1位。

④ 确定串行口的控制——编程SCON。

⑤ 串行口在中断方式工作时,须开CPU和源中断——编程IE寄存器。

表8-4　串行口常用波特率

串行口工作方式	波特率	f_{OSC}=6 MHz			f_{OSC}=12 MHz			f_{OSC}=11.059 2 MHz		
		SMOD	TMOD	TH1	SMOD	TMOD	TH1	SMOD	TMOD	TH1
方式0	1 M				×	×	×			
方式2	375 k				1	×	×			
	187.5 k	1	×	×	0	×	×			

续表 8-4

串行口工作方式	波特率	f_{OSC}=6 MHz			f_{OSC}=12 MHz			f_{OSC}=11.059 2 MHz		
		SMOD	TMOD	TH1	SMOD	TMOD	TH1	SMOD	TMOD	TH1
方式1 或 方式3	62.5 k				1	20	FFH			
	19.2 k							1	20	FDH
	9.6 k							0	20	FDH
	4.8 k				1	20	F3H	0	20	FAH
	2.4 k	1	20	F3H	0	20	F3H	0	20	F4H
	1.2 k	1	20	E6H	0	20	E6H	0	20	E8H
	600	1	20	CCH	0	20	CCH	0	20	D0H
	300	0	20	CCH	0	20	98H	0	20	A0H
	137.5	1	20	1DH	0	20	1DH	0	20	2EH
	110	0	20	72H	0	10	FEEBH	0	10	FEFFH

8.3.4 串行口应用范例

单片机的串行口主要用于与通用微机的通信、单片机间的通信和主从结构的分布式控制系统机间的通信。串行口通信常使用缓冲区。

单片机与通用微机进行通信时,要求使用的波特率、传送的位数等相同。要想进行数据传送,也必须首先测试双方是否可以可靠通信。可在微机和单片机上各编制非常短小的程序,具体可分成微机串行口发送接收程序、单片机串行口发送程序和单片机串行口发送接收程序。这3个程序能运行通过,即可证明串行口工作正常。

微机串行口发送/接收程序设置串行口为波特率9 600、8位数据、1位停止位、无奇偶校验的简单设置。从键盘接收的字符可从串行口发送出去,从串行口接收的字符在屏幕上显示。通过让串行口发送线和接收线短接,可测试微机串行口;通过让串行口和单片机系统相接,可进一步测试单片机的串行通信状况。具体程序用BASIC编制,简单易懂,直接输入即可运行。程序RS232.BAS如下:

```
10 OPEN "COM1:9600,N,8,1,CS,DS,CD" AS #1
20 IF LOC(1) > 0 THEN GOSUB 1000
30 A$ = INKEY$ :IF A$ < > "" THEN GOSUB 2000
40 GOTO 20
1000 A$ = INPUT$ (LOC(1),#1)
1010 PRINT A$ ;
1020 RETURN
2000 PRINT #1,A$
2010 RETURN
```

单片机串行口发送程序,每发送一串字符“MCS-51”后,延时一段时间重复发送;和微机相接后,微机运行BASIC程序即可在屏幕上显示接收到的字符串,此程序证明单片机串行口发送正常。程序 tetr.c 如下：

```
#include < reg51.h >
#define uchar unsigned char
#define uint unsigned int
uchar idata trdata[10] = {'M','C','S','-','5','1',0x0d, 0x0a, 0x00};
main () {
  uchar i;
  uint j;
  TMOD = 0x20;                        /* 设置波特率为 9 600 的定时器 1 方式和初始值 */
  TL1 = 0xfd;TH1 = 0xfd;
  SCON = 0xd8;PCON = 0x00;            /* 设置串行口方式 */
  TR1 = 1;
  while (1) {
    i = 0;
    while (trdata[i]! = 0x00){    /* 发送字符串 */
      SBUF = trdata[i];
      while (TI = = 0);
      TI = 0;
      i ++ ;
    }
    for (j = 0;j < 12500;j ++ ); /* 延时 */
  }
}
```


单片机串行口发送/接收程序，每接收到字节即刻发送出去；和微机相接后微机键入的字符回显在屏幕上。此程序证明单片机串行口发送/接收都正常。可先用此程序测试，若不正常，则再使用单独的发送程序测试，以判断是单片机串行口的发送还是接收不正常。程序trrev.c如下：

```
#include < reg51.h >
void main(void) {
  unsigned char a;
  TMOD = 0x20;              /* 在 11.059 2 MHz 下，设置串行口波特率为 9 600，方式 3 */
  TL1 = 0xfd;TH1 = 0xfd;
  SCON = 0xd8;PCON = 0x00;
  TR1 = 1;
```

```
    while (1){
      while (RI == 0);
      RI = 0;
      a = SBUF;                          /* 接收到的字节,立即发送出去 */
      SBUF = a;
      while (TI == 0);
      TI = 0;
    }
}
```

例　单片机 f_{osc}=11.059 2 MHz,波特率为 9 600,各设置 32 字节的队列缓冲区用于发送/接收。设计单片机与终端或另一计算机通信的程序。

解　单片机串行口初始化成波特率为 9 600,中断程序双向处理字符,程序双向缓冲字符。背景程序可以"放入"和"提取"在缓冲区的字符串,而实际传入和传出 SBUF 的动作由中断完成。

Loadmsg 函数加载缓冲数组,标志发送开始。缓冲区分为发(t)和收(r)缓冲,缓冲区通过两种指示(进 in 和出 out)和一些标志(满 full,空 empty,完成 done)管理。队列缓冲区 32 字节长,为循环队列,由简单的逻辑"与"(&)操作管理。它比取模(%)操作运行更快。当 r_in=r_out时,接收缓冲区(r_buf)满,不能再有字符插入;当 t_in=t_out 时,发送缓冲区(t_buf)空,发送中断清除,停止 UART 请求。具体程序 sio36.c 如下:


```
#include < reg51.h >
#define uchar unsigned char
uchar xdata r_buf[32];                          /* item1 */
uchar xdata t_buf[32];
uchar r_in, r_out, t_in, t_out;                 /* 队列指针 */
bit r_full, t_empty, t_done;                    /* item2 */
code uchar m[] = {"this is a test program\r\n"};
serial () interrupt 4 using 1 {                 /* item3 */
  if (RI && ~r_full) {
    r_buf[r_in] = SBUF;
    RI = 0;
    r_in = ++r_in&0x1f;
    if(r_in == r_out) r_full = 1;
  }
  else if (TI && ~t_empty) {
    SBUF = t_buf[t_out];
    TI = 0;
    t_out = ++t_out&0x1f;
    if(t_out == t_in) t_empty = 1;
```

```
  }
  else if (TI) {
    TI = 0;
    t_done = 1;
  }
}
void loadmsg(uchar code * msg) {                          /* item4 */
  while ((*msg! = 0)&&((((t_in+1)^t_out)&0x1f)! = 0)) {
          /* 测试缓冲区满 */
    t_buf[t_in] = *msg;
    msg++;
    t_in = ++t_in&0x1f;
    if (t_done) {
      TI = 1;
      t_empty = t_done = 0;
              /* 若完成重新开始 */
    }
  }
}
void process(uchar ch) {return;}                          /* item5 */
    /* 用户定义 */
void processmsg (void) {                                  /* item6 */
  while (((r_out+1)^r_in)! = 0) {
          /* 接收缓冲区非空 */
    process (r_buf[r_out]);
    r_out = ++r_out&0x1f;
  }
}
main() {                                                  /* item7 */
  TMOD = 0x20;                                            /* 定时器1方式2 */
  TH1 = 0xfd;                                             /* 波特率9 600,11.059 2 MHz */
  TCON = 0x40;                                            /* 启动定时器1 */
  SCON = 0x50;                                            /* 允许接收 */
  IE = 0x90;                                              /* 允许串行口中断 */
  t_empty = t_done = 1;
  r_full = 0;
  r_out = t_in = t_out = 0;
  r_in = 1;                                               /* 接收缓冲和发送缓冲置空 */
  for (;;) {
```

```
        loadmsg (&m);
        processmsg();
    }
}
```

item1:背景程序“放入”和“提取”字符的队列缓冲区。

item2:缓冲区状态标志。

item3:串行口中断服务程序,从 RI、TI 判别接收或发送中断,由软件清除。判别缓冲区状态(满 full,空 empty)和全部发送完成(done)。

item4:此函数把字符串放入发送缓冲区,准备发送。

item5:接收字符的处理程序,实际应用自定义。

item6:此函数逐一处理接收缓冲区的字符。

item7:主程序即背景程序,进行串行口的初始化,载入字符串,处理接收的字符串。

8.4 点对点的串行异步通信

8.4.1 通信双方的硬件连接

如果采用单片机自身的 TTL 电平直接传输信息,其传输距离一般不超过 1.5 m。8051 一般采用 RS-232C 标准进行点对点的通信连接。图 8-6 所示为两个 8051 间的连接方法,信号采用 RS-232C 电平传输,电平转换芯片采用 MAX232。

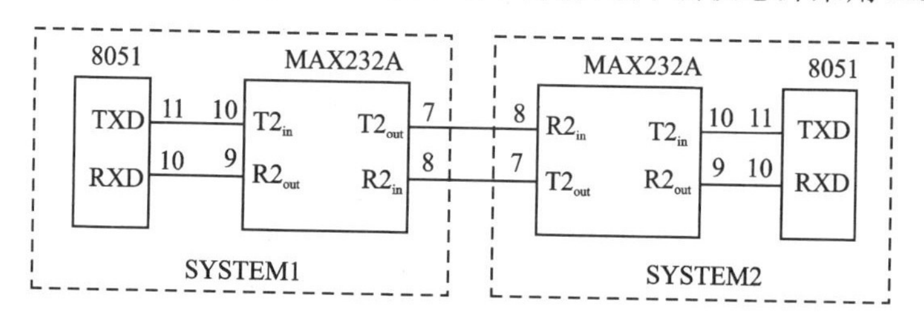

图 8-6 8051 间 RS-232C 电平信号的传输

8.4.2 通信双方的约定

按照图 8-6 的接口电路,假定 A 机 SYSTEM1 是发送者,B 机 SYSTEM2 是接收者。

当 A 机开始发送时,先送一个 AA 信号,B 机收到后,回答一个 BB 信号,表示同意接收。当 A 机收到 BB 信号后,开始发送数据,每发送一次便求校验和。假定数据块长度为 16 字节,数据缓冲区为 buf,数据块发送完后马上发送校验和。

B 机接收数据并将其转储到数据缓冲区 buf,每接收到一个数据便计算一次校验和,当收齐一个数据块后,再接收 A 机发来的校验和,并将它与 B 机求出的校验和进行比较。若两者相等,则说明接收正确,B机回答00H;若两者不等,则说明接收不正确,B机回答0FFH,请求重发。

A机收到00H的回答后,结束发送。若收到的答复非零,则将数据再重发一次。双方约定的传输波特率若为1 200,则查表可知,在双方的f_{osc}=11.059 2 MHz下,T1工作在定时器方式2,TH1=TL1=0E8H,PCON寄存器的SMOD位为0。

按照上述约定,发送和接收程序框图如图8-7所示。

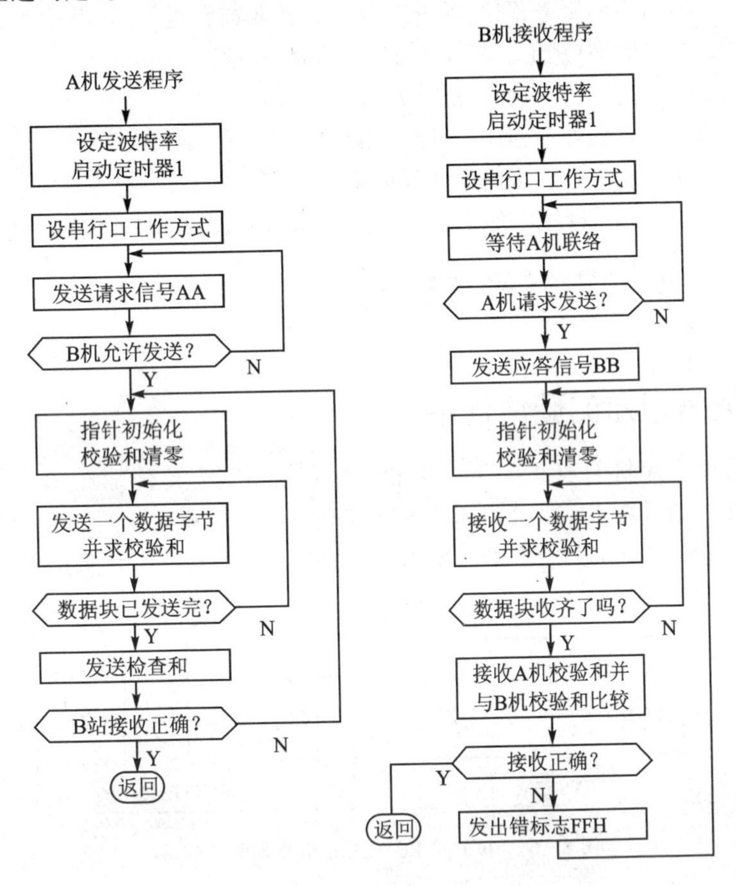

图8-7　点对点通信的程序框图

8.4.3　点对点通信编程

点对点通信双方基本等同,只是人为规定一个为发送,一个为接收。要求两机串行口的波特率相同,因而发送和接收方串行口的初始化相同。可编制含有初始化函数、发送函数、接收函数的程序,在主函数中根据程序的发送、接收设置TR,采用条件判别决定使用发送函数还是接收函数。这样,点对点通信的双方都可运行此程序,只需在程序运行之前进行人为设置选择TR,一个令TR=0,另一个令TR=1,然后分别编译,在两机上分别装入,同时运行。

例　点对点通信。

点对点通信的程序 ppcomun.c 如下：

```
#include < reg51.h >
#define uchar unsigned char
#define TR 1                              /* 发送接收差别值,TR = 0 发送 */
uchar idata buf[10];
uchar pf;

void init(void) {                         /* 串行口初始化 */
  TMOD = 0x20;                            /* 设 T/C1 为定时方式 2 */
  TH1 = 0xe8;                             /* 设定波特率 */
  TL1 = 0xe8;
  PCON = 0x00;
  TR1 = 1;                                /* 启动 T/C1 */
  SCON = 0x50;                            /* 串行口工作在方式 1 */
}

void send(uchar idata *d) {
  uchar i;
  do{
    SBUF = 0xaa;                          /* 发送联络信号 */
    while(TI == 0);                       /* 等待发送出去 */
    TI = 0;
    while(RI == 0);                       /* 等待 B 机回答 */
    RI = 0;
  }while((SBUF^0xbb)! = 0);               /* B 机未准备好,继续联络 */
  do{
    pf = 0;                               /* 清校验和 */
    for(i = 0;i<16;i++) {
      SBUF = d[i];                        /* 发送一个数据 */
     pf + = d[i];                         /* 求校验和 */
     while(TI == 0);TI = 0;
    }
    SBUF = pf;                            /* 发送校验和 */
    while(TI == 0);TI = 0;
    while(RI == 0);RI = 0;                /* 等待 B 机应答 */
```

```
    } while(SBUF! = 0);                              /* 回答出错,则重发 */
}
void receive(uchar idata * d) {
    uchar i;
    do{
        while(RI == 0);RI = 0;
    } while((SBUF^0xaa)! = 0);                       /* 判定A机请求否 */
    SBUF = 0xbb;                                     /* 发应答信号 */
    while(TI == 0);TI = 0;
    while(1){
        pf = 0;                                      /* 清校验和 */
        for(i = 0;i < 16;i ++ ){
            while(RI == 0);RI = 0;
            d[i] = SBUF;                             /* 接收一个数据 */
            pf + = d[i];                             /* 求校验和 */
        }
        while(RI == 0);RI = 0;                       /* 接收A机校验和 */
        if ((SBUF^pf) == 0) {                        /* 比较校验和 */
            SBUF = 0x00; break;}                     /* 校验和相同发00 */
        else {
            SBUF = 0xff;                             /* 出错发FF,重新接收 */
            while(TI == 0);TI = 0;
        }
    }
}

void main (void) {
    init();
    if(TR == 0){
        send(buf);
    }
    else {
        receive(buf);
    }
}
```

8.5　多机通信

8.5.1　通信接口

图 8－8 所示为在单片机多机系统中常采用的总线型主从式多机系统。所谓主从式，即在数个单片机中，有一个是主机，其余的为从机，从机要服从主机的调度、支配。8051 单片机的串行口方式 2、方式 3 很适合这种主从式的通信结构。当然，在采用不同的通信标准通信时，还需进行相应的电平转换，也可以对传输信号进行光电隔离。在多机系统中，通常采用 RS－422 或 RS－485 串行标准总线进行数据传输。

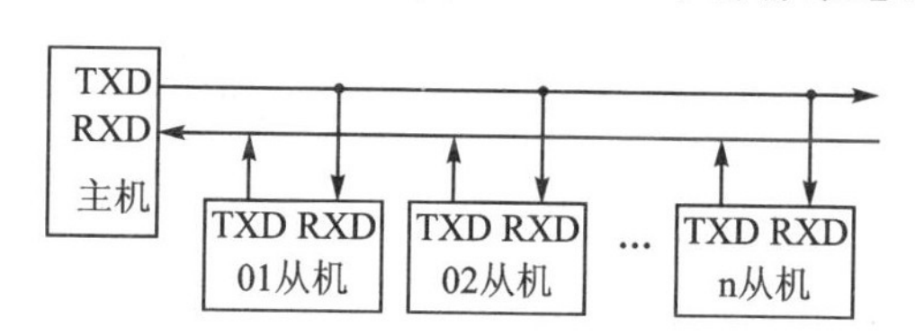

图 8－8　总线型主从式多机系统

8.5.2　通信协议

根据 8051 串行口的多机通信能力，多机通信可以按照以下协议进行，即

① 首先使所有从机的 SM2 位置 1，处于只接收地址帧的状态。

② 主机先发送一帧地址信息。其中前 8 位为地址，第 9 位为地址/数据信息的标志位。该位置 1 表示该帧为地址信息。

③ 从机接收到地址帧后，各自将接收的地址与本从机的地址比较。对于地址相符的那个从机，使 SM2 位清零，以接收主机随后发来的所有信息；对于地址不符的从机，仍保持 SM2＝1，对主机随后发来的数据不予理睬，直至发送新的地址帧。

④ 当从机发送数据结束后，发送一帧校验和，并置第 9 位(TB8)为 1，作为从机数据传送结束标志。

⑤ 主机接收数据时先判断数据结束标志(RB8)，若 RB8＝1，则表示数据传送结束，并比较此帧校验和。若校验和正确，则回送正确信号 00H，此信号令该从机复位(即重新等待地址帧)；若校验和出错，则发送 0FFH，令该从机重发数据。若接收帧的 RB8＝0，则原数据送到缓冲区，并准备接收下一帧信息。

⑥ 若主机向从机发送数据，则从机在第 3 步中比较地址相符后，从机令 SM2＝0；同时把本站地址发回主机，作为应答之后才能收到主机发送来的数据。其他从机继续监听地址(SM2＝1)，无法收到数据。

⑦ 主机收到从机的应答地址后，确认地址是否相符。如果地址不符，则发复位信号(数据帧中 TB8＝1)；如果地址相符，则清 TB8，开始发送数据。

⑧ 从机收到复位命令后回到监听地址状态(SM2＝1),否则开始接收数据和命令。

8.5.3 通信程序

设主机发送的地址联络信号 00H、01H、02H 为从机设备地址,地址 FFH 是命令各从机恢复 SM2 为 1 的状态即复位。下面是主机的命令编码。

01H:请求从机接收主机的数据命令;

02H:请求从机向主机发送数据命令;

其他都按从机向主机发送数据命令 02H 对待。

从机的状态字节格式为

D7	D6	D5	D4	D3	D2	D1	D0
ERR	0	0	0	0	0	TRDY	RRDY

RRDY＝1:从机准备好接收主机的数据;

TRDY＝1:从机准备好向主机发送数据;

ERR＝1: 从机接收到的命令是非法的。

通常从机以中断方式控制与主机的通信。程序可分成主机程序和从机程序,约定一次传送的数据为 16 字节,以 02H 地址的从机为例。

1. 主机程序

主机程序流程图如图 8－9 所示。

主机程序 master.c 如下:

```
#include < reg51.h >
#define uchar unsigned char
#define SLAVE 0x02                                /* 从机地址 */
#define BN 16
uchar idata rbuf[16];
uchar idata tbuf[16] = {"master transmit"};
void err(void) {
  SBUF = 0xff;
  while(TI! = 1);TI = 0;
}
uchar master (uchar addr,uchar command) {
uchar aa,i,p;
while(1) {
```

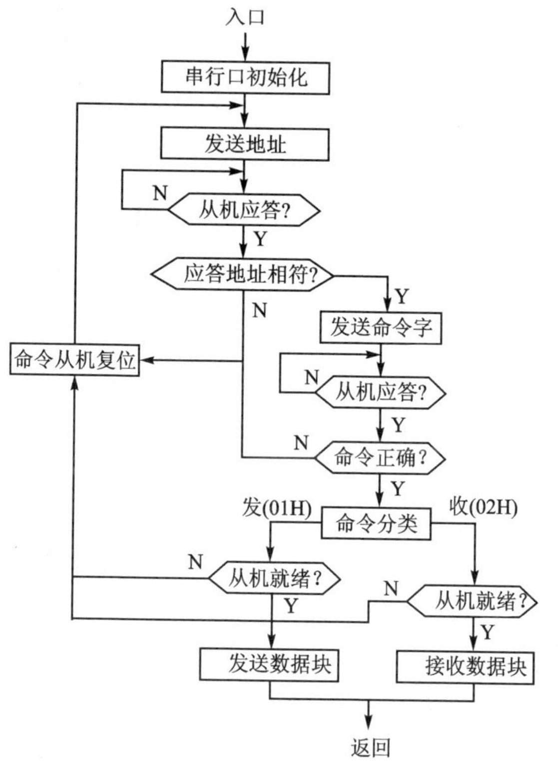

图 8-9　多机通信主机程序流程

```
SBUF = SLAVE;                                 /* 发呼叫地址 */
while(TI! = 1);TI = 0;
while(RI! = 1);RI = 0;                        /* 等待从机回答 */
if(SBUF! = addr) err();                       /* 若地址错,则发复位信号 */
else {                                        /* 地址相符 */
TB8 = 0;                                      /* 清地址标志 */
SBUF = command;                               /* 发命令 */
while(TI! = 1);TI = 0;
while(RI! = 1);RI = 0;
aa = SBUF;                                    /* 接收状态 */
if((aa&0x80) = = 0x80) { TB8 = 1; err();}     /* 若命令未被接收,则发复位信号 */
else {
        if (command = = 0x01) {               /* 是发送命令 */
            if ((aa&0x01) = = 0x01) {         /* 从机准备好接收 */
                do{
```

```
            p = 0;                                    /* 清校验和 */
            for(i = 0;i < BN;i++) {
              SBUF = tbuf[i];                         /* 发送一数据 */
              p += tbuf[i];
              while(TI! = 1);TI = 0;
            }
            SBUF = p;                                 /* 发送校验和 */
            while(TI == 0);TI = 0;
            while(RI == 0);RI = 0;
          } while(SBUF! = 0);                         /* 接收不正确,重新发送 */
          TB8 = 1;                                    /* 置地址标志 */
          return(0);
        }
      }
      else {
        if((aa&0x02) == 0x02) {                       /* 是接收命令,从机准备好发送 */
            while(1) {
              p = 0;                                  /* 清校验和 */
              for(i = 0;i < BN;i++) {
                while(RI! = 1);RI = 0;
                rbuf[i] = SBUF;                       /* 接收一数据 */
                p += rbuf[i];
              }
              while(RI == 0);RI = 0;
              if(SBUF == p) {
                SBUF = 0x00;                          /* 校验和相同,发 00 */
                while(TI == 0);TI = 0;
                break;
              }
              else {
                SBUF = 0xff;                          /* 校验和不同,发 0FF,重新接收 */
                while(TI == 0);TI = 0;
              }
            }
            TB8 = 1;                                  /* 置地址标志 */
            return(0);
          }
        }
      }
```

```
        }
    }
}

void main(void) {
    TMOD = 0x20;                            /* T/C1 定义为方式 2 */
    TL1 = 0xfd;TH1 = 0xfd;                  /* 置初值 */
    PCON = 0x00;
    TR1 = 1;
    SCON = 0xf8;                            /* 串行口为方式 3 */
    master(SLAVE,0x01);
    master(SLAVE,0x02);
}
```

2. 从机程序

从机中断服务程序的流程如图 8-10 所示。

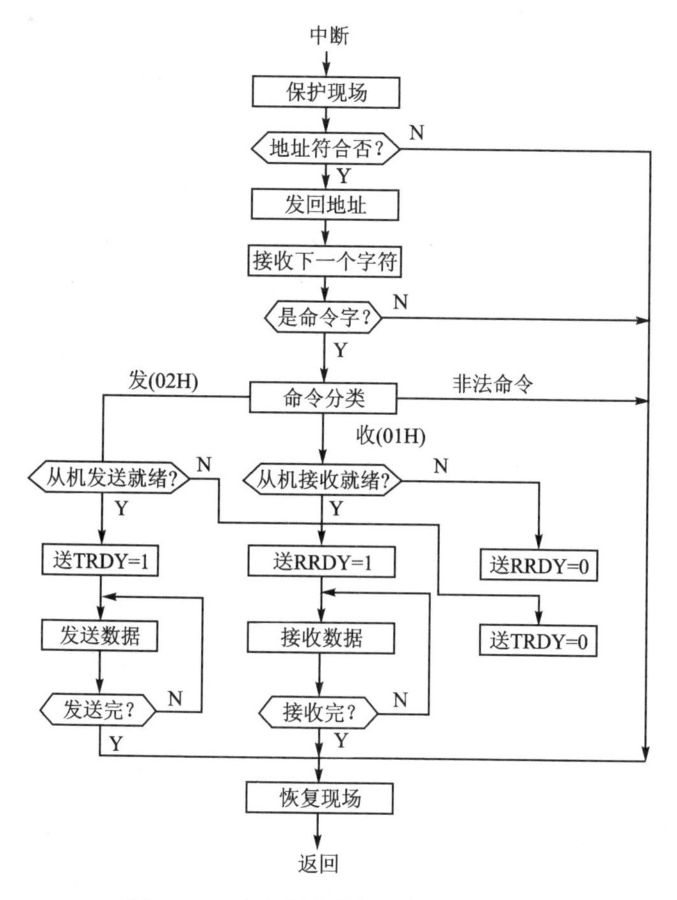

图 8-10　多机通信的从机中断程序流程

从机程序 slave.c 如下：

```
#include < reg51.h >
#define uchar unsigned char
#define SLAVE 0x02
#define BN 16
uchar idata trbuf[16];
uchar idata rebuf[16];
bit tready;
bit rready;
void main(void) {
    TMOD = 0x20;                                    /* T/C1 定义为方式 2 */
    TL1 = 0xfd;                                     /* 置初值 */
    TH1 = 0xfd;
    PCON = 0x00;
    TR1 = 1;
    SCON = 0xf0;                                    /* 串行口为方式 3 */
    ES = 1;EA = 1;                                  /* 开串行口中断 */
    while(1) {tready = 1;rready = 1;}               /* 假定准备好发送和接收 */
}
void ssio(void) interrupt 4 using 1 {
    void str(void);
    void sre(void);
    uchar a,i;
    RI = 0;
    ES = 0;                                         /* 关串行口中断 */
    if(SBUF! = SLAVE) {ES = 1;goto reti;}           /* 非本机地址,继续监听 */
    SM2 = 0;                                        /* 取消监听状态 */
    SBUF = SLAVE;                                   /* 从机地址发回 */
    while(TI! = 1);TI = 0;
    while(RI! = 1);RI = 0;
    if(RB8 = = 1) {SM2 = 1;ES = 1;goto reti;}       /* 是复位信号,恢复监听 */
    a = SBUF;                                       /* 接收命令 */
   if (a = = 0x01){                                 /* 从机接收主机的数据 */
      if(rready = = 1) SBUF = 0x01;                 /* 接收准备好发状态 */
      else SBUF = 0x00;
      while(TI! = 1);TI = 0;
      while(RI! = 1);RI = 0;
      if (RB8 = = 1) {SM2 = 1;ES = 1;goto reti;}
      sre();                                        /* 接收数据块 */
   }
   else {
```

```
    if (a == 0x02){                                    /* 从机向主机发数据 */
      if(tready == 1) SBUF = 0x02;                     /* 发送准备好发状态 */
      else SBUF = 0x00;
      while(TI! = 1);TI = 0;
      while(RI! = 1);RI = 0;
      if (RB8 == 1) {SM2 = 1;ES = 1;goto reti;}
      str();                                           /* 发送数据块 */
    }
    else {
      SBUF = 0x80;                                     /* 命令非法,发状态 */
      while(TI! = 1); TI = 0;
      SM2 = 1;ES = 1;                                  /* 恢复监听 */
    }
  }
  reti:;
}

void  str(void) {                                      /* 发送数据块 */
      uchar p,i;
      tready = 0;
      do{
        p = 0;                                         /* 清校验和 */
          for(i = 0;i < BN;i ++ ) {
              SBUF = trbuf[i];                         /* 发送数据 */
              p + = trbuf[i];
              while(TI! = 1);
              TI = 0;
        }
        SBUF = p;                                      /* 发送校验和 */
        while(TI == 0);TI = 0;
        while(RI == 0);RI = 0;
        } while(SBUF! = 0);                            /* 主机接收不正确,重新发送 */
        SM2 = 1;
        ES = 1;
}

void sre(void) {                                       /* 接收数据块 */
  uchar p,i;
  rready = 0;
  while(1) {
    p = 0;                                             /* 清校验和 */
```

```
        for(i = 0;i < BN;i ++ ) {
          while(RI ! = 1);RI = 0;
          rebuf[i] = SBUF;                    /* 接收一数据 */
          p + = rebuf[i];
        }
        while(RI! = 1);RI = 0;
        if(SBUF == p) {SBUF = 0x00;break;}  /* 校验和相同,发 00 */
        else {
            SBUF = 0xff;                      /* 校验和不同,发 0FF,重新接收 */
            while(TI == 0);TI = 0;
        }
    }
    SM2 = 1;
    ES = 1;
}
```

习题八

1. 什么是中断、中断源和中断优先级?

2. 8051 中断有多少优先级?

3. 8051 中断的中断响应条件是什么?

4. 8051 的中断响应过程是怎样的?

5. 若 8051 的外部中断 0 为边沿触发方式,简述 IE0 标志的检测和置位过程。

6. 8051 的中断系统如何实现两级中断嵌套?

7. 8051 的 5 个中断源的中断向量地址分别是多少?

8. 设 $f_{OSC}=6$ MHz,外部中断采用电平触发方式,那么中断请求信号的低电平至少应持续多少 μs?

9. 8051 中断程序如何进行现场保护,何为上下文切换?

10. 8051 定时器方式和计数器方式的区别是什么?

11. 若 TMOD=A6H, T/C0 和 T/C1 分别在什么方式下工作?

12. 设 $f_{OSC}=12$ MHz,8051 定时器 0 的方式 0、方式 1 和方式 2 的最大定时间隔分别是多少?

13. 时间溢出和时间间隔的区别是什么? 何时采用时间间隔合适?

14. 设 $f_{OSC}=6$ MHz,利用定时器 0 的方式 1 在 P1.6 口产生一串 50 Hz 的方波。定时器溢出时采用中断方式处理。

15. 用 8751 制作一个模拟航标灯,灯接在 P1.7 口上,$\overline{\text{INT0}}$接光敏元件。使它具有如下功能:

① 白天航标灯熄灭;夜间间歇发光,亮 2 s,灭 2 s,周而复始。

② 将$\overline{\text{INT0}}$信号作门控信号,启动定时器定时。

按以上要求编写控制主程序和中断服务程序。

16. 希望 8051 单片机定时器 0 的定时值以内部 RAM 的 20H 单元的内容为条件而可变,即当(20H)=00H 时,定时值为 10 ms;当(20H)=01H 时,定时值为 20 ms。请根据以上要求对定时器 0 初始化。单片机时钟频率为 12 MHz。

17. 外部 RAM 以 DAT1 开始的数据区中有 100 个数，现在要求每隔 150 ms 向内部 RAM 以 DAT2 开始的数据区传送 10 个数据。通过 10 次传送把数据全部传送完。以定时器 1 作为定时，编写有关的程序。单片机时钟频率为 6 MHz。

18. 用单片机和内部定时器来产生矩形波。要求频率为 100 Hz，占空比为 2∶1(高电平的时间长)。设单片机时钟频率为 12 MHz。写出有关的程序。

19. 若 8051 的串行口工作在方式 3，$f_{OSC}=11.059\ 2$ MHz，计算出波特率为 9 600 时 T/C1 的定时初值。

20. 当 8051 的串行口工作在方式 2、方式 3 时，它的第 9 个数据位可用做“奇偶校验位”进行传送，接收端用它来核对传送数据正确与否。编写一段用串行方式 2 发送带奇偶校验位的一帧数据的程序。

21. 若 8051 的串行口工作在方式 2，编写一段从机向主机传送 16 字节数据和校验和的程序。传送前发联络信号。

22. 设置 8051 的串行口工作在方式 3，通信波特率为 2 400，第 9 位数据用做奇偶校验位。在这种情况下，如何编写双工通信的程序？设数据交换采用中断方式，写出有关的程序。

第 9 章

8051 扩展资源的 C 编程

在很多应用场合,8051 自身的资源不能满足要求。这时就要进行系统扩展。8051 的 I/O 资源有 P0 口、P1 口和 P2 口。通常,P2 口、P0 口用于存储器的扩展,用户能使用的只有 P1 口。若 I/O 不够用,则可使用并行接口芯片 8255 进行 I/O 扩展。8051 内部的两个 16 位的定时器/计数器,能满足绝大多数应用场合的需要。在特殊情况下,若需要更多的计数器,则可扩展 8253 定时器/计数器接口芯片。

9.1 可编程外围并行接口芯片 8255

8255 有 3 个 8 位的并行口,端口既可以编程为普通 I/O 口,也可以编程为选通 I/O 口和双向传输口。8255 为总线兼容型的,可以与 8051 的总线直接接口。

9.1.1 8255 的结构和引脚

8255 的片内结构如图 9-1 所示。

8255 并行 I/O 端口的口 A、口 B 和口 C 都是 8 位的,可以编程为输入或输出端口。其中口 C 还可以编程为两个 4 位端口。3 个端口的特点有所不同:口 A 输入/输出都带锁存;口 B 和口 C 输出有锁存,输入无锁存。

内部控制电路分为两组:A 组控制端口 A 和端口 C 的高 4 位;B 组控制端口 B 和端口 C 的低 4 位。控制电路包括命令字寄存器,用来存放工作方式控制字。

8255 的引脚图如图 9-2 所示。

- D0~D7:双向数据线。
- RESET:复位输入。
- $\overline{CS}$:片选。
- $\overline{WR}$:写允许。
- $\overline{RD}$:读允许。
- PA7~PA0:端口 A。
- PB7~PB0:端口 B。
- PC7~PC0:端口 C。
- A1、A0:端口地址线,对应选择如表 9-1 所列。

表 9-1　端口选择

A1	A0	选通的端口
0	0	口 A
0	1	口 B
1	0	口 C
1	1	命令字口

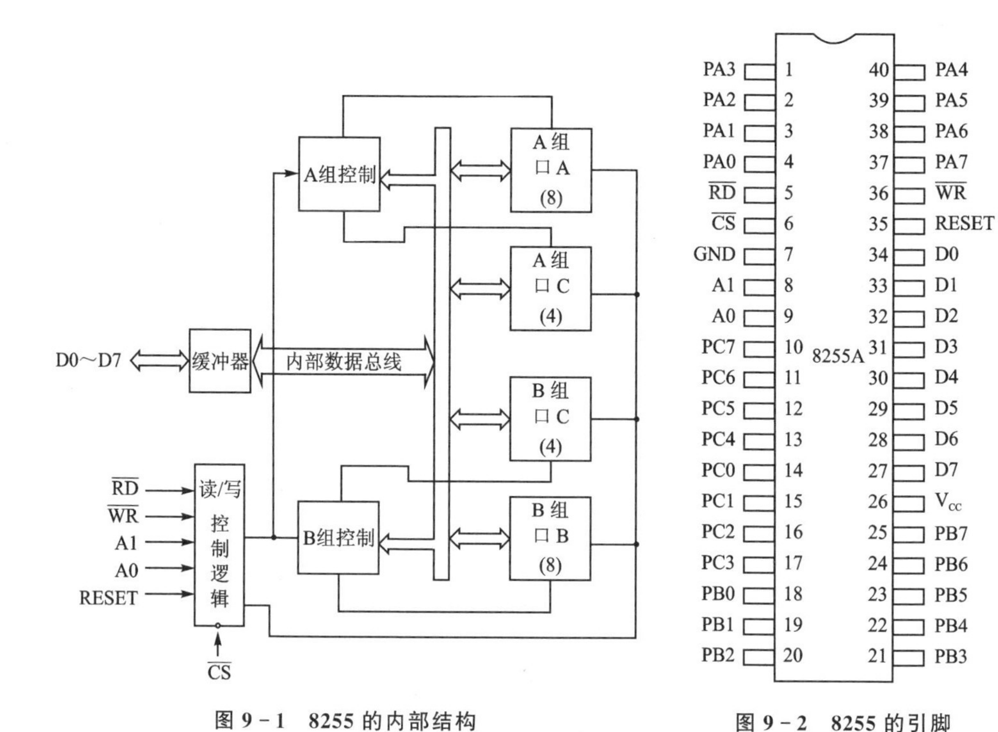

图 9-1　8255 的内部结构

图 9-2　8255 的引脚

9.1.2　8255 的命令字和工作方式

8255 有两个命令字:工作方式命令字和口 C 置位/复位命令字。它们的编程状态决定 8255 各端口的工作方式。这两个命令字占用同一地址,由各自的标识位区别。

1. 工作方式命令字

8255 有 3 种工作方式:方式 0、方式 1 和方式 2。具体的方式选择由方式命令字确定。其格式如图 9-3所示。

对于口 A 有 3 种工作方式,口 B 只有 2 种工作方式。

2. 口 C 置位/复位命令字

8255 口 C 的输出具有位控制功能：按位置位或复位。置位时置 1，复位时清零。其操作由口 C 的置位/复位命令字控制，格式如下：

0	X	X	X	D3	D2	D1	D0

- D7：命令字标识位。D7 为 0 是置位/复位命令字。
- D3、D2、D1：口 C 的 8 个口位选择。000～111 的 8 种状态对应确定 PC0～PC7 的 8 个位。
- D0：置位/复位选择位。对 D3、D2、D1 确定的口位进行置位或复位操作，D0＝1 置 1；D0＝0 清零。
- D6、D5、D4：与置位/复位无关。

3. 8255 的工作方式

方式 0　方式 0 是基本输入/输出方式。在这种方式下，端口按方式选择命令字指定的方式输入或输出；输出时具有端口锁存功能，输入时只有口 A 有锁存功能。口 C 的高、低 4 位可以分别确定输入或输出。

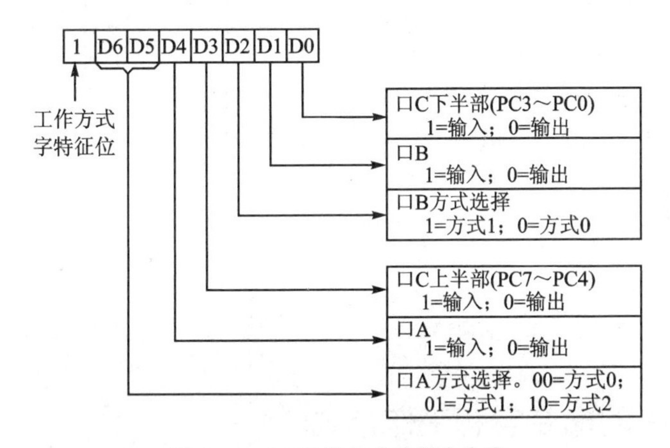

图 9－3　8255 的方式选择命令字

方式 1　方式 1 是选通输入/输出方式。在方式 1 下，8255 的 3 个端口被分成 A 组和 B 组。A 组中，口 A 为 I/O 口，口 C 的 3 位为其提供联络信号。B 组中，口 B 为I/O 口，口 C 的 3 位为其提供联络信号。

方式 2　方式 2 为双向传输方式，只适用口 A。口 A 工作在方式 2 时，口 C 提供 5 个联络信号。

在方式 1 中要改变口 A 或口 B 的输入或输出方式时，需要重新编程工作方式命令字。方式 2 则不必改写方式命令字，仅由不同的联络信号控制。

方式 1 和方式 2 把口 C 作为联络信号，具体如表 9－2 所列。

表 9-2　8255 的联络信号

口　C	方式 1		方式 2	口　C	方式 1		方式 2
	输　入	输　出			输　入	输　出	
PC0	$INTR_B$	$INTR_B$	I/O	PC4	$\overline{STB}_A$	I/O	$\overline{STB}_A$
PC1	IBF_B	$\overline{OBF}_B$	I/O	PC5	IBF_A	I/O	IBF_A
PC2	$\overline{STB}_B$	$\overline{ACK}_B$	I/O	PC6	I/O	$\overline{ACK}_A$	$\overline{ACK}_A$
PC3	$INTR_A$	$INTR_A$	$INTR_A$	PC7	I/O	$\overline{OBF}_A$	$\overline{OBF}_A$

其中，

- $\overline{STB}$：选通信号输入，低电平有效。当$\overline{STB}$有效时，端口数据打入输入缓冲器。
- IBF：输入缓冲器满信号，高电平有效，是 8255 输出的状态信号，可供查询。
- INTR：中断请求信号，高电平有效。当$\overline{STB}$信号结束时 IBF 有效，即$\overline{STB}$=1。当IBF=1 时，INTR 为有效高电平，向 CPU 发中断请求。
- $\overline{OBF}$：输出缓冲器满信号，低电平有效。
- $\overline{ACK}$：外设的应答信号。

9.1.3　8255 与 8051 的接口

8255 可直接与 8051 接口，现举例说明。

例　用 8255 控制打印机。

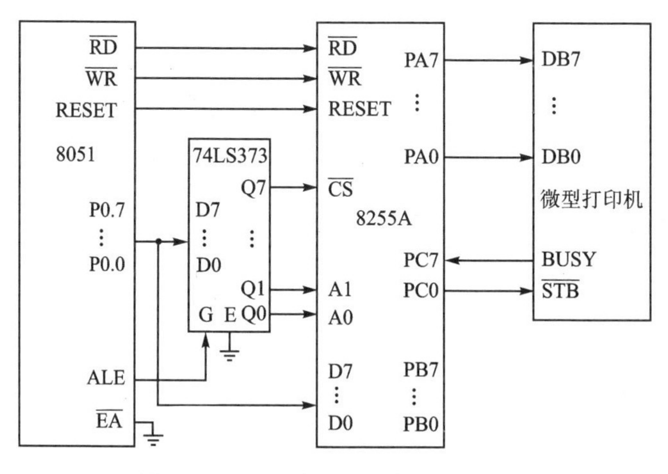

图 9-4　8051 扩展 8255 与打印机接口

图 9-4 所示为 8051 扩展 8255 与打印机接口的电路。8255 的片选线为 P0.7，打印机与 8051 采用查询方式交换数据。打印机的状态信号输入给 PC7，打印机忙时 BUSY=1。微型打印机的数据输入采用选通控制，当$\overline{STB}$上负跳变时数据被打入。8255 采用方式 0，由 PC0 模拟产生$\overline{STB}$信号。

按照接口电路，口A地址=7CH，口B地址=7DH，口C地址=7EH，命令口地址=7FH；PC7～PC4为输入，PC3～PC0为输出；方式选择命令字=8EH。

向打印机输出字符串"WELCOME"的程序print.c如下：

```
#include < absacc.h >
#include < reg51.h >
#define uchar unsigned char
#define COM8255 XBYTE[0x007f]        /* 命令口地址 */
#define PA8255 XBYTE[0x007c]         /* 口A地址 */
#define PC8255 XBYTE[0x007e]         /* 口C地址 */

void toprn(uchar * p) {              /* 打印字符串函数 */
  while( * p ! = '\0') {
    while((0x80&PC8255) ! = 0);      /* 查询等待打印机的BUSY状态 */
    PA8255 = * p;                    /* 输出字符 */
    COM8255 = 0x00;                  /* 模拟STB脉冲 */
    COM8255 = 0x01;
    p++;
  }
}

void main(void) {
    uchar idata prn[] = "WELCOME";   /* 设一测试用字符串 */
    COM8255 = 0x8e;                  /* 输出方式选择命令字 */
    COM8255 = 0x01;
    toprn(prn);                      /* 打印字符串 */
}
```


9.2　可编程外围并行接口芯片8155

8155包含有256字节的RAM存储器、两个可编程的8位并行口、一个6位并行口和一个14位的计数器。8155是8051应用系统中最适用的外围器件。

9.2.1　8155的结构和引脚

8155的结构如图9-5所示。8155数据存储器是256×8静态RAM；I/O由3个通用口组成，其中的6位口可编程为状态控制信号；可编程的14位计数器/定时器用于给微计算机系统提供方波或计数脉冲。

8155的引脚如图9-6所示。

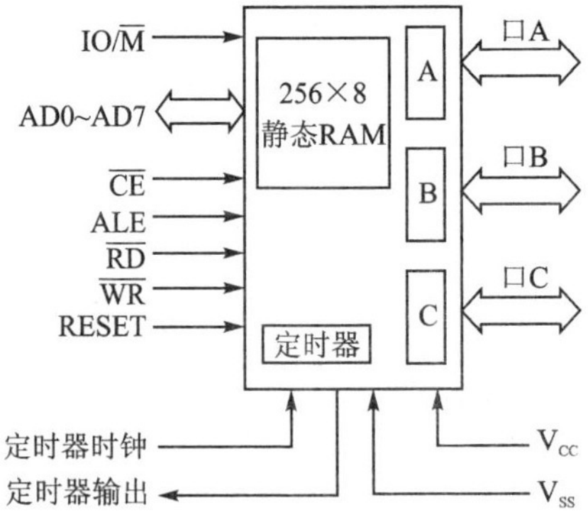

图 9-5　8155 的结构框图

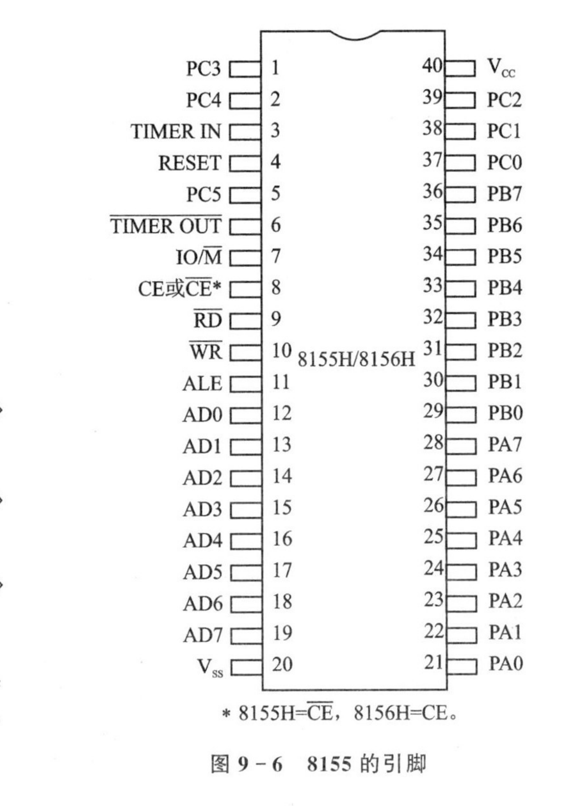

图 9-6　8155 的引脚

其中：

- RESET：复位高有效。
- AD0～AD7：三态地址/数据线。
- $\overline{\text{CE}}$：芯片片选。
- $\overline{\text{RD}}$，$\overline{\text{WR}}$：读写信号。
- ALE：地址锁存信号。
- IO/$\overline{\text{M}}$：IO/RAM 选择线。该位为低选择 RAM；为高选择 I/O 口。
- PA0～PA7：端口 A。
- PB0～PB7：端口 B。
- PC0～PC5：端口 C。当 PC0～PC5 用做状态控制信号时，它们是这样安排的：

  PC0——AINTR （端口 A 中断）；　PC1——ABF （端口 A 缓冲器满）；
  PC2——$\overline{\text{ASTB}}$ （端口 A 选通）；　PC3——BINTR（端口 B 中断）；
  PC4——BBF （端口 B 缓冲器满）；PC5——$\overline{\text{BSTB}}$ （端口 B 选通）。

- TIMER IN：计数器/定时器输入端。
- $\overline{\text{TIMER OUT}}$：定时器输出，可以是方波或脉冲波形。
- V_{CC}：+5 V 电源。
- V_{SS}：接地端。

9.2.2 8155的命令字、状态字及工作方式

8155的口A、口B可工作于基本I/O方式或选通I/O方式;口C可作为输入/输出线,也可作为口A、口B选通方式时的状态控制信号线。具体选择由写入命令寄存器的命令字决定。命令字如下:

D7	D6	D5	D4	D3	D2	D1	D0
TM2	TM1	IEB	IEA	PC2	PC1	PB	PA

- PA、PB:定义口A、口B。0为输入,1为输出。
- IEA、IEB:端口A、端口B中断控制。1为允许,0为禁止。
- PC1、PC2:定义端口的工作方式如表9-3所列。

表9-3 端口工作方式

PC2	PC1	方式
0	0	口A、口B为基本输入/输出,口C为输入
1	1	口A、口B为基本输入/输出,口C为输出
0	1	口A为选通输入/输出,口B为基本输入/输出,口C为控制信号
1	0	口A、口B都为选通输入/输出,口C为控制信号

- TM1、TM2:选择定时器命令形式,如表9-4所列。

表9-4 定时器命令形式

TM2	TM1	命令
0	0	空操作,不影响计数器操作
0	1	停止定时器操作
1	0	若定时器正在计数,则计数器计满后立即停止计数
1	1	启动,装入定时器方式和长度后立即启动计数

8155的状态寄存器锁存8155 I/O口和定时器的当前状态,供CPU查询。状态字的格式如下:

D7	D6	D5	D4	D3	D2	D1	D0
X	TIMER	$INTE_B$	BBF	$INTR_B$	$INTE_A$	ABF	$INTR_A$

- $INTR_A$:口A中断请求标志。
- ABF:口A缓冲器满标志。
- $INTE_A$:口A中断允许标志。
- $INTR_B$:口B中断请求标志。

- BBF：口 B 缓冲器满标志。
- $INTE_B$：口 B 中断允许标志。
- TIMER：定时器中断标志。

8155 的定时器为 14 位的减法计数器，对输入脉冲进行减法计数。定时器由两个字节组成。其格式如下：

D7	D6	D5	D4	D3	D2	D1	D0
T7	T6	T5	T4	T3	T2	T1	T0

D7	D6	D5	D4	D3	D2	D1	D0
M2	M1	T13	T12	T11	T10	T9	T8

- T13～T0：计数长度。
- M2，M1：定时器方式。

M2	M1	方　式	M2	M1	方　式
0	0	单方波	1	0	单脉冲
0	1	连续方波	1	1	连续脉冲

9.2.3　8155 与 8051 的接口

8155 可直接与 8051 接口，8155 的 RAM 和 I/O 编址由 $IO/\overline{M}$ 和 ALE 锁存的地址控制，$IO/\overline{M}=0$，选择 RAM，编址为 00H～FFH；$IO/\overline{M}=1$，对 8155 的 I/O 口进行读写。8155 内部I/O编址如下：

A2	A1	A0	I/O　口	A2	A1	A0	I/O　口
0	0	0	命令状态口	0	1	1	PC 口
0	0	1	PA 口	1	0	0	定时器低 8 位
0	1	0	PB 口	1	0	1	定时器高 6 位和方式

例　用 8155 控制 TPμp 打印机。

TPμp 打印机的接口和通用打印机相同。图 9－7 所示为 8051、8155 和 TPμp－TF 的接口电路。8155 的口 A 工作在输出方式，与打印机的 8 条 I/O 线相连。8155 的 PC0 输出作打印机的选通信号$\overline{STB}$，打印机的状态输出信号 BUSY 连 8051 的中断请求$\overline{INT1}$。8155 的片选$\overline{CE}$接 8051 的 P2.7，$IO/\overline{M}$ 接 8051 的 P2.0。以下是由此得到的 8155 地址：命令口地址：7FF0H；口 A 地址：7FF1H；口 C 地址：7FF3H；8155 的初始化命令字：0FH(口 A，口 C 输出)。

下面是打印“北京 SPRING 1999”的程序，其中汉字“北京”在硬汉字库中的标准机内代码为 B1B1H 和 BEA9H，详见 12.3 节。打印机与 8051 采用中断方式联络，程

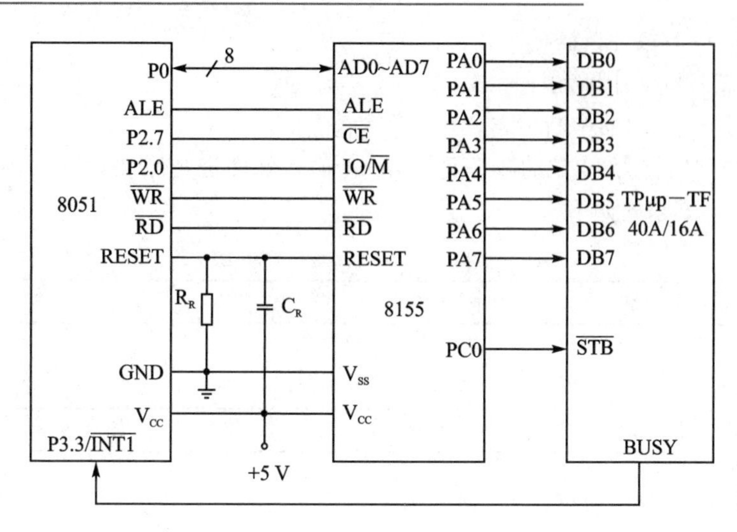

图 9－7　8051 扩展 8155 与打印机接口

序名为 prnbyte.c。

```
#include < absacc.h >
#include < reg51.h >
#define uchar unsigned char
#define COM8155 XBYTE[0x7ff0]
#define PA8155 XBYTE[0x7ff1]
#define PC8155 XBYTE[0x7ff3]
sbit BUSY = P3^3;
uchar code tab[17] = {0xb1, 0xb1, 0xbe, 0xa9,0x20,
      0x53,0x50,0x52,0x49,0x4e,0x47,0x20,0x31,
      0x39,0x39,0x39,0x0a);                    /* 北京 SPRING 1999 */
uchar t1 = 17;

void prt(uchar d) {                            /* 打印一字符函数 */
  PA8155 = d;                                  /* 送打印字符代码 */
  PC8155 = 0x00;                               /* 产生STB低电平 */
  PC8155 = 0x01;                               /* 产生STB上升沿 */
  while(BUSY);
}

void main(void) {
  COM8155 = 0x0f;                              /* 置命令字 */
  prt(0x1c);                                   /* 送入中文打印方式命令字高字节 */
  prt(0x26);                                   /* 送入中文打印方式命令字低字节 */
  EA = 1;                                      /* 开 CPU 中断 */
  EX1 = 1;                                     /* 开外中断 1 */
  while(1){};
}
```

```
void int1(void) interrupt 2 using 1 {          /* 打印机中断服务函数 */
    uchar i;
    EA = 0;
    for(i = 0;i < t1;i++)                      /* 打印一串字符 */
      prt(tab[i]);
    EA = 1;
    EX1 = 0;                                   /* 关打印机中断 */
}
```

9.3　I²C 总线扩展存储器

目前单片机应用系统中使用的串行扩展方式主要有 Philips 公司的 I²C(Inter IC)总线、Freescale 公司的 SPI(Serial Peripheral Interface)串行外设接口、Dallas 公司的单总线(1 - Wire)和 NS 公司的串行接口 Microwire/Plus。由于 IC 卡多是采用 I²C 总线接口的存储器卡，下面只介绍采用 I²C 总线的存储器扩展。

9.3.1　I²C 总线简介

I²C 总线是 Philips 公司推出的芯片间的串行传输总线，它采用两线制，由串行时钟线 SCL 和串行数据线 SDA 构成。I²C 总线为同步传输总线，数据线上的信号与时钟同步，只需要两根线就能实现总线上各器件的全双工同步数据传送，可以极为方便地构成多机系统和外围器件扩展系统。I²C 总线采用器件地址的硬件设置方法，使硬件系统的扩展简单灵活。按照 I²C 总线规范，总线传输中的所有状态都生成相应的状态码，系统中的主机依照这些状态码自动地进行总线管理，用户只要在程序中装入这些标准处理模块，根据数据操作要求完成 I²C 总线的初始化，启动 I²C 总线就能自动完成规定的数据传送操作。由于 I²C 总线接口已集成在某些单片机的片内，用户无需设计接口，使设计时间大为缩短。

I²C 总线接口为开漏或集电极开路输出，需要外加上拉电阻。系统中所有的单片机、外围器件都将数据线 SDA 和时钟线 SCL 的同名引脚相连在一起，总线上的所有节点都由器件引脚给定地址。系统中可以直接连接具有 I²C 总线接口的单片机，也可以通过 I/O 口的软件模拟与 I²C 总线芯片相连。在 I²C 总线上可以挂接各种类型的外围器件，如 RAM、E²PROM、日历/时钟、A/D、D/A 以及由 I/O 口、显示驱动器构成的各种模块。

目前不少的单片机内部集成了 I²C 总线接口，如 8051 系列单片机 P8XC550、P8XC552、P8XC652、P8XC654、P8XC751、P8XC752 等，低价位的单片机内部没有集成 I²C 总线接口，但可以通过软件模拟实现 I²C 总线通信规约。

9.3.2 I²C总线的通信规约

I²C的通信规约简述如下：

- I²C采用主/从方式进行双向通信。器件发送数据到总线上，则定义为发送器；器件从总线上接收数据，则定义为接收器。主器件(通常为单片机)和从器件均可工作于接收器和发送器状态。总线必须由主器件控制，主器件产生串行时钟(SCL)，控制总线的传送方向，并产生开始和停止条件。无论是主器件，还是从器件，接收一字节后必须发出一个应答信号ACK。
- I²C总线的时钟线SCL和数据线SDA都是双向传输线。总线备用时，SDA和SCL都必须保持高电平状态，只有关闭I²C总线时才使SCL箝位在低电平。
- 在标准I²C模式下，数据传输速率可达100 Kbps，高速模式下可达400 Kbps。I²C总线数据传送时，在时钟线高电平期间，数据线上必须保持有稳定的逻辑电平状态，高电平为数据1，低电平为数据0。只有在时钟线为低电平时，才允许数据线上的电平状态发生变化。
- 在时钟线保持高电平期间，数据线出现由高电平向低电平的变化时，作为起始信号S，启动I²C总线工作。若在时钟线保持高电平期间，数据线上出现由低电平到高电平的变化，则为停止信号P，终止I²C总线的数据传送。
- I²C总线传送的格式为：开始位以后，主器件送出8位的控制字节，以选择从器件并控制总线传送的方向，其后传送数据。I²C总线上传送的每一个数据均为8位，传送数据的字节数没有限制。但每传送一个字节后，接收器都必须发一位应答信号ACK(低电平为应答信号，高电平为非应答信号)，发送器应答后，再发下一数据。每一数据都是先发高位，再发低位，在全部数据传送结束后主器件发送终止信号P。

上述的通信规约在内部有I²C接口的单片机中是通过对相关的特殊功能寄存器(I²C的控制寄存器、数据寄存器、状态寄存器)操作完成的。对于内部无I²C接口的单片机可以通过软件模拟完成。下面以内部无I²C接口的8051单片机扩展I²C总线E²PROM 24CXX为例，说明扩展I²C接口的软件设计方法。

9.3.3 串行I²C总线E²PROM 24CXX

AT24CXX系列E²PROM是典型的I²C总线接口器件。其特点是：单电源供电；采用低功耗CMOS技术；工作电压范围宽(1.8～5.5 V)；自定时写周期(包含自动擦除)、页面写周期的典型值为2 ms；具有硬件写保护。

型号为AT24CXX的器件内部结构和引脚排列如图9-8所示。其中，SCL为串行时钟引脚；SDA为串行数据/地址引脚；WP为写保护(当WP为高电平时，存储器只读；当WP为低电平时，存储器可读可写)；A0、A1、A2为片选或块选。器件的

SDA 为漏极开路引脚，需接上拉电阻到 Vcc，其数据的结构为 8 位。输入引脚内接有滤波器，能有效抑制噪声。自动擦除(逻辑"1")在每一个写周期内完成。

AT24CXX 采用 I^2C 规约，采用主/从双向通信，主器件通常为单片机。主器件产生串行时钟(SCL)，发出控制字，控制总线的传送方向，并产生开始和停止条件。串行 E^2PROM 为从器件。无论主器件还是从器件，接收一字节后必须发出一个应答信号 ACK。

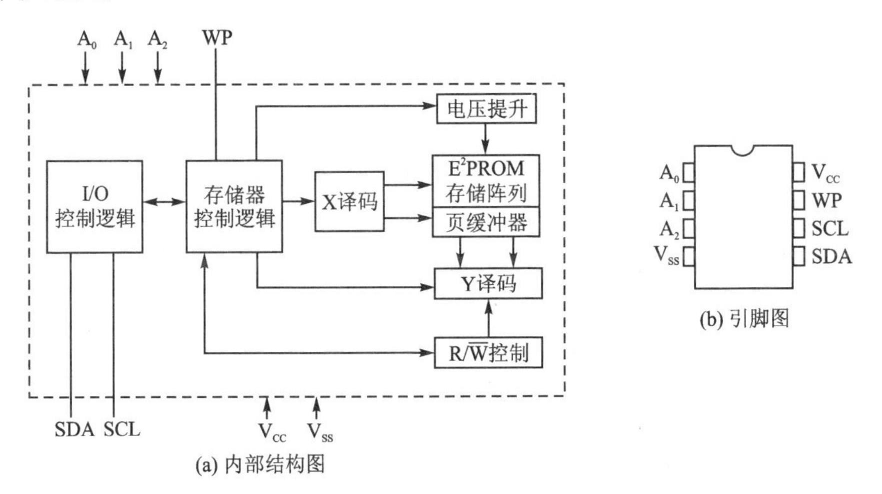

图 9-8　AT24CXX 的结构和引脚图

1. 控制字节要求

开始位以后，主器件送出一个 8 位的控制字节，以选择从器件并控制总线传送的方向。控制字节的结构如下所示：

1　0　1　0	A_2　A_1　A_0	$R/\overline{W}$
I^2C 从器件地址	片选或块选	读/写控制位

其中：

- 控制字节的位 7～位 4 为从器件地址位，确认器件的类型。此 4 位码由 NXP 公司的 I^2C 规约所决定。1010 码即从器件为串行 E^2PROM。串行 E^2PROM 将一直处于等待状态，直到 1010 码发送到总线上为止。当 1010 码发送到总线上时，其他非串行 E^2PROM 从器件将不会响应。
- 控制字节的位 3～位 1 为 1～8 片的片选或存储器内的块地址选择位。此 3 个控制位用于片选或者内部块选择。标准的 I^2C 规约允许选择 16 KB 的存储器。通过对几片器件或一个器件内的几个块的存取，可完成对 16 KB 存储器的选择。

控制字节的 A_2、A_1、A_0 的选择必须与外部 A_2、A_1、A_0 引脚的硬件连接或者内部块选择匹配，A_2、A_1、A_0 引脚无内部连接的，则这3位无关紧要。须作器件选择的，其 A_2、A_1、A_0 引脚可接高电平或低电平。

AT24CXX的存储矩阵内部分为若干块，每一块有若干页面，每一页面有若干字节。内部页缓冲器只能写入一页的数据字节，对24LC32和24LC64一次可以存8页(每页8字节)。

➢ 控制字节位0为读/写操作控制码。如果此位为1，则下一字节进行读操作(R)；若此位为0，则下一字节进行写操作(W)。

当串行E^2PROM产生控制字节并检测到应答信号以后，主器件总线上将传送相应的字地址或数据信息。

2. 起始信号、停止信号和应答信号

起始信号：当SCL处于高电平时，SDA从高到低的跳变作为I^2C总线的起始信号，起始信号应该在读/写操作命令之前发出。

停止信号：当SCL处于高电平时；SDA从低到高的跳变作为I^2C总线的停止信号，表示一种操作的结束。

SDA和SCL线上通常接有上拉电阻。当SCL为高电平时，对应的SDA线上的数据有效；而当SCL为低电平时，允许SDA线上的电平变动。

数据和地址都是以8位的串行信号传送。在接收一字节后，接收器件必须产生一个应答信号ACK，主器件必须产生一个与此应答信号相应的额外时钟脉冲。在此时钟脉冲的高电平期间，SDA线为稳定的低电平，为应答信号(ACK)。若不在从器件输出的最后一个字节中产生应答信号，则主器件必须给从器件发一个数据结束信号。在这种情况下，从器件必须保持SDA线为高电平(用$\overline{ACK}$表示)，使得主器件能产生停止条件。

根据通信规约，起始信号、停止信号和应答信号的时序如图9-9所示。

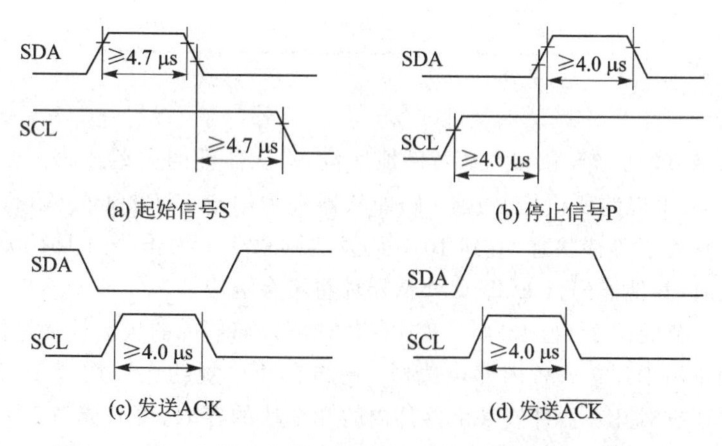

图9-9 I^2C总线产生起始信号、停止信号和应答信号的时序

3. 写操作

AT24CXX 系列 E^2PROM 的写操作有字节写和页面写两种。

(1) 字节写

在指定地址写入 1 字节数据。首先主器件发出起始信号 S 后，发送写控制字节，即 $1010A_2A_1A_00$(最低位置 0，即 $R/\overline{W}$ 读/写控制位为低电平 0)，然后等待应答信号，指示从器件被寻址，由主器件发送的下一字节为字地址，为将被写入到 AT24CXX 的地址指针；主器件接收来自 AT24CXX 的另一个应答信号以后，将发送数据字节，并写入到寻址的存储器地址；AT24CXX 再次发出应答信号，同时主器件产生停止信号 P。AT24CXX 字节写的时序如图 9－10所示。

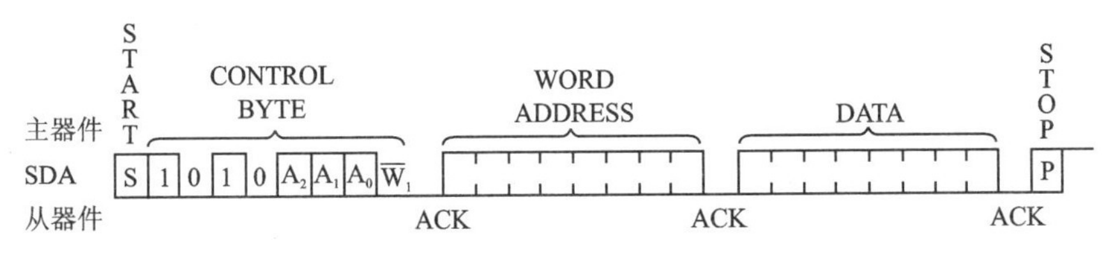

图 9－10　AT24CXX 字节写的时序图

(2) 页面写

页面写和字节写操作类似，只是主器件在完成第一个数据传送之后，不发送停止信号，而是继续发送待写入的数据。先将写控制字节、字地址发送到 AT24CXX，接着发 x 个数据字节，主器件发送不多于一个页面的数据字节到 AT24CXX。这些数据字节暂存在片内页面缓存器中，在主器件发送停止信号以后写入存储器。接收每一字节以后，低位顺序地址指针在内部加 1，高位顺序字地址保持为常数。如果主器件在产生停止信号以前发送了多于一页的数据字节，地址计数器将会循环，并且先接收到的数据将被覆盖。像字节写操作一样，一旦停止信号被接收到，则开始内部写周期。AT24CXX 页面写的时序如图 9－11 所示。

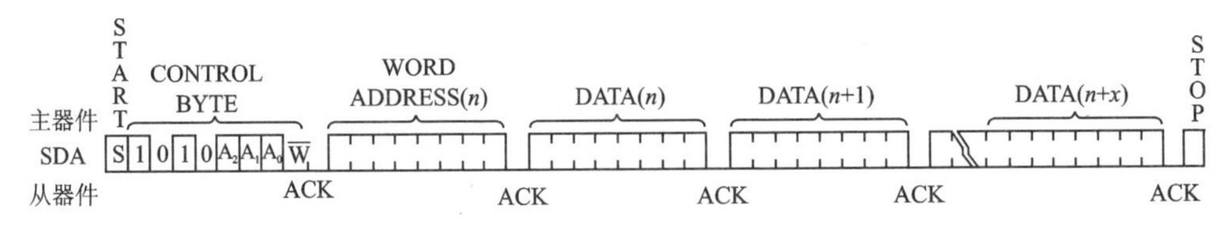

图 9－11　AT24CXX 页面写的时序图

4. 读操作

当从器件地址的 $R/\overline{W}$ 位被置为 1 时，启动读操作。AT24CXX 系列的读操作有 3 种类型：读当前地址内容、读指定地址内容、读顺序地址内容。

(1) 读当前地址内容

AT24CXX 芯片内部有一个地址计数器，此计数器保持被存取的最后一个字的地址，并自动加 1。因此，如果以前读/写操作的地址为 n，则下一个读操作从 $n+1$ 地址中读出数据。在接收到从器件的地址中 R/$\overline{W}$ 位为 1 的情况下，AT24CXX 发送一个应答信号并且送出 8 位数据字。主器件将不产生应答信号(相当于产生$\overline{ACK}$)，但产生一个停止条件，AT24CXX 不再发送数据。AT24CXX 读当前地址内容的时序如图 9－12 所示。

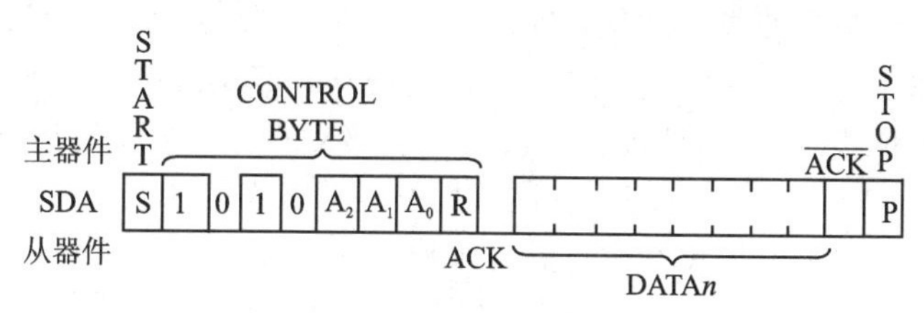

图 9－12　AT24CXX 读当前地址内容的时序

(2) 读指定地址内容

这是指定 1 个需要读取的存储单元地址，然后对其进行读取的操作。操作时序如图 9－13 所示。

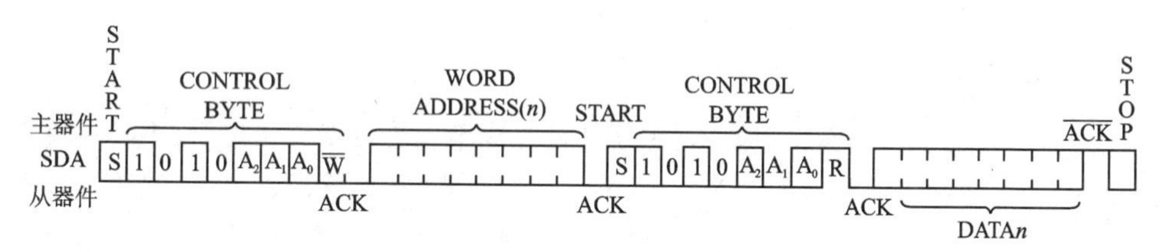

图 9－13　AT24CXX 读指定地址内容的时序

其操作步骤是，首先主器件给出一个起始信号，然后发出从器件地址 $1010A_2A_1A_00$(最低位置 0)，再发需要读的存储器地址；在收到从器件的应答信号 ACK 后，产生一个开始信号 S，以结束上述写过程；再发一个读控制字节，从器件 AT24CXX 在发 ACK 信号后发出 8 位数据，主器件发$\overline{ACK}$后发一个停止信号，AT24CXX 不再发后续字节。

(3) 读顺序地址的内容

读顺序地址内容的操作与读当前地址内容的操作类似，只是在 AT24CXX 发送第一个字节以后，主器件不发$\overline{ACK}$和 STOP，而是发 ACK 应答信号，控制 AT24CXX 发送下一个顺序地址的 8 位数据字。这样可读 x 个数据，直到主器件不发送应答信号，而发一个停止信号。AT24CXX 读顺序地址内容的时序如图 9－14 所示。

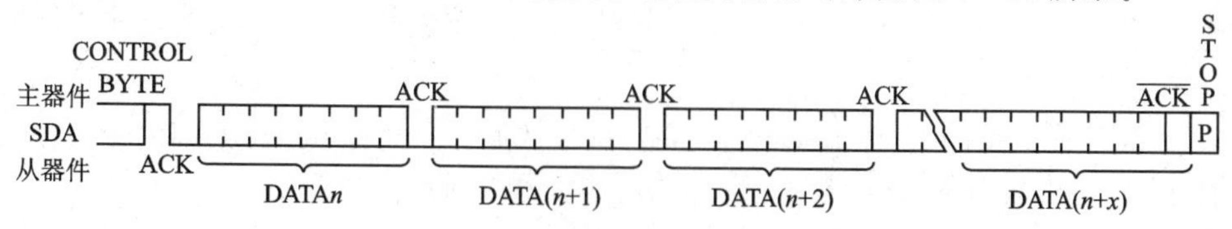

图 9－14　AT24CXX 读顺序地址内容的时序

9.3.4　I²C 总线的编程实现

假设用 P1.7 和 P1.6 分别作为 SDA 和 SCL 信号，如图 9 - 15 所示。

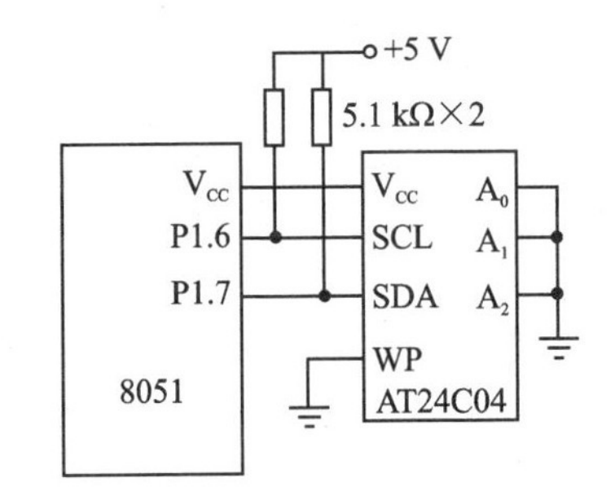

图 9 - 15　I²C 总线的实现电路

单片机所用晶体振荡器的频率为 6 MHz。每个机器周期为 2 μs，可分别写出产生时钟 SCL 和 SDA 的起始信号和停止信号程序(若晶振频率并非 6 MHz，则要相应增删各程序段中 NOP 指令的条数，以满足时序的要求。例如，若 f_{OSC} = 12 MHz，则两条_nop()；语句应增至 4 条)。用软件模拟 I²C 总线产生起始信号、停止信号和进行数据传送的程序 iic.c 如下：

```
#include < reg51.h >
#include < intrins.h >
#define uchar unsigned char
#define uint unsigned int
sbit SDA = P1^7;
sbit SCL = P1^6;

void start_iic(){                    /* 产生 I²C 总线起始信号 */
  SDA = 1;                           /* 发送起始条件数据信号 */
  SCL = 1;
  _nop_();                           /* 起始建立时间大于 4.7 μs */
  _nop_();
  SDA = 0;                           /* 发送起始信号 */
  _nop_();
  _nop_();
  SCL = 0;                           /* 箝位 */
}
void stop_iic(){                     /* 产生 I²C 总线停止信号 */
  SDA = 0;                           /* 发送停止条件的数据信号 */
  SCL = 1;                           /* 发送停止条件的时钟信号 */
  _nop_();                           /* 停止建立时间大于 4 μs */
  _nop_();
  SDA = 1;                           /* 发送停止信号 */
  _nop_();
  _nop_();
  SCL = 0;
}
void ack_iic(){                      /* 产生 I²C 总线应答信号 */
```

```
    SDA = 0;
    SCL = 1;
    _nop_();
    _nop_();
    SCL = 0;
    SDA = 1;
  }
  void nack_iic(){                    /* 产生 I2C 总线非应答信号 */
    SDA = 1;
    SCL = 1;
    _nop_();
    _nop_();
    SCL = 0;
    SDA = 0;
  }
  /向虚拟 I2C 总线上发送 1 字节数据 */
  write_byte(uchar c){
    uchar i;
    for (i = 0;i < 8;i++){
      if (c&0x80) SDA = 1;            /* 判断发送位 */
      else SDA = 0;
      SCL = 1;                        /* 时钟线为高,通知从器件开始接收数据 */
      _nop_();
      _nop_();
      SCL = 0;
      c = c << 1;                     /* 准备下一位 */
    }
    SDA = 1;                          /* 释放数据线,准备接收应答信号 */
    SCL = 1;
    _nop_();
    _nop_();
    if (SDA == 1) F0 = 0;             /* 判断是否收到应答信号 */
    else F0 = 1;
    SCL = 0;
  }
  /* 从虚拟 I2C 总线上读取 1 字节数据 */
  uchar read_byte(){
      uchar i;
      uchar r = 0;
      SDA = 1;                        /* 置数据线为输入方式 */
      for (i = 0;i < 8;i++){
```

```
        r = r << 1;                 /* 左移补 0 */
        SCL = 1;                    /* 置时钟线为高,数据有效 */
        _nop_();
        _nop_();
        if (SDA == 1) r++ ;         /* 当数据线为高时,加 1 */
        SCL = 0;
      }
    return r;
}
/* 向虚拟 I²C 总线上发送 n 字节数据 */
bit write_nbyte(uchar slave,uchar addr,uchar * s,uchar numb){
  uchar i;
  start_iic();                      /* 发送起始信号 */
  write_byte(slave);                /* 发送从器件地址 */
  if (F0 == 0) return 0;
  write_byte(addr);                 /* 发送器件内部地址 */
  if (F0 == 0) return 0;
  for (i = 0;i < numb;i ++ ){
    write_byte( * s);               /* 发送数据 */
    if (F0 == 0) return 0;
    s ++ ;
  }
  stop_iic();                       /* 发送停止信号 */
  return(1);
}
/* 从虚拟 I²C 总线上读取 n 字节数据 */
bit read_nbyte(uchar slave,uchar addr,uchar * s,uchar numb){
  uchar i;
  start_iic();                      /* 发送起始信号 */
  write_byte(slave);                /* 发送从器件地址 */
  if (F0 == 0) return 0;
  write_byte(addr);                 /* 发送器件内部地址 */
  if (F0 == 0) return 0;
  start_iic();                      /* 发送起始信号 */
  write_byte(slave);                /* 发送从器件地址 */
  if (F0 == 0) return 0;
  for (i = 0;i < numb - 1;i ++ ){
    * s = read_byte();              /* 接收数据 */
    ack_iic();                      /* 发送应答信号 */
    s ++ ;
  }
  * s = read_byte();
  nack_iic();                       /* 发送非应答信号 */
  stop_iic();                       /* 发送停止信号 */
  return(1);
}
```

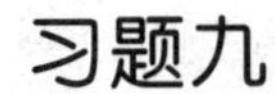

习题九

1. 与8051接口的8255片内4个端口地址(口A、口B、口C、命令口)分别为DFFCH～DFFFH。对8255编程初始化,并由口A输出数据AAH;由口B输入10个数到片内RAM区;由PC4位产生一个负脉冲,低电平宽度为10 μs。

2. 用单片机进行程序控制。很多过程,例如生产过程,都是按照一定顺序完成预定的动作。设某个生产过程有6道工序,每道工序的时间分别为10 s,8 s,12 s,15 s,9 s和6 s。设延迟程序DYLA的延时为1 s。用单片机通过8255的口A来进行控制。口A中的1位就可控制某一工序的起停。试编写有关的程序。

3. 在顺序控制过程中,有时还会需要一些告警信号,以便在出现不正常情况时进行处理。设单片机通过8155来进行控制,口A输出顺序控制信号。设仍为6道工序,每道工序10 s。口C的某一位来接收告警信息。出现告警时,单片机中断,然后送出顺序控制信号,同时从口B输出告警控制信号,使警铃或灯发出指示(只需1位输出)。试编写有关的程序。

4. 用单片机定时器进行定时以产生顺序控制信号。设仍为6道工序,每道工序的时间为10 s。告警信号有两路接收到口C,用查询方法来获得告警信息。告警之后从口B送出控制信号,分别应为06H和05H。使用8155作为接口芯片,试编写有关的程序,包括主程序和中断服务程序。

第10章

8051输出控制的C编程

在单片机应用系统中，输出控制是单片机实现控制运算处理后，对控制对象的输出通道接口。单片机主要输出3种形态的信号：数字量、开关量和频率量。被控制对象的信号除上述3种可直接由单片机产生的信号外，还有模拟量控制信号，该信号通过D/A转换产生。步进电机控制也常采用单片机完成。

10.1 8位D/A芯片DAC0832

10.1.1 DAC0832的结构和引脚

图10-1所示为DAC0832的逻辑结构图。DAC0832由8位输入寄存器、8位DAC寄存器和8位D/A转换器构成。DAC0832中有两级锁存器，第一级即输入寄存器，第二级即DAC寄存器。因为有两级锁存器，故DAC0832可以工作在双缓冲方式下，在输出模拟信号的同时可以采集下一个数字量。这样能够有效地提高转换速度。另外，有了两级锁存器，可以在多个D/A转换器同时工作时，利用第二级锁存信号实现多路D/A的同时输出。

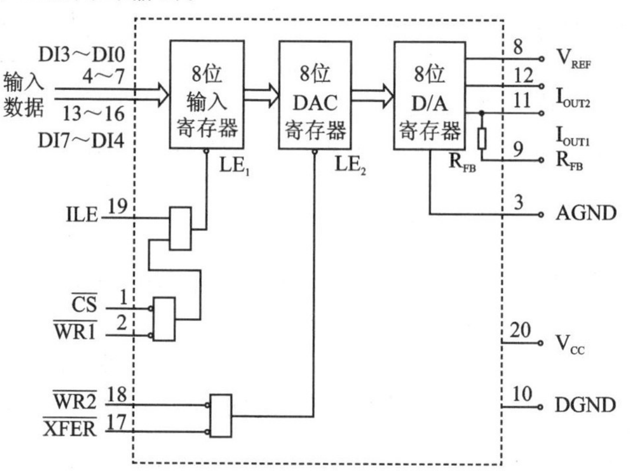

图10-1 DAC0832结构和引脚

DAC0832 既可以工作在双缓冲方式，也可以工作在单缓冲方式。无论哪种方式，只要数据进入 DAC 寄存器，便启动 D/A 转换。

DAC0832 的引脚如下：

- DI0～DI7：8 位数据输入端。
- ILE：输入寄存器的数据允许锁存信号。
- $\overline{\mathrm{CS}}$：输入寄存器选择信号。
- $\overline{\mathrm{WR1}}$：输入寄存器的数据写信号。
- $\overline{\mathrm{XFER}}$：数据向 DAC 寄存器传送信号，传送后即启动转换。
- $\overline{\mathrm{WR2}}$：DAC 寄存器写信号，并启动转换。
- I_{OUT1}，I_{OUT2}：电流输出端。
- V_{REF}：参考电压输入端。
- R_{FB}：反馈信号输入端。
- V_{CC}：芯片供电电压。
- AGND：模拟电路地。
- DGND：数字电路地。

DAC0832 的输出是电流型的。在单片机应用系统中，通常需要电压信号。电流信号和电压信号之间的转换可由运算放大器实现。输出电压值为 $-D \times V_{REF}/255$。其中 D 为输出的数据字节。

10.1.2　8051 与 DAC0832 的接口

DAC0832 带有数据输入寄存器，是总线兼容型的，使用时可以将 D/A 芯片直接与数据总线相连，作为一个扩展的 I/O 口。

例 1　DAC0832 的双缓冲接口。

DAC0832 工作于双缓冲方式，输入寄存器的锁存信号和 DAC 寄存器的锁存信号分开控制。这种方式适用于几个模拟量需同时输出的系统。每一路模拟量输出需一个 DAC0832，构成多个 DAC0832 同步输出系统。例如图 10-2 所示为两路模拟量同步输出的 8051 系统。DAC0832 的输出可分别接图形显示器的 X，Y 偏转放大器输入端。

图中两片 DAC0832 的输入寄存器各占一个单元地址，而两个 DAC 寄存器占用同一单元地址。实现两片 DAC0832 的 DAC 寄存器占用同一单元地址的方法，是把两个传送允许信号 $\overline{\mathrm{XFER}}$ 相连后，接同一线选端。

转换操作时，先把两路待转换数据分别写入两个 DAC0832 的输入寄存器；之后再将数据同时传送到两个 DAC 寄存器，传送的同时启动两路 D/A 转换。这样，两个 DAC 0832 同时输出模拟电压转换值。

两片 DAC0832 的输入寄存器地址分别为 8FFFH 和 A7FFH，两个芯片的 DAC 寄存器地址都为 2FFFH。将 datal 和 data2 数据同时转换为模拟量的 Cx51 函数的程序 dacdb.c 如下：

```
#include < absacc.h >
#include < reg51.h >
#define INPUTR1   XBYTE[0x8fff]
#define INPUTR2   XBYTE[0xa7ff]
#define DACR      XBYTE[0x2fff]
#define uchar     unsigned char
void dac2b(uchar data1,uchar data2) {
  INPUTR1 = data1;               /* 送数据到一片 DAC0832 */
  INPUTR2 = data2;               /* 送数据到另一片 DAC0832 */
  DACR = 0;                      /* 启动两路 D/A 同时转换 */
}
```

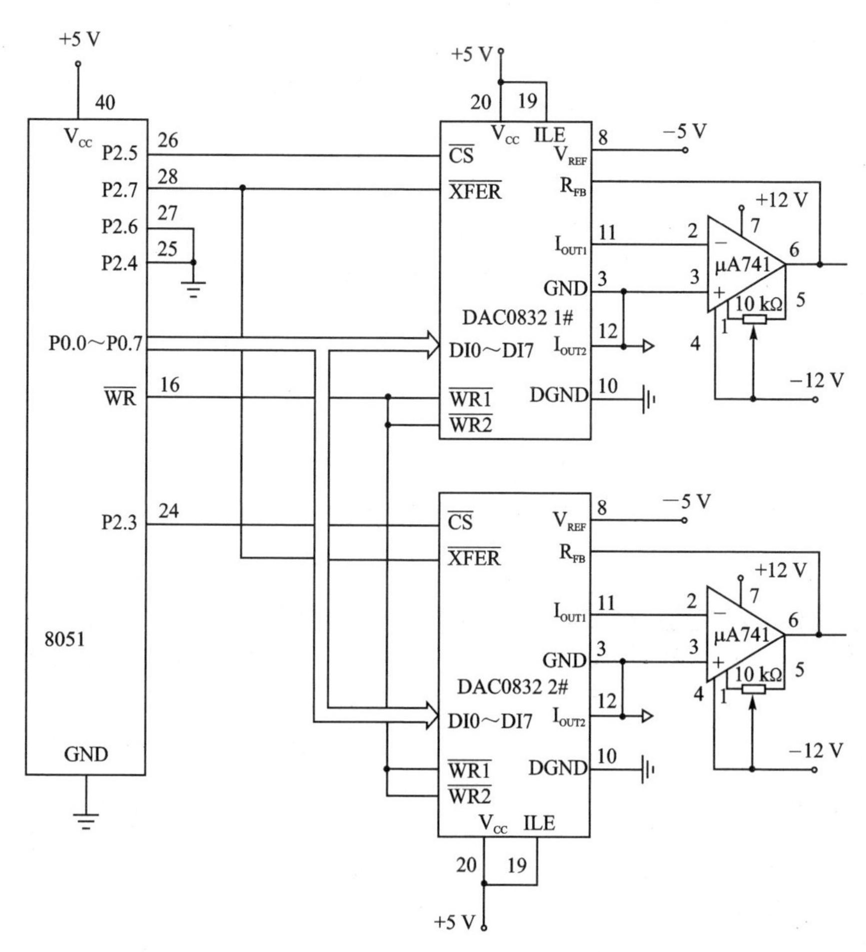

图 10－2　DAC0832 与 8051 的双缓冲接口电路

例2 DAC0832的单缓冲接口。

图10-3所示为DAC0832与8051的单缓冲方式接口。在单缓冲接口方式下，ILE接+5 V，始终保持有效。写信号控制数据的锁存，$\overline{WR1}$与$\overline{WR2}$相连，接8051的$\overline{WR}$，即数据同时写入两个寄存器；传送允许信号$\overline{XFER}$与片选$\overline{CS}$相连，即选中本片DAC0832后，写入数据立即启动转换。按照片选线确定FFFEH为该片DAC0832的地址。这种单缓冲方式适用于只有一路模拟量输出的场合。

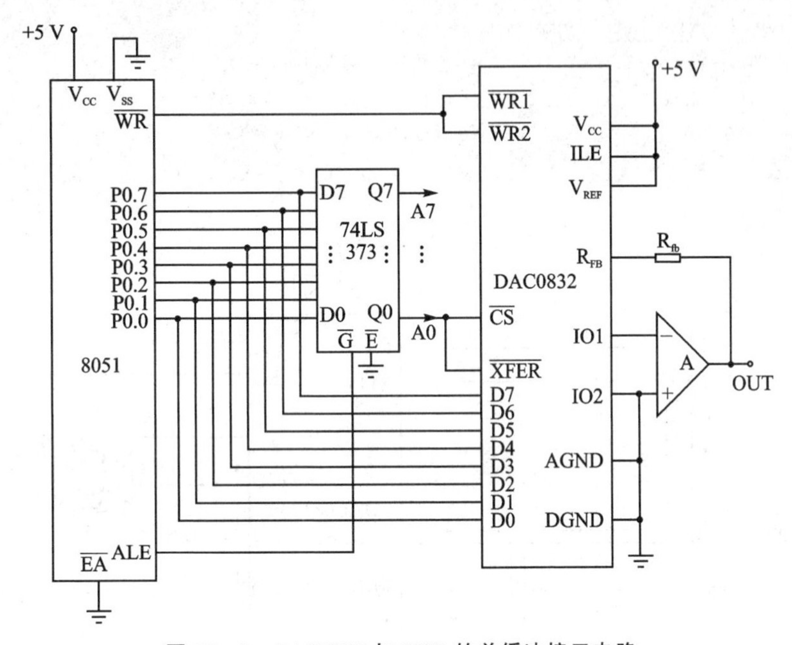

图10-3 DAC0832与8051的单缓冲接口电路

设计如下Cx51函数，可在运放输出端得到一个锯齿波电压信号。程序名为da0832.c。

```
#include < absacc.h >
#include < reg51.h >
#define DA0832 XBYTE[0xfffe]
#define uchar unsigned char
#define uint unsigned int

void stair(void) {
  uchar i;
  while(1){
    for(i = 0;i <= 255;i = i++) {        /* 形成锯齿波输出值,最大255 */
      DA0832 = i;                          /* D/A 转换输出 */
    }
  }
}
```

10.2 步进电机控制

10.2.1 步进电机及其工作方式

步进电机也称为脉冲电机。它可以直接接收来自计算机的数字脉冲,使电机旋转过相应的角度。

步进电机在要求快速启停,精确定位的场合作为执行部件,得到了广泛采用。

三相步进电机的工作方式如下:

- 单相三拍工作方式。其电机控制绕组A,B,C相的正转通电顺序为A→B→C→A;反转通电顺序为A→C→B→A。
- 三相六拍工作方式。正转的绕组通电顺序为A→AB→B→BC→C→CA→A;反转的绕组通电顺序为A→AC→C→CB→B→BA→A。
- 双三拍工作方式。正转的绕组通电顺序为AB→BC→CA→AB;反转的绕组通电顺序为AB→AC→CB→BA。

步进电机有如下特点:

- 给步进脉冲电机就转,不给步进脉冲电机就不转;
- 步进脉冲的频率越高,步进电机转得越快;
- 改变各相的通电方式,可以改变电机的运行方式;
- 改变通电顺序,可以控制步进电机的正、反转。

10.2.2 步进电机与8051的接口

图10-4所示为步进电机与8051的接口电路。8051的P1.0~P1.2三位用来控制步进电机定子的A、B、C三相控制绕组通电与断电。

在这个接口电路中,硬件部分完成脉冲的驱动与光电隔离。由单片机软件实现步进脉冲的产生及脉冲在各相绕组的分配和电机的正、反转控制。

例1 单相三拍方式控制。

单相三拍正转脉冲顺序为A→B→C→A,P1口输出的数字控制字为01H→02H→04H→01H;单相三拍反转脉冲顺序为A→C→B→A,P1口输出的数字控制字为01H→04H→02H→01H。由控制字字节可以看出,采用字节的移位即可,但要注意复原循环。

产生单相三拍时序脉冲的Cx51函数如下。函数包含步进电机的转动方向和转动的步数参数。在每次输出时序字节后,通常需延时一段时间,延时时间的长短决定了步进电机的工作频率,即转速的快慢。延时可采用软件延时,也可以由定时器定时。程序名为step13.c。

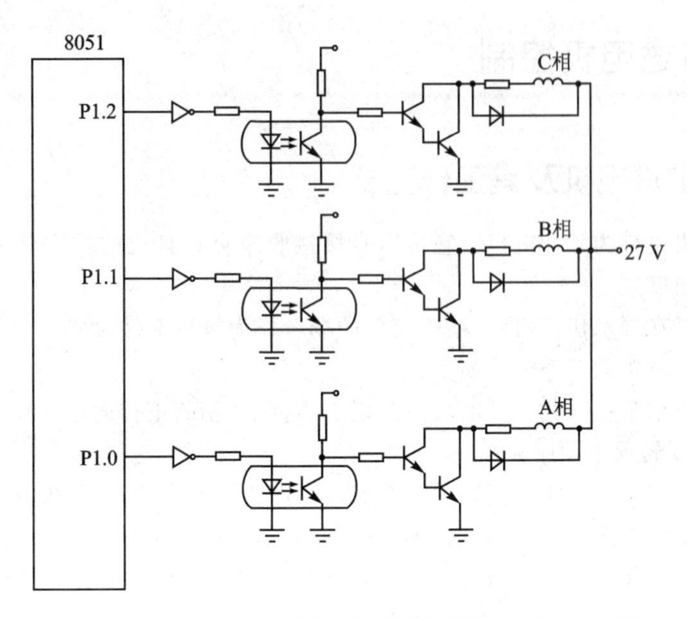

图 10－4　步进电机与 8051 的接口电路


```
#include < reg51.h >
#define DL 500
#define DR 1
#define uchar unsigned char
#define uint unsigned int

void dlms(uint x);

void ctrl(bit cf,uint n) {
  uint i;
  uchar j = 0x01;
  if(cf = 0) for(i = 0;i < n;i++) {                  /* 步数计数 */
              P1 = j;                                /* 输出时序脉冲到 P1 口 */
              dlms(DL);                              /* 延时 */
              j = j << 1;                            /* 正转移位 */
              if((j^0x08) == 0) j = 0x01;
             }
   else {
     for(i = 0;i < n;i++) {
       P1 = j;
       dlms(DL);
       j = j >> 1;                                   /* 反转移位 */
```

```
            if(j = = 0) j = 0x04;
        }
    }
}

void main(void) {
  if (DR = = 1) ctrl(1,100);
  else ctrl(0,100);
}
```

例 2 三相六拍方式控制。

采用三相六拍运行方式，步进电机正转绕组通电顺序为 A→AB→B→BC→C→CA→A，P1 口发出的控制字为 01H→03H→02H→06H→04H→05H→01H。步进电机反转绕组通电顺序为 A→CA→C→CB→B→BA→A，P1 口发出的控制字为 01H→05H→04H→06H→02H→03H→01H。

产生六拍方式控制脉冲的 Cx51 函数如下。函数包含步进电机的转动方向和转动的步数参数。正转和反转的 6 个控制字放在数组中，以 00 作结尾字节，便于判断。

在下面的步进电机控制程序中，采用定时器定时延时，在 T/C0 的中断服务程序中输出控制脉冲。程序名为 step36.c。

```
#include < reg51.h >
#define DL 50
#define DR 0
#define uchar unsigned char
#define uint unsigned int
uchar idata plus[7] = {0x01,0x03,0x02,0x06,0x04,0x05,0x00};  /* 正转 */
uchar idata minu[7] = {0x01,0x05,0x04,0x06,0x02,0x03,0x00};  /* 反转 */
uchar k = 0;
uchar idata *x;

void control(bit cf,uint n) {
  uint i;
  if(cf = = 0) x = &plus[0];                           /* 指向正转控制字首址 */
  else x = &minu[0];                                   /* 指向反转控制字首址 */
  TMOD = 0x01;                                         /* T/C0 初始化 */
  TH0 = (65536 - DL * 500)/256;
  TL0 = (65536 - DL * 500) % 256;
  TR0 = 1;ET0 = 1;EA = 1;
  for(i = 0;i < n;i ++ ) {                             /* 步数计数 */
```

```
        while(k==0);                                /* 等待中断 */
        k=0;
    }
}

void delay(void) interrupt 1 using 1{
        P1 = *x++;                                  /* 输出时序脉冲到 P1 */
        if(*x==0) x=x-6;                            /* 判 6 个控制字结束后恢复初值 */
        TH0=(65536-DL*500)/256;
        TL0=(65536-DL*500)%256;
        k=1;                                        /* 设置中断标志 */
}

void main(void) {
    if (DR==0) control(0,10);
    else control(1,10);
}
```

例 3　步进电机变速控制。

由于步进电机的转子有一定的惯性以及所带负载的惯性，故步进电机在工作过程中不能立即启动和停止。在启动时应慢慢地逐渐加速到预定速度，在停止前应逐渐减速到停止，否则将产生失步现象。

步进电机的控制问题可总结为以下两点：

① 产生工作方式需要的时序脉冲；

② 控制步进电机的速度，使它始终遵循加速→匀速→减速的规律工作。

下面以三相六拍方式为例，编写变频控制程序。程序中仍采用定时器中断延时。在变频段，定时时间是变化的，通过改变定时初值实现；在加速段，定时器的初值由小变大，放在 rise 数组中；在匀速段，定时器的初值不变，放在 nowrate 数组中；在减速段，定时器的初值由大变小，放在 fall 数组中。三相六拍正、反转控制字放在 plus 和 minu 数组中。设计控制函数进行变频控制，参数为正反方向(1,0)和速度控制(1,2,3)。主函数调用控制函数进行步进电机正转的变速控制，每段假定各 10 步。程序 mcpcs.c 如下：

```
#include < reg51.h >
#define uchar unsigned char
uchar sn=10;                                        /* 步数 */
uchar idata nowrate[2]={0x00,0x00};                 /* 匀速定时器初值 */
uchar idata *pp;
bit pf=1;                                           /* 中断标志 */
```

```
void contrl(bit direct,uchar mode) {                         /* 方向和速度控制 */
  uchar i;
  uchar idata *cmode;
  uchar idata rise[20];                                            /* 加速 */
  uchar idata fall[20];                                            /* 减速 */
  uchar idata plus[7] = {0x01,0x03,0x02,0x06,0x04,0x05,0x00};      /* 正转 */
  uchar idata minu[7] = {0x05,0x04,0x06,0x02,0x03,0x01,0x00};      /* 反转 */
  if(direct) cmode = plus;
    else cmode = minu;
  switch(mode) {
    case 1:pp = rise;break;                                /* PP 指向定时器初值 */
    case 2:pp = nowrate;break;
    case 3:pp = fall;break;
    default:pp = nowrate;break;
  }
  do {
    P1 = cmode[i];                                         /* 输出转动控制字 */
    if(cmode[++i] == 0x00) i = 0;
    while(pf);                                             /* 等待定时时间到 */
    pf = 1;
    if((mode == 1) || (mode == 3)) pp += 2;                /* 定时器初值变化 */
  } while(sn--);
}
void intt0(void) interrupt 1 {                             /* T/C0 中断服务 */
  TL0 = *pp;nowrate[0] = TL0;                  /* 赋 T/C0 初值,记录当前定时器初值 */
  TH0 = *(pp+1);nowrate[1] = TH0;
  pf = 0;
}
void main(void) {
  TMOD = 0x01;
  TH0 = 0x00;
  TL0 = 0x00;
  TR0 = 1;
  ET0 = 1;
  EA = 1;
  contrl(1,1);
  sn = 10;
  contrl(1,2);
  sn = 10;
  contrl(1,3);
}
```

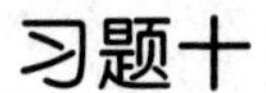

习题十

1. 对于12位D/A转换器，输出电压和参考电压的关系是什么？

2. 什么样的D/A芯片可以直接和单片机数据总线接口？

3. 当D/A转换输出锯齿波时，在没有示波器的情况下可采用万用表观察，但需加适当的延时。延时应加在何处？试编制适当的延时函数。

4. 编程实现由DAC0832输出的幅度和频率都可以控制的三角波，即从0上升到最大值，再从最大值下降到0，并不断重复。

5. 用8051单片机和0832数模转换器产生梯形波。梯形波的斜边采用步幅为1的线性波，幅度为00H～80H，水平部分靠调用延迟程序来维持。写出梯形波产生的程序。

6. 若用8051内部定时器来维持梯形波的水平部分，如何编写产生梯形波的程序？

7. 用两片DAC0832芯片和8051单片机(连接图如图10-2所示)，编制一个产生等腰三角形的程序，即用一片DAC0832产生水平矩齿波扫描信号，用另一片DAC0832产生垂直信号。等腰三角形图形可用两次扫描产生，第一次扫描产生等腰三角形的斜边，第二次扫描产生等腰三角形的底边。然后不断重复即可得到稳定的波形。

8. 步进电机双三拍工作方式如何控制？试编制包含步数和转动方向的控制函数。

9. 若进行步进电机变速控制，则输出控制脉冲、转动步数等都由中断服务程序完成，应如何修改？

第 11 章

8051 数据采集的 C 编程

单片机应用系统的数据采集体现了被检测对象与系统的相互联系。数据采集的被检测信号有各种类型，如模拟量、频率量、开关量和数字量等。开关量和数字量可由单片机或其扩展接口电路直接得到；模拟量必须靠 A/D 或 V/F 实现。

11.1 8 位 A/D 芯片 ADC0809

11.1.1 ADC0809 的结构和引脚

ADC0809 是 8 位逐次逼近型 A/D 转换器，带 8 个模拟量输入通道，芯片内带通道地址译码锁存器，输出带三态数据锁存器，启动信号为脉冲启动方式，每一通道的转换大约 100 μs。

图 11-1 所示为 ADC0809 的结构图。ADC0809 由两大部分组成：一部分为输入通道，包括 8 位模拟开关、3 条地址线的锁存器和译码器，可以实现 8 路模拟输入通道的选择；另一部分为一个逐次逼近型 A/D 转换器。

图 11-2 所示为 ADC0809 的引脚和通道地址码。其中，

- IN0～IN7：8 个模拟通道输入端。
- START：启动转换信号。
- EOC：转换结束信号。
- OE：输出允许信号。信号由 CPU 读信号和片选信号组合产生。
- CLOCK：外部时钟脉冲输入端，典型值为 640 kHz。
- ALE：地址锁存允许信号。
- A，B，C：通道地址线。CBA 的 8 种组合状态 000～111 对应 8 个通道选择。
- $V_{REF(+)}$，$V_{REF(-)}$：参考电压输入端。
- V_{CC}：+5 V 电源。
- GND：地。

C、B、A 输入的通道地址在 ALE 有效时被锁存。启动信号 START 启动后开始转换，但是，EOC 信号是在 START 的下降沿到来 10 μs 后才变无效的低电平。这要求查询程序等待 EOC 无效后再开始查询，转换结束后由 OE 控制数据输出。

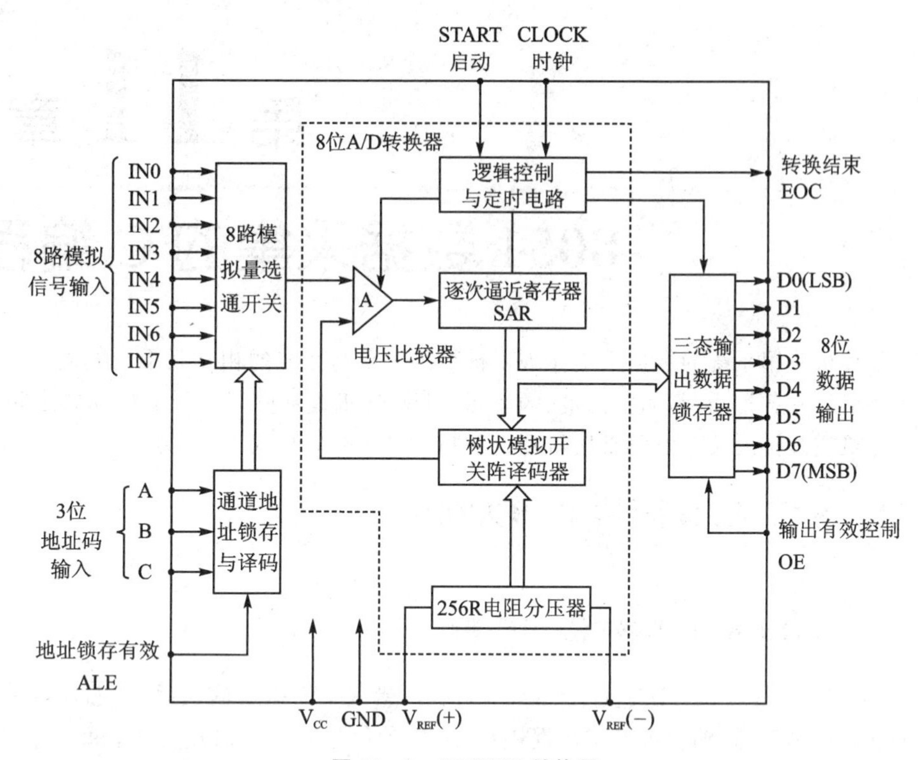

图 11-1　ADC0809 结构图

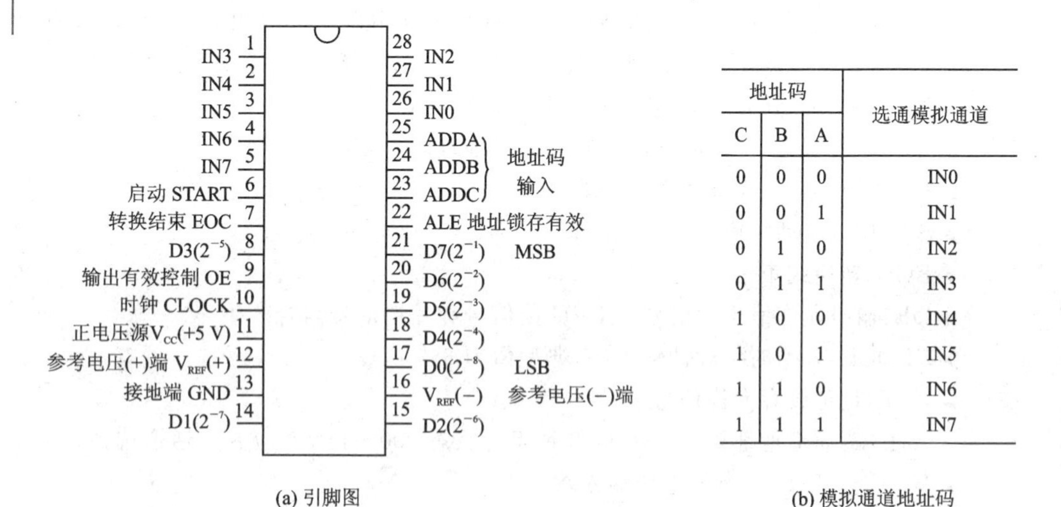

(a) 引脚图

地址码			选通模拟通道
C	B	A	
0	0	0	IN0
0	0	1	IN1
0	1	0	IN2
0	1	1	IN3
1	0	0	IN4
1	0	1	IN5
1	1	0	IN6
1	1	1	IN7

(b) 模拟通道地址码

图 11-2　ADC0809 的引脚与通道地址码

11.1.2　ADC0809 与 8051 的接口

图 11 - 3 所示为 ADC0809 与 8051 的接口电路。

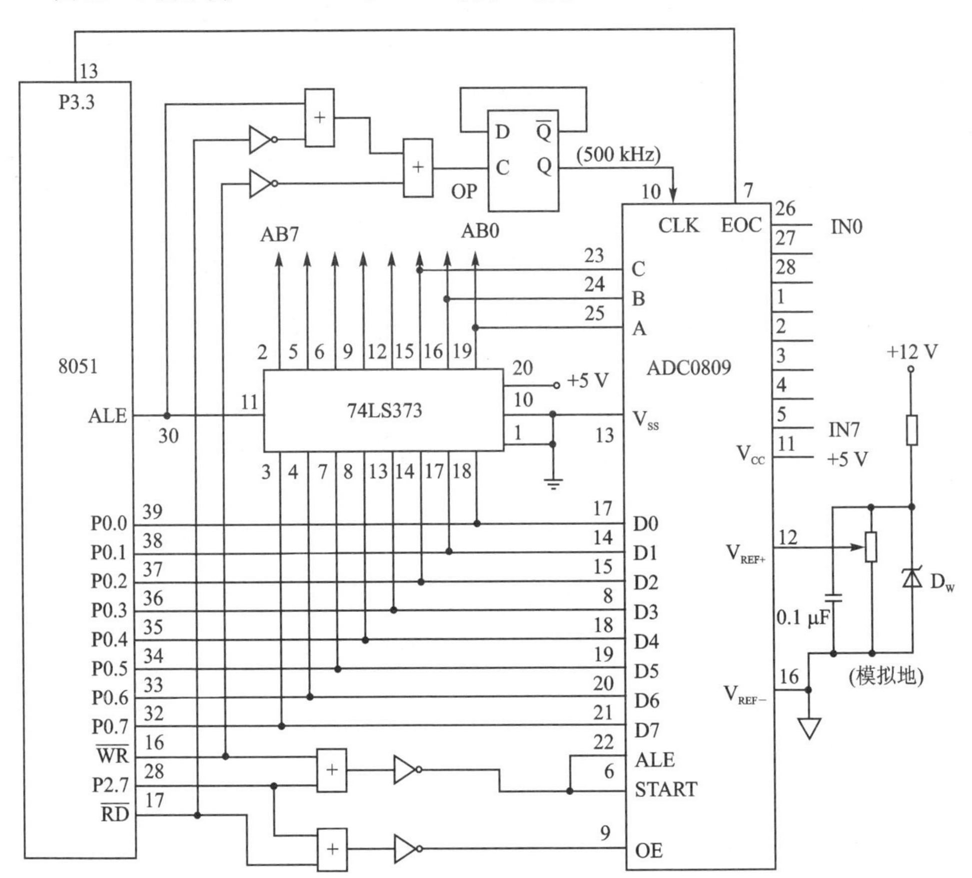

图 11 - 3　ADC0809 与 8051 的接口电路

由图中可以看到，ADC0809 的启动信号 START 由片选线 P2.7 与写信号 $\overline{WR}$ 的“或非”产生。这要求一条向 ADC0809 写操作指令来启动转换。ALE 与 START 相连，即按打入的通道地址接通模拟量并启动转换。输出允许信号 OE 由读信号 $\overline{RD}$ 与片选线 P2.7“或非”产生，即一条 ADC0809 的读操作使数据输出。

按照图中的片选线接法，ADC0809 的模拟通道 0～7 的地址为 7FF8H～7FFFH。

输入电压 $V_{IN}=D\times V_{REF}/255=5D/255$。其中，D 为采集的数据字节。

例　8 路模拟信号的采集。

从 ADC0809 的 8 通道轮流采集一次数据，采集的结果放在数组 ad 中。程序名为 ad0809.c。

```
#include < absacc.h >
#include < reg51.h >
#define uchar unsigned char
#define IN0 XBYTE[0x7ff8]              /* 设置AD0809的通道0地址 */
sbit ad_busy = P3^3;                   /* 即EOC状态 */

void ad0809 (uchar idata * x) {        /* 采样结果放指针中的A/D采集函数 */
  uchar i;
  uchar xdata * ad_adr;
  ad_adr = &IN0;
  for(i = 0;i < 8;i++) {               /* 处理8通道 */
    * ad_adr = 0;                      /* 启动转换 */
    i = i;                             /* 延时等待EOC变低 */
    i = i;
    while(ad_busy == 0);               /* 查询等待转换结束 */
    x[i] = * ad_adr;                   /* 存转换结果 */
    ad_adr++;                          /* 下一通道 */
  }
}

void main(void) {
  static uchar idata ad[10];
    ad0809(ad);                        /* 采样AD0809通道的值 */
}
```


11.2　频率量的测量

单片机对频率量有两种测量方法:测量频率法和测量周期法。

测量频率法是在单位定时时间内,对被测信号脉冲进行计数;测量周期法是在被测信号周期时间内,对某一基准周期信号进行计数。

11.2.1　测量频率法

在测量频率法的最简单的接口电路中,可将频率信号直接连接到8051的T1端,将8051的T/C0用做定时器,T/C1用做计数器。在T/C0定时时间里,对频率脉冲进行计数。T/C1的计数值便是单位定时时间里的脉冲个数。

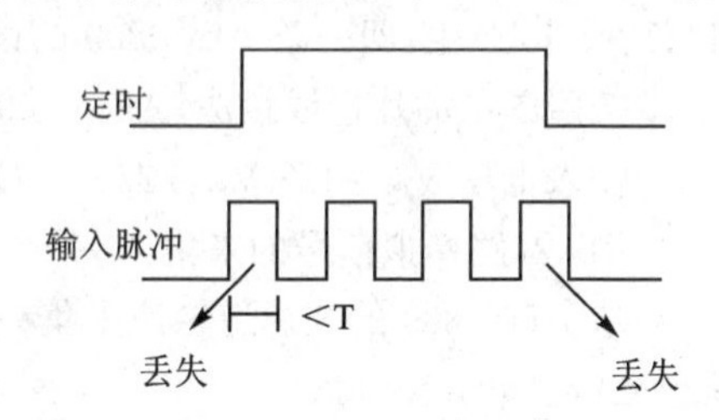

图11-4　测量频率法中的脉冲丢失

计数时会出现如图11-4所示的丢失脉冲的情况。第一个丢失的脉冲是由于开始检测时脉冲宽度已小于机器周期T;第二个丢失的脉冲

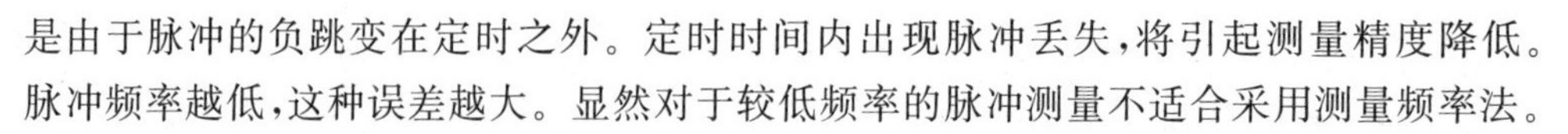

是由于脉冲的负跳变在定时之外。定时时间内出现脉冲丢失，将引起测量精度降低。脉冲频率越低，这种误差越大。显然对于较低频率的脉冲测量不适合采用测量频率法。

例 带同步控制的频率量测量。

用门电路实现计数开始与脉冲上升沿的同步控制可解决图11－4中第一个脉冲的丢失问题。图11－5所示为用8051的T/C0作定时器，T/C1作计数器，用频率测量法测量频率信号 f_x 的接口电路。

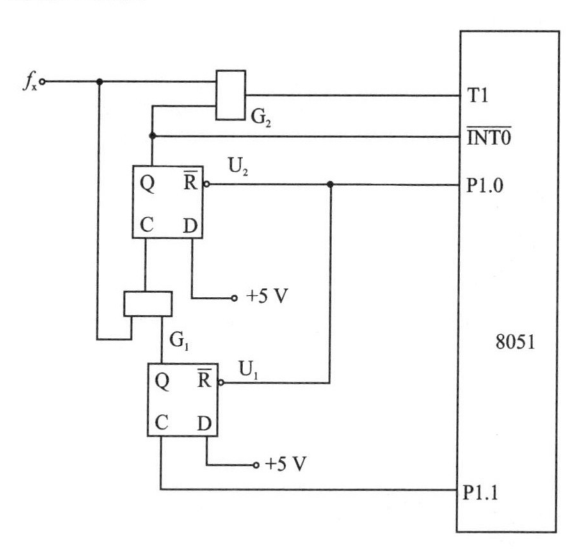

图11－5 用测量频率法测量频率信号的带同步控制的接口电路

控制时，首先P1.0发一个清零负脉冲，使 U_1、U_2 两个D触发器复位，其输出封锁“与”门 G_1 和 G_2。接着由P1.1发一个启动正脉冲，其有效上升沿使 $U_1=1$，门 G_1 被开放。之后，被测脉冲上升沿通过 G_2 至T1计数；同时 U_2 输出的高电平使 $\overline{INT0}=1$，定时器0的门控GATE有效，启动T/C0开始定时。定时结束时，P1.0发出负脉冲，清零 U_2，封锁 G_2，停止T/C1计数，完成一次频率测量过程。

测量定时时间为500 ms，完成这样长的时间定时，需先由T/C0定时100 ms，再由软件执行5次中断，定时时间即为5×100 ms＝500 ms。中断次数的计数值在msn中。

T/C0定时100 ms的计数初值为03B0H。计数器1采用16位计数。设T/C0为高优先级，允许计数中断过程中定时中断，即定时时间到就中止计数。tf为500 ms定时时间到标志。程序frequ.c如下：

```
#include < reg51.h >
#define uchar unsigned char
#define uint unsigned int
#define A   5                                          /* 500 ms 的中断次数 */
sbit P1_0 = P1^0;
sbit P1_1 = P1^1;
uchar msn = A;
bit idata tf = 0;                                      /* 500 ms 时间到标志 */
uint count(void) {
    P1_0 = 0;P1_0 = 1;                                 /* 产生清零用负脉冲 */
    TMOD = 0x59;
    TH0 = 0x3c;TL0 = 0xb0;                             /* T/C0 定时器 100 ms */
    TH1 = 0x00;TL1 = 0x00;                             /* T/C1 计数器 */
    TR0 = 1;TR1 = 1;PT0 = 1;ET0 = 1;ET1 = 1;EA = 1;    /* 启动 T/C,开中断 */
    P1_1 = 0; P1_1 = 1;                                /* 产生启动正脉冲 */
    while(tf! = 1);                                    /* 等待 500 ms 定时到 */
    P1_0 = 0;P1_0 = 1;                                 /* 产生负脉冲,封锁 G2 */
    TR0 = 0;TR1 = 0;                                   /* 关 T/C */
    return(TH1 * 256 + TL1);                           /* 返回计数值 */
}
void timer0(void) interrupt 1 using 1 {                /* 100 ms 定时中断服务 */
    TH0 = 0x3c;                                        /* 重置初值 */
    TL0 = 0xb0;
    msn --;
    if(msn == 0) {msn = A;tf = 1;}                     /* 设置 500 ms 定时时间到标志 */
}
void timer1(void) interrupt 3 { }

void main(void) {
    float rate;
    rate = (10/A) * count();                           /* 得每秒的计数率,即频率 */
}
```

11.2.2 测量周期法

测量周期法的基本原理是在被测信号周期 T 内,对某一基准周期信号进行计数,基准周期信号的周期与计数值的乘积便是周期 T。

利用 8051 的定时器/计数器,采用测量周期法测量频率信号 f_s 的接口电路如图 11-6 所示。图中的 D 触发器 74LS74 实现脉冲频率到周期的转换。触发器 Q 端输出作为 8051 的 $\overline{\text{INT0}}$ 端输入,控制启动 T/C0 开始定时,即对机器周期的内部脉冲进行计数。被测信号 f_s 频率与周期转换波形如图 11-7 所示。当 $\overline{\text{INT0}}$ 变为低电平时，$\overline{INT0}$下降沿产生中断请求。在$\overline{INT0}$的中断服务程序中，关闭 T/C0，对计数结果进行处理。T/C0 的定时计数值便是周期时间的测量值。

为保证 T/C0 定时与被测信号的上升沿同步，在用 TR0 启动 T/C0 之前，应先用 P1.0 将 74LS74 清零，被测信号上升沿将$\overline{INT0}$变为高电平，启动定时器 T/C0。

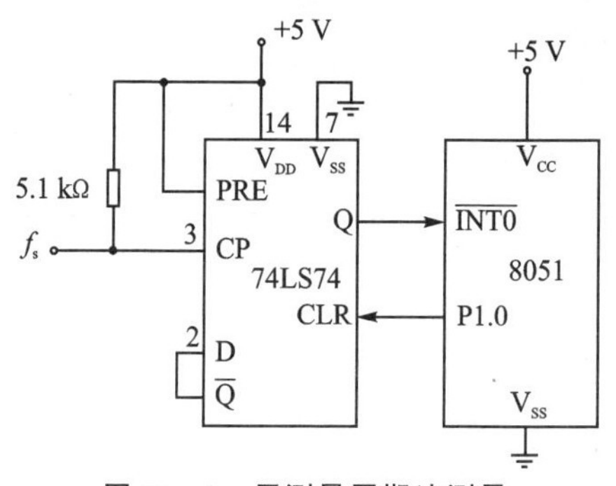

图 11-6　用测量周期法测量频率信号的接口电路

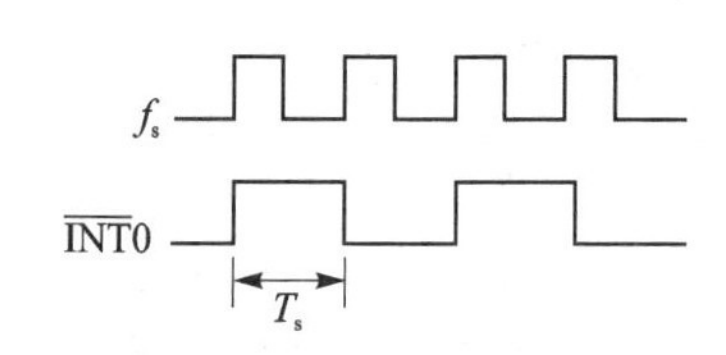

图 11-7　被测信号频率与周期转换

测量周期法适用于对较低频率的信号进行测量。

例　测周期。

设 f_{OSC}=6 MHz，机器周期为 2 μs，测周期的测量值为计数值乘以 2。程序 period.c 如下：

```
#include < reg51.h >
#define uint unsigned int
sbit P1_0 = P1^0;
uint count, period;
bit rflag = 0;                           /* 周期标志 */
void control (void) {
  TMOD = 0x09;                           /* 定时器/计数器 0 为方式 1 */
  IT0 = 1;
  TH0 = 0;TL0 = 0;
  P1_0 = 0;P1_0 = 1;                     /* 触发器清零 */
  TR0 = 1;EX0 = 1;EA = 1;                /* 启动 T/C0 开中断 */
}
void int_0(void) interrupt 0 using 1 {   /* INT0中断服务 */
  EA = 0;TR0 = 0;
  count = TL0 + TH0 * 256;               /* 取计数值 */
  rflag = 1;                             /* 设标志 */
  EA = 1
}
void main(void) {
  control();
  while(rflag == 0);                     /* 等待一周期 */
  period = count * 2;                    /* fosc = 6 MHz,2 μs 计数增 1,周期值单位 μs */
}
```

习题十一

1. 对于数据采集的模拟电压信号,哪些情况适合于A/D转换,哪些情况适合于V/F变换?

2. 利用图11-3的接口电路,编写由ADC0809的通道6连续采集20个数据放在数组中的程序。

3. 用8051内部定时器来控制对模拟信号的采集。8051和0809的连接采用图11-3的方式。要求每分钟采集一次模拟信号,写出对8路信号采集一遍的程序。

4. 对0809进行数据采集编程。要求对8路模拟量连续采集24 h,每隔10 min采集一次,数据存放在外部数据存储器中。

5. 用8051内部定时器来控制对0809的0通道信号进行数据采集和处理。连接仍采用图11-3的方式。每分钟对0通道采集一次数据,连续采集5次。若平均值超过80H,则由P1口的P1.0输出控制信号1,否则就使P1.0输出0。

6. 利用图11-6的接口电路,编写用AD574连续采集20个数据,除去最大值和最小值后求平均值的程序。

7. 为何不直接用AD650测量电压信号,而用相对的频率值换算被测电压?

8. 对于频率量的测量,何时采用测频率法,何时采用测周期法?

9. 用8051的计数器对V/F转换产生的频率信号进行频率测量。当f_{OSC}=6 MHz时,能够测量的脉冲信号的最高频率是多少?脉冲宽度的最小值是多少?

第12章

8051人机交互的C编程

人机交互由单片机应用系统中配置的外部设备构成，是应用系统与操作人员间交互的窗口，是系统与外界联系的纽带和界面。一个安全可靠的应用系统必须具有方便、灵活的交互功能，既能及时反映系统运行的重要状态，又能在必要时实现适当的人工干预。

12.1 键盘和数码显示

单片机应用系统经常使用简单的键盘和显示器件来完成输入/输出操作的人机界面。

12.1.1 行列式键盘与8051的接口

键盘输入信息的主要过程如下：

① 判断是否有键按下。

② 确定按下的是哪一个键。

③ 把此键代表的信息翻译成计算机所能识别的代码，如ASCII或其他特征码。

以上第②、③步若主要由硬件完成，称为编码键盘；若主要由软件完成，则称为非编码键盘。单片机应用系统中通常采用的是非编码键盘，如行列式键盘。

图12-1所示为8051与行列式键盘的接口电路。P1口作键盘接口，P1.0～P1.3口作键盘的行扫描输出线，P1.4～P1.7口作列检测输入线。

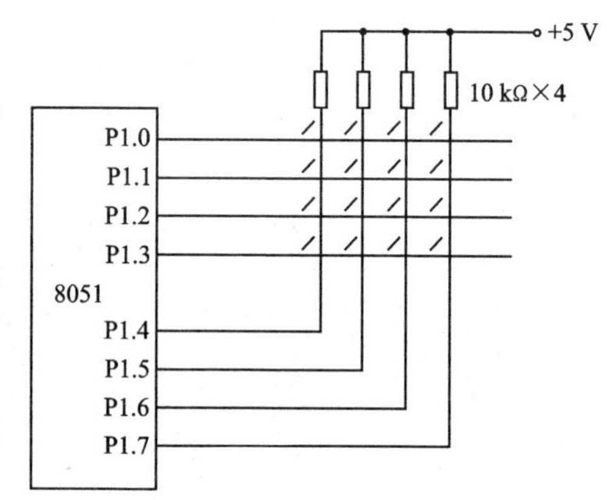

图12-1 8051与行列式键盘的接口电路

键的识别功能，就是判断键盘中是否有键按下。若有键按下，则确定其所在的行列位置。

程序扫描法是一种常用的键识别方法。在这种方法中，只要CPU空闲，就调用键盘扫描程序，查询键盘并给予处理。

例 4×4 键盘的扫描程序。扫描程序查询的内容如下：

① 查询是否有键按下。首先，单片机向行扫描口 P1.0～P1.3 输出全为 0 的扫描码 F0H，然后从列检测口 P1.4～P1.7 输入列检测信号，只要有一列信号不为 1，即 P1 口不为 F0H，则表示有键按下。接着要查出按下键所在的行、列位置。

② 查询按下键所在的行、列位置。单片机将得到的信号取反，P1.4～P1.7 口中为 1 的位便是键所在的列。

接下来要确定键所在的行，需进行逐行扫描。单片机首先使 P1.0 口接地，P1.1～P1.7 口为 1，即向 P1 口发送扫描码 FEH，接着输入列检测信号，若为全 1，则表示不在第一行。然后使 P1.1 接地，其余为 1，再读入列信号……。这样逐行发 0 扫描码，直到找到按下键所在的行，将该行扫描码取反保留。若各行都扫描以后仍没有找到，则放弃扫描，认为是键的误动作。

③ 对得到的行号和列号译码，得到键值。

④ 键的抖动处理。当用手按下一个键时，往往会出现所按键在闭合位置和断开位置之间跳几下才稳定到闭合状态的情况；在释放一个键时，也会出现类似的情况。这就是键抖动。抖动的持续时间不一，通常不会大于 10 ms。若抖动问题不解决，就会引起对闭合键的多次读入。解决键抖动最方便的方法就是：当发现有键按下后，不要立即进行逐行扫描，而是延时10 ms后再进行。由于键按下的时间持续上百毫秒，延时后再扫描也不迟。

下面是按图 12－1 所示电路编写的键扫描程序。扫描函数的返回值为键特征码。若无键按下，则返回值为 0。程序名为 key.c。

```
#include < reg51.h >
#define uchar unsigned char
#define uint unsigned int
void dlms(void);
uchar kbscan(void);

void main(void) {
  uchar key;
  while(1) {
    key = kbscan();
    dlms();
  }
}

void dlms(void) {
uchar i;
  for(i = 200;i > 0;i -- ) {}
}
```

```
uchar kbscan(void) {                              /* 键扫描函数 */
  uchar sccode,recode;
  P1 = 0xf0;                                      /* 发全 0 行扫描码,列线输入 */
  if((P1&0xf0)! = 0xf0) {                         /* 若有键按下 */
    dlms();                                       /* 延时去抖动 */
    if((P1&0xf0)! = 0xf0) {
        sccode = 0xfe;                            /* 逐行扫描初值 */
        while((sccode&0x10)! = 0) {
          P1 = sccode;                            /* 输出行扫描码 */
          if((P1&0xf0)! = 0xf0){                  /* 本行有键按下 */
              recode = (P1&0xf0) | 0x0f;
              return((~sccode) + (~recode));      /* 返回特征字节码 */
          }
          else
          sccode = (sccode << 1)|0x01;            /* 行扫描码左移一位 */
        }
    }
  }
  return(0);                                      /* 无键按下,返回值为 0 */
}
```


12.1.2　七段数码显示与 8051 的接口

数码显示器有静态显示和动态显示两种显示方式。

数码显示器有发光管的 LED 和液晶的 LCD 两种。

LED 显示器工作在静态显示方式时,其阴极点(或其阳极)连接在一起接地(或+5 V),每一个的段选线(a、b、c、d、e、f、g、dp)分别与一个 8 位口相连。LCD 数码显示只能工作在静态显示方式,并要求加上专门的驱动芯片 4056。

LED 显示器工作在动态显示方式时,段选码端口 I/O1 用来输出显示字符的段选码,I/O2输出位选码。I/O1 不断送待显示字符的段选码,I/O2 不断送出不同的位扫描码,并使每位显示字符停留显示一段时间,一般为 1～5 ms。利用眼睛的视觉惯性,从显示器上便可以见到相当稳定的数字显示。

例 1　8155 控制的动态 LED 显示。

图 12－2 所示为使用 8155 与 6 位 LED 显示器接口。8155 的 PB0～PB7 口作段选码口,经 7407 驱动与 LED 的段相连;8155 的 PA0～PA5 口作位选码口,经 7406 驱动与 LED 的位相连。

图 12－2 所示 P2.7 口反相后作 8155 的片选 $\overline{CE}$,P2.6 口接 8155 的 IO/$\overline{M}$ 端。这样确定的 8155 片内 4 个端口地址为命令/状态口: FFF0H、口 A: FFF1H、口 B: FFF2H、口 C: FFF3H。

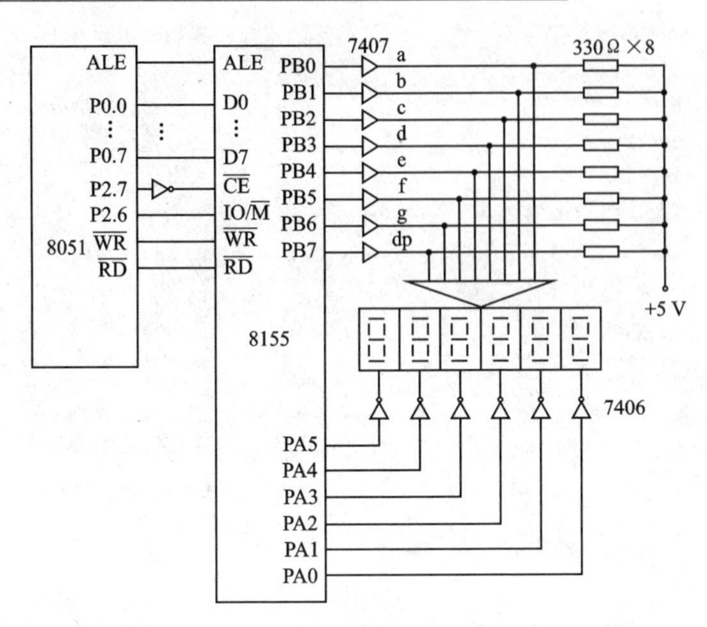

图 12-2 经 8155 扩展端口的 6 位 LED 动态显示接口

6 位待显示字符从左到右依次放在 dis_buf 数组中,显示次序从右向左顺序进行。程序中的 table 为段选码表,表中段选码存放的次序为 0~F 等。以下为循环动态显示 6 位字符的程序 led6p.c,8155 命令字为 07H。


```
#include < absacc.h >
#include < reg51.h >
#define uchar unsigned char
#define COM8155 XBYTE[0xfff0]
#define PA8155  XBYTE[0xfff1]
#define PB8155  XBYTE[0xfff2]
#define PC8155  XBYTE[0xfff3]
uchar idata dis_buf[6] = {2,4,6,8,10,12};
uchar code table[18] = {0x3f,0x06,0x5b,0x4f,0x66,0x6d,0x7d,0x07,
                        0x7f,0x6f,0x77,0x7c,0x39,0x5e,0x79,0x71,0x40,0x00};
void dl_ms(uchar d);
void display(uchar idata * p) {
uchar sel,i;
COM8155 = 0x07;                          /* 送命令字 */
sel = 0x01;                              /* 选最右边的 LED */
for(i = 0;i < 6;i++) {
  PB8155 = table[ * p];                  /* 送段码 */
```

```
    PA8155 = sel;                    /* 送位选码 */
    dl_ms(1);
    p--;                             /* 缓冲区下移 1 位 */
    sel = sel << 1;                  /* 左移 1 位 */
    }
}

void main(void) {
  display(dis_buf + 5);
}
```

例 2　串行口控制的静态 LCD 显示。

图 12-3 所示为串行口扩展的两位静态 LCD 显示电路。当 8051 的串行口不作通信使用时，可以使它工作在移位寄存器方式(方式 0)，扩展 74LS164 来驱动 LCD 静态显示器。工作在移位寄存器方式时，串行口的 TXD 端输出移位同步时钟，RXD 端输出串行数据，即段选码数据。

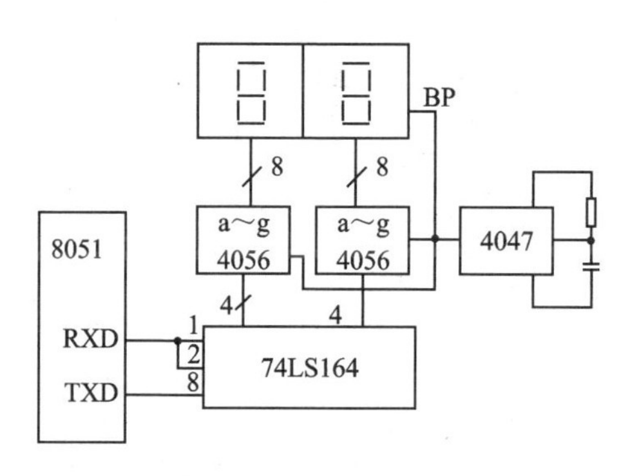

图 12-3　串行口连接的静态 LCD 显示电路

输出两位显示，即 1 字节。程序 lcd6s.c 如下：

```
#include < reg51.h >
#define uchar unsigned char
uchar byte = 0x59;

void display(uchar x) {
  SBUF = x;                          /* 由串口输出 */
  while(TI == 0);                    /* 等待 8 位发送结束 */
  TI = 0;
}

void main(void) {
  display(byte);
}
```

因 4056 是 BCD 的 LCD 驱动芯片，故 byte 中包含的 BCD 码可直接输出显示。

12.2　可编程键盘/显示接口芯片 8279

8279 是可编程的键盘显示接口芯片。它能自动完成键盘的扫描输入和 LED 扫描显示输出。键盘部分提供的扫描方式，可以与具有 64 个触点的键盘或传感器相连；能自动清除按键抖动，并实现多键同时按下的保护。显示部分按扫描方式工作，可以连接 8 位或 16 位 LED 显示块。

12.2.1 8279内部结构和引脚

图12-4是8279内部结构框图,主要分为以下6个部分。

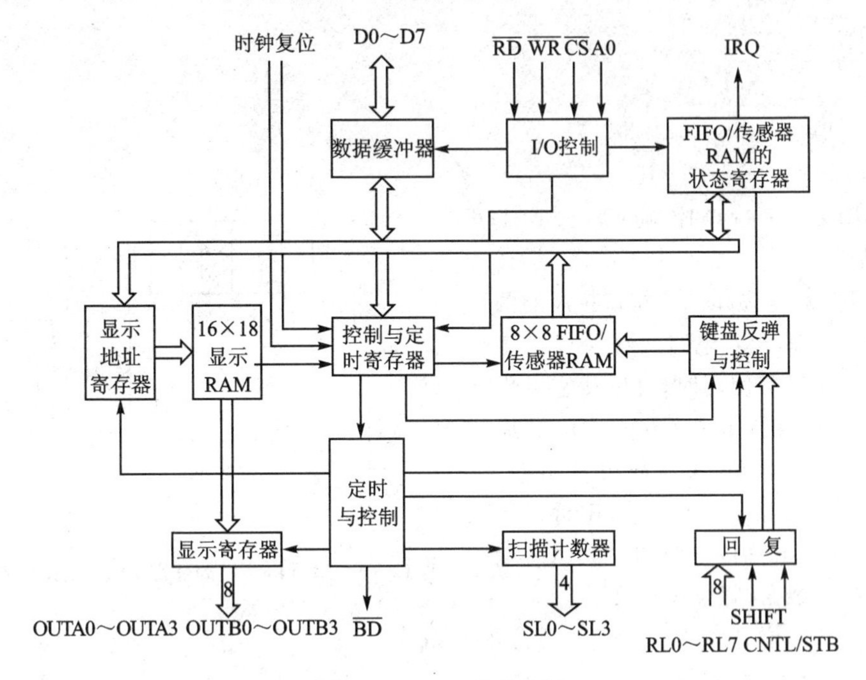

图12-4 8279结构框图

① I/O控制及数据缓冲器。

② 控制与定时寄存器及定时控制。

③ 扫描计数器。

扫描计数器有两种工作方式:

- 编码工作方式:这时计数器作二进制计数,4位扫描线SL0～SL3输出4位计数状态。这种计数状态只有经外部译码后,方可作为键盘和显示的扫描码。
- 译码工作方式:这时扫描计数器的最低2位经内部译码后,由SL0～SL3扫描线输出。其输出可直接用做键盘和显示的扫描码。

④ 回复缓冲器,键盘反弹与控制。

自RL0～RL7输入8个回复信号线作为键盘的检测输入线,由回复缓冲器缓冲并锁存。当某一键闭合时,该键的地址、附加的移位和控制状态、扫描码以及回复信号拼装成1字节键盘数据,送入8279内的FIFO(先进先出)RAM。输入的键盘数据格式如下:

D7	D6	D5	D4	D3	D2	D1	D0
控 制	移 位	扫 描			回 复		

其中，控制(D7)和移位(D6)的状态由引脚外接的两个互相独立的附加开关(CNTL、SHIFT)决定。扫描(D5、D4、D3)是行(列)扫描编码，回复(D2、D1、D0)是回复线 RL0～RL7 的编码。扫描编码和回复编码反映了被按键的行、列位置。

在传感器矩阵方式和选通输入方式中，回复线 RL0～RL7 的内容被直接送往相应的传感器 RAM(即 FIFO)。

⑤ FIFO/传感器 RAM 及其状态寄存器。

FIFO/传感器 RAM 是一个双功能的 8×8 RAM。在键盘或选通方式工作时，它是 FIFO 寄存器。状态寄存器寄存 FIFO 的当前工作状态。只要 FIFO 存储器不空，状态逻辑将置中断请求 IRQ=1。

在传感器矩阵方式，这个 FIFO 存储器用做传感器 RAM。当检测出传感器的变化时，中断请求信号 IRQ=1。

⑥ 显示 RAM 和显示地址寄存器。

显示 RAM 用来存储显示数据，容量为 16×8 位。在显示过程中，存储的显示数据轮流从显示寄存器输出显示。OUTA0～OUTA3 和 OUTB0～OUTB3 用做外接显示器件的段选码端口，内部实现动态扫描显示，位选线由扫描线 SL0～SL3 提供。

显示地址寄存器用来寄存 CPU 读/写显示 RAM 的地址。

8279 的引脚和引脚功能如图 12-5 所示。

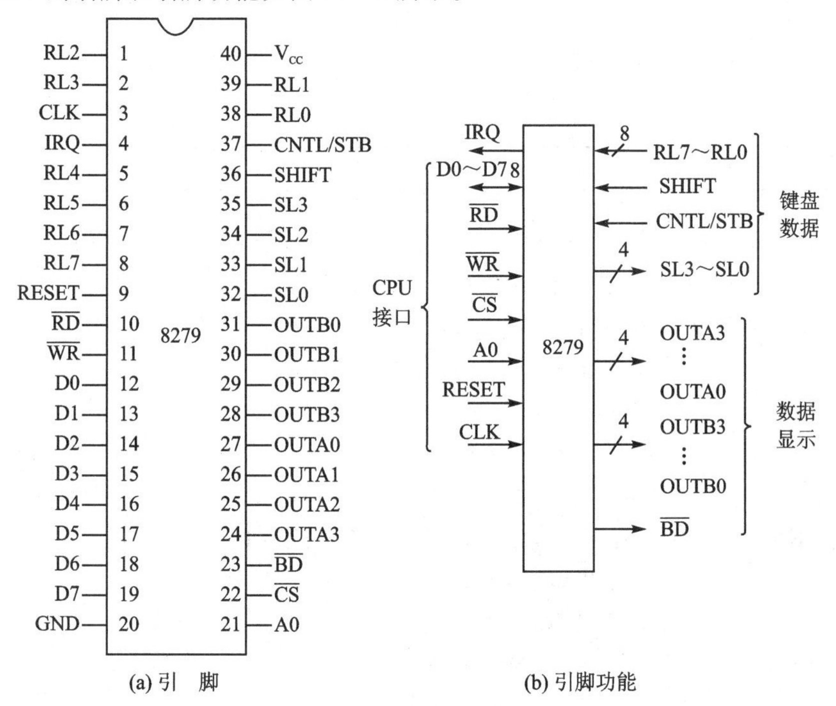

图 12-5 8279 的引脚和引脚功能

- D0～D7:双向三态总线,与系统数据总线相连。
- CLK:时钟输入端。
- RESET:复位输入。
- $\overline{\mathrm{CS}}$:片选。
- A0:当A0=1时,为命令/状态;当A0=0时,为数据。
- $\overline{\mathrm{RD}}$,$\overline{\mathrm{WR}}$:8279的读、写信号线。
- IRQ:中断请求输出线,高电平有效。
- SL0～SL3:扫描输出线。
- RL0～RL7:回复线。
- SHIFT:移位控制信号,用于上、下档功能键切换。
- CNTL/STB:控制/选通信号线,作为控制功能键。
- OUTA0～OUTA3: A组显示信号输出线。
- OUTB0～OUTB3: B组显示信号输出线。
- $\overline{\mathrm{BD}}$:显示消隐输出线。

12.2.2 8279的命令字和状态字

8279有8个可编程的命令字,用来设定键盘(传感器)和LED显示器的工作方式和实现对各种数据的读、写操作。

1. 键盘/显示方式设置命令

D7	D6	D5	D4	D3	D2	D1	D0
0	0	0	D	D	K	K	K

- D7、D6、D5:为命令特征字。它们的8种组合编码对应了8279的8个命令。D7 D6 D5=000,为方式设置命令字。
- DD(D4 D3):设定显示方式。

  0 0　　8个字符显示,左入口;

  0 1　　16个字符显示,左入口;

  1 0　　8个字符显示,右入口;

  1 1　　16个字符显示,右入口。
- KKK(D2 D1 D0):用来设定7种键盘工作方式。

  0 0 0　　编码扫描键盘,双键锁定;

  0 0 1　　译码扫描键盘,双键锁定;

  0 1 0　　编码扫描键盘,N键轮回;

  0 1 1　　译码扫描键盘,N键轮回;

  1 0 0　　编码扫描传感器矩阵;

1 0 1　　译码扫描传感器矩阵；

1 1 0　　选通输入，编码显示扫描；

1 1 1　　选通输入，译码显示扫描。

2. 编程时钟命令

D7	D6	D5	D4	D3	D2	D1	D0
0	0	1	P	P	P	P	P

➢ PPPPP(D4 D3 D4 D1 D0)：用来设定对 CLK 端输入时钟的分频次数 N，N＝2～31。

3. 读 FIFO/传感器 RAM 命令

D7	D6	D5	D4	D3	D2	D1	D0
0	1	0	AI	X	A	A	A

➢ AAA(D2 D1 D0)：要读取的传感器 RAM 地址。

➢ AI(D4)：自动地址增量标志。每读出 1 字节后，AAA 位地址自动加 1。

4. 读显示 RAM 命令

D7	D6	D5	D4	D3	D2	D1	D0
0	1	1	AI	A	A	A	A

➢ AAAA(D3 D2 D1 D0)：用来寻址显示 RAM 的 16 个存储单元。

➢ AI(D4)：自动地址增量标志。

5. 写显示 RAM 命令

D7	D6	D5	D4	D3	D2	D1	D0
1	0	0	AI	A	A	A	A

➢ AAAA(D3 D2 D1 D0)：将要写入的显示 RAM 的地址。

➢ AI(D4)：自动地址增量标志。

6. 显示禁止写入/消隐命令

D7	D6	D5	D4	D3	D2	D1	D0
1	0	1	X	IW/A	IW/B	BL/A	BL/B

➢ IW/A，IW/B(D3 D2)：A，B 组显示 RAM 写入屏蔽位，为 1 时显示 RAM 禁止写入。

➢ BL/A，BL/B(D1 D0)：消隐设置位。当 BL＝1 时，显示输出消隐；当 BL＝0 时，

恢复显示。

7. 清除命令

D7	D6	D5	D4	D3	D2	D1	D0
1	1	0	C_D	C_D	C_D	C_F	C_A

- $C_DC_DC_D$(D4 D3 D2):用于设定清除RAM方式。
  1 0 X　将显示RAM全部清零;
  1 1 0　将显示RAM清成20H;
  1 1 1　将显示RAM全部清1;
  0 X X　不清除。
- C_F(D1):用来置空FIFO RAM。
- C_A(D0):为总清特征值。它兼有C_D和C_F的联合效用。

8. 结束中断/错误方式设置命令

D7	D6	D5	D4	D3	D2	D1	D0
1	1	1	E	X	X	X	X

- E:为1有效。

8279有一个状态字,用于反映键盘的FIFO RAM的工作状态。

D7	D6	D5	D4	D3	D2	D1	D0
D_U	S/E	O	U	F	N	N	N

- D_U(D7):为1表示显示无效。
- S/E(D6):为1表示传感器的最后一个信号已进入或出现了多键同时按下的错误。
- O、U(D5 D4):数据超出、不足标志。
- F(D3):为FIFO RAM中8个数据已满时,F=1。
- NNN(D2 D1 D0):指明FIFO RAM中数据个数。

12.2.3　8279与8051的接口

图12-6所示为8051、8279与键盘和LED显示器的接口电路。当有键按下时,8279可用中断方式通知8051。编程实现功能是:当有键0~FH按下时,完成键值获取,并用LED输出显示键值。

根据接口电路中8279片选信号和A0的接法,8279的端口地址为:数据口——DFFEH;命令/状态口——DFFFH。

设f_{OSC}=6 MHz,则f_{ALE}=1 MHz,分频次数N=10。

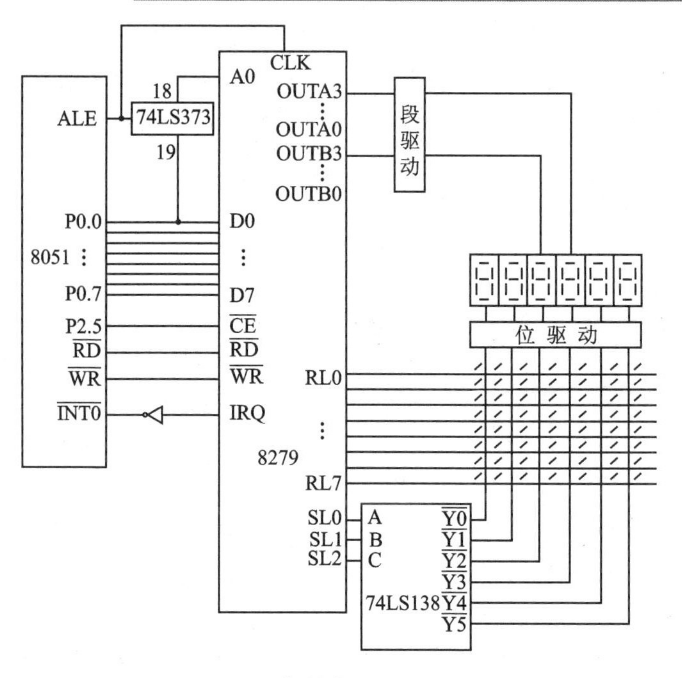

图 12-6 8051、8279与键盘和LED显示器的接口电路

例 8279显示和键盘控制。

程序名为c8279s.c。主程序调用显示和键盘输出函数,采用diss数组作缓冲区。table为0～FH所对应的段码表。


```
#include < reg51.h >
#include < absacc.h >
#define COM XBYTE [0xdfff]              /* 命令/状态口 */
#define DAT XBYTE [0xdffe]              /* 数据口 */
#define uchar unsigned char
uchar code table[] = {0x3f,0x06,0x5b,0x4f,0x66,0x6d,0x7d,
                      0x07,0x7f,0x6f,0x77,0x7c,0x39,0x5e,0x79,0x71};
uchar idata diss[6] = {0,1,2,3,4,5};
sbit clflag = ACC^7;
uchar keyin();
uchar deky();
void disp(uchar idata *d);
void main(void) {
  uchar i;
  COM = 0xd1;                           /* 总清除命令 */
  do {ACC = COM;}
  while(clflag == 1);                   /* 等待清除结束 */
```

```
    COM = 0x00;COM = 0x2a;              /* 键盘、显示方式,时钟分频 */
    while(1) {
      for(i = 0;i < 6;i ++ ) {
        disp(diss);                     /* 显示缓冲区内容 */
        diss[i] = keyin();              /* 键盘输入到显示缓冲 */
      }
    }
  }
  void disp(uchar idata * d) {          /* 显示函数 */
    uchar i;
    for(i = 0;i < 6;i ++ ) {
      COM = i + 0x80;
      DAT = table[ * d];
      d ++ ;
    }
  }
  uchar keyin(void) {                   /* 取键值函数 */
      uchar i;
      while(deky() == 0);               /* 无键按下等待 */
      COM = 0x40;                       /* 读 FIFO RAM 命令 */
      i = DAT;i = i&0x3f;               /* 取键盘数据低6位 */
      return(i);                        /* 返回键值 */
  }
  uchar deky(void) {                    /* 判 FIFO 有键按下函数 */
      uchar k;
      k = COM;
      return(k&0x0f);                   /* 非0,有键按下 */
  }
```


12.3 点阵型LCD显示模块

本节以内藏HD61830控制器的液晶模块MGLS-240128为例,来说明点阵型LCD显示模块的应用。

12.3.1 HD61830的特点和引脚

1. HD61830的特点

- HD61830是点阵式液晶图像显示控制器,可与M6800系列相适配的MPU直接接口。
- 具有专用指令集,可完成文本显示或图形显示的功能设置,以及实现画面卷动、光标、闪烁和位操作等功能。

- HD61830 可管理 64 KB 显示 RAM。其中,图形方式为 64 KB;字符方式为 4 KB。
- 内部字符发生器 CGROM 共有 192 种字符。其中,5×7 字体有 160 种,5×11 字体有 32 种。HD61830 还可以外接字符发生器,使字符量达到 256 种。
- HD61830 可以静态方式显示,亦可以最大为 1/128 占空比的动态方式显示。

2. HD61830 的受控引脚

- D7～D0:三态数据总线。
- $\overline{CS}$:输入片选信号,低电平有效。
- E:输入使能信号,高电平有效。
- R/$\overline{W}$:输入读、写选择信号。
  R/$\overline{W}$=1 表示 MPU 读取 HD61830 的信息;
  R/$\overline{W}$=0 表示 MPU 向 HD61830 写入数据。
- RS:输入寄存器选择信号。
  RS=1 表示指令寄存器及忙标志位;
  RS=0 表示数据寄存器。
- $\overline{RES}$:输入复位信号,低电平有效。

HD61830 的工作时序如图 12-7 所示。

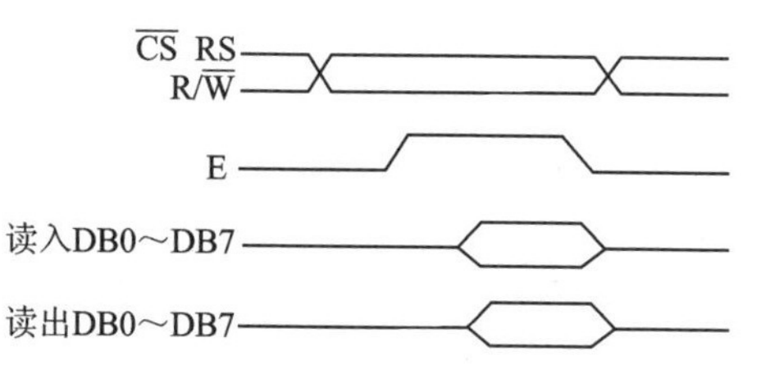

图 12-7　HD61830 与 MPU 的时序图

从时序上分析,MPU 与 HD61830 联络的关键信号是使能信号 E。读写信号 R/$\overline{W}$ 可认为是数据总线上数据流方向的控制信号,使能信号 E 在读、写操作过程中的作用如表 12-1 所列。

表 12-1　HD61830 的信号

RS	R/$\overline{W}$	E	功　能
0	0	↘	写数据或指令参数
0	1		读数据
1	0	↘	写指令代码
1	1		读忙标志位

12.3.2　HD61830 指令集

HD61830 的指令结构是一致的,一条指令由 1 字节的指令代码与 1 字节的指令参数组成。

1. 方式控制

指令代码为 00H。

向指令寄存器写入 00 后，紧接着向数据存储器写入参数，即可定义显示方式。方式控制参数格式如下：

0	0	D5	D4	D3	D2	D1	D0

➢ D0：字符发生器选择。0 时为 CGROM；1 时为 EXCGROM。

➢ D1：显示方式选择。0 时为文本方式；1 时为图形方式。

➢ D2、D3 组合实现功能如表 12-2 所列。

表 12-2　D2、D3 组合功能

D3	D2	功　能	D3	D2	功　能
0	0	光标禁止	1	0	光标禁止，字符闪烁
0	1	启用光标	1	1	光标闪烁

➢ D4：工作方式选择。0 时为从方式；1 时为主方式。

➢ D5：显示状态选择。0 时为禁止显示；1 时为启用显示。

2. 字体设置

指令代码为 01H。

该指令设置文本方式下字符的点阵大小。指令参数格式如下：

VP−1					HP−1		

VP：字符点阵行数，取值范围为 1～16。

HP：字符点阵列数，图形方式表示 1 字节显示数据的有效位数，HP 的取值为 6，7，8。

3. 显示域设置

指令代码为 02H。

该指令参数如下：

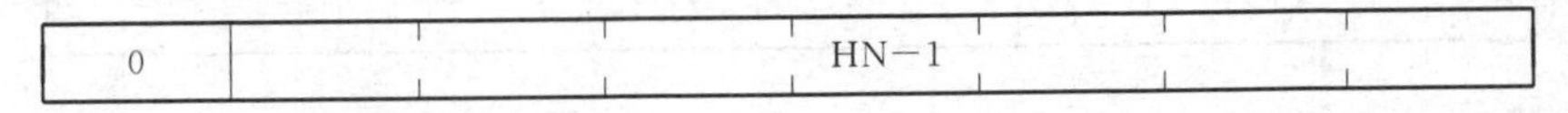

0	HN−1						

HN 为一行显示所占的字节数。其取值范围为 2～128 内的偶数值。由 HN 和 HP 可得显示屏有效显示列数 N＝HN×HP。

4. 帧设置

指令代码为 03H。

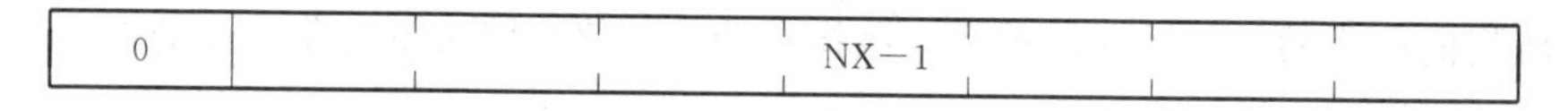

其中,NX为显示时的帧扫描行数,其倒数即为占空比。

5. 光标位置设置

指令代码为04H。

文本方式下光标为一行点阵显示。该指令用来指明该行点阵在字符体中的第几行,指令参数格式如下:

0	0	0	0		CP−1		

其中,CP表示光标在字符体中的行位置,取值范围在1～VP之间。

6. SADL设置

指令代码为08H。

7. SADH设置

指令代码为09H。

上面两条指令设置显示缓冲区起始地址。它们的指令参数分别是该地址的低位和高位字节。该地址对应着显示屏上左上角显示的位,因而显示缓冲区单元(即RAM单元)与显示屏上的显示位的一一对应关系如表12-3所列。

表12-3 显示缓冲区单元与显示屏显示位的对应关系

SAD	SAD+1	…	SAD+HN−1
SAD+HN	SAD+HN+1	…	SAD+2HN−1
⋮	⋮	⋮	⋮
SAD+MHN	SAN+MHN+1	…	SAN+(M+1)HN−1

8. CACL设置

指令代码为0AH。

9. CACH设置

指令代码为0BH。

上面两条指令设置光标地址指针。它们的指令参数即是该光标地址指针的低位和高位字节。其作用一是用来指示当前要读、写显示缓冲区单元的地址;二是用在文本方式下,指出光标或闪烁字符在显示屏上的位置。

10. 数据写

指令代码为0CH。

该指令代码写入指令寄存器后,以下向数据寄存器写入的数据都将送入光标地址指针所指向单元的显示缓冲区单元。该指令功能的终止将由下一条指令的输入完成。

11. 数据读

指令代码为 0DH。

该指令代码写入后，紧跟着一次“空读”操作后，则可以连续读出当前光标地址指针所指向单元的内容。

12. 位清零

指令代码为 0EH。

13. 位置 1

指令代码为 0FH。

以上两条指令的功能是将光标地址指针所指向的显示缓冲区单元中的字节某位清零或置 1。指令执行一次，光标地址指针自动增 1。指令参数格式如下：

0	0	0	0	0	NB－1		

其中，NB 为清零或置 1，取值 1～8，对应该字节的 LSB～MSB。

12.3.3　与内藏 HD61830 的液晶模块的接口和编程

整个模块有 18 个外引出线可供接口使用。其引脚顺序如下：

1	2	3	4	5	6	7～14	15	16	17	18
GND	V_{CC}	V_0	RS	$R/\overline{W}$	E	DB0～DB7	$\overline{CS}$	$\overline{RST}$	LED_+	LED_-

其中，GND，V_{CC} 为地和＋5 V 电源；V_0 为负向液晶驱动电源，对 MGLS－240128 来说，V_0 的取值为－15 V 左右；4～10 引脚含义见 HD61830 的引脚说明；LED_+ 和 LED_- 为接背景光时的电源。

图 12－8 所示为采用间接方式用 8255 控制 MGLS－240128 模块的接口电路。8255 的地址为8000H～8003H。

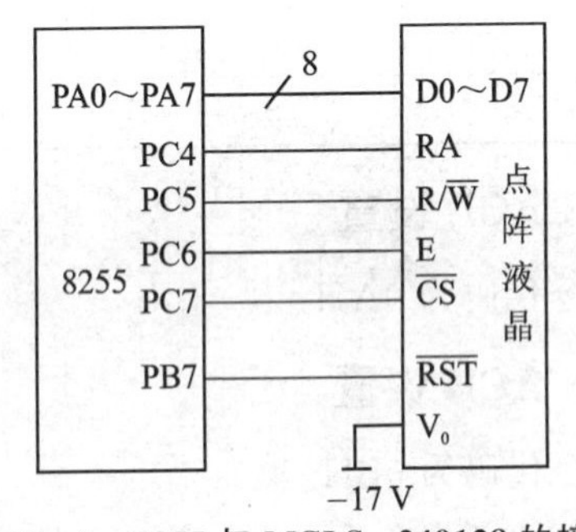

图 12－8　8255 与 MGLS－240128 的接口

例 1　点阵型 LCD 显示模块显示英文字符串。

下面是显示字符串 WELCOME！的程序 welc.c。该程序包括显示字符串函数 disstr、写指令函数 wcode 和写数据函数 wdata。

```
#include < reg51.h >
#include < absacc.h >
#define uchar unsigned char
#define uint unsigned int
#define PA XBYTE[0x8000]
#define PB XBYTE[0x8001]
#define PC XBYTE[0x8002]
#define COM XBYTE[0x8003]
#define DELAY 3
uchar idata welc[11] = {0x20,0x57,0x45,0x4c,0x43,
                        0x4f,0x4d,0x45,0x21,0x20,0x00};  /* WELCOME! */
uchar idata sadl,sadh;
uchar idata addl,addh;
void wcode(uchar c);
void wdata(uchar d);
void disstr(uchar idata * str);

void main(void) {
      COM = 0x81;
      PB = 0x00;PB = 0xf0;                  /* MGLS - 240128 模块复位 */
      disstr(welc);                         /* 显示字符串 */
      while(1);
}
void wcode(uchar c) {                       /* 写指令代码 */
      uchar i = DELAY;
      while(i) i--;
      PC = 0x9f;PA = c;PC = 0xdf;PC = 0x5f;PC = 0x1f;PC = 0x9f;
}
void wdata(uchar d) {                     /* 写指令参数 */
   uchar i = DELAY;
   while(i) i--;
   PC = 0x8f;PA = d;PC = 0xcf;PC = 0x4f;PC = 0x0f;PC = 0x8f;
}
void comd(uchar x,uchar y) {              /* 写一条指令 */
   wcode(x);
   wdata(y);
}
void disstr(uchar idata * str) {
   uchar i,j;
   comd(0x00,0x3c);  /* 方式设置,主方式显示,光标闪烁,文本方式,选用 CGROM */
   comd(0x01,0x77);                       /* 字体设置,VP = 8,HP = 8,8×8 字体 */
   comd(0x02,0x1d);  /* 显示域设置,HN = 30,即一行显示 30 个字符 */
```

```
    comd(0x03,0x7f);              /* 帧设置,NX = 128,即占空比为 1/128 */
    comd(0x04,0x07);              /* 光标设置,CP = 8,光标位于字符的最下端 */
    sadl = 0x00;
    sadh = 0x00;
    comd(0x08,sadl);
    comd(0x09,sadh);              /* 设置缓冲区起始地址 */
    comd(0x0a,0x00);
    comd(0x0b,0x00);
    wcode(0x0c);
    for(j = 0;j < 10;j++) wdata(0x20);     /* 清屏 */
    addl = 0x00;addh = 0x00;
    comd(0x0a,addl);
    comd(0x0b,addh);              /* 设置光标地址指针 */
    i = 0;
    wcode(0x0c);
    while(str[i]! = 0x00) {
        wdata(str[i]);            /* 输出字符 */
        i++;
  }
}
```

例2　用点阵型LCD显示模块显示中文字符串。

显示汉字(16×16点阵)必须使用图形方式。在使用HD61830图形方式时，显示缓冲区单元与显示屏的对应关系如图12-9所示。

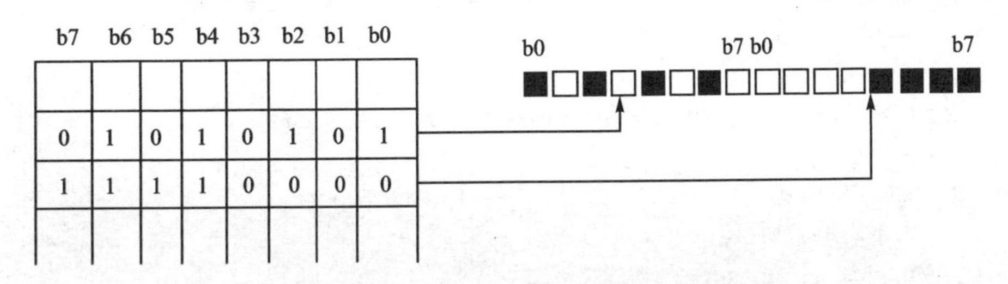

图12-9　显示缓冲区单元与显示屏的对应关系

上面的显示格式与人们的习惯正好相反，如想在显示屏上显示10010110，则须向RAM中写入01101001。为适应人们的习惯，编制的函数inva具有将一字节的各位倒转的功能。

16×16汉字共有32字节。这32字节存放方式如下所列：

1	17
2	18
⋮	⋮
16	32

下面的程序 lcdhz.c 显示从 2000H 地址开始存储的 5 个汉字"北京欢迎您"。

```
#include < reg51.h >
#include < absacc.h >
#define uchar unsigned char
#define uint unsigned int
#define COM XBYTE[0x8003]
#define PA XBYTE[0x8000]
#define PB XBYTE[0x8001]
#define PC XBYTE[0x8002]
#define ZK CBYTE[0x2000]
#define DELAY 3
uchar code * hzp;
void dishz(uint chn);
void comd(uchar x,uchar y);
void wcode(uchar c);
void wdata(uchar d);
uchar inva(uchar b);
void main(void) {
  int i;
  uint sad;
  for(i = 0;i < 1000;i ++ ){}
  COM = 0x81;0
  PB = 0x00;PB = 0xf0;                    /* MGLS - 240128 模块复位 */
  comd(0x00,0x32);          /* 方式设置,方式显示,光标禁止,图形方式,选用 CGROM */
  comd(0x01,0x07);                        /* 字体设置 1×8 字体 */
  comd(0x02,0x1d);                        /* 显示域设置,一行 30 个字符 */
  comd(0x03,0x7f);                        /* 帧设置,占空比为 1/128 */
  comd(0x08,0x00);
  comd(0x09,0x00);                        /* 设置缓冲区起始地址 */
  comd(0x0a,0x00);
  comd(0x0b,0x00);                        /* 设置光标地址指针 */
  wcode(0x0c);
  for(i = 0;i < 3840;i ++ ) wdata(0x00);       /* 清屏 */
  sad = 0;
  hzp = &ZK;                              /* 显示 ZK 地址的汉字串 */
    while(sad<10) {
      dishz(sad);
      sad += 2;
    }
```

```
    while(1);
  }
  void wcode(uchar c) {                  /* 写指令代码 */
    uchar i = DELAY;
    while(i) i--;
    PC = 0x9f;PA = c;PC = 0xdf;PC = 0x5f;PC = 0x1f;PC = 0x9f;
  }
  void wdata(uchar d) {                  /* 写指令参数 */
    uchar i = DELAY;
    while(i) i--;
  PC = 0x8f;PA = d;PC = 0xcf;PC = 0x4f;PC = 0x0f;PC = 0x8f;
  }
  void comd(uchar x,uchar y) {           /* 写一条指令 */
      wcode(x);
      wdata(y);
  }
  uchar inva(uchar b) {                  /* 字节各位倒转 */
      uchar v1 = 0;
      uchar v2 = 0;
      char i;
      uchar j1 = 0x80;
      uchar j2 = 0x01;
      for(i = 7;i >= 1;i = i - 2) {
        v1 = ((b << i)&j1) | v1;

        v2 = ((b >> i)&j2) | v2;

        j1 = j1 >> 1;
        j2 = j2 << 1;
      }
      return(v1 | v2);

  }

  void dishz(uint chn) {                 /* 显示一汉字 */
      uchar i,j,k;
      uchar addl,addh;
      for(i = 0;i < 2;i++) {
        addl = chn % 256;
        addh = chn/256;
        for(j = 0;j < 16;j++) {
          wcode(0x0a);wdata(addl);
          wcode(0x0b);wdata(addh);
          k = inva( * hzp);
          wcode(0x0c);wdata(k);
          hzp++;
          addl += 30;
          if (addl < 30) addh++;
        }
      chn++;
      }
  }
```

2000H 地址开始放置的汉字由 Intel 十六进制文件 ZK2000.HEX 得到。十六进制文件 ZK2000.HEX 格式如下：

```
:1020000004040404047C0404040404041CE4440004
:102010000808088898A0C080808080808082827E00DE
:10202000020101FF001F1010101F01090911250214
:1020300000000004FE10F8101010F000403018080006
:1020400000000FC0445462828102824448101020CA5
:1020500008080800FC044840404040A0A010080E046E
:10206000004126140404F414151614101028470037
:1020700000847E44444444C4445448404046FC0008
:102080000090913123459911214111002515090 0F92
:1020900000000FC044840504C4440800084921 2F020
```

从微机的汉字库中提取汉字字模数据，是当前液晶显示器件应用的设计人员建立系统专用汉字库的比较简捷的方法。

习题十二

1. 7 段 LED 显示器主要有哪几种显示方式？动态显示方式的原理是什么？有什么特点？

2. 利用图 12-2 所示接口电路，编程实现由左向右顺序扫描显示 6 个字符。

3. 在单片机实验器上实现变速的“8”字循环，即以每个“8”字显示 20 ms 的速度循环10 次。然后变为慢速，以每个“8”字显示 0.1 s 的速度循环 1 次。最后再变为 10 次快速循环，如此不断重复。试编写有关的程序。

4. 利用图 12-6 所示接口电路编程。键盘的键值可自行确定，当有键按下时键值送 LED 显示，显示为右入方式。8051 用中断方式进行按键处理。

5. 利用图 12-8 所示接口电路，实现 LCD 显示功能编程。要求 LCD 单行显示，由左起第 5 位开始显示字符 HELLO!。试编写初始化程序和显示程序。

第13章

物联网数据采集

13.1 物联网简介

13.1.1 物联网的概念

物联网(IOT, Internet of Things)是利用射频识别(RFID)、条形码、红外感应器、全球定位系统等信息传感设备,按约定的协议,通过各种接入网技术与互联网相连接形成一个巨大的智能网络,实现对物体的智能化识别、定位、跟踪、监控和管理的一种网络概念。物联网最终达到人与物体之间、物体与物体之间的联通。物联网被誉为是继计算机、互联网与移动通信网之后的又一次信息产业浪潮。互联网只是将计算机连接起来形成网络,而物联网则能够将世界上的一切事物都连接起来形成无所不包的庞大网络,向实现智慧地球的目标更进一步。

13.1.2 物联网的体系结构

物联网的体系框架可分为三个层次:泛在化末端感知网络、融合化网络通信基础设施与普适化应用服务支撑体系,人们通常称之为感知层、网络层和应用层。如图 13-1 所示。

(1) 泛在化末端感知网络

泛在化末端感知网络的主要任务是全方位感知物理世界,实现随时随地对监测区域的信息采集,包括各类物理量、标识、音频、视频等数据。物联网的数据采集涉及传感器、RFID、多媒体信息采集、二维码和实时定位等技术。

(2) 融合化网络通信基础设施

融合化网络通信基础设施的主要功能是实现物联网的数据传输。它能把感知到的信息通过各种通信网络及时、可靠地从一个站点传输到另一个站点,同时也可以接收其他站点发送的信息,实现可靠的数据交换与信息共享。目前能够用于物联网的通信网络主要有互联网、无线通信网与卫星通信网、有限电视网等。

(3) 普适化应用服务支撑体系

普适化应用服务支撑体系主要包括应用支撑子层和应用服务子层。其中应用支

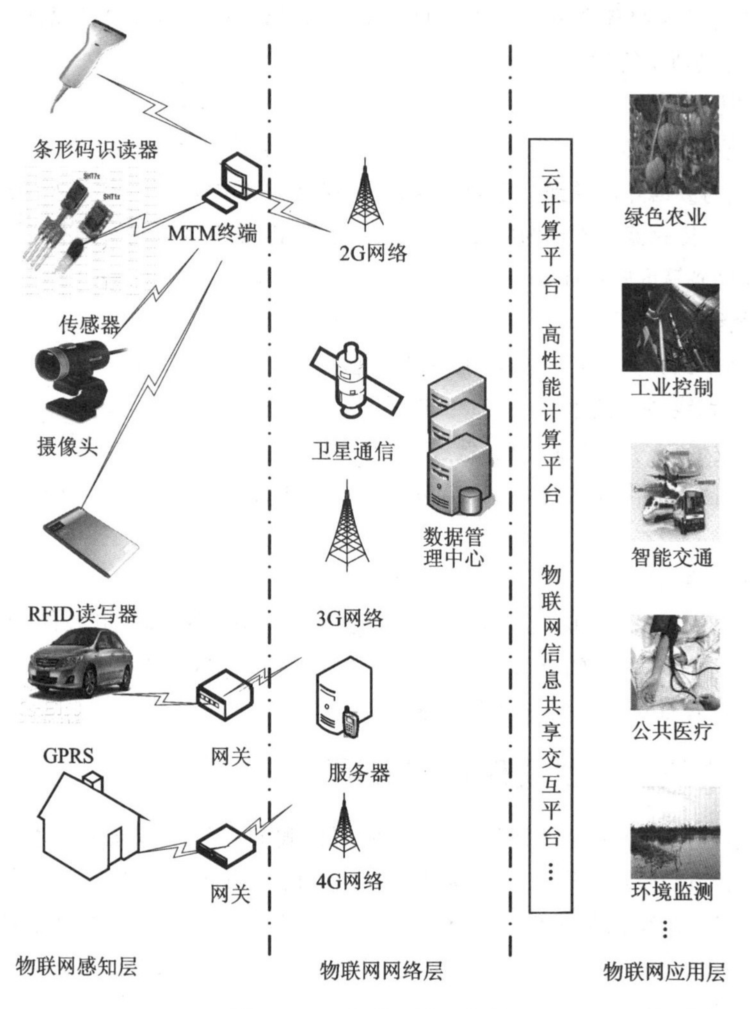

图 13－1　物联网体系结构

撑子层主要用于支撑跨行业、跨应用、跨系统之间的信息协同、共享和互通。应用服务子层包括智能交通、智能医疗、智能家居、智能物流和智能电力等行业应用。

13.1.3　物联网的关键技术

物联网技术涵盖了从信息获取、传输、存储、处理直至应用的全过程。其关键技术主要包括 RFID 技术、传感技术、无线网络和人工智能等。

(1) RFID 技术

RFID 技术是一种非接触式的自动识别技术，通过射频信号自动识别目标对象并获取相关信息。RFID 应用系统由 RFID 标签、RFID 读卡器和 RFID 数据库管理系统组成。由于 RFID 数据采集过程无需人工干预，并可以工作于各种恶劣的环境中，完全可以做到物联网中部分数据的快速自动采集，从而实现对某物体的动态、快速、准确的识别与管理。

(2) 传感技术

传感技术的重点是利用各种传感器，将物理世界中的各种参数变化进行量化，形成指定格式的数据并传送到指定的位置，是实现物联网中物与物、物与人信息交互的重要组成部分。传感器技术作为物联网的关键技术，需要传感器具有体积小，功耗低，精度高，适应性强等重要特征。

(3) 无线网络

物联网中的无障碍信息传递离不开高速、安全、可靠的无线网络。目前已有的比较成熟的无线通信技术有 WiFi 、蓝牙、 3G 等无线通信技术，但它们都有各自的不足，无法发展成为一种低功耗、低成本和高稳定性的无线通信技术。物联网中的无线网络既包括近距离无线连接网，也包括用户用于建立远程无线连接的全球数据网络系统。

(4) 人工智能

物联网系统可以模拟人的学习行为，通过自主学习获取知识和技能，不断提高性能，适应环境，实现系统的自我完善。在物联网的应用中，人工智能负责对采集的信息进行分析，从而实现系统的自动控制。

13.1.4　物联网的发展现状与应用

无所不在的物联网时代即将来临，物联网使我们在信息与通信技术的世界里获得一个新的沟通方式。无论何时、何地，世界上任何物体都可以通过物联网实现连接，从而为我们的生活提供更多的便利。人们可以利用整个网络，把我们的需求与网络中的物体连接起来，通过共同的“语言”进行对话，从而可以更加方便、快捷、有效地管理我们的生产和生活。

物联网具有庞大的市场前景和广阔的应用范围，可以推动社会各行业的快速发展。目前物联网已在全球范围内得到重视，一些发达国家纷纷将物联网作为新兴产业，并出台战略措施予以落实，我国也将物联网作为战略性新兴产业予以重点关注和推进。

应用是物联网存在的基础，应用的广泛性是其得到重视和快速发展的重要理由。物联网能有效促进现代化生产，提高生活质量，改善生态环境，促进经济发展。目前，物联网已逐步应用于信息科技的各个领域，主要体现在物流、监测、安检等方面。

(1) 现代物流的配送管理

传统的物流配送过程由多个业务流程共同组成，其服务质量受人为、环境、时间的影响较大。物联网的出现，可以实现现代物流配置原材料的采购、生产、运输等各个环节的自动化、网络化，同时可以实现对整个过程的实时监控与实时决策；可以帮助现代物流进一步降低生产成本，提高产品质量，解放劳动力，提高企业的市场竞争力。所以说现代物流需要物联网技术的支持。

(2) 生态环境监测与保护

物联网已经广泛应用于环境监测与保护领域，可有效地适应重大自然灾害预警和应急处理要求，为做出合理决策提供了科学依据。物联网是构建全方位安全保障体系的基础，是周围环境数字化管理的重要环节，可提高周围环境信息资源的利用水平，提供全面、快捷、准确的信息，增强决策支持能力。

(3) 安全检测与监控

在一些危险的工业环境如矿井、核电厂等，工作人员可以通过物联网实施安全监测。此外，在桥梁、高速铁路等重要基础设施中引入物联网感知振动频率、温湿度、光强等信息，可以提前对不安全因素进行预警。

13.1.5　物联网数据采集平台

物联网主要涵盖 RFID(＞5.5)、无线传感器网络(＞8.5)、M2M 智能手机(＜4.5)等技术领域。其中括号里表达的是难度系数，可以看出无线传感器网络是最难的。物联网网络架构由感知层、网络层、应用层组成。感知层更多依赖的是软硬件结合的嵌入式系统技术。物联网的传感器接口、RFID 读写都涉及嵌入式技术。单片机体积小，功耗低，适合做物联网的前端数据采集。TI 公司的 CC2530 内嵌 8051 核和无线射频相关的模块，支持 ZigBee 协议栈，是理想的无线传感器网络节点。

无线传感器网络主要使用 ZigBee 无线通信技术。ZigBee 是一种面向自动控制的低传输率、低功耗、低价格、近距离的双向无线网络通信技术。ZigBee 的名字来源于蜂群使用的一种简单的信息传递方式，即蜜蜂通过跳 ZigZag 形式的舞蹈通知同伴发现的食物位置、距离、方向等信息。ZigBee 技术的基础是 IEEE802.15.4(低速无线个人区域网 LR－WPAN 国际标准)，其三个工作频段 2.4 GHz、915 MHz 和 868 MHz 是完全免费开放的。ZigBee 的传输范围依赖于输出功率和信道环境，网络节点间的传输距离可以从标准的 75 米扩展到几百米，甚至于几公里。

ZigBee 是一种具有全球统一技术标准的无线通信技术，其 PHY 和 MAC 层协议参照 IEEE802.15.4 协议标准，网络层协议由 ZigBee 技术联盟制定，而应用层协议没有统一的标准，可以按照用户的需求灵活地选择网络扩展、地址分配等应用标准。在组网性能上，ZigBee 设备可以构成星状、串(树)状、网状等多种网络拓扑结构。ZigBee 网络中的每个设备都有一个 16 位的短地址和 64 位的长地址，整个网络最大可以扩展到 216 数量级，从而具有较强的网络扩展能力。在无线通信技术方面，ZigBee采用了带有避免冲突载波多路访问(CSMA－CA)的协议，有效地解决了信号在无线电载波之间传输的冲突，并且该协议采用了比较完整的应答通信机制，保证了数据的可靠性传输。

在 ZigBee 协议中定义了一种特殊的操作，叫做绑定(binding)操作。能够通过使用 ClusterID 为不同节点上的独立端点建立一个逻辑上的连接。

在无信标的星形网络中，从设备要发送数据帧时，只需等待信道变为空闲。当检测到空闲信道时，从设备将数据帧发送到主设备；如果主设备要将此数据发送到从设备，主设备会将数据帧保存在发送缓冲器中，直到目标从设备明确地来查询该数据为止。在绝大部分时间内从设备都处于休眠状态，仅定期唤醒设备来发送或接收数据。

在无线传感器网络层中，ZigBee 定义 3 种节点。第一种是网络协调器节点(Coordinator)，负责网络的建立，以及网络的相关配置；第二种是路由器节点(Router)，主要负责找寻、建立及修复网络报文的路由信息，并负责转发网络报文；第三种是终端设备节点(End Device)，只能选择加入别人已经形成的网络，并可以接收和发送网络报文，但不能帮忙转发网络报文。

根据不同的应用场合，CC2530 无线节点可工作在两种模式下：节点模式和协调器模式。

物联网数据采集平台在短距离通信模式下工作，采用 ZigBee 无线通信技术，并由三种类型的网络节点和上位机监控软件共同组成。平台中的终端设备节点(又称传感器节点)负责监测区域的数据采集，并将采集处理完毕的数据通过 ZigBee 无线网络传输给中间的路由器节点，经过路由器节点的层层转发，数据传递到协调器节点，协调器节点负责网络组建与上位机监控软件的数据通信。监控软件帧解析、管理和控制接收的数据，并以较友好的界面显示相关数据，实现无人干涉下的全程数据采集与实时监测。

在物联网的数据流中，前端数据采集是一个不可缺少的重要环节，是连接计算机与外部物理世界的桥梁。如果把微处理器比喻成人的控制神经系统的话，那么传感器等模块则像人的感知器官，如皮肤、眼睛、鼻子、耳朵等。传感器模块等信息采集设备可以采集物理世界的各种信息，然后通过各种接口传输至计算机系统，从而成为计算机输入系统的主要“窗口”。数据采集是从传感器等模拟和数字单元中自动采集信息的过程，为整个系统提供原始数据，是物联网数据流的起点。CC2530 连接各种传感器可构成无线传感器网络采集节点(终端节点)。

13.2　CC2530 基础

13.2.1　CC2530 的结构及特性

1. CC2530 芯片概述

CC2530 是一个兼容 IEEE 802.15.4 标准的真正片上系统芯片，支持专有的 Zig-

Bee、ZigBee PRO 和 ZigBeeRF4CE 标准。CC2530 还可配备 TI 公司的标准兼容或专有的网络协议栈(RemoTI，Z－Stack 或 SimpliciTI)来简化软件开发。

图 13－2 所示方框图为 CC253x 系列不同的构造模块。模块大致可以分为 3 种类型：CPU 和内存相关的模块；外设、时钟和电源管理相关的模块；无线射频相关的模块。

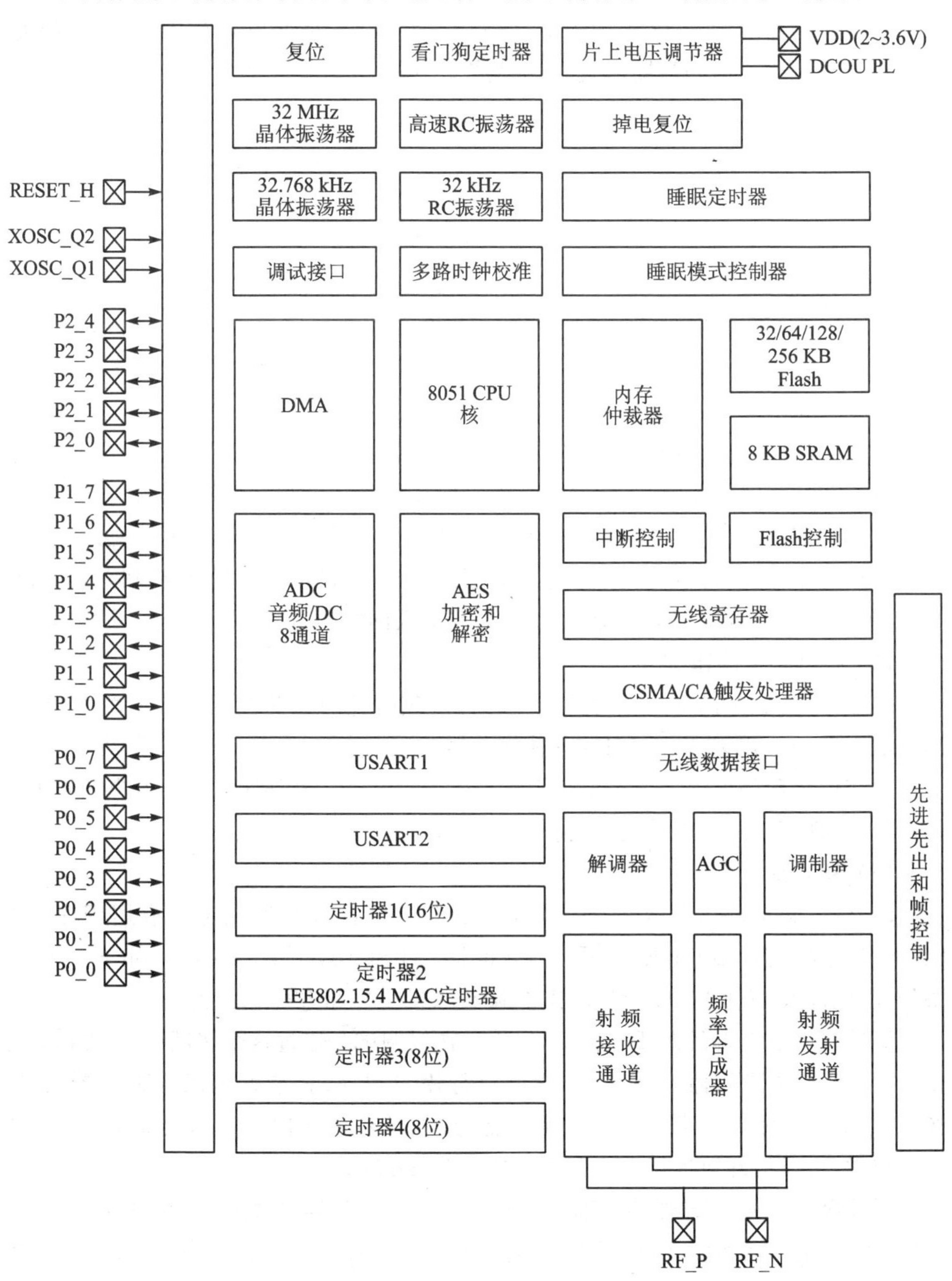

图 13－2　CC253x 方框图

(1) CPU和内存

CC253x器件系列使用的8051内核是一个单周期的8051兼容内核,具有三条不同的存储器访问总线(SFR、DATA和CODE/XDATA),以单周期方式访问SFR、DATA和主SRAM,还包括一个调试接口和18个输入端的扩展中断控制器。

中断控制器提供了18个中断源,分为6个中断组,每组与4个中断优先级相关。当器件从空闲模式回到活动模式时,也会发出一个中断服务请求。一些中断还可以从睡眠模式唤醒器件。

内存仲裁器位于片上系统的中心,它通过SFR总线,把CPU和DMA控制器、物理存储器及所有外设连接在一起。内存仲裁器有4个存取访问点,每一个访问点可以映射到3个物理存储器之一:8 KB SRAM、Flash存储器和XREG/SFR寄存器。它负责进行仲裁,并确定同时到同一个物理存储器的内存访问的顺序。

8 KB SRAM映射到DATA存储空间和XDATA存储空间的一部分。8 KB SRAM是一个超低功耗的SRAM,当数字部分掉电时(供电模式2和3)能够保留自己的内容。这对于低功耗应用是一个很重要的功能。

32/64/128/256 KB Flash块为器件提供了在线可编程的非易失性程序存储器,映射到CODE和XDATA存储空间。除了保存程序代码和常量外,非易失性程序存储器允许应用程序保存必须保留的数据,以便在器件重新启动之后可以使用这些数据。使用这个功能,可以简化某些过程,例如可以利用已经保存的网络具体数据直接操作,不需要再经过完整的启动、寻找网络和加入网络的过程。

(2) 时钟和电源管理

CC2530有一个内部系统时钟或主时钟。该时钟的振荡源既可以采用16 MHz RC振荡器,也可以采用32 MHz晶体振荡器。

数字内核和外设由一个1.8 V低压差稳压器供电。另外,CC253x有电源管理功能,可以实现在不同供电模式下的长电池寿命、低功耗运行的应用。

(3) 外　设

CC2530包括许多强大的外设资源,使得设计者可开发先进的应用程序。如DMA控制器、定时器/计数器、看门狗定时器、AES(Advanced Encryption Standard)协处理器、ADC转换器、USART串口、随机数发生器和I/O控制器等。

调试接口是专有的两线串行接口,用于在线调试。通过这个调试接口,可以进行整个Flash存储器的擦除,停止和开始执行用户程序,控制使能某个振荡器,执行8051内核提供的指令,设置程序代码断点,以及单步调试内核中的全部指令。使用这些技术,可以很好地进行在线调试和外部Flash的编程。

器件含有Flash存储器,以存储程序代码。Flash存储器可通过用户软件和调试接口编程。Flash控制器可实现写入和擦除嵌入式Flash存储器。Flash控制器允许页面擦除和4字节编程。

I/O控制器负责所有通用I/O引脚。CPU可以配置外设模块是否控制某个引脚或外设模块是否受软件控制。如果是,则每个引脚可配置为输入或是输出,连接或不连接衬垫里的上拉/下拉电阻。CPU中断可以分别在每个引脚上使能。每个连接到I/O引脚的外设可以在两个不同的I/O引脚之间选择,以确保在不同应用程序中的灵活性。

系统可以使用一个多功能的5通道DMA控制器,使用XDATA存储空间访问存储器,因此能够访问到所有物理存储器。每个通道(触发器、优先级、传输模式、寻址模式、源和目的指针及传输计数)采用DMA描述符在存储器任何地址进行配置。许多硬件外设(AES内核、Flash控制器、USART、定时器、ADC接口)通过使用DMA控制器在SFR或XREG地址和Flash/SRAM之间进行数据传输,并获得高效率操作。

随机数发生器使用一个16位线性反馈移位寄存器LFSR(Linear Feedback Shifting Register)产生伪随机数,可被CPU读取或由选通命令处理器直接使用。例如随机数可以用作产生随机密钥,有利于安全保密。

AES协处理器允许用户使用带有128位密钥的AES算法加密和解密数据。RF内核支持IEEE 802.15.4MAC安全标准、ZigBee网络层和应用层要求的AES操作。

内置的看门狗定时器允许器件在固件挂起的情况下复位自身。看门狗定时器由软件使能后,必须定时清零;否则,超时时,看门狗就复位器件。看门狗定时器可以配置用作一个通用32 kHz定时器。

USART0和USART1均可被配置为SPI主/从或UART,为RX和TX提供双缓冲及硬件流控制,非常适合高吞吐量的全双工应用;内含各自的高精度波特率发生器,不占用定时器。

CC253x器件系列提供了一个可兼容IEEE 802.15.4的无线(RF)收发器。RF内核控制模拟无线模块。另外,它提供了MCU和无线设备之间的接口,这使MCU可以发出命令、读取状态、自动操作和确定无线设备事件的顺序。无线设备还包括一个数据包过滤和地址识别模块。

定时器/计数器和ADC转换器将在后续章节中详细介绍。

2. 增强型8051内核

CC2530集成了增强工业标准8051内核。该内核使用标准8051指令集。每个指令周期一个时钟周期,优于标准8051的每个指令周期含12个时钟周期,同时取消了无用的总线状态,因此其指令执行速度比标准8051快。

增强型8051内核包含下列特性:

- 具有第二数据指针;
- 扩展了18个中断源。

(1) 复 位

CC2530 由 5 种不同的复位源来复位器件：

- 强制 RESET_N 输入引脚为低；
- 上电复位；
- 布尔输出复位；
- 看门狗定时器复位；
- 时钟丢失复位。

(2) 存储器

8051 CPU 结构有 4 个不同的存储空间。

CODE：只读存储空间，用于程序存储。存储容量为 64 KB。

DATA：可读/写的数据存储空间，可直接或间接被单周期 CPU 指令访问。存储容量为 256 字节。DATA 存储空间较低的 128 字节可以直接或间接寻址，较高的 128 字节只能间接寻址。

XDATA：可读/写的数据存储空间，通常需要 4～5 个 CPU 指令周期来访问。存储容量为 64 KB。访问 XDATA 存储器比访问 DATA 慢，因为 CODE 和 XDATA 存储空间共享 CPU 内核上的一个通用总线，来自 CODE 指令预取不一定与 XDATA 访问并行执行。

SFR：可读/写的特殊寄存器存储空间，可直接被 CPU 指令访问。这一存储空间含有 128 字节。地址被 8 整除的 SFR 寄存器，每一位可单独位寻址。

这 4 个存储空间在 8051 结构中是分开的，但在器件中有部分重叠，以减轻 DMA 传输和硬件调试操作的负担。

CC2530 不同的物理存储器映射到 CPU 存储空间的存储器映射如图 13-3～图 13-5 所示。存储器映射在两个重要方面与标准的 8051 存储器映射不同。

首先，为了使 DMA 控制器访问全部物理存储空间，并使 DMA 在不同 8051 存储空间之间进行传输，CODE 和 SFR 的部分存储空间映射到 XDATA 存储空间。

其次，CODE 存储空间映射可以使用两个备用机制。第一个机制是标准的 8051 映射，只有程序存储器(即 Flash 存储器)映射到 CODE 存储空间。这一映射是器件复位后默认使用的。第二个机制用于执行来自 SRAM 的代码。在这种模式下，SRAM 映射到 0x8000～(0x8000 + SRAM_SIZE − 1)的区域，执行来自 SRAM 的代码，提高了性能，并降低了功耗。

XDATA 存储空间：

SRAM 映射到的地址范围是 0x0000～(SRAM_SIZE − 1)。

XREG 区域映射到 1 KB 地址区域(0x6000～0x63FF)。这些寄存器有效地扩展了 SFR 寄存器空间。一些外设寄存器和大多数 RF 控制和数据寄存器均映射到这里。

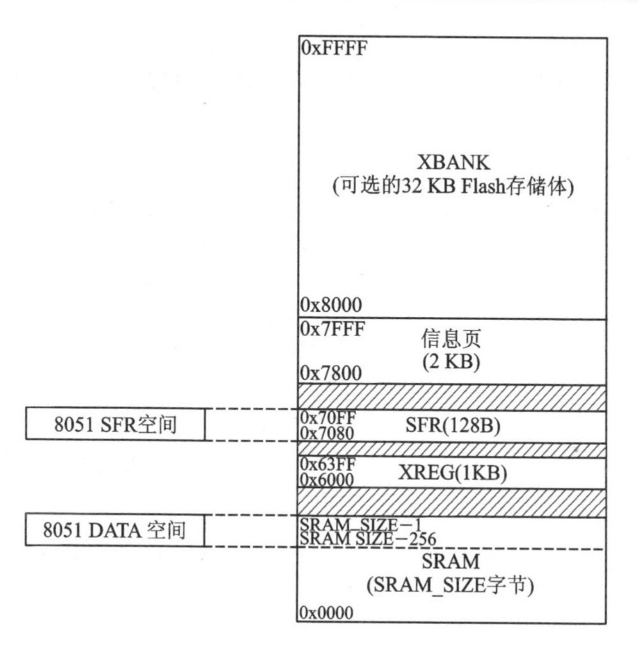

图 13-3 XDATA 存储空间(显示 SFR 和 DATA 映射)

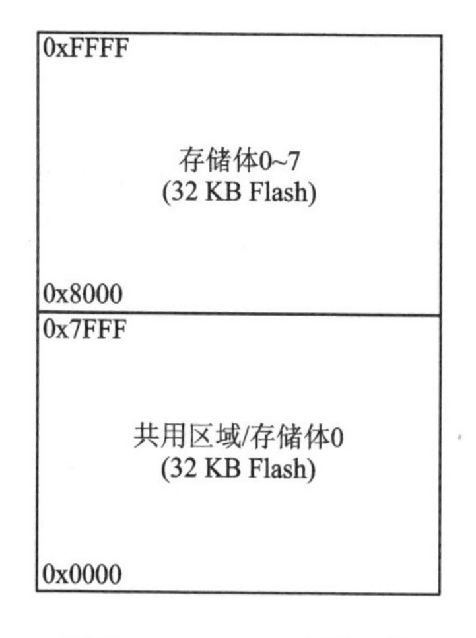

图 13-4 CODE 存储空间

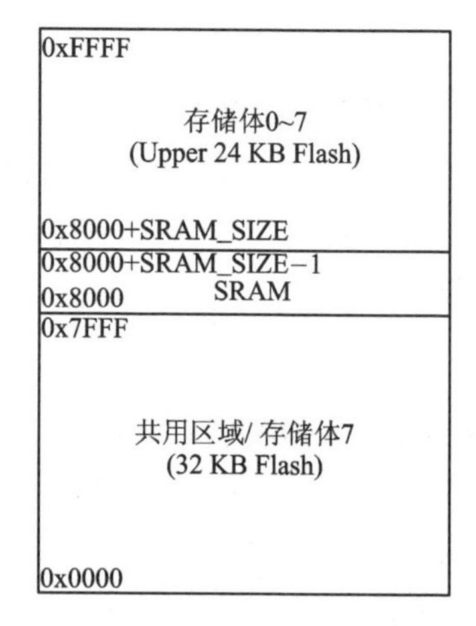

图 13-5 用于运行来自 SRAM 的代码的 CODE 存储空间

SFR 寄存器映射到地址区域(0x7080～0x70FF)。

Flash 信息页面(2 KB)映射到地址区域(0x7800～0x7FFF)。这是一个只读区域,包含有关器件的各种信息。

XDATA 存储空间(0x8000～0xFFFF)的较高 32 KB 是一个只读的 Flash 代码区(XBANK),任何可用的 32 KB Flash 区可以在这里被映射出来。可以使用 MEMCTR.XBANK[2：0]位映射到任何一个可用的 Flash 区。这一区域常用作存

储常量数据。

Flash 存储器、SRAM 和寄存器到 XDATA 的映射允许 DMA 控制器和 CPU 访问在统一的地址空间内的所有物理存储器。

CODE 存储空间:

CODE 存储空间为 64 KB,分为区域Ⅰ(0x0000~0x7FFF)和区域Ⅱ(0x8000~0xFFFF)。区域Ⅰ总是映射到物理 Flash 存储器较低的 32 KB(区 0)。区域Ⅱ可以映射到任一可用的 32 KB Flash 区(0~7)。可用的 Flash 区的编号取决于 Flash 大小的选项。使用 Flash 区选择寄存器 FMAP 来选择 Flash 区。

要允许从 SRAM 执行程序,可以映射可用的 SRAM 到较低区域(0x8000~(0x8000+SRAM_SIZE-1))。当前选择的区域的其余部分仍映射到地址区域(0x8000+SRAM_SIZE)~0xFFFF。通过设置 MEMCTR.XMAP 位来使能这一功能。

DATA 存储空间:

DATA 存储器 8 位寻址的地址区域映射到 SRAM 较高的 256 字节,即地址范围为(SRAM_SIZE- 256)~(SRAM_SIZE-1)。

SFR 存储空间:

128 个硬件寄存器区域是通过这一存储空间访问的。SFR 寄存器还可以通过 XDATA 地址空间(地址范围为 0x7080~0x70FF)访问。

3. 特殊功能寄存器

特殊功能寄存器(SFR)控制 8051 CPU 内核和外设的一些功能。许多 8051 CPU 内核的 SFR 和标准 8051 的 SFR 相同。用于外设单元及 RF 收发器的 SFR 是标准 8051 中所没有的。

4. 中 断

CC2530 有 18 个中断源。每个中断源都有各自的、位于一系列 SFR 寄存器中的中断请求标志。相应请求标志位对应的每个中断可分别使能或禁止。这些中断分别组合为不同的、可以选择的中断优先级。

(1) 中断屏蔽

每个中断请求可以通过中断使能 SFR 寄存器 IEN0、IEN1 或者 IEN2 的中断使能位设置为使能或禁止。外设会有若干事件可以产生与外设相关的中断请求。这些中断请求可以作用在 P0 口、P1 口、P2 口、定时器 1、定时器 2、定时器 3、定时器 4 或 RF 上。每个内部中断源对应的 SFR 寄存器中有这些外设的中断屏蔽位。

使用 CC2530 的中断应当遵循下列步骤:

① 清除中断标志。

② 如果有中断,则设置 SFR 寄存器中对应的各中断使能位为 1。

③ 设置寄存器 IEN0、IEN1 和 IEN2 中对应的中断使能位为 1。

④ 设置 IEN0 中的 EA 位为 1 使能全局中断。

⑤ 在该中断对应的向量地址上，运行该中断的服务程序。

(2) 中断处理

当中断发生时，CPU 就指向中断源的中断向量地址。一旦中断服务程序开始运行，就只能被更高优先级的中断源打断。中断服务程序由中断返回指令 RETI 终止，当 RETI 执行时，CPU 返回到中断发生时的下一条指令。

当中断发生时，不管该中断是使能或禁止，CPU 都会在中断标志寄存器中置位中断标志位。当中断使能时，首先置位中断标志位，然后在下一个指令周期，由硬件强行产生一个 LCALL 指令到对应的中断向量地址，运行中断服务程序。

中断响应需要的时间不同，其取决于该中断发生时 CPU 的状态。当 CPU 正在运行的中断服务程序，其优先级大于或等于新的中断时，新的中断暂不运行，直至新的中断的优先级高于正在运行的中断服务程序。其他情况下，中断响应的时间取决于当前的指令，最快的为 7 个机器指令周期，其中，1 个机器指令周期用于检测中断，其余 6 个用来执行 LCALL 指令。

(3) 中断优先级

中断组合成为 6 个中断优先组，每组的优先级通过设置寄存器 IP0 和 IP1 实现。为了给中断(也就是它所在的中断优先组)赋值优先级，需要设置 IP0 和 IP1 的对应位。IP1_x 和 IP0_x 的 4 种组合 00、01、10、11 对应优先级 0(最低)到优先级 3(最高)，x 表示中断第 x 组。每组赋值为 4 个中断优先级之一。当进行中断服务请求时，不允许被较低级别或同级的中断打断。

5. 振荡器和时钟

CC2530 有一个内部系统时钟或主时钟。系统时钟源既可采用 16 MHz RC 振荡器，也可采用 32 MHz 晶体振荡器。使用 CLKCONCMD 寄存器进行时钟控制。CLKCONSTA 寄存器是一个只读寄存器，用于获得当前时钟状态。振荡器可以选择高精度的晶体振荡器，也可以选择低功耗的高频 RC 振荡器。值得注意的是，RF 收发器必须使用 32 MHz 晶体振荡器。

CC2530 的两个 32 kHz 振荡器作为 32 kHz 时钟的时钟源：32 kHz XOSC 和 32 kHz RC RCOSC。默认复位后 32 kHz RCOSC 使能，被选为 32 kHz 时钟源。RCOSC 功耗较低，但是不如 32 kHz XOSC 精确。所选的 32 kHz 时钟源驱动睡眠定时器，产生看门狗定时器的时钟节拍(tick)，用作定时器 2 的选通(strobe)来计算睡眠定时器睡眠时间。选择哪个振荡器用作 32 kHz 时钟源是通过 CLKCONCMD.OSC32K 时钟振荡器选择位确定的。CLKCONCMD.OSC 为系统时钟源选择，置 0 选 32 MHz XOSC，置 1 选 16 MHz RCOSC。CLKCONSTA.OSC 反映当前时钟源的设置。

13.2.2 通用数字I/O接口

CC2530有21个数字I/O引脚,可以配置为通用数字I/O或外设I/O,配置为连接到ADC、定时器或USART外设。这些I/O口的用途可以通过一系列寄存器来配置,由用户软件予以实现。21个I/O引脚都可以用作外部中断源输入口。因此,如果外设需要的话,就可以产生中断。外部中断功能也可以从睡眠模式唤醒器件。

当用作通用I/O时,引脚可以组成3个8位端口,定义为P0、P1和P2。其中,P0和P1是完全的8位端口,而P2仅有5位可用。所有的I/O端口均可以位寻址,或通过SFR寄存器由P0、P1和P2字节寻址。每个端口引脚都可以单独设置为通用I/O或外设特殊功能I/O。除了两个高驱动输出口P1.0和P1.1之外,所有的端口都用于输出,均具备4 mA的驱动能力;P1.0和P1.1各具备20 mA的输出驱动能力。

未使用的I/O引脚电平是确定的,不能悬空。一种方法是使引脚不连接,配置引脚为具有上拉电阻的通用I/O输入,另一种方法配置引脚为通用I/O输出。这两种情况下引脚都不能直接连接到VDD或GND,以避免过多的功耗。

当用作通用I/O引脚时,每个P0和P1端口都关联一个DMA触发。DMA触发对于P0为IOC_0,对于P1为IOC_1。当P0引脚发生中断时,IOC_0触发被激活。当P1引脚发生中断时,IOC_1触发被激活。

1. I/O相关寄存器

端口功能选择寄存器PxSEL(其中x为I/O端口的标号,其值为0～2),用来设置I/O端口的每个引脚为通用I/O或者是外设特殊功能I/O。复位后,所有的数字I/O引脚默认状态设置为通用I/O输入引脚。若改变一个端口引脚的方向,使用端口方向寄存器PxDIR来设置每个端口引脚为输入或输出。只要设置PxDIR中的指定位为1,其对应的引脚就被设置为输出了。当用作输入时,每个通用I/O端口引脚可以设置为上拉、下拉或三态模式。复位后,所有的端口默认状态均设置为带上拉的输入。要取消通用I/O口的引脚输入的上拉或下拉功能,就要将端口输入模式寄存器PxINP中的对应位设置为1。I/O端口引脚P1.0和P1.1没有上拉/下拉功能。

2. I/O样例程序

为了驱动LED亮灭,需要将相应的I/O口设置为输出模式,并将相应的I/O口输出0或1。两种输出之间需要插入一定的延时以便能看出LED的亮灭变化。直接控制P1.0和P1.1引脚电平高低,延时约1 s的闪灯程序代码如下:

```
#include <ioCC2530.h>
#define uint unsigned int
//延时约 1 s
void Delay_1s(uint n){
  uint count;
  uint temp;
  while(n--){
    for(temp = 1000;temp>0;temp--){
      for(count = 500;count>0;count--)
        asm("NOP");
      }
  }
}
void Initial(void){
  P1DIR |= 0x03;                    //P1.0、P1.1 定义为输出
  P1_0 = 1;
  P1_1 = 1;                         //亮 LED
}
void main(void){
   Initial();                       //调用初始化函数
   while(1){
      P1_0 =! P1_0;
      P1_1 =! P1_1;
      Delay_1s(1);
   }
}
```

13.2.3 外部 I/O 中断

通用 I/O 引脚设置为输入后，可用于产生中断。中断可由中断边沿寄存器 PICTL 设置为外部信号的上升或下降沿触发。P0、P1 或 P2 口都有中断使能位，位于 IEN1～2 寄存器中，是对应端口所有位的公共使能位，如：

➢ IEN1.P0IE：P0 中断使能；

➢ IEN2.P1IE：P1 中断使能；

➢ IEN2.P2IE：P2 中断使能。

除了公共中断使能位外，每个端口的位都有位于中断使能 SFR 寄存器 P0IEN、P1IEN 和 P2IEN 的单独的中断使能。即使配置为外设 I/O 或通用 I/O 引脚，中断使能时仍可产生中断。

当中断条件发生在某一 I/O 引脚时，P0～P2 中断标志寄存器 P0IFG、P1IFG 或 P2IFG 中相应的中断状态标志位将置为 1。不管引脚是否置 1 其中断使能位，中断

状态标志都被置1。当中断服务程序已经执行时,中断状态标志被自动清0。这个标志位必须在清除CPU端口中断标志(PxIF)之前被清0。

使用P0.7引脚作为中断触发引脚控制灯亮灭变化的程序如下:

```
#include <ioCC2530.h>
void Init_IO(void){                    //IO及LED初始化
    P1DIR = 0x01;                      //0为输入(默认),1为输出
    P1_0 = 1;
    P0SEL |= 0x80;                     //将P0.7设置为外设功能
    P0DIR &= ~0x80;                    //将P0.7设置为输入
    P0INP &= ~0x80;                    //有上拉、下拉
    P0IEN |= 0x80;                     //P0_7中断使能
    PICTL |= 0x01;                     //下降沿
    EA = 1;                            //使能全局中断
    IEN1 |= 0x20;                      // P0IE = 1;
    P0IFG &= ~0x80;                    //P0.7中断标志清0
}
void main(void){
    Init_IO();
    while(1){
    }
}
#pragma vector = P0INT_VECTOR
__interrupt void P0_IRQ(void){         // P0口输入中断的中断服务程序
  EA = 0;                              //关中断
  if( P0IFG&0x80){
    P0IFG &= ~0x80;                    //P0.7中断标志清0
    P1_0 = ! P1_0;                     //控制LED1灯亮灭
    PICTL ^= 0x03;                     //更改触发方式为上升沿触发
  }
  EA = 1;                              //开中断
}
```


13.2.4 定时器操作

CC2530中有4个通用定时器T1、T2、T3、T4和睡眠定时器。T1为16位定时器/计数器,支持输入捕获、输出比较和PWM输出。T1有3个独立的输入捕获/输出比较通道,每个通道对应于一个I/O口。T3和T4为8位定时器/计数器,支持输出比较和PWM输出。T3和T4各有2个输出比较通道,每个通道对应一个I/O口。

定时器1是16位定时器/计数器,具有定时器、计数器或PWM功能。具有可编程的分频器、16位周期值寄存器和5个各自可编程的计数器/捕获通道,每个都有一

个 16 位比较值寄存器。每个计数器/捕获通道可以用作 PWM 输出或捕获输入信号边沿。它还可以配置在 IR(infrared)产生模式,计算定时器 3 的周期,输出和定时器 3 的输出相与,用最小的 CPU 互动产生调制的消费型 IR 信号。

定时器 2(MAC(Medium Access Control)定时器)是专门为支持 IEEE 802.15.4 MAC 或软件中其他时槽的协议设计的。定时器 2 有一个可配置的定时器周期寄存器和一个 8 位溢出计数器,溢出计数器可用于记录已经经过的周期数。一个 16 位捕获寄存器也用于记录收到/发送一个帧开始的精确时间,或传输结束的精确时间。还有一个 16 位输出比较寄存器可在具体时间产生不同的选通命令(开始 RX,开始 TX,等等)送到无线模块。

定时器 3 和定时器 4 是 8 位定时器,具有定时器、计数器和 PWM 功能。它们有一个可编程的分频器,一个 8 位的周期值寄存器,一个具有 8 位比较值寄存器的可编程计数器通道。每个计数器通道可以用作一个 PWM 输出。

睡眠定时器是一个超低功耗的定时器,计算 32 kHz 晶振或 32 kHz RC 振荡器的周期。睡眠定时器在除了供电模式 3 的所有工作模式下不断运行。这一定时器的典型应用是作为实时计数器或作为一个唤醒定时器跳出供电模式 1 或 2。

下面以定时器 1 为例介绍定时器的工作模式、通道模式和定时器中断。

1. 工作模式

一般来说控制寄存器 T1CTL 用于控制定时器操作。状态寄存器 T1STAT 保存中断标志。各种工作模式如下所述。

(1) 自由运行模式

计数器从 0x0000 开始计数,在每个有效时钟边沿增加 1。当计数值达到 0xFFFF 时溢出,IRCON.T1IF 和 T1STAT.OVFIF 标志置 1;如果相应的中断屏蔽位 TIMIF.OVFIM 及 IEN1.T1EN 为 1,就会产生中断请求。溢出后计数器复位 0x0000,继续递增计数,如图 13-6 所示。

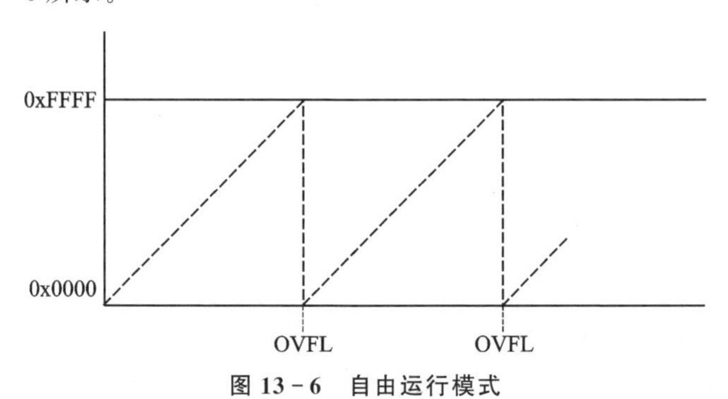

图 13-6　自由运行模式

(2) 模模式

16 位计数器从 0x0000 开始计数,在每个有效时钟边沿增加 1。当计数器值等于寄存器 T1CC0 值时溢出。此时,IRCON.T1IF 和 T1CTL.OVFIF 标志置 1。如果相应的中断屏蔽位 TIMIF.OVFIM 及 IEN1.T1EN 为 1,就会产生中断请求。寄存器 T1CC0H：T1CC0L 保存最终计数值,计数器将复位到 0x0000,并继续递增计数,如图 13－7 所示。

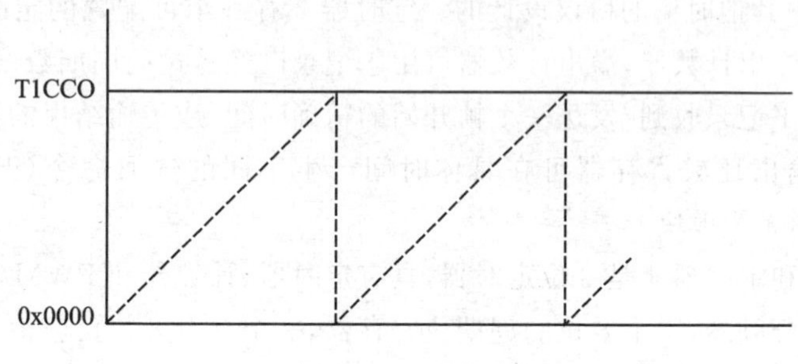

图 13－7　模模式

(3) 正计数/倒计数模式

计数器反复从 0x0000 开始正计数,当计数器值等于 T1CC0H：T1CC0L 保存的值时,计数器将倒计数直到 0x0000,如图 13－8 所示。在正计数/倒计数模式,当计数达到 0x0000 时,IRCON.T1IF 和 T1CTL.OVFIF 标志置 1。如果相应的中断屏蔽位 TIMIF.OVFIM 及 IEN1.T1EN 为 1,就会产生中断请求。

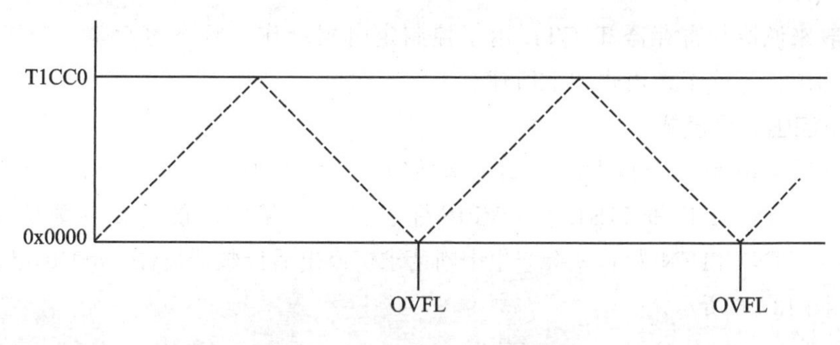

图 13－8　正计数/倒计数模式

2. 通道模式

通道模式可由每个通道的控制和状态寄存器 T1CCTLn 设置为输入捕获或输出比较模式。

(1) 输入捕获模式

当一个通道配置为输入捕获通道时,必须将通道所对应的 I/O 引脚配置为输入。定时器启动后,输入引脚的上升沿、下降沿或任何边沿都将触发一次捕获,即把 16 位计数器值捕获到对应的捕获寄存器中。因此,定时器可以捕获一个外部事件发生的时间。

16位捕获寄存器值从寄存器 T1CCnH：T1CCnL 中读出。当捕获发生时，IRCON.T1IF标志和该通道的中断标志 T1STAT.CHnIF(n是通道号码)置1。如果相应的中断屏蔽位 T1CCTLn.IM 及 IEN1.T1EN 为1,就会产生中断请求。

(2) 输出比较模式

在输出比较模式,与通道对应的I/O引脚必须设置为输出。定时器启动后,对计数器和通道比较寄存器 T1CCnH：T1CCnL 的内容进行比较。如果计数器值等于比较寄存器的值,则输出引脚根据比较输出模式 T1CCTLn.CMP 的设置进行置1、清0或翻转。当发生一个比较相等时,IRCON.T1IF 标志和该通道的中断标志 T1STAT.CHnIF(n是通道号码)置1。如果相应的中断屏蔽位 T1CCTLn.IM 及 IEN1.T1EN 为1,就会产生中断请求。

定时器的通道模式通过 T1CCTLn(通道捕获/比较控制寄存器)设置。

T1CCTLn.RFIRQ　RF中断选择位。置1时使用RF中断捕获,而不是常规的捕获输入。

T1CCTLn.IM　通道中断屏蔽位。允许中断请求时,置1。

T1CCTLn.CMP[2：0]　通道比较模式选择位。当定时器值等于 T1CC1 的比较值时,选择输出动作。CMP[2：0]取值如下：

000:到比较值时置1输出。

001:到比较值时清0输出。

010:到比较值时翻转输出。

011:向上到比较值时,置1输出;到0时,清0输出。

100:向上到比较值时,清0输出;到0时,置1输出。

101:等于 T1CC0 时,清0输出;等于 T1CC1 时,置1输出。

110:等于 T1CC0 时,置1输出;等于 T1CC1 时,清0输出。

111:初始化输出引脚。CMP[2：0]不变。

T1CCTLn. MODE　选择定时器1通道n捕获或者比较模式 。0为捕获模式,1为比较模式。

T1CCTLn. CAP[1：0]　通道捕获模式选择。00:不捕获;01:上升沿捕获;10:下降沿捕获;11:所有沿捕获。

通过不同的工作模式和通道模式的配合使用可以实现 PWM 波形的输出。具体实现可参见 CC2530 数据手册。

3. 定时器中断

定时器中断请求既可以在计数值溢出时产生,也可以由输入捕获、输出比较事件触发。在定时器中断允许的情况下,如果中断标志置1,就会产生中断请求。中断标志要用软件清0。

定时器中断配置的基本步骤如下：

① 初始化相关寄存器：包括 T1CTL(定时器 1 控制/状态寄存器)、T1CCTLn(定时器 1 的 n 通道捕获/比较寄存器)和 TIMIF(中断标志寄存器)。

② 设置定时器时钟周期。

③ 定时器中断允许。

④ 启动定时器。

4. 定时器样例程序

(1) 定时器 1

定时器 1 是一个独立的 16 位定时器，具有典型的定时器/计数器功能。

定时器有 5 个独立的捕获/比较通道，每个定时器通道使用一个 I/O 引脚，可广泛应用于控制和测量领域，通道的正计数/倒计数模式可实现诸如电机控制等的应用。

定时器 1 的具体功能如下：

- 5 个捕获/比较通道；
- 上升沿、下降沿或任何边沿的输入捕获；
- 置 1、清除或翻转输出比较；
- 自由运行、模或正计数/倒计数操作；
- 可被 1、8、32 或 128 整除的时钟分频器；
- 在每个捕获/比较和最终计数上生成中断请求；
- DMA 触发功能。

当下列定时器事件之一发生时，将产生一个中断请求：

- 计数器达到最终计数值(溢出或回到零)；
- 输入捕获事件；
- 输出比较事件。

定时器状态寄存器 T1STAT 包括最终计数值事件和 5 个通道比较/捕获事件的中断标志。仅当设置了相应的中断屏蔽位和 IEN1.T1EN 时，才能产生一个中断请求。中断屏蔽位是 n 个通道的 T1CCTLn.IM 和溢出事件 TIMIF.OVFIM。如果有其他未决中断，必须在一个新的中断请求产生之前，通过软件清 0 相应的中断标志。

与定时器 1 有关的 DMA 触发为 T1_CH0、T1_CH1 和 T1_CH2，分别在定时器比较事件通道 0 比较、通道 1 比较和通道 2 比较上产生。

通道 3 和通道 4 没有相关的触发。

定时器 1 的寄存器，由以下寄存器组成：

- T1CNTH　定时器 1 计数高位寄存器；
- T1CNTL　定时器 1 计数低位寄存器；
- T1CTL　定时器 1 控制寄存器；

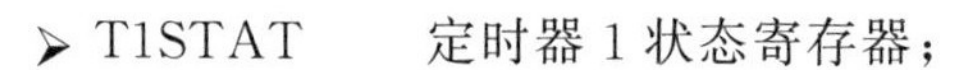

➢ T1STAT　　定时器1状态寄存器；
➢ T1CCTLn　　定时器1通道n捕获/比较控制寄存器；
➢ T1CCnH　　定时器1通道n捕获/比较高位值寄存器；
➢ T1CCnL　　定时器1通道n捕获/比较低位值寄存器。

用T1定时器来控制CC2530上LED红灯的状态。T1定时器样例采用溢出中断方式。定时器1选用自由运行模式，计数器从0x0000开始计数，计数值达到0xffff时溢出，溢出后计数器复位0x0000。时钟选择32 MHz，8分频。设定30次中断改变一次灯的状态（亮—暗或暗—亮），可算得：

$$((8/(32\times10\hat{}\,6))\times65\,535\times30)\ \mathrm{s}=0.491\,512\,5\ \mathrm{s}$$

所以，约0.5 s改变一次灯的状态，即约1 s闪烁一次。程序代码如下：

```
#include <ioCC2530.h>
#define uint unsigned int
#define uchar unsigned char
void Initial(void);             //初始化灯与定时器1
uint counter = 0;               //统计中断次数,用于溢出判断
void SysClkSet32M(){
  CLKCONCMD &= ~0x40;           //设置系统时钟源为32 MHz晶振
  while(CLKCONSTA & 0x40);      //等待晶振稳定
  CLKCONCMD &= ~0x47;           //设置系统主时钟频率为32 MHz
                      //此时的CLKCONSTA为0x88,即普通时钟和定时器时钟都是32 MHz
}
void Initial(void){
  P1DIR |= 0x01;                //P1.0定义为输出
  P1_0 = 1;                     //初始化灯1亮
  EA = 1;                       //设置IEN0中的EA位为1,使能全局中断
  T1IE = 1;                     //设置IEN1中的T1IE位为1,使能定时器1
  T1OVFIM = 0x40;               //设置TIMIF的OVFIM位为1,
  T1CTL = 0x05;                 //8分频;自由模式
  T1IF = 0;                     //清除中断标志
}
void main(void){
  SysClkSet32M();               //设置时钟频率
  Initial();                    //调用初始化函数
  while(1) {
  }
}
//中断服务函数
#pragma vector = T1_VECTOR
 __interrupt void T1_ISR(void) {
      EA = 0;                   //关中断
```

```
        counter++;
        if(counter = = 30) {                    //30 次中断 LED 闪烁一轮
          counter = 0;                          //计数清零
          P1_0 = ! P1_0;                        //改变灯的状态
        }
        T1IF = 0;                               //清 T1 中断标志
        EA = 1;                                 //开中断
    }
```

样例程序在主程序中配置和开启定时器,在定时器中断服务程序中更新 LED 灯。进入中断服务程序后必须先将全局中断允许标志清 0,执行完中断服务程序后置 1 允许中断。使用宏函数后程序可以简化,中断服务函数相同。部分程序代码如下:

```
void Initial(void){
  IO_DIR_PORT_PIN(1,0,IO_OUT);          //P1.0 定义为输出
  P1_0 = 1;                             //初始化灯 1 亮
  TIMER1_ENABLE_OVERFLOW_INT(TRUE);     //允许定时器 1 溢出中断
  T1CTL = 0x05;                         //8 分频;自由模式
  INT_ENABLE(INUM_T1,INT_ON);           //定时器 1 中断允许
  INT_GLOBAL_ENABLE(INT_ON);
}
void main(void){
  SET_MAIN_CLOCK_SOURCE(CRYSTAL);       //设置系统时钟源为 32 MHz
                              //晶体振荡器(大约用时 150 μs),关闭 16 MHz RC 振荡器
  Initial();
  while(1) {
  }
}
```

(2) 定时器 2

定时器 2 是 16 位定时器,主要用于为 IEE802.15.4 CSMA - CA 算法提供定时,以及为 IEE802.15.4 MAC 层提供一般的计时功能。T2 定时器实例采用定时器比较中断方式。定时器 2 选用输出比较模式,时钟选择 32 MHz,定时器 2 无分频。设置比较值 0x00ff,第一次比较中断时间:

(1/(32×10^6)×255) s=7.968 75 μs

设定 244 次中断改变一次灯的状态(亮—暗或暗—亮),改变灯状态时间:

(1/(32×10^6)×65 536×244) s=0.499 712 s

所以,约 0.5 s 改变一次灯的状态,即约 1 s 闪烁一次。主要程序代码如下:

```
void Initia2(void){
  P1DIR |= 0x01;                   //P1.0 定义为输出
  P1_0 = 1;
  EA = 1;                          //开中断
  T2IE = 1;                        //定时器 2 中断使能
  T2IRQM = 0x04;                   //使能 TIMER2_COMPARE2  中断
  T2M0 = 0xff;                     //给定时器 2 装入一个比较值
  T2M1 = 0x00;
  T2MSEL = 0xF4;                   //定时器比较 2
  T2IRQF = 0;                      //清 T2 中断标志
  T2CTRL = 0x01;                   //启动定时器
}
void main(void){
  SysClkSet32M();                  //设置时钟频率
  Initia2();                       //调用初始化函数
  while(1) {
  }
}
#pragma vector = T2_VECTOR
__interrupt void T2_ISR(void){
        EA = 0;                    //关中断
        T2M0 = 0xff;               //给定时器 2 装入一个比较值
        T2M1 = 0x00;
        T2IRQF = 0;                //清 T2 中断标志
        counter++;
        if(counter == 244) {       //比较 244 次
          counter = 0;             //计数清零
          P1_0 = ! P1_0;           //改变灯的状态
        }
        EA = 1;                    //开中断
}
```

使用宏函数后程序可以简化，程序代码如下：

```
#include "emot.h"
uint counter = 0;                    //统计溢出次数
uchar TempFlag;                      //用来标志是否要闪烁
void Initial(void){
    LED_ENALBLE();
    P1_0 = 1;                        //灭 RLED
    SET_TIMER2_CAP_INT();            //开比较中断
    SET_TIMER2_CAP_COUNTER(0x00ff);  //设置 T2M1 : T2M0 值为 0x00ff
```

```
    }
    void main(){
        Initial();                              //调用初始化函数
        TIMER2_RUN();
        while(1) {                              //等待中断
        }
    }
    #pragma vector = T2_VECTOR
     __interrupt void T2_ISR(void) {
        SET_TIMER2_CAP_COUNTER(0x00ff);
        CLEAR_TIMER2_INT_FLAG();                //清 T2 中断标志
        counter++;
        if(counter == 244)   {                  //比较 244 次
          counter = 0;                          //计数清零
          P1_0 = ! P1_0;                        //改变灯的状态
        }
     }
```

(3) 定时器 3

T3 定时器为 8 位定时器,同样采用定时器中断方式。定时器 3 选用自由运行模式,计数器从 0x00 开始计数,计数值达到 0xff 时溢出,溢出后计数器复位 0x00。时钟选择 32 MHz,128 分频。设定 490 次中断改变一次灯的状态(亮—暗或暗—亮),可算得:

((128/(32×10^6))×255×490) s=0.499 8 s

加上中断服务时间,约 0.5 s 改变一次灯的状态,即约 1 s 闪烁一次。主要程序代码如下:

```
    void Initia3(void){
      P1DIR |= 0x01;                            //P1.0 定义为输出
      P1_0 = 1;                                 //初始化灯 1 亮
      EA = 1;                                   //开全局中断
      T3IE = 1;                                 //使能定时器 3
      T3CTL = 0xE8;                             //设置 TIMIF 的 OVFIM 位为 1,使能溢出中断
                                                //自由运行模式,时钟 128 分频
      T3IF = 0;                                 //清中断标志
      T3CTL |= 0x10;                            //启动定时器
    }
    void main(void){
      SysClkSet32M();                           //设置时钟频率
      Initia3();                                //调用初始化函数
```

```
    while(1)  {
    }
  }
  #pragma vector = T3_VECTOR
  __interrupt void T3_ISR(void) {
          EA = 0;                                    //关中断
          T3IF = 0;                                  //清 T3 中断标志
          counter++;
          if(counter == 490) {                       //每 0.5 s LED 改变状态
            counter = 0;                             //计数清零
            P1_0 =! P1_0;                            //改变灯的状态
          }
          EA = 1;                                    //开中断
  }
```

使用宏函数后程序可以简化，程序代码如下：

```
  #include <ioCC2530.h>
  #include "emot.h"
  uint counter = 0;                                  //定义全局变量
                                                     //T3 及 LED 初始化
  void Init_T3_AND_LED(void){
      LED_ENALBLE();
      TIMER34_INIT(3);                               //初始化 T3
      TIMER34_ENABLE_OVERFLOW_INT(3,1);              //开 T3 中断
      EA = 1;
      T3IE = 1;
      TIMER3_SET_CLOCK_DIVIDE(128);
      TIMER3_SET_MODE(0);
      TIMER3_START(1);                               //启动
  };
  void main(void){
    Init_T3_AND_LED();
    while(1);                                        //等待中断
  }
  #pragma vector = T3_VECTOR
  __interrupt void T3_ISR(void) {
      IRCON = 0x00;                                  //可不清中断标志，硬件自动完成
      counter++;
      if(counter == 490) {                           //每 0.5 s LED 改变一次状态
         counter = 0;                                //计数清零
         P1_0 = ! P1_0;                              //改变灯的状态
      }
  }
```

(4) 定时器4(8位定时器)

T4定时器为8位定时器,同样采用定时器中断方式。定时器4选用模模式,设置模大小为0xf0,计数器从0x00开始计数,计数值达到设定模值(0xf0)时溢出,溢出后计数器复位0x00。时钟选择32 MHz,128分频。设定520次中断改变一次灯的状态(亮—暗或暗—亮),可算得:

(128/(32×10^6)×240×520) s=0.499 2 s

加上运算时间,约0.5 s改变一次灯的状态,即约1 s闪烁一次。主要程序代码如下:

```
void Initia4(void){
  P1DIR |= 0x01;                    //P1.0定义为输出
  P1_0 = 1;                         //初始化灯1亮
  EA = 1;                           //开全局中断
  T4IE = 1;                         //使能定时器4
  T4CCTL0 = 0x44;                   //使能通道0中断,选择比较模式
  T4CTL = 0x02;                     //模模式,从0x00到T4CC0重复计数
  T4CTL |= 0xE0;                    //时钟128分频
  T4CC0 = 0Xf0;                     //设置模的大小
  T4IF = 0;                         //清中断标志,
  T4CTL |= 0x10;                    //启动定时器
}
void main(void){
  SysClkSet32M();                   //设置时钟频率
  Initia4();                        //调用初始化函数
  while(1) {
  }
}
#pragma vector = T4_VECTOR
__interrupt void T4_ISR(void) {
        EA = 0;                     //关中断
        T4IF = 0;                   //清T4中断标志
        counter ++ ;
        if(counter == 520) {        //每0.5 s LED改变一次状态
          counter = 0;              //计数清零
          P1_0 = ! P1_0;            //改变灯的状态
        }
        EA = 1;                     //开中断
  }
```

使用宏函数后程序可以简化,程序代码如下:

```
#include "emot.h"
uint counter = 0;
//T4及LED初始化
void Init_T4_AND_LED(void){
     LED_ENALBLE();
     EA = 1;
     T4IE = 0x01;
     TIMER34_ENABLE_OVERFLOW_INT(4,0);
     TIMER34_SET_CLOCK_DIVIDE(4,128);
     TIMER34_CHANNEL_MODE(4,0,1);
     TIMER34_SET_MODE(4,2);
     TIMER_CHANNEL_INTERRUPT_ENABLE(4,0,1);
     T4CC0 = 0xF0;                          //设置模大小
     T4IF = 0x00;
     TIMER34_START(4,1);
};
void main(void){
  Init_T4_AND_LED();
  while(1);                                 //等待中断
}
#pragma vector = T4_VECTOR
__interrupt void T4_ISR(void) {
     IRCON = 0x00;                          //可不清中断标志,硬件自动完成
     counter++;
     if(counter == 520) {                   //每0.5 s LED改变一次状态
        counter = 0;                        //计数清零
        P1_0 = ! P1_0;                      //改变灯的状态
     }
 }
```


(5) 睡眠定时器

睡眠定时器用于设置系统进入和退出低功耗睡眠模式之间的周期。睡眠定时器还用于当进入低功耗睡眠模式时,维持定时器2的定时。

睡眠定时器的主要功能如下:

- 24位的定时器正计数器,运行在32 kHz的时钟频率;
- 24位的比较器,具有中断和DMA触发功能;
- 24位捕获。

睡眠定时器是一个24位的定时器,运行在一个32 kHz的时钟频率上(可以是RCOSC或XOSC)。定时器在复位之后立即启动,如果没有中断就继续运行。定时器的当前值可以从SFR寄存器ST2:ST1:ST0中读取。

睡眠定时器使用的寄存器如下：

- ST2　睡眠定时器 2；
- ST1　睡眠定时器 1；
- ST0　睡眠定时器 0；
- STLOAD　睡眠定时器加载状态寄存器；
- STCC　睡眠定时器捕获控制寄存器；
- STCS　睡眠定时器捕获状态寄存器；
- STCV0　睡眠定时器捕获值字节 0 寄存器；
- STCV1　睡眠定时器捕获值字节 1 寄存器；
- STCV2　睡眠定时器捕获值字节 2 寄存器。

睡眠定时器是一个 24 位定时器，运行在 32 kHz 时钟(RC 或 XOSC)。定时器比较出现在当定时器值等于 24 位比较值的时候，比较值可以通过写寄存器 ST2：ST1：ST0 来设置。睡眠定时器样例中，通过设置每隔 1 s 发生一次睡眠中断，实现 LED 红灯的改变。主要程序代码如下：

```
void addToSleepTimer(UINT16 sec){
  UINT32 sleepTimer = 0;
  sleepTimer |= ST0;
  sleepTimer |= (UINT32)ST1 <<  8;
  sleepTimer |= (UINT32)ST2 << 16;
  sleepTimer + = ((UINT32)sec * (UINT32)32768);
  ST2 = (UINT8)(sleepTimer >> 16);
  ST1 = (UINT8)(sleepTimer >> 8);
  ST0 = (UINT8) sleepTimer;
}
void main(void){
  SysClkSet32M();                       //设置 32 kHz 时钟源为 32.768 kHz 晶体振荡器
  P1DIR |= 0x01;                        //P1.0 定义为输出
  P1_0 = 1;
  while(1){
    P1_0 = ! P1_0;                      //更改灯亮状态
    addToSleepTimer(1);                 //增加睡眠定时器的定时时间为 1 s
    INT_ENABLE(INUM_ST, INT_ON);        //使能睡眠定时器中断
    INT_GLOBAL_ENABLE(TRUE);            //使能全局中断
    SET_POWER_MODE(2);                  //进入 PM2
  }
}
#pragma vector = ST_VECTOR
__interrupt void SleepTimer_IRQ(void){
  INT_ENABLE(INUM_ST, INT_OFF);        //关闭睡眠定时器中断
  INT_GLOBAL_ENABLE(FALSE);            //关闭全局中断
  INT_SETFLAG(INUM_ST, INT_CLR);       //清睡眠定时器中断标志
}
```

(6) 利用 T1、T2、T3、T4 和睡眠定时器实现精确计时

对于睡眠定时器，由于其运行于 32.768 kHz 的时钟，因此 ST2：ST1：ST0 每增加 32 768，睡眠定时增加 1 s。而对于 T1、T2、T3 和 T4 来说，主要通过分频、Module 模式及控制中断次数的方式来实现精确的定时。比如，若采用系统时钟频率为 32 MHz，定时器的时钟分频为 128，则可设置溢出值为 1 000，这样 32 MHz÷128÷1 000＝250 Hz，即每发生 250 次中断计时时间为 1 s。

13.2.5　ADC 单次采样

1. 14 位模/数转换器

CC2530 的 ADC 支持 14 位的模/数转换，具有多达 12 位的有效数字位 ENOB（Effective Number of Bits）。包括一个模拟多路转换器、8 个独立可配置通道及一个参考电压发生器。ADC 框图如图 13－9 所示。

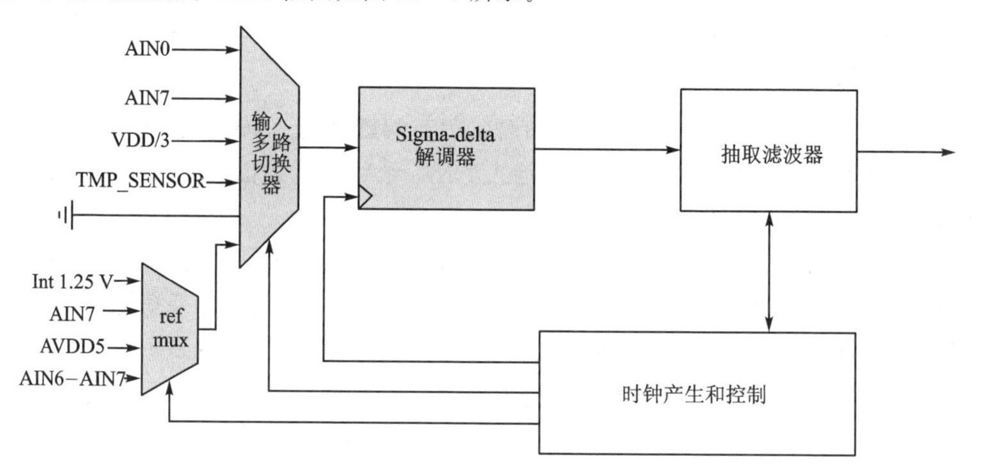

图 13－9　ADC 框图

ADC 的主要特性如下：

- 可选的抽取率，即设置了分辨率(7～ 12 位)；
- 8 个独立的输入通道，可配置为单端或差分信号；
- 参考电压可选为内部单端、外部单端、外部差分或 AVDD5 ；
- 可产生中断请求；
- 转换结束触发 DMA；
- 具有温度传感器输入通道；
- 具有电池电压检测功能。

寄存器 ADCCFG 是 ADC 输入配置寄存器，可将 P0 口配置成 ADC 输入。ADCCFG 各位初始值为 0。当使用 ADC 时，将寄存器 ADCCFG 相应位置 1，即可将 P0 口的对应引脚配置为 ADC 输入。模拟输入 AIN0～AIN7 引脚，可配置为单端或差分输入。配置为差分输入时,差分输入对为AIN0-AIN1、AIN2-AIN3、AIN4-AIN5和AIN6-AIN7。

除了输入引脚AIN0~AIN7外,片上温度传感器的输出也可以选择作为ADC的输入,用于温度测量。

还可将AVDD5/3电压作为ADC输入,可用于实现电池监测器的功能。

通道号0~7表示单端电压输入AIN0~AIN7。通道号8~11表示差分输入,分别对应AIN0-AIN1、AIN2-AIN3、AIN4-AIN5和AIN6-AIN7。通道号12~15表示GND(12)、温度传感器(14)和AVDD/3(15),在ADCCON2.SCH和ADCCON3.SCH位域中选择。

ADC完成一系列的转换,并把结果送到存储器(使用DMA模式),不需要CPU的干预。

ADC可配置为使用通用I/O引脚P2.0来启动转换。必须在输入模式下配置为通用I/O。

2. ADC相关寄存器

ADCCFG是ADC的输入配置寄存器,用于配置ADC的输入通道。ADCCFG[7:0]选择P0.7~P0.0作为ADC的输入AIN7~AIN0。各位若为1则使能ADC输入,为0则禁止ADC输入。

ADCL和ADCH寄存器存放ADC转换结果的低6位ADC[5:0]和高8位ADC[13:6]。转换结果驻留在ADCH和ADCL寄存器的MSB中。数字转换结果以2的补码形式表示。对于单端配置,结果总是为正。对于抽取率为512,取数字转换结果的12位MSB,当模拟输入V_{conv}等于V_{REF}时,数字转换结果是2047。当模拟输入等于$-V_{REF}$时,数字转换结果是-2048。

ADCCON1、ADCCON2和ADCCON3是3个ADC控制寄存器。这些寄存器用于配置ADC,并报告结果。

ADCCON1控制运行模式和初始化转换。

ADCCON1.EOC位是状态位,当一个转换结束时,置为1;当读取ADCH时,清0。

ADCCON1.ST位用于启动一个转换序列,为1时,ADCCON1.STSEL为11且当没有转换正在运行时,就启动一个转换序列。当转换序列完成时,该位自动清0。

ADCCON1.STSEL[1:0]位选择哪个事件将启动一个新的转换序列。00:P2.0引脚的外部触发;01:全速转换,不需要触发;10:定时器1通道0比较事件;11:手动触发,且需ADCCON1.ST = 1。

ADCCON2寄存器控制转换序列执行方式,用于连续模/数转换。

ADCCON2.SREF[1:0]用于选择参考电压。00:内部参考电压;01:AIN7引脚上的外部参考电压;10:AVDD5引脚;11:AIN6 - AIN7差分输入外部参考电压。

ADCCON2.SDIV[1：0]位选择抽取率。抽取率也决定完成转换需要的时间和分辨率。00:64 抽取率(7 位 ENOB)；01:128 抽取率(9 位 ENOB)；10:256 抽取率(10 位 ENOB)；11:512 抽取率(12 位 ENOB)。

ADCCON2.SCH[3：0]位用于选择转换序列的通道。如果 ADCCON2.SCH 设置值小于 8，则转换序列包括的转换来自每个通道，从通道 0 往上到由 ADCCON2.SCH 编程的通道号。若 ADCCON2.SCH 设置值在 8 和 12 之间，则转换序列包括差分输入，从通道 8 开始，到由 ADCCON2.SCH 设置的通道结束。若 ADCCON2.SCH 大于或等于 12，则序列仅包括所选的通道。

ADCCON3 寄存器控制单次转换的通道号、参考电压和抽取率。单次转换在寄存器 ADCCON3 写入后将立即发生，或如果一个转换序列正在进行，则该序列结束之后立即发生。该寄存器位的编码和 ADCCON2 是完全一样的。

通过设置 ADCCFG、ADCCON3 和 ADCCON1 寄存器来完成电压的采集。

3. ADC 样例程序

ADC 对 AIN0(P0.0)通道进行采样，计算采样值的程序如下：

```
UINT16 scaleValue(UINT16 adc_value){
    float v;
    adc_value = (adc_value < 8192 ? adc_value : 0);
                        //若输入参数 adc_value 不在正常范围内，则 adc_value = 0
    v = ((float)adc_value/8191.0) * VDD;      //14 位抽取率，除去一位符号位
    return (UINT16)(v * 50);
}
void main(void){
  UINT16 adc0_value;
  UINT16 concentration = 0;                    //存储气体浓度
  SysClkSet32M();                              //设置系统时钟源为 32 MHz 晶体振荡器
  while(1)  {
    ADC_ENABLE_CHANNEL(ADC_AIN0);              //使能 AIN0 为 ADC 输入通道
    /* 配置 ADCCON3 寄存器以便在 ADCCON1.STSEL = 11(复位默认值)且 ADCCON1.ST = 1 时进行
单一转换
    参考电压:AVDD_SOC
    抽取率:512
    ADC 输入通道:AIN0              */
    ADC_SINGLE_CONVERSION(ADC_REF_AVDD | ADC_14_BIT | ADC_AIN0);
    ADC_SAMPLE_SINGLE();                              //启动一个单一转换
    while(! ADC_SAMPLE_READY());                      //等待转换完成
    ADC_DISABLE_CHANNEL(ADC_AIN0);                    //禁止 AIN0
    adc0_value = (UINT16)ADCL>>2;                     //读取 ADC 值
```

```
    adc0_value |= (UINT16)ADCH<<6;
    //concentration为计算出的浓度PPM
    concentration = scaleValue(adc0_value);
  }
}
```

13.2.6 USART串口通信

CC2530有两个串行通信接口USART0和USART1,两个接口均可分别运行于异步UART模式或者同步SPI模式。两个USART具有同样的功能,可以设置在单独的I/O引脚上。

1. 异步UART模式

UART模式提供异步串行接口。在UART模式中,接口使用2线连接(引脚RXD和TXD)或者4线连接(引脚RXD、TXD、RTS和CTS)。UART模式的操作具有下列特点:

- 传送8位或者9位数据;
- 可使用奇校验、偶校验或者无奇偶校验;
- 配置起始位和停止位的电平;
- 配置LSB或者MSB首先传送;
- 具有独立收发中断;
- 具有独立收发DMA触发;
- 具有奇偶校验和帧校验出错状态指示。

UART模式提供全双工传送,接收器中的位同步不影响发送功能。传送一个UART字节包含1个起始位、8个数据位、1个作为可选项的第9位数据或者奇偶校验位再加上1个或2个停止位。

UART操作由USART控制和状态寄存器UxCSR及UART控制寄存器UxUCR来控制。这里的x是USART的编号,其值为0或1。当模式选择位UxCSR.MODE置1时,选择UART模式。

(1) UART发送

当USART收/发数据缓冲器、寄存器UxBUF写入数据时,该字节发送到输出引脚TXDx。UxBUF寄存器是双缓冲的。

字节传送开始时,UxCSR.ACTIVE位置1,字节传送结束时该位清零,同时,UxCSR.TX_BYTE位置1。

当USART收/发数据缓冲寄存器就绪,准备接收新的发送数据时,产生中断请求。该中断在传送开始后立刻发生,因此,字节正在发送时,新的字节能够装入数据缓冲器。

(2) UART 接收

UxCSR.RE 置 1 时,UART 可开始接收数据。UART 在输入引脚 RXDx 中寻找有效起始位,且置 UxCSR.ACTIVE 位为 1。当检测到有效起始位时,接收字节数据至接收寄存器 UxBUF,UxCSR.RX_BYTE 位置 1。该操作完成时,产生接收中断。同时 UxCSR.ACTIVE 位清 0。当读出 UxBUF 数据时,UxCSR.RX_BYTE 位由硬件清 0。

(3) UART 硬件流控制

UxUCR.FLOW 位置为 1,则使能硬件流控制。然后,当接收寄存器为空而且接收使能时,RTS 输出变低。在 CTS 输入变低之前,不会发生字节传送。

(4) UART 特征格式

如果寄存器 UxUCR 中的 BIT9 位和奇偶校验位设置为 1,则使用奇偶校验。发送时,对数据进行奇偶校验操作,将奇偶校验位作为第 9 位传送。接收时,对接收数据进行奇偶校验,计算出奇偶校验位与收到的第 9 位进行比较。如果奇偶校验出错,则 UxCSR.ERR 位置为高电平。读 UxCSR 时,UxCSR.ERR 位清 0。

寄存器位 UxUCR.SPB 可设置停止位的数量为 1 或 2。接收器总是要核对一个停止位。如果在接收期间收到的第一个停止位不是期望的停止位电平,则将寄存器位 UxCSR.FE 置为 1,发出帧出错信号。读 UxCSR 时,UxCSR.FE 位清 0,当 UxC-SR.SPB 置为 1 时,接收器将核对两个停止位。

2. SPI 模式

串行外设接口(Serial Peripheral Interface,SPI)是 Freescale 公司推出的一种同步串行接口技术。由于它起到了串行总线的作用,不少业内人士将 SPI 称为同步串行总线接口。主要用于主从分布式通信网络,用 4 根接口线即可完成主从之间的数据通信。这 4 根接口线分别为时钟线(SCLK)、数据输入线(SDI)、数据输出线(SDO)、片选线(CS)。

SPI 标准中没有最大数据速率,最大数据速率取决于外部设备自己定义的最大数据速率,通常在 5 Mbps 量级以上。

SPI 总线接口允许微控制器(MCU)与各种外设以串行方式进行通信、数据交换。这些外设包括闪存、A/D 转换器等。SPI 总线只需 3~4 根数据线和控制线即可与具有 SPI 总线接口功能的各种 I/O 器件进行接口连接,而扩展并行总线则需要 8 根数据线、8 根以上地址线、2~3 根控制线。可见,采用 SPI 总线接口可以简化电路设计,提高设计的可靠性。

SPI 数据的传输格式为最高有效位(MSB)在前、最低有效位(LSB)在后。从设备只有在主控制器发命令后才能接收或发送数据。其中,CS 的有效与否完全由主控制器来决定,时钟信号也由主控制器发出。

在SPI模式中,USART通过3线接口或者4线接口与外部系统通信。接口包含引脚MOSI、MISO、SCK和SSN。SPI模式包含下列特征:

- 3线(主要)或者4线SPI接口;
- 主和从模式;
- 可配置的SCK极性和相位;
- 可配置的LSB或MSB传送。

当UxCSR.MODE为0时,选中SPI模式。在SPI模式中,USART可以通过写UxCSR.SLAVE位来配置SPI为主模式或者从模式。

(1) SPI主模式操作

当寄存器UxBUF写入字节后,开始SPI主模式字节传送。USART使用波特率发生器生成SCK串行时钟,且传送发送字节到输出引脚MOSI。与此同时,接收寄存器从输入引脚MISO获取数据字节。

传送开始时UxCSR.ACTIVE位变高,传送结束后,UxCSR.ACTIVE位变低。传送结束时,UxCSR.TX_BYTE位置1。

串行时钟SCK的极性由UxGCR.CPOL位选择,相位由UxCSR.CPHA位选择。字节传送的顺序由UxCSR.ORDER位选择。

传送结束时,收到的数据字节可从UxBUF读取。当新数据在UxDBUF USART接收完毕后,就产生一个接收中断。

当就绪接收另一个用来发送的字节时,发送中断产生。由于UxBUF是双缓冲,这个操作刚好在发送开始时就发生了。注意数据不应写入UxDBUF,直到UxCSR.TX_BYTE为1为止。DMA传输可自动处理该过程。

使用DMA背对背传输时,为保证传输字节不被损坏,UxGDR.CPHA位必须设置为0。

(2) SPI从模式操作

SPI从模式字节传送由外部系统控制。输入引脚MISO上的数据传送到接收寄存器,接收寄存器由串行时钟SCK控制。与此同时,发送寄存器中的字节传送到输出引脚MOSI。

传送开始时UxCSR.ACTIVE位变高,当传送结束后,UxCSR.ACTIVE位变低,UxCSR.RX_BYTE位置1,接收中断产生。

串行时钟SCK的极性由UxCSR.CPOL位选择,相位由UxGCR.CPHA位选择。字节传送的顺序由UxGCR.ORDER位选择。

传送结束时,收到的数据字节从UxBUF读出。

当SPI从模式操作开始时,发送中断。

3. SSN从模式选择引脚

当USART运行在SPI模式时,配置为SPI从模式,使用4线接口并用从模式选择引脚(SSN)作为SPI的输入。当SSN为低电平时,SPI从模式激活,在MOSI输入上接收数据,在MISO输出上输出数据。

当SSN为高电平的上升沿时,SPI从模式不激活,不接收数据。还要注意SSN为高后MISO输出是三态。还要注意释放SSN(SSN变为高电平)必须与接收或发送字节对齐。如果在字节中间释放,下一个要接收的字节将不能正确接收,因为关于之前的字节信息出现在SPI系统中。USART清空能用于删除这个信息。

在SPI主模式中,不使用SSN引脚。当USART运行在SPI主模式时,外部SPI从设备需要提供一个从模式选择信号,然后用一个通用I/O引脚依靠软件实现从选择信号功能。

4. 波特率的产生

当运行在UART模式时,由内部的波特率发生器设置UART波特率。当运行在SPI模式时,由内部的波特率发生器设置SPI主时钟频率。

由寄存器UxBAUD.BAUD_M[7:0]和UxGCR.BAUD_E[4:0]可定义波特率,用于UART传送,也用于SPI传送。波特率由下式给出:

$$\text{Baud Rate} = \frac{(256 + \text{BAUD\_M}) \times 2^{\text{BAUD\_E}}}{2^{28}} \times f$$

式中,f是系统时钟频率,等于16 MHz(RCOSC)或者32 MHz(XOSC)。

5. USART相关寄存器

对于每个USART,使用如下的5个寄存器(x是USART的编号,为0或者1):

- UxCSR:USARTx的控制和状态寄存器;
- UxUCR:USARTx的UART控制寄存器;
- UxGCR:USARTx的通用控制寄存器
- UxBUF:USARTx的接收/发送数据缓冲器
- UxBAUD:USARTx的波特率控制寄存器

下面以USART0为例,描述其寄存器,USART1使用的寄存器定义与USART0相同。

(1) USART0的控制和状态寄存器U0CSR

U0CSR.MODE　模式选择位。0为SPI模式,1为UART模式。

U0CSR.RE　UART接收使能位。注意在UART完全配置之前是不使能接收的。0为禁用接收器,1为使能接收器。

U0CSR.SLAVE　SPI主或者从模式选择位。0为SPI主模式,1为SPI从模式。

U0CSR.FE　UART帧错误状态位。0为无帧错误检测,1为收到不正确停止位电平。

U0CSR.ERR　UART奇偶错误状态位。0为无奇偶校验错误检测,1为收到奇偶校验错误。

U0CSR.RX_BYTE　接收字节状态。UART模式和SPI从模式下使用。读U0DBUF时该位自动清除;若通过写0清除它,则丢弃U0DBUF中的数据。0为没有收到字节,1为准备好接收字节。

U0CSR.TX_BYTE　发送字节状态。UART模式和SPI主模式下使用。0为字节没有被发送,1为写到数据缓存寄存器的最后字节被发送。

U0CSR.ACTIVE　USART发送/接收忙状态位。在SPI从模式下该位为从模式选择。0为USART空闲,1为在发送或者接收模式USART忙碌。

(2) USART0的UART控制寄存器U0UCR

U0UCR.FLOW　UART硬件流使能位。用RTS和CTS引脚进行硬件流控制。0为流控制禁止,1为流控制使能。

U0UCR.D9　UART奇偶校验位。使能奇偶校验时,写入D9的值决定发送字节的第9位,若收到字节的第9位与收到字节的奇偶校验不匹配,则VOCSR.ERR位报告奇偶校验错误。如果奇偶校验使能,则该位设置奇偶校验类别。0为奇校验,1为偶校验。

U0UCR.BIT9　使能UART的9位数据。为1时,使能奇偶校验位(即第9位)的传输。如果通过PARITY位使能奇偶校验,则第9位为D9的值。0为8位传送,1为9位传送。

U0UCR.PARITY　UART奇偶校验使能位。除了为奇偶校验设置该位用于计算外,还必须设置Bit位使能9位模式。0为禁用奇偶校验,1为使能奇偶校验。

U0UCR.SPB　选择UART停止位的位数。0为1位停止位,1为2位停止位。

U0UCR.STOP　设置UART停止位的电平。必须不同于开始位的电平。0为停止位低电平,1为停止位高电平。

U0UCR.START　设置UART起始位电平。闲置线的极性采用选择的起始位电平的相反的电平。0为起始位低电平,1为起始位高电平。

(3) USART0的通用控制寄存器U0GCR

U0GCR.CPOL　选择SPI的时钟极性。0为负时钟极性,1为正时钟极性。

U0GCR.CPHA　选择SPI时钟相位。0:当SCK从反向CPOL到CPOL时数据输出到MOSI, 并且当SCK从CPOL到反向CPOL时对MISO上的输入数据进行采样。1:当SCK从CPOL到反向CPOL时数据输出到MOSI,并且当SCK从反向CPOL到CPOL时对MISO上的输入数据进行采样。

U0GCR.ORDER　选择传送位顺序。0为LSB先传送;1为MSB先传送。

U0GCR.BAUD_E[4:0]　波特率指数值。BAUD_E和BAUD_M决定了UART波特率和SPI的主SCK时钟频率。

(4) USART0 的接收/发送数据缓存器 U0BUF

U0BUF.DATA[7：0]　USART 接收和发送数据。写 U0BUF 寄存器时，数据被写入发送数据寄存器。读该寄存器时，数据来自接收数据寄存器。

(5) USART0 的波特率控制器 U0BAUD

U0BAUD.BAUD_M[7：0] 波特率小数部分的值。BAUD_E 和 BAUD_M 决定了 UART 的波特率和 SPI 的主 SCK 时钟频率。

6. UART 样例程序

(1) UART 发送字符串

使用 UART 发送字符串的部分程序如下：

```
void initUART(void)  {                                   //初始化
    PERCFG = 0x00;                                      //位置 1 P0 口
    P0SEL = 0x3c;                                       //P0 用作串口
    U0CSR = 0x80;                                       //UART 方式
    U0UCR = 0x02;                                       //8 位数据位，一位停止位，无奇偶校验
    U0GCR |= 11;                                        //BAND_E = 11
    U0BAUD |= 216;                                      //波特率设为 115 200
    UTX0IF = 1;
}
void UartTX_Send_String(UINT8 * Data,int len) {  //串口发送数据函数
  int j;
  for(j = 0;j<len;j ++ )  {
    U0DBUF =  * Data ++ ;
    while(UTX0IF == 0);
    UTX0IF = 0;
  }
}
void main(){
  UINT8 * data = "Hello World! ";
  SysClkSet32M();                                       //设置时钟频率
  initUART();                                           //调用初始化函数
  while(1)  {
      UartTX_Send_String(data,13);                      //发送数据
      Delay(1);
  }
}
```

使用宏函数后程序可以简化，部分程序代码如下：

```
void UartTX_Send_String(UINT8 * Data,int len) {            //串口发送数据函数
  int j;
  for(j = 0;j<len;j ++ )  {
    UART0_SEND( * Data ++ );
    while(UTX0IF == 0);
    UTX0IF = 0;
  }
}
void main(){
  UINT8 * data = "Hello World! ";
  SysClkSet32M();                                         //设置时钟频率
  UART_SETUP(0,115200,HIGH_STOP);
  while(1)  {
      UartTX_Send_String(data,13);                        //发送数据
      Delay(1);
  }
}
```

(2) UART 收发字符

UART 收到一个字符,就发一个字符的部分程序如下:

```
void initUART(void) {                         //初始化
    PERCFG = 0x00;                            //位置 1 P0 口
    P0SEL = 0x3c;                             //P0 用作串口
    U0CSR = 0x80;                             //UART 方式
    U0UCR = 0x02;                             //8 位数据位,一位停止位,无奇偶校验
    U0GCR | = 11;                             //BAUD_E = 11;
    U0BAUD | = 216;                           //波特率设为 115200
    UTX0IF = 1;
    U0CSR | = 0x40;                           //允许接收
    IEN0 | = 0x84;                            //UART0 接收中断
}
void main(){
  SysClkSet32M();                             //设置时钟频率
  initUART();                                 //调用初始化函数
  while(1)  {
    if(str! = '\0'){                          //判断串口是否接收到数据
       U0DBUF = str;                          //回发接收到的数据
       UTX0IF = 0;
       str = '\0';
    }
  }
}
```

```
#pragma vector = URX0_VECTOR                          //串口接收数据中断函数
__interrupt void UART0_ISR(void){
  URX0IF = 0;
  str = U0DBUF;
}
```

使用宏函数后程序可以简化，部分程序代码如下：

```
void initUART(void)  {                                //初始化
  UART_SETUP(0,115200,HIGH_STOP);
  U0CSR |= 0X40;                                      //允许接收
  IEN0 = 0x84;                                        //UART0 接收中断
}
void main(){
  SysClkSet32M();                                     //设置时钟频率
  initUART();                                         //调用初始化函数
  while(1)  {
    if(str! = '\0')  {                                //判断串口是否接收到数据
      UART0_SEND(str);                                //回发接收到的数据
      UTX0IF = 0;
      str = '\0';
    }
  }
}
#pragma vector = URX0_VECTOR                          //串口接收数据中断函数
__interrupt void UART0_ISR(void) {
  URX0IF = 0;
  UART0_RECEIVE(str);
}
```


13.3　温湿度采集

13.3.1　温湿度传感器 SHT10

SHT10 是一款高度集成的温湿度传感器芯片，提供全标定的数字输出。采用专利的 CMOSens 技术，确保产品具有极高的可靠性与卓越的长期稳定性。传感器包括一个电容性聚合体测湿敏感元件、一个用能隙材料制成的测温元件，并在同一芯片上，与 14 位 A/D 转换器及串行接口电路实现无缝连接。

SHT10 引脚及特性如下：

VDD，GND　SHT10 的供电电压为 2.4～5.5 V。传感器上电后，要等待 11 ms 以越过“休眠”状态。在此期间无需发送任何指令。电源引脚(VDD，GND)之间可增加一个 100 nF 的电容，用以去耦滤波。

SCK　用于单片机与 SHT10 之间的通信同步。由于接口包含了完全静态逻辑,因而不存在最小 SCK 频率。

DATA　三态门用于数据的读取。DATA 在 SCK 时钟下降沿之后改变状态,并仅在 SCK 时钟上升沿有效。数据传输期间,在 SCK 时钟高电平时,DATA 必须保持稳定。为避免信号冲突,单片机应驱动 DATA 在低电平状态。需要一个外部的上拉电阻(例如 10 kΩ)将信号提拉至高电平。上拉电阻通常已包含在单片机的 I/O 电路中。

(1) 向 SHT10 发送命令

用一组“启动传输”时序表示数据传输的初始化。它包括当 SCK 时钟高电平时 DATA 翻转为低电平,紧接着 SCK 变为低电平,随后是在 SCK 时钟高电平时 DATA 翻转为高电平。后续命令包含 3 个地址位(目前只支持 000)和 5 个命令位。SHT10 会以下述方式表示已正确地接收到指令:在第 8 个 SCK 时钟的下降沿之后,将 DATA 拉为低电平(ACK 位)。在第 9 个 SCK 时钟的下降沿之后,释放 DATA(恢复高电平)。

(2) 测量时序(RH 和 T)

发布一组测量命令(00000101 表示相对湿度 RH,00000011 表示温度 T)后,单片机要等待测量结束。这个过程需要大约 11/55/210 ms,分别对应 8/12/14 位测量。确切的时间取决于内部晶振频率,最多有±15%变化。SHTxx 通过下拉 DATA 至低电平并进入空闲模式,表示测量的结束。单片机再次触发 SCK 时钟前,必须等待这个“数据准备好”信号来读出数据。检测数据可以先被存储,这样单片机可以继续执行其他任务,在需要时再读出数据。接着传输 2 字节的测量数据和 1 字节的 CRC 奇偶校验。单片机需要通过下拉 DATA 为低电平,以确认每字节。所有的数据从 MSB 开始,右侧的值有效(例如:对于 12 位数据,从第 5 个 SCK 时钟起算作 MSB;而对于 8 位数据,首字节则无意义)。用 CRC 数据的确认位,表明通信结束。如果不使用 CRC-8 校验,单片机可以在测量值 LSB 后,通过保持确认位 ACK 高电平,来中止通信。在测量和通信结束后,SHT10 自动转入休眠模式。

通过 SHT10 对室内温湿度进行实时监控,将采集结果显示在 LCD 显示屏上。通过用 CC2530 的 I/O 口(P1.0 和 P1.1)模拟 I^2C 总线的 SCL 和 SDA,然后通过 I^2C 总线形式对温湿度传感器 SHT10 进行控制。CC2530 模块与 SHT10 温度传感器的连接如图 13-10 所示。

CC2530 使用 SHT10 温度传感器的 I^2C 总线接口进行数据采集的主要程序代码如下:

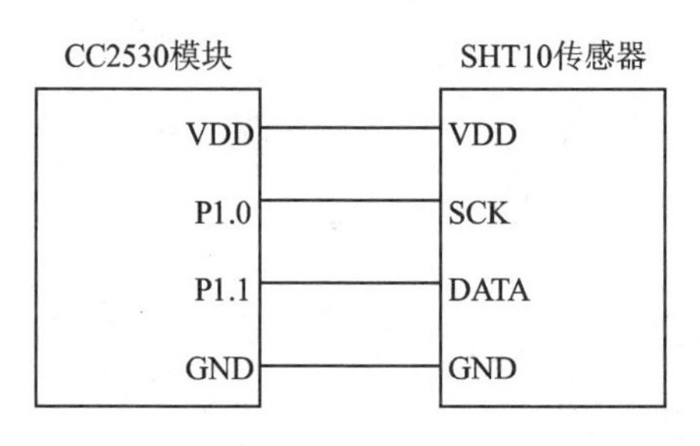

图 13-10　CC2530 模块与 SHT10 温度传感器的连接

```
#define SCL          P1_0                         //SHT10 时钟
#define SDA          P1_1                         //SHT10 数据线
#define SDA_IN       IO_DIR_PORT_PIN(1, 1, IO_IN)
#define SDA_OUT      IO_DIR_PORT_PIN(1, 1, IO_OUT)
#define SCL_OUT      IO_DIR_PORT_PIN(1, 0, IO_OUT)

unsigned char d1;                                 //读取数据的 MSB
unsigned char d2;                                 //读取数据的 LSB
unsigned char d3;                                 //CRC

//向 SHT10 写一个字节
char write_byte(unsigned char value){
  unsigned char i,error = 0;
  SCL_OUT;                                        //时钟和数据 IO 设置为输出
  SDA_OUT;
  for (i = 0x80;i>0;i/ = 2){                      //将一字节的 8 位逐一输出
     if (i & value)
         SDA = 1;
     else
         SDA = 0;
    SCL = 1;
    Delay1us(5);
    SCL = 0;
    asm("NOP");
    asm("NOP");
  }
  SDA = 1;
  SDA_IN;                                //将数据线设置为输入,以准备接收 SHT10 的 ACK
  SCL = 1;
  asm("NOP");
  error = SDA;
  Delay1us(3);
```

```
    SDA_OUT;                              //将数据线恢复为输出状态
    SDA = 1;
    SCL = 0;
    return error;
}

//从 SHT10 读取一字节
char read_byte(unsigned char ack){
    SCL_OUT;                              //时钟和数据 IO 设置为输出
    SDA_OUT;
    unsigned char i,val = 0;
    SDA = 1;
    SDA_IN;                               //将数据线设置为输入,以准备接收 SHT10 的数据
    for (i = 0x80;i>0;i/ = 2)    {
      SCL = 1;
      if (SDA)
       val = (val | i);
      else
        val = (val | 0x00);
      SCL = 0;
      Delay1us(5);
    }
    SDA_OUT;                              //将数据线恢复为输出状态
    SDA = ! ack;                          //ACK 位为低表示应答,为高表示非应答
    SCL = 1;
    Delay1us(5);
    SCL = 0;
    SDA = 1;
    return val;                           //返回读取的值
}

//启动 SHT10,开始与 SHT10 通信
void SHT10_transstart(void){
     SCL_OUT;
     SDA_OUT;
     SDA = 1; SCL = 0;
     Delay1us(2);
     SCL = 1;
     Delay1us(2);
     SDA = 0;
     Delay1us(2);
     SCL = 0;
     Delay1us(5);
```

```
    /* 注意:SHT10 的启动方式与正常的 IIC 稍有不同,详见 SHT10 数据手册 */
    SCL = 1;
    Delay1us(2);
    SDA = 1;
    Delay1us(2);
    SCL = 0;
    Delay1us(2);
}

// SHT10 通信复位
void SHT10_connectionreset(void){
  unsigned char i;
  /* 注意:SHT10 的复位方法,详见 SHT10 数据手册 */
  SCL_OUT;
  SDA_OUT;
  SDA = 1;
  SCL = 0;
  for(i = 0;i<9;i ++ )  {
    SCL = 1;
    Delay1us(2);
    SCL = 0;
    Delay1us(2);
  }
  SHT10_transstart();
}

//发送命令、读取 SHT10 温度或湿度数据/
char SHT10_measure( unsigned char * p_checksum, unsigned char mode){
  unsigned er = 0;
  unsigned int i,j;
  SHT10_transstart();                              //启动传输
  switch(mode) {
    case MEASURE_TEMP:
      er + = write_byte(3);                        //发送温度读取命令
      break;
    case MEASURE_HUMI:
      er + = write_byte(5);                        //发送湿度读取命令
      break;
    default:
      break;
  }

  /* 等待"数据备妥"信号,20(8bit)/80(12bit)/320(14bit)ms */
```

```
    SDA_IN;              //将数据线设置为输入,以准备接收 SHT10 的 ACK
    for(i = 0;i<65535;i ++ )  {
      for(j = 0;j<65535;j ++ ) {
        if(SDA == 0) break;
      }
      if(SDA == 0) break;
    }
    if(SDA) er += 1;                         //SDA 没有拉低,错误信息加 1
    /* 接着读取 2 个字节的数据和 1 个字节的 CRC 校验,并以 CRC 的非应答表示结束 */
    d1 = read_byte(ACK);
    d2 = read_byte(ACK);
    d3 = read_byte(noACK);
    return er;
}
int rounding(float number) {                 //四舍五入,取整值
    if(((int)(number * 10) % 10) > 4) {
      number = number + 1;
    }
    return (int)number;
}

//调用相应函数,读取温度和湿度数据并计算校验和
void SHT10_readTH(int * t,int * h ){
    unsigned char error,checksum;
    float humi,temp;
    SHT10_initIO();
    SHT10_connectionreset();                 //通信复位
    error = 0;
    error += SHT10_measure(&checksum,MEASURE_HUMI);//读取湿度数据并校验
    humi = d1 * 256 + d2;
    error += SHT10_measure(&checksum,MEASURE_TEMP);//读取温度数据并校验
    temp = d1 * 256 + d2;
    if(error!= 0) SHT10_connectionreset();   //读取失败,通信复位
    else {                                   //读取成功,计算数据
       temp = temp * 0.01 - 44.0 ;           //温度校准
       humi = (temp - 25) * (0.01 + 0.00008 * humi) - 0.0000028 * humi * humi + 0.0405 * humi - 4;
                                             //湿度校准
       if(humi>100) humi = 100;
       if(humi<0.1) humi = 0.1;
    }
```

```
        * t = rounding(temp);                          //四舍五入,温湿度取整值
        * h = rounding(humi);
    }
    void main(){
      int tempera;
      int humidity;
      SET_MAIN_CLOCK_SOURCE(CRYSTAL);                  //设置系统时钟源为 32 MHz 晶体振荡器
      while(1)  {
       SHT10_readTH(&tempera,&humidity);               //读取温度和湿度
      }
    }
```

13.3.2　TC77 温度传感器

TC77 是特别适用于低成本和小尺寸应用场合的串行通信数字温度传感器。内部温度检测元件输出的温度被转换成数据,以 13 位二进制补码的数据字方式输出。TC77 通过与 SPI 和 Microwave 兼容接口完成通信。温度数据有 12 位,符号位为正,最低有效位 LSB 代表的温度为 0.0625 ℃,即温度分辨率。TC77 在 +25～+65 ℃温度范围内提供±1.0 ℃(最大值)的精度。工作时,TC77 仅消耗 250 μA(典型值)的电流。TC77 的配置寄存器可用来启动低功耗关断模式,其电流消耗仅 0.1 μA (典型值) 。尺寸小,成本低,且易于使用,使得 TC77 成为不同系统中实现温度管理的理想选择。

采用 SPI 总线方式与 TC77 通信,获取芯片温度值。SPI 总线系统是一种同步串行外设接口 ,以主从方式工作,这种方式通常有一个主设备和一个或多个从设备,需要 4 根线,或 3 根线(用于单向传输,即半双工方式)。

MOSI ——SPI 总线主机输出/从机输入(SPI Bus Master Output/Slave Input);

MISO ——SPI 总线主机输入/从机输出(SPI Bus Master Input/Slave Output);

SCLK ——时钟信号,由主设备产生;

CS —— 从设备使能信号,由主设备控制。

其中,CS 控制芯片是否被选中,即只有当片选信号为预先规定的使能信号时(高电位或低电位),对此芯片的操作才有效。这就使在同一总线上连接多个 SPI 设备成为可能。CC2530 模块与 TC77 温度传感器的连接如图 13-11 所示。

CC2530 使用 TC77 的 SPI 接口进行温度数据采集的主要程序代码如下:

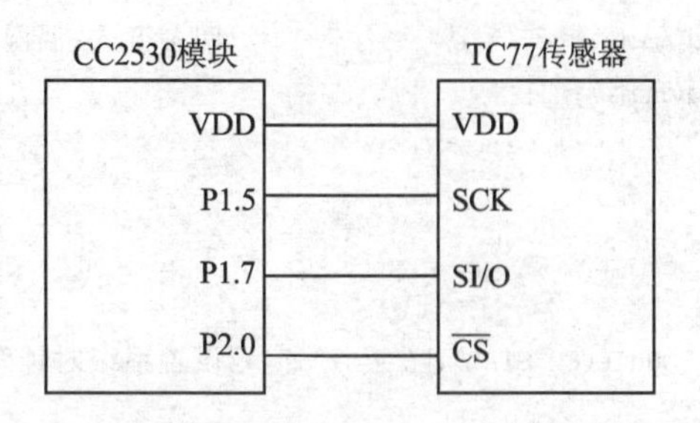

图 13-11　CC2530 模块与 TC77 温度传感器的连接

```
void TC77_Init(void){
  POWER_SEL_FALSE();
  POWER_OUT();
  POWER_INP_TRUE();                 //传感器电源控制引脚设为三态模式
  POWER_OFF();                      //传感器电源关
  /* TC77_CS */
  CS_SEL_FALSE();
  CS_LOW();
  CS_IN();
  CS_INP_TRUE();
  /* TC77_SCK */
  SCK_SEL_FALSE();
  SCK_LOW();
  SCK_IN();
  SCK_INP_TRUE();
  /* TC77_MISO */
  MISO_SEL_FALSE();
  MISO_IN();
  MISO_LOW();
  MISO_INP_TRUE();
  POWER_ON();                       //打开传感器电源置 PCON(P1.3)为 0
  CS_OUT();
  SCK_OUT();
  CS_HIGH();                        //P2.0--1,CS_TC77 低有效,片选信号
  SCK_HIGH();                       //SCK--1,时钟信号
}
void TC77_End(void){
  POWER_OFF();'                     //关闭传感器电源,置 PCON 为 1,SLEPP.MODE
  CS_IN();
  SCK_IN();
  CS_LOW();
```

```
    SCK_LOW();  //SCK 和 CS 的处理
  }
  /* TC77_Read SPI 模式读取温度传感器 */
  uint8 TC77_Read(void){
    uint16 temp = 0;
    uint8 i;
    SCK_LOW();
    CS_LOW();                          //片选信号有效,开始通信
    for(i = 0; i<16; i++)  {
      temp <<= 1;
      SCK_HIGH();                      //上升沿移入数据
      asm("nop");
      if(SPI_MISO)temp++;
      SCK_LOW();
      asm("nop");
    }
    CS_HIGH();                         //片选信号无效,结束通信
    i= temp >> 7;                      //由 TC77 芯片特性知,右移 7 位取整值
    return i;
  }
  void main(){
    uint8 temp;
    uint8 uCou = 5;
    TC77_Init();
    while(uCou!= 0)  {
      Delay1us(300000);                //延时 300 ms
      temp = TC77_Read();
      uCou--;
    }
    TC77_End();
  }
```

13.4 加速度传感器采集

13.4.1 加速度传感器 MMA7360

MMA7360 是 Freescale 公司开发的电容性三轴向低重力加速计,采用了 MEMS(Micro Electro Mechanical Systems)技术。MEMS 由微型电机结构组成,采用"微加工"工艺制造,有选择地蚀刻硅晶圆的几个部分,以及表面微加工,在硅晶圆表面建立薄膜结构。加速度传感器的简化物理模型由一对挠性轴及其支撑的极板及中间极板上的检测质量块组成。Z 轴可以视为一个活动的电容,沿着它接收加速度方向的移动。X 轴向技术包括一个可移动物体和双重固定横梁。每对感应单元横梁包括

两个背对背的电容器。当给定一加速度时，中间物体就会偏离无加速度时的位置，改变横梁之间的距离，电容值 C 也随着极板间距离的改变而改变。具体地，$C = NA\varepsilon D$，其中 A 是横梁的作用面积，ε 是介电常数，D 是横梁之间的距离，N 是横梁的数量。电容值经过容压变换器转换为电压值，经过增益放大器、滤波器和温度补偿，以电压的形式作为输出信号。MMA7360 的输出偏置电压和灵敏度与输入电压成线性比例关系。当输入电压增加时，灵敏度和偏置也会随之线性增大；反之减小。这就使得加速度输出的模拟信号经 A/D 转换为数字信号的过程中避免了错误感应。

MMA7360 的可选灵敏度为 1.5g/6g，采用 3 mm×5 mm×1 mm 的 LGA 封装，比 QFN 封装的体积小 71%，适合占地空间小的便携式应用。MMA7360 的功能框图如图 13－12 所示。X、Y、Z 三个垂直方向的加速度由 C－Cell 传感单元感知并经过容压变换器、增益放大、滤波器和温度补偿后以电压信号输出。

设置 MMA7360 加速度的范围为±1.5g，传感器感知三维加速度信号，传送给微处理器进行处理。由于 MMA7360 内部采用开关电容滤波器，需要在 X_{OUT}、Y_{OUT} 和 Z_{OUT} 三个输出端分别接 RC 滤波器，以滤除时钟噪声。三维模拟加速度信号经微处理器内置的 3 通道 A/D 转换后，由 CPU 进行数字信号处理。

CC2530 模块与 MMA7360 的接口电路如图 13－13 所示。

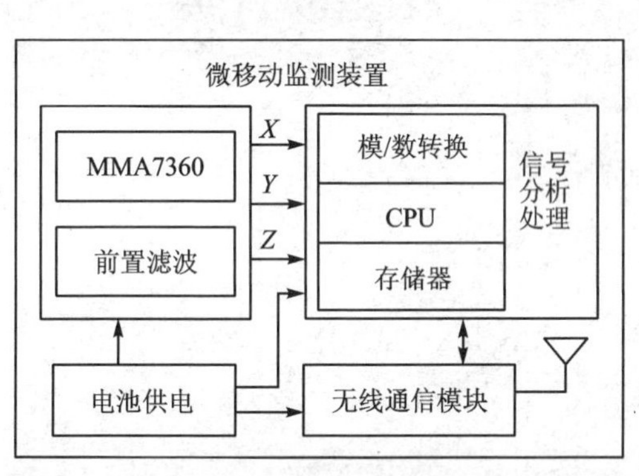

图 13－12　MMA7360 的功能框图

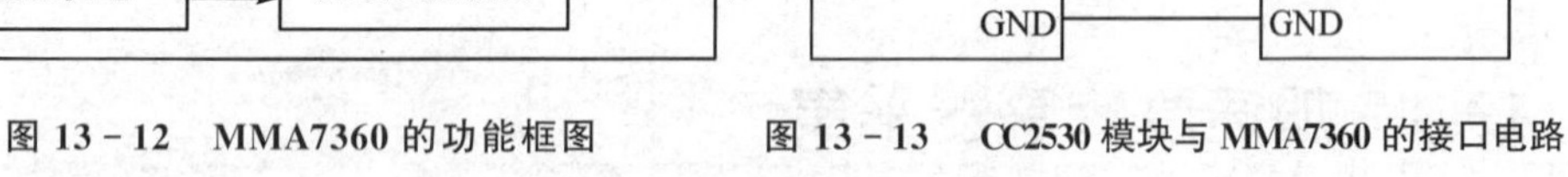

图 13－13　CC2530 模块与 MMA7360 的接口电路

了解 MMA7630L 三维加速度传感器的使用原理后，可进一步熟悉 A/D 采样原理。采用 CC2530 的片内 A/D 进行传感器的数据采集，主要程序代码如下：

```
//设置 ADC I/O 口为低功耗模式
void SET_ADC_IO_SLEEP_MODE(void){
  PHOTO_SEL_FALSE();                          //P0.0 通用 I/O
  PHOTO_LOW();
  PHOTO_IN();                                 //P0.0 输入
  PHOTO_INP_TRUE();                           //P0.0 三态
  X_SEL_FALSE();                              // ADC 关闭，Xout
```

```
    X_LOW();
    X_IN();
    X_INP_TRUE();
    Y_SEL_FALSE();                              // Yout
    Y_LOW();
    Y_IN();
    Y_INP_TRUE();
    Z_SEL_FALSE();                              // Zout
    Z_LOW();
    Z_IN();
    Z_INP_TRUE();
    APCFG &= ~0xC3;
}
//设置 ADC I/O 口为 ADC 模式
void SET_ADC_IO_ADC_MODE(void){
    PHOTO_SEL_TRUE();                           //P0.0 设置为外设功能,PHOTO
    PHOTO_IN();                                 //P0.0 输入
    X_SEL_TRUE();                               //P0.1 设置为外设,Xout
    X_IN();                                     //P0.1 输入
    Y_SEL_TRUE();                               //P0.6 设置为外设, Yout
    Y_IN();                                     //P0.6 输入
    Z_SEL_TRUE();                               //P0.7 设置为外设, Zout
    Z_IN();                                     //P0.7 输入
    APCFG |= 0xC3;                              //AD 采样通道输入
}
//传感器及 ADC I/O 口初始化
void MMA7360_Init(void){
    POWER_SEL_FALSE();
    POWER_OUT();
    POWER_INP_TRUE();                           //传感器电源控制引脚设为三态模式
    POWER_OFF();                                //传感器电源关
    /* 加速度传感器 I/O 口初始化 */
    SLEEP_SEL_FALSE();
    SLEEP_OUT();
    SLEEP_HIGH();                               //SLEEP
    SLEEP_INP_TRUE();
    SET_ADC_IO_SLEEP_MODE();                    //ADC 传感器进入低功耗模式
    SLEEP_LOW();                                //加速度传感器进入睡眠模式
    POWER_ON();                                 //打开传感器电源
    SET_ADC_IO_ADC_MODE();
    SLEEP_HIGH();                               //使能加速度传感器
```

```
}
int main(){
  uint16 uData[3];
  uint8 uCount = 5;
  MMA7360_Init();
  while(uCount -- != 0) {
    Delay1us(5000);
    uData[0] = (uint16)HalAdcRead(ACC_X,HAL_ADC_RESOLUTION_12);
    uData[1] = (uint16)HalAdcRead(ACC_Y,HAL_ADC_RESOLUTION_12);
    uData[2] = (uint16)HalAdcRead(ACC_Z,HAL_ADC_RESOLUTION_12);
    uData[0] = uData[0]>>4;  //仅取 12 位中的高 8 位
    uData[1] = uData[1]>>4;  //仅取 12 位中的高 8 位
    uData[2] = uData[2]>>4;  //仅取 12 位中的高 8 位
  }
  SLEEP_LOW();                    //加速度传感器进入休眠模式
  SET_ADC_IO_SLEEP_MODE();
  POWER_OFF();                    //关闭传感器电源
  return 0;
}
```

13.4.2 加速度传感器 ADXL345

ADXL345 是一款小而薄的超低功耗 3 轴加速度计,分辨率高(13 位),测量范围达±16g。数字输出数据为 16 位二进制补码格式,可通过 SPI(3 线或 4 线)或 I²C 总线接口访问。ADXL345 非常适合移动设备应用。它可以在倾斜检测应用中测量静态重力加速度,还可以测量运动或冲击导致的动态加速度。其高分辨率为 3.9mg/LSB,能够测量不到 1.0°的倾斜角度变化。

该器件提供多种特殊检测功能。活动和非活动检测功能通过比较任意轴上的加速度与用户设置的阈值来检测有无运动发生。敲击检测功能可以检测任意方向的单振和双振动作。自由落体检测功能可以检测器件是否正在掉落。这些功能可以独立映射到 2 个中断输出引脚之一。集成式存储器管理系统采用一个 32 级先进先出(FIFO)缓冲器,可用于存储数据,从而将主机处理器负荷降至最低,并降低整体系统功耗。低功耗模式支持基于运动的智能电源管理,从而以极低的功耗进行阈值感测和运动加速度测量。ADXL345 采用 3 mm×5 mm×1 mm、14 引脚小型超薄塑料封装。CC2530 模块与 ADXL345 的接口电路如图 13 - 14 所示。

采用 ADXL345 加速度传感器的 I²C 总线接口进行数据采集的主要程序代码如下:

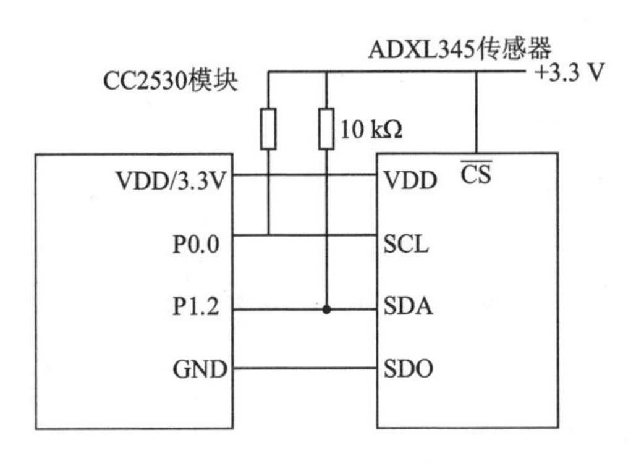

图 13-14　CC2530 模块与 ADXL345 的接口电路

```
//主设备发送一个字节数据
void write_byte(uchar ucData){
    uchar i;
    SCL_OUT;
    SDA_OUT;
    SCL_L;
    for (i = 0x80;i>0;i/ = 2)     {
        if(i & ucData)  SDA_H;
        else    SDA_L;
        Delay1us(5); /* 延时 5 μs */
        SCL_H;
        Delay1us(5);
        SCL_L;
        Delay1us(5);
    }
    Delay1us(5);
    getAck_iic();
}
//主设备接收一个字节数据
uchar read_byte(){
    uchar i,k;
    SDA_L;
    SDA_OUT;
    SDA_H;                  /* 为了接收应答信号,释放总线 */
    SDA_IN;
    for(i = 0;i<8;i ++ ) {
      SCL_H;                /* SCL = 1 的时候  才可以读数据 */
      Delay1us(5);          /* 延时 5 μs delay() */
      k = (k<<1)|SDA_PIN;
```

```
        SCL_L;                  /* SCL = 0 */
        Delay1us(5);            /* 延时 5 μs */
    }
    return k;
}
// I²C 主设备向从设备的寄存器写数据
void putData(unsigned char ucSlaveAddr,unsigned char ucRegAddr,unsigned char ucData){
    Delay1us(5000);
    start_iic();
    write_byte(ucSlaveAddr);
    write_byte(ucRegAddr);
    write_byte(ucData);
    stop_iic();
}
// I²C 主设备读从设备寄存器的数据(读一字节)
uchar GetByte(unsigned char  ucSlaveAddr, unsigned char ucRegAddr){
    uchar ucDate;
    start_iic();
    write_byte(ucSlaveAddr);
    write_byte(ucRegAddr);
    start_iic();
    write_byte(ucSlaveAddr + 1);
    ucDate = read_byte();
    stop_iic();
    return ucDate;
}
// I²C 主设备连续读从设备连续地址的数据
void ADXL345_ReadXYZ(unsigned char * ucReceiveBuf){
    uchar i;
    start_iic();                          /* 起始信号 */
    write_byte(ADXL345Addr);              /* 发送设备地址 + 写信号 */
    write_byte(0x32);                     /* 发送存储单元地址,从 0x32 开始 */
    start_iic();                          /* 起始信号 */
    write_byte(ADXL345Addr + 1);          /* 发送设备地址 + 读信号 */
    for (i = 0; i<6; i ++ ) {             /* 连续读取 6 个数据 */
        Delay10us(1000);
        ucReceiveBuf[i] = read_byte();    /* ucReceiveBuf[0]存储 0x32 地址中的数据 */
        if (i == 5) nack_iic();           /* 最后一个数据需要回 NOACK */
        else ack_iic();                   /* 回应 ACK */
    }
```

```
    stop_iic();     /* 停止信号 */
    Delay1us(5);
}
//初始化 ADXL345 设备
void ADXL345_Init(){
  putData(ADXL345Addr   ,0x31,0x08);     /* 测量范围,正负 16g,13 位模式 */
  Delay10us(5000);
  putData(ADXL345Addr   ,0x2C,0x08);     /* 速率设定为 12.5   */
  Delay10us(5000);
  putData(ADXL345Addr   ,0x2D,0x08);     /* 选择电源模式 */
  Delay10us(5000);
  putData(ADXL345Addr   ,0x2E,0x80);     /* 使能 DATA_READY 中断 */
  Delay10us(5000);
  putData(ADXL345Addr   ,0x1E,0x00);     /* X 偏移量,根据测试传感器的状态写入 */
  Delay10us(5000);
  putData(ADXL345Addr   ,0x1F,0x00);     /* Y 偏移量,根据测试传感器的状态写入 */
  Delay10us(5000);
  putData(ADXL345Addr   ,0x20,0x05);     /* Z 偏移量,根据测试传感器的状态写入 */
}
void main(void){
  uchar date = 0;
  uchar ADXL345_Buf[6];
  int xi = 0,yi = 0,zi = 0;                  /* 合成数据 */
  float X = 0.0,Y = 0.0,Z = 0.0;
  ADXL345_Init();
  while(1)  {
       date = GetByte(ADXL345Addr, 0x00);/* 读取 0x 地址 */
       Delay10us(100);
       ADXL345_ReadXYZ(ADXL345_Buf);
       xi = (ADXL345_Buf[1]<<8) + ADXL345_Buf[0];  /* 合成数据 x */
       yi = (ADXL345_Buf[3]<<8) + ADXL345_Buf[2];  /* 合成数据 y */
       zi = (ADXL345_Buf[5]<<8) + ADXL345_Buf[4];  /* 合成数据 z */
       X = (float)xi * 3.9/1000;                   /* 此为 X 轴方向上的加速度 */
       Y = (float)yi * 3.9/1000;                   /* 此为 Y 轴方向上的加速度 */
       Z = (float)zi * 3.9/1000;                   /* 此为 Z 轴方向上的加速度 */
       Delay10us(5000);
    }
}
```

13.5　RFID采集

RFID读卡模块采用韦根(Wiegand)协议与主机通信。韦根协议是国际上统一的标准,是由摩托罗拉公司制定的一种通信协议。它适用于涉及门禁控制系统等的读卡器和卡片,有很多格式,标准的26位是最常用的格式。此外,还有34位、37位等格式。标准26位格式是一个开放式的格式,意味着任何人都可以购买某一特定格式的HID卡,并且这些特定格式的种类是公开可选的。26位格式就是一个广泛使用的工业标准,并且对所有HID的用户开放。几乎所有的门禁控制系统都接受标准的26位格式。

RFID读卡器模块对外引脚有7个,其中与实际使用直接相关的有4个引脚,如图13-15所示。

➢ 数据线0:当该引脚被读卡器置低电平时说明当前传输一位0;
➢ 数据线1:当该引脚被读卡器置低电平时说明当前传输一位1;
➢ 读卡器与开发板共地;
➢ 使用9 V直流电源连接读卡器。

CC2530模块与RFID读卡器模块接口电路如图13-16所示。

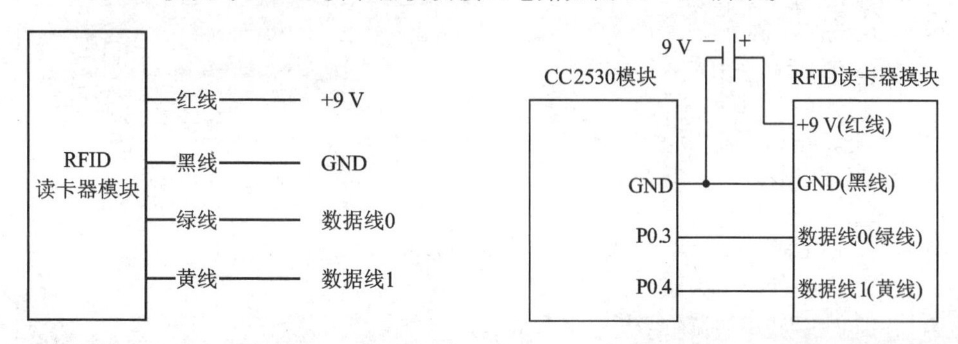

图13-15　RFID读卡器模块对外引脚　　图13-16　CC2530模块与RFID读卡器模块接口电路

读取一卡通、身份证等卡号信息,显示在CC2530节点的LCD显示屏上。采用中断采集方式。RFID读卡器每读卡一次,将产生26次中断信号,对应26位韦根码。其中来自数据0线的中断信号传输0,来自数据1线的中断信号传输1。首先,进行中断初始化,选择CC2530的P0.1和P0.2引脚分别对应RFID的数据0线和数据1线;然后,在中断服务程序中进行中断信号处理,RFID每读卡一次,采集中断信号26次,并在CC2530的LCD液晶屏上显示读到的26位韦根码。部分程序代码如下:

```
#define WIEGAND_LEN 26                     //韦根码长度
#define uint8 unsigned char
char RFID[WIEGAND_LEN + 1];                //存储韦根码
uint8 count = 0;                           //计数器
uint8 flag = 0;                            //判断是否读完一次卡号
void Init_IO(void){
    P0SEL | = 0x03;                        //将 P0.1 P0.2 设置为外设功能
    P0DIR & = ~0x03;                       //将 P0.1 P0.2 设置为输入
    P0INP & = ~0x03;                       //端口输入模式设置(有上拉、下拉)
    P0IEN | = 0x03;                        //P0.1 P0.2 中断使能
    PICTL | = 0x01;                        //下降沿触发中断
    EA = 1;                                //使能全局中断
    IEN1 | = 0x20;                         //P0 口中断使能
    P0IFG & =  ~0x03;                      //P0.1 P0.2 中断标志清 0
}
void main(void){
  SysClkSet32M();                          //初始化时钟
  Init_IO();                               //中断初始化
  memset(RFID,0,sizeof(RFID));             //变量初始化
  while(1)  {
    if(flag){                              //一次韦根码读取完毕
      //此时 RFID 数组中存着韦根码
      count  =  0;
      flag = 0;
      memset(RFID,0,sizeof(RFID));
    }
  };
}
#pragma vector = P0INT_VECTOR
__interrupt void P0_IRQ(void){
    EA = 0;                                //关中断
    if( P0IFG&0x01){                       //P0.1 引脚中断,数据 0 线
      P0IFG & =  ~0x01;                    //P0.1 中断标志清 0
      RFID[count ++ ]  = '0';              //读 0
    }
    if( P0IFG&0x02){                       //P0.2 引脚中断,数据 1 线
      P0IFG & =  ~0x02;                    //P0.2 中断标志清 0
      RFID[count ++ ]  = '1';              //读 1
    }
    if( WIEGAND_LEN  ==  count )     {
      flag  =  1;                          //此时 RFID 数组中存着韦根码
    }
    EA = 1;                                //开中断
}
```

13.6　反射式接近开关传感器

E18-D80NKDC-5V 是一种反射式接近开关传感器，又称红外避障传感器。CC2530 模块与红外避障传感器接口电路如图 13-17 所示。

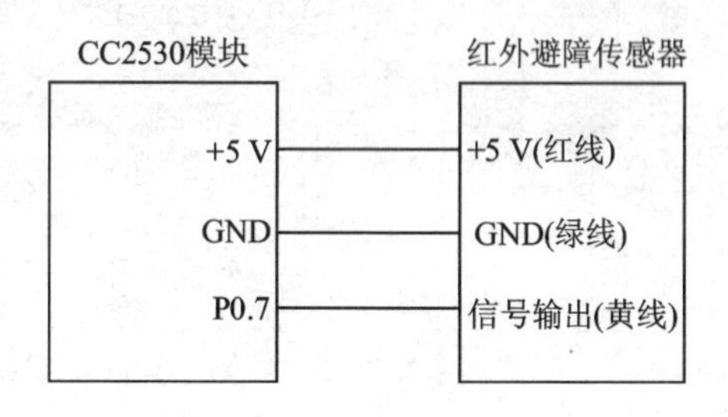

图 13-17　CC2530 模块与红外避障传感器接口电路

E18-D80NK 红外避障传感器接线有红、绿、黄 3 根。其中，红色线和绿色线为传感器供电，红色线接 +5 V 外接电源正极，绿色线接 +5 V 外接电源负极或者 GND，黄色线为信号输出线。当有障碍物遮挡传感器时，信号输出线输出低电平(0 V)；当移除障碍物时，信号输出线输出高电平(3.3 V)。

通过 E18-D80NKDC-5V 检测是否有障碍物，并利用 LED 灯的亮灭进行障碍物提醒。接通电源，有障碍物挡住红外线传感器时，CC2530 电源板上 LED1 灯亮；移除障碍物时，CC2530 电源板上 LED1 灯灭。主要程序如下：


```
void Init_IO(void){
  P1DIR |= 0x01;
  P1_0 = 0;
  P0SEL |= 0x80;                          //将 P0.7 设置为外设功能
  P0DIR &= ~0x80;                         //将 P0.7 设置为输入
  P0INP &= ~0x80;                         //端口输入模式设置(P0.7 有上拉、下拉)
  P0IEN |= 0x80;                          //P0.7 中断使能
  PICTL |= 0x01;                          //P0.7 为下降沿触发中断
  P0IFG &= ~0x80;                         //P0.7 中断标志清 0
  IEN1 |= 0x20;                           //P0 口中断使能
  EA = 1;                                 //使能全局中断
};
void main(void){
  SysClkSet32M();                         //初始化时钟
  Init_IO();                              //中断初始化
  while(1);                               //死循环,等待 P0 口下降沿中断
}
#pragma vector = P0INT_VECTOR
```

```
__interrupt void P0_IRQ(void){
  EA = 0;                           //关中断
  if( P0IFG&0x80)  {
    P0IFG &=  ~0x80;                //P0.7 中断标志清 0
    if(PICTL&0x01)
      P1_0 = 1;                     //有障碍物亮灯
    else
      P1_0 = 0;                     //无障碍物灭灯
    PICTL ^= 0x03;                  //更改触发方式
  }
  EA = 1;                           //开中断
}
```

13.7　超声波测距

超声波测距原理是利用超声波在空气中的传播速度为已知，测量声波在发射后遇到障碍物反射回来的时间，根据发射和接收的时间差计算出发射点到障碍物的实际距离。超声波测距公式表示为

$$d = (t \times v)/2$$

式中，d：超声波到测试物体之间的距离，单位为 cm；

t：回响信号高电平持续时间；

v：声速。

建议测量周期为 60 ms 以上，以防止发射信号对回响信号的影响。超声波时序如图 13－18 所示，其测距过程大致如下：

① 采用 I/O 口 TRIG 触发测距，给最少 10 μs 的高电平信号；

② 模块自动发送 8 个 40 kHz 的方波，自动检测是否有信号返回；

③ 有信号返回，通过 I/O 口 ECHO 输出一个高电平信号，高电平持续的时间就是超声测距往返需要的时间。

图 13－18 时序图表明，只需提供一个 10 μs 以上的脉冲触发信号，该模块内部将发出 8 个 40 kHz 周期电平并检测回波。一旦检测到有回波信号则输出回响信号。回响信号的脉冲宽度与所测的距离成正比。通过发射信号到收到回响信号之间的时间间隔可以计算得到距离。

HC－SR04 超声波测距模块可提供 2 cm～400 m 的非接触式距离感测功能，测距精度可达到 3 mm；模块包括超声波发射器、接收器与控制电路。HC－SR04 超声波测距模块对外接口如图 13－19 所示。CC2530 模块与 HC－SR04 超声波测距模块接口电路如图 13－20 所示。

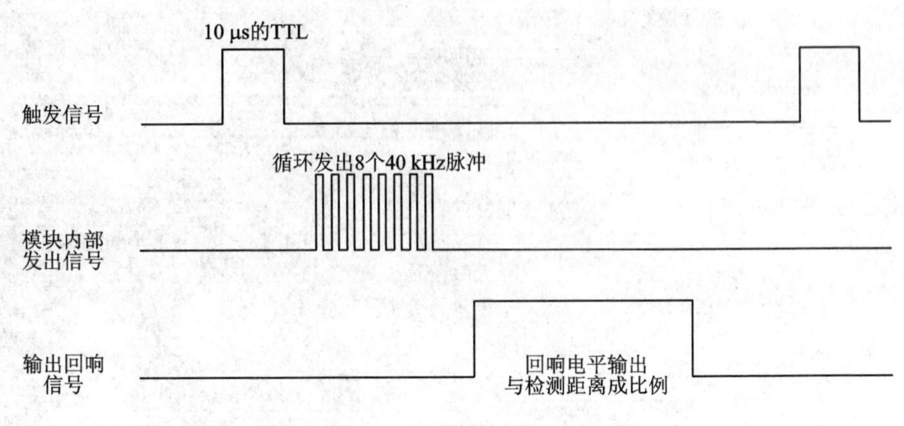

图13－18　超声波时序图

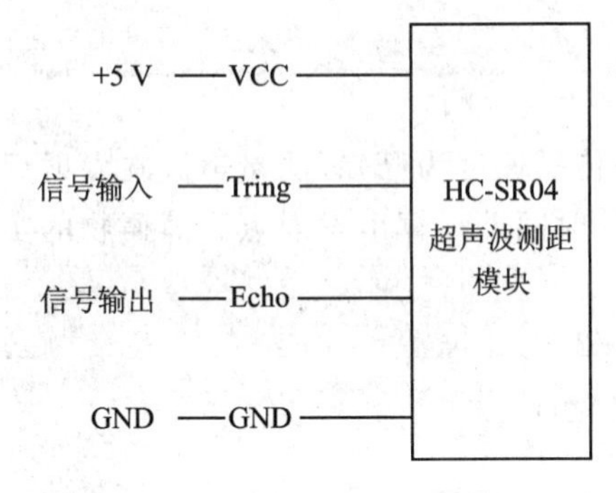

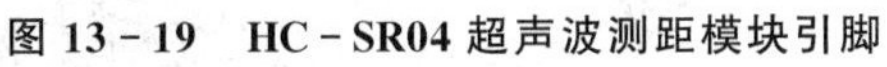
图13－19　HC－SR04超声波测距模块引脚

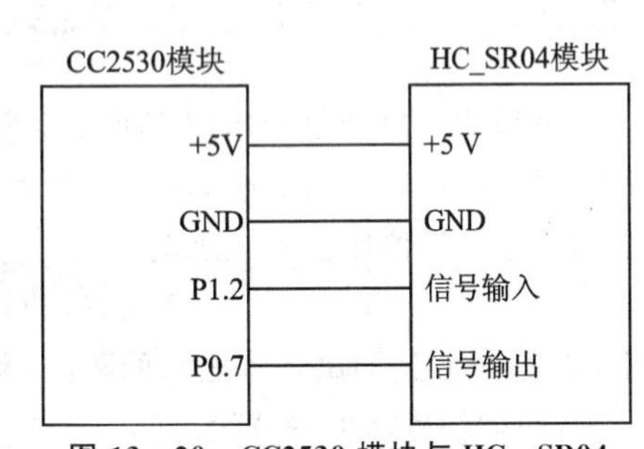

图13－20　CC2530模块与HC－SR04超声波测距模块接口电路

为了获得相对比较精确的时间 t(返回信号ECHO的高电平持续时间),采用中断与计数器技术相结合的方法进行测量。当返回信号ECHO为高电平时,配置并启动一个16位计数器,配置返回信号引脚为外部中断触发方式(下降沿触发)。当返回信号由高电平变低电平时,进入相应的中断响应函数,读取相应计数器的值。然后根据计数器的值和单片机的机器周期,计算出返回信号高电平的持续时间(即存储返回信号为高电平的数值)。存储返回信号由高变低时计数器的数值(根据有效的测量距离,不考虑溢出)。则测量距离 d 为

$$d = (256 \times H2 + L2 - L1 - 256 \times H1) \times 340/2/\text{定时器的频率} \quad (\text{cm})$$

采用超声波测距模块进行测距的主要程序代码如下:

```
#define TRIG P1_2
#define ECHO P0_7
uchar RG,H1,L1,H2,L2,H3,L3;
uint data;
float distance;
void Init_UltrasoundRanging() {
```

```
    PERCFG = 0x00;                    //位置 1 P0 口
    P1DIR = 0x04;                     //0 为输入(默认),1 为输出   00000100 TRIG P1_2
    TRIG = 0;
    P0INP &= ~0x80;                   //有上拉、下拉
    P0IEN |= 0x80;                    //P0_7 中断使能
    PICTL |= 0x01;                    //设置 P0_7 引脚,下降沿触发中断
    IEN1 |= 0x20;                     // P0IE = 1
}
void UltrasoundRanging() {
     EA = 0;
     TRIG = 1;
     Delay_10us(1);                   //需要延时 10 μs 以上的高电平
     TRIG = 0;
     T1CNTL = 0;
     T1CNTH = 0;
     while(! ECHO);
     T1CTL = 0x09;                    //通道 0,中断有效,32 分频
     L1 = T1CNTL;
     H1 = T1CNTH;
     EA = 1;
     Delay(2);
}
void main(void){
    SysClkSet32M();                   //初始化时钟
    Init_UltrasoundRanging();         //初始化引脚
    while(1){
        UltrasoundRanging();          //每次开启定时器 1
        data = 256 * H2 + L2 - L1 - 256 * H1;
        distance = (float)data * 340/10000;
    }
}
#pragma vector = P0INT_VECTOR
__interrupt void P0_ISR(void){
    EA = 0;
    T1CTL = 0x00;
    L2 = T1CNTL;
    H2 = T1CNTH;
    if(P0IFG&0x80){                   //P0_7 中断
        P0IFG = 0;
    }
    T1CTL = 0x09;
    P0IF = 0;                         //清中断标志
    EA = 1;
}
```

第14章

增强型8051系列STC15单片机

14.1 STC15单片机基础

14.1.1 STC15的结构及特性

STC15W4K32S4系列单片机是STC公司生产的单时钟/机器周期(1T)的单片机，是宽电压、高速、高可靠、低功耗、超强抗干扰的新一代8051单片机。它采用STC第九代加密技术，无法解密，指令完全兼容传统8051，但速度比传统8051快8～12倍。其内部集成高精度R/C时钟(±0.3%)，温漂±1%(−40～+85 ℃)，常温下温漂±0.6%(−20～+65 ℃)，ISP编程时钟5～30 MHz宽范围可设置，可彻底省掉外部昂贵的晶振和外部复位电路；内置4 KB大容量SRAM、8路10位PWM、8路高速10位A/D转换器(30 sps)、4个独立的高速异步串行口、1个高速同步串行通信接口SPI；内置比较器，功能更强大；在KEIL C开发环境中，选择Intel 8052编译，头文件包含＜reg51.h＞即可。现STC15系列单片机采用STC-Y5超高速CPU内核，在相同的时钟频率下，速度又比STC早期的1T系列单片机(如STC12系列/STC11系列/STC10系列)的速度快20%。

STC15W4K32S4系列单片机的内部结构框图如图14-1所示。STC15W4K32S4系列单片机中包含中央处理器(CPU)、程序存储器(Flash)、数据存储器(SRAM)、定时器/计数器、掉电唤醒专用定时器、I/O口、高速A/D转换、比较器、看门狗、UART高速异步串行通信口1、串行通信口2、串行通信口3、串行通信口4、CCP/PWM/PCA、高速同步串行通信端口SPI、片内高精度R/C时钟及高可靠复位等模块。STC15W4K32S4系列单片机几乎包含了数据采集和控制中所需要的所有单元模块，可称得上是一个真正的片上系统(SysTem Chip或SysTem on Chip，STC，这是宏晶科技STC名称的由来)。

STC15系列单片机主要特性如下：

- 增强型8051 CPU，1T单时钟/机器周期，速度比普通8051快8～12倍；
- 宽工作电压：2.5～5.5 V；

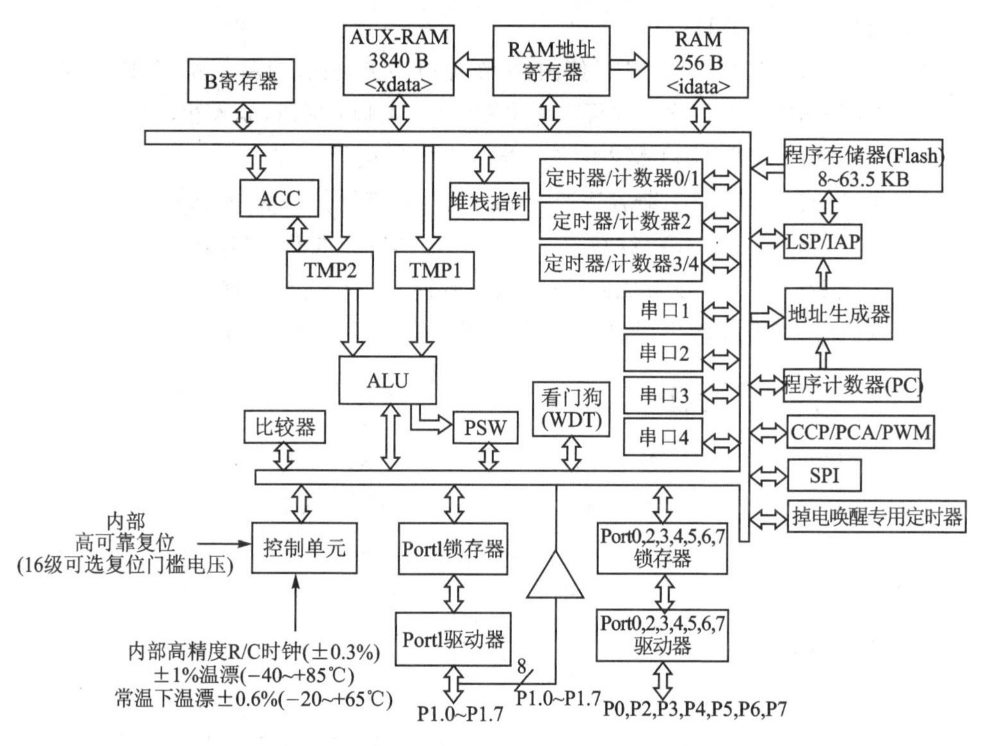

图 14－1　STC15W4K32S4 系列单片机内部结构框图

- 片内 Flash 程序存储器和大容量片内 EEPROM，擦写次数 10 万次以上；
- 片内大容量 4096 字节的 SRAM；
- ISP/IAP(在系统可编程/在应用可编程)无需编程器/仿真器；
- 共 8 通道 10 位高速 ADC，速度可达 30 万次/秒，8 路 PWM 还可当 8 路 D/A 使用；
- 6 通道 15 位专门的高精度 PWM(带死区控制)＋2 通道 CCP(利用其高速脉冲输出功能可实现 11～16 位 PWM)；
- 内部高可靠复位，ISP 编程时 16 级复位门槛电压可选，可彻底省掉外部复位电路；
- 工作频率范围：5～30 MHz，相当于普通 8051 的 60～360 MHz ；
- 不需外部晶振和外部复位，还可对外输出时钟和低电平复位信号；
- 四组完全独立的高速异步串行通信端口，分时切换可作 9 组串口使用；
- 一组高速同步串行通信接口 SPI；
- 低功耗设计：低速模式，空闲模式，掉电模式/停机模式；
- 共 7 个定时器，5 个 16 位可重装载定时器/计数器(T0/T1/T2/T3/T4)，均可独立实现对外可编程时钟输出(5 通道)，引脚 SysClkO 可将系统时钟对外分频输出(÷1 或÷2 或÷4 或÷16)，2 路 CCP 还可再实现 2 个定时器；

- 硬件看门狗(WDT);
- 比较器,可当作1路ADC使用,可作掉电检测,支持外部引脚CMP+与外部引脚CMP-进行比较并可产生中断,可在引脚CMPO上产生输出(可设置极性),支持外部引脚CMP+ 与内部参考电压进行比较;
- 先进的指令集结构,兼容普通8051指令集,有硬件乘法/除法指令;
- 通用I/O口(62/46/42/38/30/26个),复位后为准双向口/弱上拉(普通8051传统I/O口),可设置成四种模式:准双向口/弱上拉、强推挽/强上拉、仅为输入/高阻和开漏输出,每个I/O口驱动能力均可达到20mA。

14.1.2 时钟和复位

STC15F2K60S2、STC15W4K32S4、STC15W401AS和STC15F408AD系列单片机有两个时钟源:内部高精度R/C时钟和外部时钟(外部输入的时钟或外部晶体振荡产生的时钟)。而STC15F100W、STC15W201S、STC15W404S和STC15W1K16S系列无外部时钟,只有内部高精度R/C时钟。

1. 时　钟

(1) 主时钟分频和分频寄存器

如果希望降低系统功耗,可对时钟进行分频。利用时钟分频控制寄存器CLK_DIV(PCON2) 可进行时钟分频,从而使单片机在较低频率下工作。时钟分频寄存器CLK_DIV (PCON2)各位的定义如下:

B7	B6	B5	B4	B3	B2	B1	B0
MCKO_S1	MCKO_S0	ADRJ	Tx_Rx	MCLKO_2	CLKS2	CLKS1	CLKS0

CLKS2~0位说明如表14-1所列。

表14-1 CLKS2~0位说明

CLKS2	CLKS1	CLKS0	系统时钟选择控制位
0	0	0	主时钟频率/1,不分频
0	0	1	主时钟频率/2
0	1	0	主时钟频率/4
0	1	1	主时钟频率/8
1	0	0	主时钟频率/16
1	0	1	主时钟频率/32
1	1	0	主时钟频率/64
1	1	1	主时钟频率/128

主时钟可以是内部 R/C 时钟，也可以是外部输入的时钟或外部晶体振荡产生的时钟。时钟分频结构如图 14-2 所示。

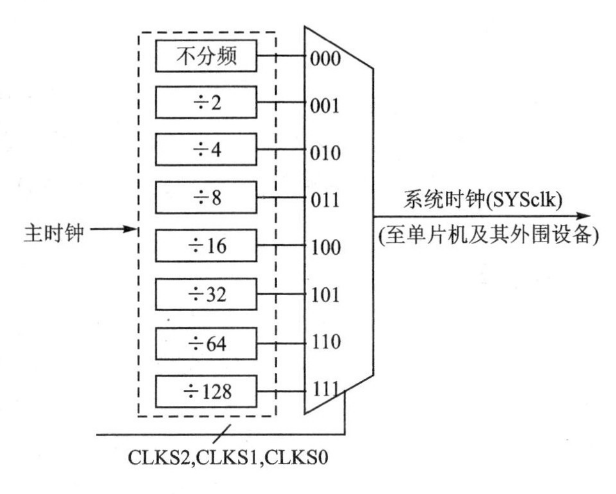

图 14-2　时钟结构

时钟分频寄存器 CLK_DIV（PCON2）的 MCKO_S1 和 MCKO_S0 位说明如表 14-2 所列。

表 14-2　MCKO_S1 和 MCKO_S0 位说明

MCKO_S1	MCKO_S0	主时钟对外分频输出控制位
0	0	主时钟不对外输出时钟
0	1	输出时钟频率＝MCLK/1
1	0	输出时钟频率＝MCLK/2
1	1	输出时钟频率＝MCLK/4

主时钟既可以是内部 R/C 时钟，也可以是外部输入的时钟或外部晶体振荡产生的时钟。但对于无外部时钟源的单片机，其主时钟只能是内部 R/C 时钟。主时钟可在引脚 MCLKO 或 MCLKO_2 对外输出。其中，STC15 系列 8 引脚单片机（如 STC15F100W 系列）在 MCLKO/P3.4 口对外输出时钟；STC15F2K60S2 系列、STC15W201S 系列及 STC15F408AD 系列单片机在 MCLKO/P5.4 口对外输出时钟；而 STC15W404S 系列及 STC15W1K16S 系列单片机除可在 MCLKO/P5.4 口对外输出时钟外，还可在 MCLKO_2/P1.6 口对外输出时钟。

(2) 可编程时钟输出(也可作分频器使用)

STC15 系列单片机最多有 6 路可编程时钟输出（如 STC15W4K32S4 系列）。对于 STC15 系列 5 V 单片机，由于 I/O 口的对外输出速度最快不超过 13.5 MHz，所以对外可编程时钟输出速度最快也不超过 13.5 MHz；对于 3.3 V 单片机，由于 I/O 口的对外输出速度最快不超过 8 MHz,所以对外可编程时钟输出速度最快也不超过 8 MHz。

2. 复　位

STC15 系列单片机有 7 种复位方式:外部 RST 引脚复位、软件复位、掉电复位/上电复位(并可选择增加额外的复位延时 180 ms,也叫 MAX810 专用复位电路)、MAX810 专用复位电路复位、内部低压检测复位、看门狗复位和程序地址非法复位。前 5 种复位方式说明如下:

(1) 外部 RST 引脚复位

STC15F100W 系列单片机的复位引脚在 RST/P3.4 口,其他 STC15 系列单片机的复位引脚均在 RST/P5.4 口。下面以 P5.4/RST 为例介绍外部 RST 引脚的复位。

外部 RST 引脚复位就是由从外部电路向 RST 引脚施加一定宽度的复位脉冲,从而实现单片机的复位。出厂时 P5.4/RST 引脚配置为 I/O 口,要将其配置为复位引脚,可在 ISP 烧录程序时设置。如果 P5.4/RST 引脚已在 ISP 烧录程序时被设置为复位脚,则 P5.4/RST 就是芯片复位的输入脚。将 RST 复位引脚拉高并维持至少 24 个时钟加 20μs 后,单片机会进入复位状态;将 RST 复位引脚拉回低电平后,单片机结束复位状态并将特殊功能寄存器 IAP_CONTR 中的 SWBS/IAP_CONTR.6 位置 1,同时从系统 ISP 监控程序区启动。外部 RST 引脚复位是热启动复位中的硬复位。

(2) 软件复位

用户应用程序在运行过程中,有时会有特殊需求,需要可实现单片机系统软复位(热启动复位中的软复位之一)。传统的 8051 单片机由于硬件上未支持此功能,用户必须用软件模拟实现,实现起来较麻烦。现 STC 新推出的增强型 8051 根据客户要求,增加了 IAP ONTR 特殊功能寄存器,实现了此功能。用户只需简单地控制 IAP_CONTR 特殊功能寄存器的其中两位 SWBS 或 SWRST,就可以实现系统复位了。IAP_CONTR:ISP/IAP 控制寄存器,定义如下:

B7	B6	B5	B4	B3	B2	B1	B0
IAPEN	SWBS	SWRST	CMD_FAIL	—	WT2	WT1	WT0

(3) 掉电复位/上电复位

当电源电压 VCC 低于掉电复位/上电复位检测门槛电压时,所有的逻辑电路都会复位。当内部 VCC 上升至上电复位检测门槛电压以上后,延迟 32 768 个时钟,掉电复位/上电复位结束。复位状态结束后,单片机将特殊功能寄存器中的 SWBS(IAP_CONTR.6)位置 1,同时从系统 ISP 监控程序区启动。掉电复位/上电复位是冷启动复位之一。对于 5 V 单片机,其掉电复位/上电复位检测门槛电压为 3.2 V;对于 3.3 V 单片机,其掉电复位/上电复位检测门槛电压为 1.8 V。

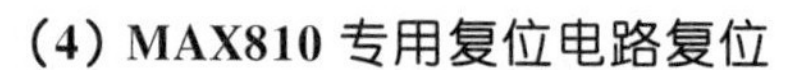

(4) MAX810 专用复位电路复位

STC15 系列单片机内部集成了 MAX810 专用复位电路。若 MAX810 专用复位电路在 STC－ISP 编程器中被允许,则以后掉电复位/上电复位后将产生约 180 ms 复位延时,复位才被解除。复位解除后单片机将特殊功能寄存器 IAPONTR 中的 SWBS(IAP_CONTR.6)位置 1,同时从系统 ISP 监控程序区启动。MAX810 专用复位电路复位是冷启动复位之一。

(5) 内部低压检测复位

除了上电复位检测门槛电压外,STC15 单片机还有一组更可靠的内部低压检测门槛电压。当电源电压 VCC 低于内部低压检测(LVD)门槛电压时,可产生复位(前提是在 STC－ISP 编程/烧录用户程序时,允许低压检测复位/禁止低压中断,即将低压检测门槛电压设置为复位门槛电压)。低压检测复位结束后,不影响特殊功能寄存器 IAPONTR 中的 SWBS/IAPONTR.6 位的值,单片机根据复位前 SWBS/IAPONTR.6 的值选择是从用户应用程序区启动,还是从系统 ISP 监控程序区启动。如果复位前 SWBS/IAPONTR.6 的值为 0,则单片机从用户应用程序区启动;反之,如果复位前 SWBS/IAPONTR.6 的值为 1,则单片机从系统 ISP 监控程序区启动。内部低压检测复位是热启动复位中的硬复位之一。

14.1.3　存储器

STC15 系列单片机的程序存储器和数据存储器是各自独立编址的。STC15 系列单片机的所有程序存储器都是片上 Flash 存储器,不能访问外部程序存储器,因为没有访问外部程序存储器的总线。

STC15 系列单片机内部集成了大容量的数据存储器,如 STC15W4K32S4 系列单片机内部有 4 096 字节的数据存储器,STC15F2K60S2 系列单片机内部有 2 048 字节的数据存储器等。STC15W4K32S4 系列单片机内部的 4 096 字节数据存储器在物理和逻辑上都分为两个地址空间:内部 RAM(256 字节)和内部扩展 RAM(3 840 字节)。其中内部 RAM 的高 128 字节的数据存储器与特殊功能寄存器(SFRs)貌似地址重叠,实际使用时通过不同的寻址方式加以区分。另外,STC15 系列 40 引脚及其以上的单片机还可以访问在片外扩展的 64 KB 外部数据存储器。

14.2　STC15 单片机的内部资源

14.2.1　通用数字 I/O 接口

STC15 系列单片机最多有 62 个 I/O 口(如 64 引脚单片机),即 P0.0～P0.7、P1.0～P1.7、P2.0～P2.7、P3.0～P3.7、P4.0～P4.7、P5.0～P5.5、P6.0～P6.7 和 P7.0～

P7.7。其所有 I/O 口均可由软件配置成 4 种工作类型之一:准双向口/弱上拉(标准 8051 输出模式)、推挽输出/强上拉、高阻输入(电流既不能流入也不能流出)和开漏输出功能。每个 I/O 口由 2 个控制寄存器中的相应位控制每个引脚工作类型。STC15 系列单片机的 I/O 口上电复位后为准双向口/弱上拉模式。每个 I/O 口驱动能力均可达到 20 mA,但 40 引脚及 40 引脚以上单片机的整个芯片驱动最大不要超过 120 mA,20 引脚以上及 40 引脚以下单片机的整个芯片驱动最大不要超过 90 mA。

I/O 样例程序是使用 P1.7 引脚来驱动 LED 灯,输出为低时灯亮。闪灯程序如下:

```
 #define     MAIN_Fosc          22118400L      //定义主时钟
 #include     "STC15Fxxxx.H"
void  delay_ms(u8 ms);
void main(void)     {
    P1M1 = 0; P1M0 = 0;                        //设置为准双向口
    while(1){
        P17 = 0;                               //P17 控制主板 LED7 灯,为 0 亮,为 1 灭
        delay_ms(250);
        delay_ms(250);                         //延迟 500 ms
        P17 = 1;
        delay_ms(250);
        delay_ms(250);
    }
}
void  delay_ms(u8 ms) {                        //延时函数,参数 ms 为要延时的 ms 数
     u16 i;
     do{
          i = MAIN_Fosc / 13000;
          while( -- i)                         //每个循环 14T
     }while( -- ms);
}
```


14.2.2　外部中断

1. 中断源

STC15W4K32S4 系列单片机提供了 21 个中断请求源,分别是:外部中断 0(INT0)、定时器 0 中断、外部中断 1(INT1)、定时器 1 中断、串口 1 中断、A/D 转换中断、低压检测(LVD)中断、CCP/PWM/PCA 中断、串口 2 中断、SPI 中断、外部中断 2(INT2)、外部中断 3(INT3)、定时器 2 中断、外部中断 4(INT4)、串口 3 中断、串口 4 中断、定时器 3 中断、定时器 4 中断、比较器中断、PWM 中断和 PWM 异常检测中断。除外部中断 2(INT2)、外部中断 3(INT3)、定时器 T2 中断、外部中断 4(INT4)、

串口3中断、串口4中断、定时器3中断、定时器4中断和比较器中断固定是最低优先级中断外，其他中断都具有2个中断优先级，可实现2级中断服务程序嵌套。用户可以用关总中断允许位(EA/IE.7)或相应中断的允许位来屏蔽相应的中断请求，也可以用打开相应的中断允许位来使CPU响应中断申请。每一个中断源都可以用软件独立地控制为开中断或关中断状态，部分中断的优先级别均可用软件设置。高优先级的中断请求可以打断低优先级中断服务程序，低优先级的中断请求不可以打断高优先级的中断服务程序。当两个相同优先级的中断同时产生请求时，将由查询次序来决定系统先响应哪个中断请求。

外部中断0(INT0)和外部中断1(INT1)既可上升沿触发，又可下降沿触发。两个外部中断请求的标志位位于寄存器TCON中的IE0(TCON.1)和IE1(TCON.3)。当响应外部中断后，中断标志位IE0和IE1被自动清0。TCON寄存器中的IT0(TCON.0)和IT1(TCON.2)决定了外部中断0和1是上升沿触发还是下降沿触发。ITx=0(x=0,1)，系统在INTx(x=0,1)引脚探测到上升沿或下降沿后均可产生外部中断；ITx=1(x=0,1)，系统在INTx(x=0,1)引脚探测到下降沿后才可产生外部中断。外部中断0(INT0)和外部中断1(INT1)还可用于将单片机从掉电模式唤醒。

定时器0和1的中断请求标志位是TF0和TF1。当定时器寄存器THx/TLx(x=0,1)溢出时，溢出标志位TFx(x= 0,1)被置位，如果允许定时器0/1中断，则定时器中断发生。当单片机转去执行该定时器中断服务程序时，硬件清除定时器的溢出标志位TFx(x=0,1)。

外部中断2(INT2)、外部中断3(INT3)及外部中断4(INT4)都只允许下降沿触发。外部中断2～4的中断请求标志位被隐藏起来了，对用户不可见。当响应外部中断后或EXn=0(n=2,3,4)时，会立即自动地清0这些中断请求标志位。外部中断2(INT2)、外部中断3(INT3)及外部中断4(INT4)也可以用于将单片机从掉电模式唤醒。

定时器2的中断请求标志位被隐藏起来了，对用户不可见。当相应的中断响应或ET2=0时，会立即自动地被清0该中断请求标志位。

定时器3和定时器4的中断请求标志位同样被隐藏起来了，对用户不可见。当相应的中断服务程序被响应后或ET3=0 / ET4=0，该中断请求标志位会立即自动地被清0。

当串行口1发送或接收完成时，就会置位相应的中断请求标志位TI或RI，如果串口1开中断，向CPU请求中断，则单片机转去执行串口1的中断服务程序。中断响应后，TI或RI需由软件清零。

当串行口2发送或接收完成时，就会置位相应的中断请求标志位S2TI或S2RI，如果串口2开中断，向CPU请求中断，则单片机转去执行串口2的中断服务程序。中断响应后，S2TI或S2RI需由软件清零。

当串行口3发送或接收完成时，就会置位相应的中断请求标志位S3TI或S3RI，如果串口 3 开中断,向 CPU 请求中断,则单片机转去执行串口 3 的中断服务程序。中断响应后,S3TI 或 S3RI 需由软件清零。

当串行口 4 发送或接收完成时,就会置位相应的中断请求标志位 S4TI 或 S4RI,如果串口 4 中断被打开,向 CPU 请求中断,则单片机转去执行串口 4 的中断服务程序。中断响应后,S4TI 或 S4RI 需由软件清零。

A/D 转换的中断是由 ADC_FLAG(ADC_CONTR.4)请求产生的。该位需软件清零。

低压检测(LVD)中断是由 LVDF(PCON.5)请求产生的。该位也需软件清零。

当同步串行口 SPI 传输完成时,SPIF(SPCTL.7)置位,如果 SPI 开中断,则向 CPU 请求中断,单片机转去执行 SPI 中断服务程序。中断响应完成后,SPIF 需通过软件向其写入"1"来清零。

比较器中断标志位 CMPIF=(CMPIF_p || CMPIF_n),其中 CMPIF_p 是内建的标志比较器上升沿中断寄存器,CMPIF_n 是内建的标志比较器下降沿中断寄存器。当 CPU 读取 CMPIF 的数值时会读到(CMPIF_p || CMPIF_n);当 CPU 对 CMPIF 写"0"后,CMPIF_p 及 CMPIF_n 会被自动设置为"0"。因此,当比较器的比较结果由 LOW 变成 HIGH 时,内建的标志比较器上升沿中断寄存器 CMPIF_p 会被设置成 1,比较器中断标志位 CMPIF 也会被设置成 1。如果比较器上升沿中断已被允许,即 PIE(CMPCR1.5)已被设置成 1,则向 CPU 请求中断,单片机转去执行该比较器上升沿中断服务程序。同理,当比较器的比较结果由 HIGH 变成 LOW 时,内建的标志比较器下降沿中断寄存器 CMPIF_n 会被设置成 1,比较器中断标志位 CMPIF 也会被设置成 1。如果比较器下降沿中断已被允许,即 NIE(CMPCR1.4)已被设置成 1,则向 CPU 请求中断,单片机转去执行该比较器下降沿中断服务程序。中断响应完成后,比较器中断标志位 CMPIF 不会自动被清零,用户需通过软件向其写入"0"清零。

如果使用 C 语言编程,中断查询次序号就是中断号,例如:

```
void Int0_Routine(void) interrupt 0;
void Timer0_Rountine(void) interrupt 1;
void Int1_Routine(void) interrupt 2;
void Timer1_Rountine(void) interrupt 3;
void UART1_Routine(void) interrupt 4;
void ADC_Routine(void) interrupt 5;
void LVD_Routine(void) interrupt 6;
void PCA_Routine(void) interrupt 7;
void UART2_Routine(void) interrupt 8;
void SPI_Routine(void) interrupt 9;
void Int2_Routine(void) interrupt 10;
void Int3_Routine(void) interrupt 11;
```

```
void Timer2_Routine(void) interrupt 12;
void Int4_Routine(void) interrupt 16;
void S3_Routine(void) interrupt 17;
void S4_Routine(void) interrupt 18;
void Timer3_Routine(void) interrupt 19;
void Timer4_Routine(void) interrupt 20;
void Comparator_Routine(void) interrupt 21;
void PWM_Routine(void) interrupt 22;
void PWMFD_Routine(void) interrupt 23;
```

2. 中断处理

当某中断产生而且被 CPU 响应时，主程序被中断，接下来将执行如下操作：

① 当前正在被执行的指令全部执行完毕；

② PC 值被压入堆栈；

③ 现场保护；

④ 阻止同级别的其他中断；

⑤ 将中断向量地址装载到程序计数器 PC；

⑥ 执行相应的中断服务程序。

中断服务程序 ISR 完成和该中断相对应的一些操作。中断服务程序 ISR 以 RETI(中断返回)指令结束，将 PC 值从堆栈中取回，并恢复原来的中断设置，之后从主程序的断点处继续执行。当某中断被响应时，被装载到程序计数器 PC 中的数值称为中断向量，是该中断源相对应的中断服务程序的起始地址。

INT0 引脚接到按键 SW17，SW17 按键一次，LED7(P1.7)灯亮灭变化一次。键盘中断程序代码如下：

```
#define MAIN_Fosc          22118400L                //定义主时钟
#include     "STC15Fxxxx.H"
u8    INT0_cnt;                                      //测试用的计数变量
void main(void){
    P1M1 = 0;    P1M0 = 0;                           //设置为准双向口
    INT0_cnt = 0;                                    //INT0 中断触发次数
    IE0   = 0;                                       //外中断 0 标志位
    EX0 = 1;                                         //INT0 使能
    IT0 = 1;                                         //INT0 下降沿中断
    EA = 1;                                          //开总中断
    while(1){
    }
}
```

```
void INT0_int (void) interrupt INT0_VECTOR { //INT0 中断服务函数
    INT0_cnt ++ ;                              //中断计数 + 1
    P17 = ! P17;
}
```

14.2.3　定时器操作

STC15W4K32S4系列单片机内部集成了5个16位定时器/计数器:16位定时器/计数器T0、T1、T2、T3和T4。5个定时器/计时器都具有计数和定时两种工作方式。特殊功能寄存器TMOD中相对应的控制位C/T可选择T0或T1为定时器或计数器。特殊功能寄存器AUXR中的控制位T2_C/T可选择T2为定时器或计数器。特殊功能寄存器T4T3M中的控制位T3_C/T可选择T3为定时器或计数器。特殊功能寄存器T4T3M中的控制位T4_C/T可选择T4为定时器或计数器。定时器/计数器的核心部件是一个加法计数器,其本质是对脉冲进行计数,只是计数脉冲来源不同。如果计数脉冲来自系统时钟,则为定时方式,此时定时器/计数器每12个时钟或者每1个时钟获得一个计数脉冲,计数器值加1;如果计数脉冲来自单片机外部引脚(T0为P3.4,T1为P3.5,T2为P3.1,T3为P0.7,T4为P0.5),则为计数方式,每来一个脉冲计数器值加1。

当定时器/计数器T0、T1及T2工作在定时模式时,特殊功能寄存器AUXR中的T0x12、T1x12和T2x12分别决定T0、T1和T2系统时钟12分频还是系统时钟不分频计数。当定时器/计数器T3和T4工作在定时模式时,特殊功能寄存器T4T3M中的T3x12和T4x12分别决定T3和T4对系统时钟12分频还是系统时钟不分频计数。当定时器/计数器工作在计数模式时,对外部脉冲计数不分频。

1. 定时器/计数器工作模式

T0有4种工作模式:模式0(16位自动重装载模式)、模式1(16位不可重装载模式)、模式2(8位自动重装模式)和模式3(不可屏蔽中断的16位自动重装载模式)。T1除模式3外,其他工作模式与定时器/计数器0相同,T1在模式3时无效,停止计数。T2、T3、T4的工作模式固定为16位自动重装载模式。T2可作定时器使用,也可作串口的波特率发生器和可编程时钟输出。

2. 辅助寄存器AUXR

STC15系列单片机是1T的8051单片机,为兼容传统8051,T0、T1和T2复位后是传统8051的速度,即12分频。通过设置新增加的特殊功能寄存器AUXR,将T0、T1、T2设置为1T。普通111条机器指令执行速度是固定的,快4～24倍,无法改变。辅助寄存器AUXR格式如下:

B7	B6	B5	B4	B3	B2	B1	B0
T0x12	T1x12	UART_M0x6	T2R	T2_C/T	T2x12	EXTRAM	S1ST2

3. 时钟输出和外部中断允许寄存器 INT_CLKO(AUXR2)

T0CLKO/P3.5、T1CLKO/P3.4 和 T2CLKO/P3.0 的时钟输出控制由 INT_CLKO(AUXR2)寄存器的 T0CLKO 位、T1CLKO 位和 T2CLKO 位控制。T0CLKO 的输出时钟频率由定时器 0 控制，T1CLKO 的输出时钟频率由定时器 1 控制，相应的定时器需要工作在定时器的模式 0(16 位自动重装载模式)或模式 2(8 位自动重装载模式)，不允许相应的定时器中断，以免 CPU 反复进入中断服务。T2CLKO 的输出时钟频率由定时器 2 控制，同样不允许相应的定时器中断，以免 CPU 反复进入中断服务。定时器 2 的工作模式固定为模式 0(16 位自动重装载模式)，在此模式下定时器 2 可用作可编程时钟输出。外部中断允许和时钟输出寄存器 INT_CLKO(AUXR2)格式如下：

B7	B6	B5	B4	B3	B2	B1	B0
—	EX4	EX3	EX2	MCKO_S2	T2CLKO	T1CLKO	T0CLKO

下面程序演示定时器 0 的使用，为模式 0,16 位自动重装载模式。下载时选择时钟 24 MHz (用户可自行修改频率)。定时器 0 做 16 位自动重装载，中断频率为 1 000 Hz,500 次中断反转一次 LED7(P1.7)的状态。定时闪灯程序代码如下：

```
#define     MAIN_Fosc          24000000UL        //定义主时钟
#include    "STC15Fxxxx.H"
#define     Timer0_Reload      (MAIN_Fosc / 1000)//Timer 0  中断频率 1000 次/秒
void     Timer0_init(void);
int msecond;                                     //LED7  亮灭的计时器
void main(void)     {
    P7M1 = 0;     P7M0 = 0;                      //设置为准双向口
    EA = 1;                                      //开总中断
    Timer0_init();
    P17 = 0;                                     //P17 控制 LED7 的亮灭，为 0 亮，为 1 灭
    while (1){
    }
}
void Timer0_init(void){                          //timer0 初始化函数
    AUXR =   0x80;                             //Timer0 设置为 1T, 16 位自动重载定时器
    TH0 = (u8)((65536UL - Timer0_Reload) / 256);
    TL0 = (u8)((65536UL - Timer0_Reload) % 256);
    ET0 = 1;                                     // Timer 0 中断允许
```

```
        TR0 = 1;                                          //开始计数
    }
    void timer0_int (void) interrupt TIMER0_VECTOR {     // timer0 中断函数
        if( ++ msecond >= 500){                           //500 次中断切换一次 LED7 的状态
            P17 = ! P17;
            msecond = 0;
        }
    }
```

14.2.4 ADC 单次采样

STC15 系列单片机内部集成了 8 路 10 位高速 A/D 转换器，STC15 系列单片机 ADC(A/D 转换器)结构框图如图 14-3 所示。

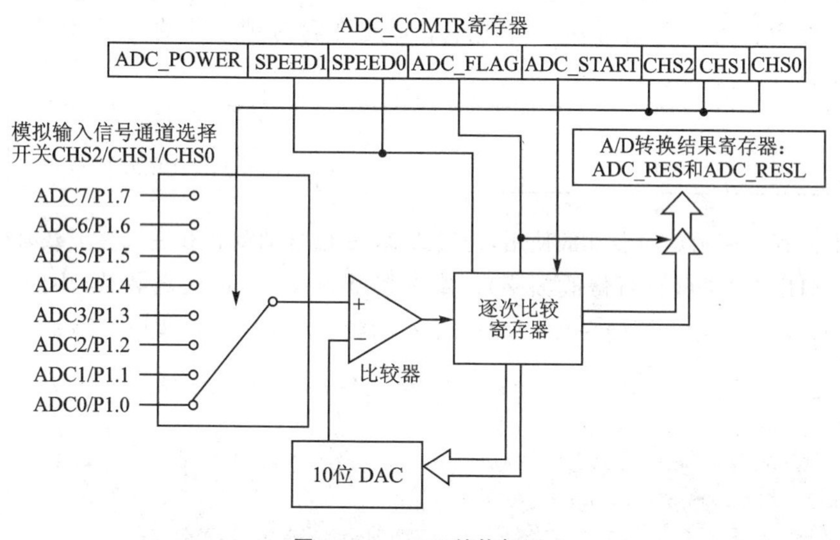

图 14-3　ADC 结构框图

STC15 系列单片机 ADC 由多路选择开关、比较器、逐次比较寄存器、10 位 DAC、转换结果寄存器(ADC_RES 和 ADC_RESL)和 ADC_CONTR 构成。STC15 系列单片机的 ADC 是逐次比较型 ADC。逐次比较型 ADC 由一个比较器和 DAC (D/A 转换器)构成，通过逐次比较逻辑，从最高位(MSB)开始，顺序地对每一输入电压与内置 DAC 输出进行比较，经过多次比较，使转换所得的数字量逐次逼近输入模拟量的对应值。逐次比较型 ADC 具有速度高，功耗低等优点。

从图 14—3 可以看出，通过模拟多路开关，将通过 ADC0～7 的模拟量输入送给比较器。DAC 转换的模拟量与输入的模拟量通过比较器来进行比较，将比较结果保存到逐次比较寄存器，并通过逐次比较寄存器输出转换结果。A/D 转换结束后，最终的转换结果保存到 ADC 转换结果寄存器 ADC_RES 和 ADC_RESL，同时，置位

ADC控制寄存器ADC_CONTR中的A/D转换结束标志位ADC_FLAG,以供程序查询或发出中断申请。模拟通道的选择控制由ADC控制寄存器ADC_CONTR中的CHS2～CHS0确定。ADC的转换速度由ADC控制寄存器中的SPEED1和SPEED0确定。在使用ADC之前,应先给ADC上电,也就是置位ADC控制寄存器中的ADC_POWER位。

当ADRJ=0时,如果取10位结果,则按下面公式计算:

10位A/D转换结果(ADC_RES[7:0],ADC_RESL[1:0])=1 024×Vin/Vcc

当ADRJ=1时,如果取10位结果,则按下面公式计算:

10位A/D转换结果(ADC_RES[1:0],ADC_RESL[7:0])=1 024×Vin/Vcc

式中,Vin为模拟输入通道输入电压,Vcc为单片机实际工作电压,用单片机工作电压作为模拟参考电压。

对ADC通道2(ADC2)进行数据采集,数据采集程序如下:

```
#define    MAIN_Fosc        22118400L //定义主时钟
#include   "STC15Fxxxx.H"
#define    Timer0_Reload    (65536UL -(MAIN_Fosc/1000))
                                      //Timer 0 中断频率,1 000 次/秒
bit    B_1ms;                         //1 ms 标志
u16    msecond;
int xlbit,lbit,mbit,ssbit;            //分别代表千位,百位,十位,个位
u16    Get_ADC10bitResult(u8 channel); //channel = 0～7
void main(void) {
    u16    j;
    P0M1 = 0;    P0M0 = 0;            //设置为准双向口
    P1M1 = 0;    P1M0 = 0;            //设置为准双向口
    P2M1 = 0;    P2M0 = 0;            //设置为准双向口
    P3M1 = 0;    P3M0 = 0;            //设置为准双向口
    P4M1 = 0;    P4M0 = 0;            //设置为准双向口
    P5M1 = 0;    P5M0 = 0;            //设置为准双向口
    P6M1 = 0;    P6M0 = 0;            //设置为准双向口
    P7M1 = 0;    P7M0 = 0;            //设置为准双向口
    P1ASF = 0x0C;                     //P1.2 P1.3 做 ADC
    ADC_CONTR = 0xE0;                 //90T, ADC 上电
    AUXR = 0x80;                      //Timer0 设置为 1T, 16 位自动重载定时器
    TH0 = (u8)(Timer0_Reload / 256);
    TL0 = (u8)(Timer0_Reload % 256);
    ET0 = 1;                          //Timer0 中断允许
    TR0 = 1;                          //Timer0 启动
    EA = 1;                           //开总中断
```

```
    while(1) {
        if(B_1ms){                              //1 ms 到
            B_1ms = 0;
            if( ++ msecond >= 300){             //300ms 到
                msecond = 0;
                j = Get_ADC10bitResult(2); //参数 0~7,查询方式做一次 ADC
            }
        }
    }
}
u16    Get_ADC10bitResult(u8 channel){          //查询法读一次 ADC 结果。channel = 0~7
    ADC_RES = 0;
    ADC_RESL = 0;
    ADC_CONTR = (ADC_CONTR & 0xe0) | 0x08 | channel;    //启动 ADC
    NOP(4);
    while((ADC_CONTR & 0x10) == 0)    ;         //等待 ADC 完成转换
    ADC_CONTR &= ~0x10;                         //清除 ADC 结束标志
    return    (((u16)ADC_RES << 2) | (ADC_RESL & 3));
}
void timer0 (void) interrupt TIMER0_VECTOR     //1 ms 中断函数
{
    B_1ms = 1;                                  //1 ms 标志
}
```


14.2.5　UART 串行口通信

STC15W4K32S4 系列单片机具有 4 个采用 UART(Universal Asychronous Receiver/Transmitter)工作方式的全双工异步串行通信接口(串行口 1、串行口 2、串行口 3 和串行口 4)。每个串行口由 2 个数据缓冲器、1 个移位寄存器、1 个串行控制寄存器和 1 个波特率发生器等组成。每个串行口的数据缓冲器由 2 个互相独立的接收和发送缓冲器构成,可以同时发送和接收数据。发送缓冲器只能写入不能读出,接收缓冲器只能读出不能写入,因而两个缓冲器可以共用一个地址。

串行口 1 的两个缓冲器共用的地址是 99H;串行口 2 的两个缓冲器共用的地址是 9BH;串行口 3 的两个缓冲器共用的地址是 ADH;串行口 4 的两个缓冲器共用的地址是 85H。串行口 1 的两个缓冲器统称为串行通信特殊功能寄存器 SBUF;串行口 2 的两个缓冲器统称为串行通信特殊功能寄存器 S2BUF;串行口 3 的两个缓冲器统称为串行通信特殊功能寄存器 S3BUF;串行口 4 的两个缓冲器统称为串行通信特殊功能寄存器 S4BUF。

STC15W4K32S4 系列单片机的串行口 1 有 4 种工作方式,其中 2 种方式的波特率是可变的,另2种是固定的,以供不同应用场合选用。串行口2/串行口3/串行口4都只有2种工作方式,这2种方式的波特率都是可变的。用户可用软件设置不同的波特率和选择不同的工作方式。主机可通过查询或中断方式进行接收/发送的处理,使用十分灵活。

STC15W4K32S4系列单片机串行口1对应的硬件引脚是TxD和RxD,串行口1可以在3组引脚之间进行切换。通过设置特殊功能寄存器AUXR1(P_SW1)中的位S1_S1(AUXR1.7)和S1_S0(P_SW1.6),可以将串行口1从[RxD/P3.0,TxD/P3.1]切换到[RxD_2/P3.6,TxD_2/P3.7],还可以切换到[RxD_3/P1.6/XTAL2,TxD_3/P1.7/XTAL1]。注意,当串行口1在[RxD_2/P1.6,TxD_2/P1.7]时,系统要使用内部时钟。串行口1建议放在[P3.6/RxD_2,P3.7/TxD_2]或[P1.6/RxD_3/XTAL2,P1.7/TxD_3/XTAL1]上。STC15W4K32S4系列单片机串行口2对应的硬件引脚是TxD2和RxD2,串行口2可以在2组引脚之间进行切换。通过设置特殊功能寄存器P_SW2中的位S2_S(P_SW2.0),可以将串行口2从[RxD2/P1.0,TxD2/P1.1]切换到[RxD2_2/P4.6,TxD2_2/P4.7]。STC15W4K32S4系列单片机串行口3对应的硬件引脚是TxD3和RxD3,串行口3可以在2组引脚之间进行切换。通过设置特殊功能寄存器P_SW2中的位S3_S(P_SW2.1),可以将串行口3从[RxD3/P0.0,TxD3/P0.1]切换到[RxD3_2/P5.0,TxD3_2/P5.1]。STC15W4K32S4系列单片机串行口4对应的硬件引脚是TxD4和RxD4,串行口4可以在2组引脚之间进行切换。通过设置特殊功能寄存器P_SW2中的位S4_S(P_SW2.2),可以将串行口4从[RxD4/P0.2,TxD4/P0.3]切换到[RxD4_2/P5.2,TxD4_2/P5.3]。

STC15W4K32S4系列单片机的串行通信口除用于数据通信外,还可方便地构成一个或多个并行I/O口,或作串—并转换,或用于扩展串行外设等。

串行口全双工中断方式收发通信程序:

通过PC向MCU发送数据, MCU收到后通过串行口把收到的数据原样返回。默认设置为1位起始位、8位数据位、1位停止位和无校验位。串行口(P3.0,P3.1)波特率为115 200 bps,程序如下:

```
#define    MAIN_Fosc        11059200L        //定义主时钟
#include   "STC15Fxxxx.H"
#define    RX1_Length    128                 //接收缓冲长度
#define    UART_BaudRate1    115200UL        //波特率
u8    xdata    RX1_Buffer[RX1_Length];       //接收缓冲
u8    TX1_read,RX1_write;                    //读写索引(指针).
bit     B_TX1_Busy;                          //发送忙标志
void    UART1_config(void); //选择波特率, 2:使用 Timer2 做波特率发生器,其他值:使用
                            //Timer1 做波特率发生器
```

```
void    PrintString1(u8 * puts);
void main(void)    {
    P0n_standard(0xff);    //设置为准双向口
    P1n_standard(0xff);    //设置为准双向口
    P2n_standard(0xff);    //设置为准双向口
    P3n_standard(0xff);    //设置为准双向口
    P4n_standard(0xff);    //设置为准双向口
    P5n_standard(0xff);    //设置为准双向口
    UART1_config();//选择波特率，2:使用 Timer2 做波特率发生器;其他值:使用 Timer1
                  //做波特率发生器
    EA = 1;
    PrintString1("STC15F4K60S4 USART1 Test Prgramme! \r\n");
    while (1){
        if((TX1_read ! = RX1_write) && ! B_TX1_Busy){//收到过数据,并且发送空闲
            B_TX1_Busy = 1;                          //标志发送忙
            SBUF = RX1_Buffer[TX1_read];             //发一个字节
            if( ++ TX1_read >= RX1_Length)
                TX1_read = 0;                        //避免溢出处理
        }
    }
}
void UART1_config(void)    {                         // UART1 初始化函数
    u8    i;
    TR1 = 0;
    AUXR &= ~0x01;                                   //串口 1 波特率发生器使用 Timer1
    AUXR |= (1<<6);                                  //Timer1 设置成 1T 模式
    TMOD &= ~(1<<6);                                 //Timer1 设置成定时器
    TMOD &= ~0x30;                                   //Timer1 为 16 位自动重载
    TH1 = (65536UL - (MAIN_Fosc / 4) / UART_BaudRate1) / 256;
    TL1 = (65536UL - (MAIN_Fosc / 4) / UART_BaudRate1) % 256;
    ET1 = 0;                                         //禁止中断
    INT_CLKO &= ~0x02;                               //不输出时钟
    TR1 = 1;
    SCON = (SCON & 0x3f) | (1<<6);          //8 位数据,1 位起始位,1 位停止位,无校验
    ES = 1;                                          //允许中断
    REN = 1;                                         //允许接收
    P_SW1 = P_SW1 & 0x3f;                            //切换到 P3.0 P3.1
    for(i = 0; i<RX1_Length; i ++ ){
        RX1_Buffer[i] = 0;
    }
    B_TX1_Busy    = 0;
    TX1_read      = 0;
    RX1_write     = 0;
}
void PrintString1(u8 * puts){
```

```
    for (; * puts ! = 0;    puts ++ )    {
        B_TX1_Busy = 1;                          //标志发送忙
        SBUF =  * puts;                          //发一个字节
        while(B_TX1_Busy);                       //等待发送完成
    }
}
void UART1_int (void) interrupt UART1_VECTOR { //UART1 中断函数
    if(RI){
        RI = 0;
        RX1_Buffer[RX1_write] = SBUF;
        if( ++ RX1_write >= RX1_Length)    RX1_write = 0;
    }
    if(TI){
        TI = 0;
        B_TX1_Busy = 0;
    }
}
```

14.2.6　脉宽调制 PWM

STC15 系列部分单片机集成了 3 路可编程计数器阵列(CCP/PCA)模块(STC15W4K32S4 系列单片机只有 2 路 CCP/PCA),可用于软件定时器、外部脉冲的捕捉、高速脉冲输出和脉宽调制(PWM)输出。

1. CCP/PWM/PCA 模块结构

STC15 系列部分单片机有 3 路可编程计数器阵列 CCP/PCA/PWM,通过 AUXR1(P_SW1)寄存器可以设置 CCP/PCA/PWM 从 P1 口切换到 P2 口或切换到 P3 口。PCA 含有一个特殊的 16 位定时器,有 3 个 16 位捕获/比较模块与其相连接,如图 14-4 所示。

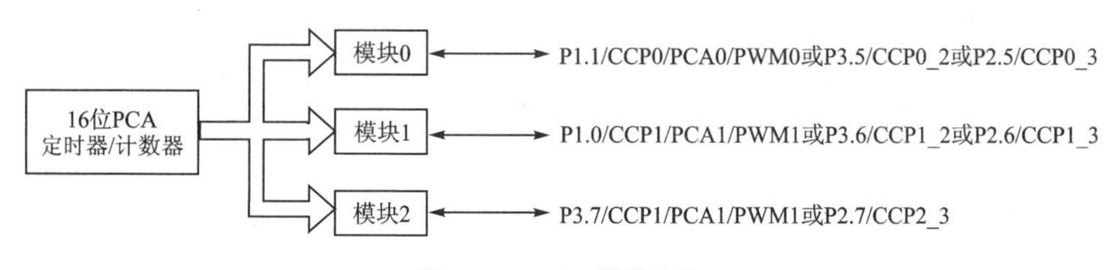

图 14-4　PCA 模块结构

每个模块都可编程工作在 4 种模式:上升/下降沿捕获、软件定时器、高速脉冲输出或可调制脉冲输出。16 位 PCA 定时器/计数器是 3 个模块的公共时间基准,其结构如图 14-5 所示。

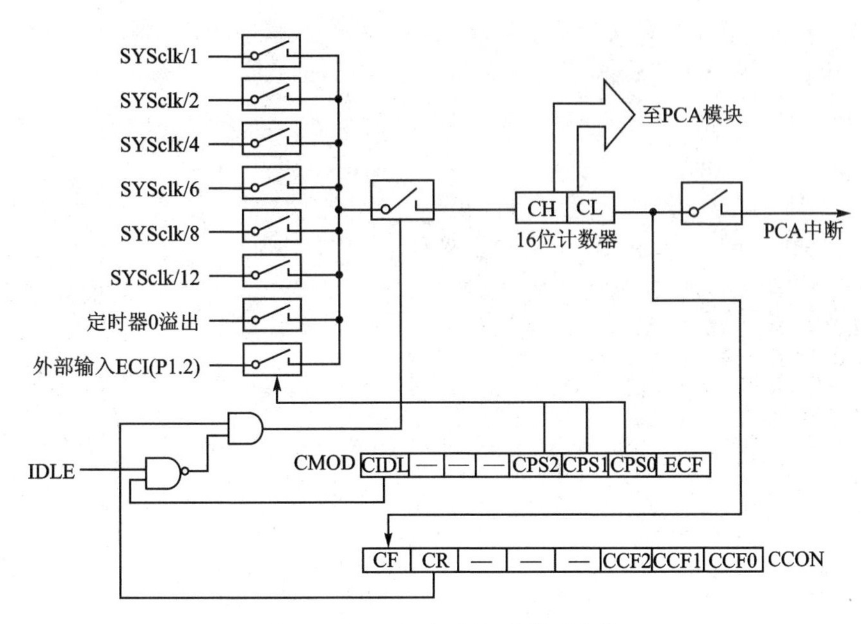

图14-5 PCA定时器/计数器结构

2. CCP/PCA模块的工作模式

(1) 捕获模式

要使一个模块工作在捕获模式,寄存器CCAPMn的两位(CAPNn和CAPPn)或其中任何一位必须置1。当模块工作于捕获模式时,对模块的外部CCPn输入(CCP0/P1.1,CCP1/P1.0, CCP2/P3.7)的跳变信号进行采样。当采样到有效跳变时,PCA硬件就将PCA计数器阵列寄存器(CH和CL)的值装载到模块的捕获寄存器中(CCAPnL和CCAPnH)。如果CCON特殊功能寄存器中的位CCFn和CCAPMn特殊功能寄存器中的位ECCFn位被置位,将产生中断。在中断服务程序中可判断是哪一个模块产生了中断,并注意中断标志位的软件清零问题。

(2) 16位软件定时器模式

通过置位CCAPMn寄存器的ECOM和MAT位,可使PCA模块用作软件定时器。PCA定时器的值与模块捕获寄存器的值相比较,当两者相等时,如果位CCFn(在CCON特殊功能寄存器中)和位ECCFn(在CCAPMn特殊功能寄存器中)都置位,将产生中断。[CH,CL]每隔一定的时间自动加1,时间间隔取决于选择的时钟源。例如,当选择的时钟源为SYSclk/12时,每12个时钟周期[CH,CL]加1。当[CH,CL]增加到等于[CCAPnH, CCAPnL]时,CCFn=1,产生中断请求。如果每次PCA模块中断后,在中断服务程序给[CCAPnH,CCAPnL]增加一个相同的数值(步长),那么下次中断来临的间隔时间T也是相同的,从而实现了定时功能。定时时间的长短取决于时钟源的选择以及PCA计数器计数值的设置。

(3) 高速脉冲输出模式

在此模式下，当 PCA 计数器的计数值与模块捕获寄存器的值相匹配时，PCA 模块的 CCPn 输出将发生翻转。要激活高速脉冲输出模式，CCAPMn 寄存器的 TOGn、MATn 和 ECOMn 位必须都置位。CCAPnL 的值决定了 PCA 模块 n 的输出脉冲频率。

(4) 脉宽调制模式

脉宽调制(PWM，Pulse Width Modulation)是一种使用程序来控制波形占空比、周期和相位波形的技术，在三相电机驱动和 D/A 转换等场合有广泛的应用。STC15 系列单片机的 PCA 模块可以通过设定寄存器 PCA_PWMn (n=0,1,2)中的位 EBSn_1(PCA_PWMn.7)及 EBSn_0(PCA_PWMn.6)，使其工作于 8 位 PWM 模式或 7 位 PWM 模式或 6 位 PWM 模式。当[EBSn_1,EBSn_0]=[0,0]或[1,1]时，PCA 模块 n 工作于 8 位 PWM 模式，此时将{0,CL[7:0]} 与捕获寄存器[EPCnL,CCAPnL[7:0]]进行比较。8 位 PWM 模式的结构如图 14-6 所示。

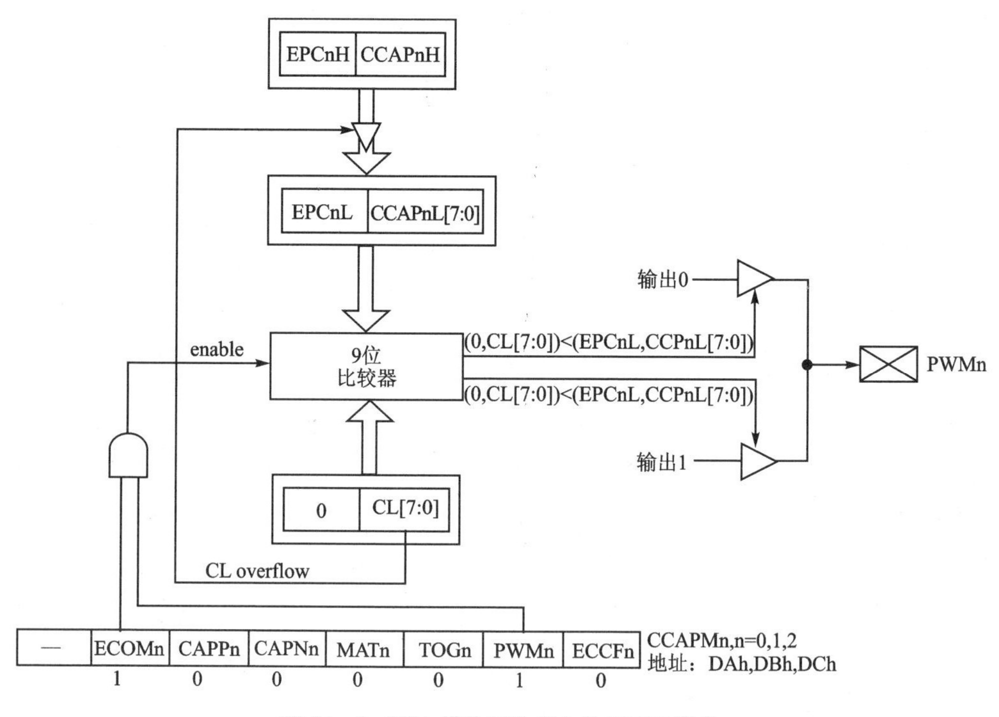

图 14-6 PCA 模块工作于 8 位 PWM 模式

当 PCA 模块工作于 8 位 PWM 模式时，由于所有模块共用仅有的 PCA 定时器，所有它们的输出频率相同。各个模块的输出占空比都是独立变化的，与使用的捕获寄存器{EPCnL,CCAPnL[7:0]} 有关。当{0,CL[7:0]}的值小于{EPCnL,CCAPnL[7:0]}时，输出为低；当{0,CL[7:0]}的值等于或大于{EPCnL,CCAPnL[7:0]}时，输出为高。当CL的值由FF变为00溢出时,{EPCnH,CCAPnH[7:0]}的内容装载到{EPCnL,CCAPnL[7:0]}中。这样就可实现无干扰地更新PWM。要使能PWM模式,模块CCAPMn寄存器的PWMn和ECOMn位必须置位。

采用8位PWM时,PWM的频率=PCA时钟输入源频率/256。PCA时钟输入源可以是以下8种选择之一:SYSclk、SYSclk/2、SYSclk/4、SYSclk/6、SYSclk/8、SYSclk/12、定时器0的溢出和ECI/P1.2输入。

PWM0和PWM1为10位PWM,2路10位PWM基本应用程序如下:

```
#define   MAIN_Fosc        24000000L                     //定义主时钟
#include   "STC15Fxxxx.H"
#define   PCA0               0
#define   PCA1               1
#define   PCA_Counter        3
#define   PCA_P12_P11_P10    (0<<4)
#define   PCA_P34_P35_P36    (1<<4)
#define   PCA_P24_P25_P26    (2<<4)
#define   PCA_Mode_PWM                  0x42             //B0100_0010
#define   PCA_Mode_Capture              0
#define   PCA_Mode_SoftTimer            0x48             //B0100_1000
#define   PCA_Mode_HighPulseOutput      0x4c             //B0100_1100
#define   PCA_Clock_1T          (4<<1)
#define   PCA_Clock_2T          (1<<1)
#define   PCA_Clock_4T          (5<<1)
#define   PCA_Clock_6T          (6<<1)
#define   PCA_Clock_8T          (7<<1)
#define   PCA_Clock_12T         (0<<1)
#define   PCA_Clock_Timer0_OF   (2<<1)
#define   PCA_Clock_ECI         (3<<1)
#define   PCA_Rise_Active       (1<<5)
#define   PCA_Fall_Active       (1<<4)
#define   PCA_PWM_8bit          (0<<6)
#define   PCA_PWM_7bit          (1<<6)
#define   PCA_PWM_6bit          (2<<6)
#define   PCA_PWM_10bit         (3<<6)
void   PCA_config(void);
void   UpdatePwm(u8 PCA_id, u16 pwm_value);
void main(void)     {
    PCA_config();
    UpdatePwm(PCA0,800);
    UpdatePwm(PCA1,400);
```

```
    while (1) {
    }
}
void PCA_config(void) {                           // PCA 初始化函数
    CR = 0;
    CH = 0;      //PCA 16 位计数器
    CL = 0;
//    AUXR1 = (AUXR1 & ~(3<<4)) | PCA_P12_P11_P10;    P1n_standard(0x07);
                                      //切换到 P1.2 P1.1 P1.0 (ECI CCP0 CCP1)
//    AUXR1 = (AUXR1 & ~(3<<4)) | PCA_P24_P25_P26;    P2n_standard(0x70);
                                      //切换到 P2.4 P2.5 P2.6 (ECI CCP0 CCP1)
    AUXR1 = (AUXR1 & ~(3<<4)) | PCA_P34_P35_P36;    P3n_standard(0x70);
                                      //切换到 P3.4 P3.5 P3.6 (ECI CCP0 CCP1)
    CMOD  = (CMOD  & ~(7<<1)) | PCA_Clock_1T;             //选择时钟源
    CMOD  &= ~1;                                          //禁止溢出中断
//    PPCA = 1;                                           //高优先级中断
    CCAPM0 = PCA_Mode_PWM;                                //工作模式
    PCA_PWM0  = (PCA_PWM0 & ~(3<<6)) | PCA_PWM_10bit;    //PWM 宽度
    CCAP0L = 0xff;
    CCAP0H = 0xff;
    CCAPM1 = PCA_Mode_PWM;                                //工作模式
    PCA_PWM1  = (PCA_PWM1 & ~(3<<6)) | PCA_PWM_10bit;    //PWM 宽度
    CCAP1L = 0xff;
    CCAP1H = 0xff;
    CR = 1;                                               //启动 PCA 计数器计数
}
void UpdatePwm(u8 PCA_id, u16 pwm_value){
    //更新 PWM 值,PCA_id: PCA 序号; pwm_value: pwm 值(输出高电平的时间)
    if(pwm_value > 1024)    return;    //PWM 值过大,退出
    if(PCA_id == PCA0)    {
        if(pwm_value == 0){
            PCA_PWM0 |= 0x32;
            CCAP0H = 0xff;
        }
        else{
            pwm_value = ~(pwm_value - 1) & 0x3ff;
            PCA_PWM0 = (PCA_PWM0 & ~0x32) | ((u8)(pwm_value >> 4) & 0x30);
            CCAP0H = (u8)pwm_value;
        }
    }
    else return;
```

```
        if(PCA_id == PCA1)    {
        if(pwm_value == 0)    {
            PCA_PWM1 |= 0x32;
            CCAP1H = 0xff;
        }
        else{
            pwm_value = ~(pwm_value-1) & 0x3ff;
            PCA_PWM1 = (PCA_PWM1 & ~0x32) | ((u8)(pwm_value >> 4) & 0x30);
            CCAP1H = (u8)pwm_value;
        }
    }
}
```

14.3 STC15单片机扩展资源

14.3.1 LED显示

STC单片机利用74HC595驱动8个数码管LED,采用3根线串行扩展连接电路图如图14-7所示。

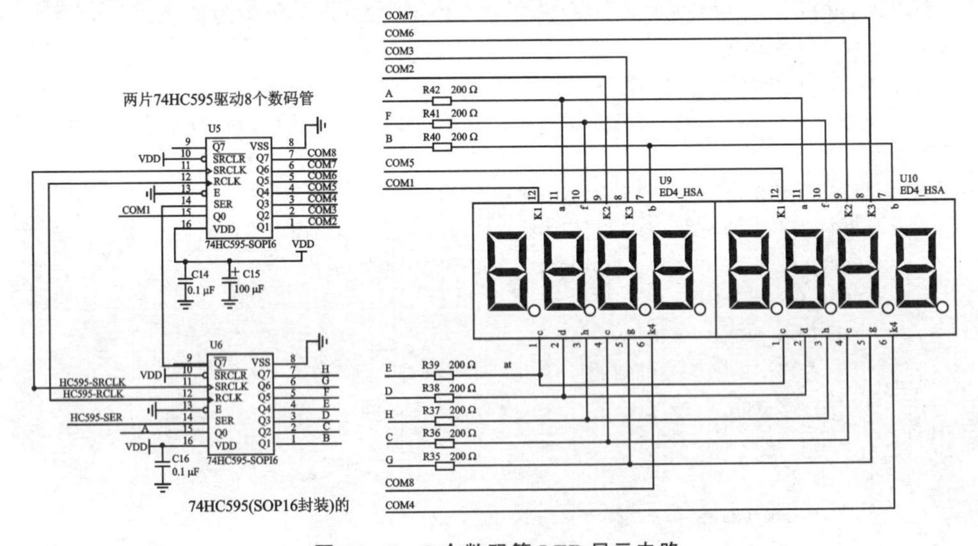

图14-7 8个数码管LED显示电路

8个七段数码管显示01234567的程序如下:

```
#define    MAIN_Fosc        22118400L         //定义主时钟
#include   "STC15Fxxxx.H"
#define    Timer0_Reload     (65536UL -(MAIN_Fosc / 2000))
                                              //Timer 0  中断频率，2000 次/秒
u8 code t_display[] = {                       //标准字库
//    0   1   2   3   4   5   6   7   8   9   A   B   C   D   E   F
0x3F,0x06,0x5B,0x4F,0x66,0x6D,0x7D,0x07,0x7F,0x6F,0x77,0x7C,0x39,0x5E,0x79,0x71,
//black    -    H   J   K    L   N   o   P    U    t   G   Q   r   M   y
0x00,0x40,0x76,0x1E,0x70,0x38,0x37,0x5C,0x73,0x3E,0x78,0x3d,0x67,0x50,0x37,0x6e,
    0xBF,0x86,0xDB,0xCF,0xE6,0xED,0xFD,0x87,0xFF,0xEF,0x46};
    //0. 1. 2. 3. 4. 5. 6. 7. 8. 9. -1
u8 code T_COM[] = {0x01,0x02,0x04,0x08,0x10,0x20,0x40,0x80};              //位码
sbit    P_HC595_SER    = P4^0;       //pin 14    SER      data input
sbit    P_HC595_RCLK   = P5^4;       //pin 12    RCLk     store (latch) clock
sbit    P_HC595_SRCLK  = P4^3;       //pin 11    SRCLK    Shift data clock
u8     LED8[8];                      //显示缓冲
u8     display_index;                //显示位索引
u16    msecond;
bit    B_1ms;                        //1 ms 标志
void main(void){
    u8     i;
    P4M1 = 0;    P4M0 = 0;           //设置为准双向口
    P5M1 = 0;    P5M0 = 0;           //设置为准双向口
    AUXR = 0x80;                     //Timer0 设置成 1T，16 位自动重载定时器
    TH0 = (u8)(Timer0_Reload / 256);
    TL0 = (u8)(Timer0_Reload % 256);
    ET0 = 1;                         //Timer0 中断允许
    TR0 = 1;                         //Timer0 启动
    EA = 1;                          //开总中断
    display_index = 0;
    for(i = 0; i<8; i ++ )    LED8[i] = i;     //显示 01234567
    while(1){
    }
}
void Send_595(u8 dat) {              //向 HC595 发送一个字节函数
    u8     i;
    for(i = 0; i<8; i ++ ) {
        dat << = 1;
        P_HC595_SER    = CY;
```

```
        P_HC595_SRCLK = 1;
        P_HC595_SRCLK = 0;
    }
}
void DisplayScan(void) {                          //显示扫描函数
    Send_595(~T_COM[display_index]);              //输出位码
    Send_595(t_display[LED8[display_index]]);     //输出段码
    P_HC595_RCLK = 1;
    P_HC595_RCLK = 0;                             //锁存输出数据
    if( ++ display_index >= 8)
        display_index = 0;                        //8 位结束回 0
}
void timer0 (void) interrupt TIMER0_VECTOR    {   //Timer0 1 ms 中断函数
    DisplayScan();                                //1 ms 扫描显示一位
    B_1ms = 1;                                    //1 ms 标志
}
```

14.3.2　SPI 接口双机通信

1. 串行总线接口 SPI 简介

串行外设接口(Serial Peripheral Interface,SPI)是 Freescale 公司(已被恩智浦公司收购)推出的一种同步串行接口技术。由于它起到了串行总线的作用,有不少业内人士将 SPI 称为同步串行总线接口,主要用于主从式分布式通信网络,用 4 根接口线即可完成主从之间的数据通信。这 4 根接口线分别为时钟线(SCLK)、数据输入线(SDI)、数据输出线(SDO)、片选线(CS)。

SPI 标准中没有最大数据速率,最大数据速率取决于外部设备自己定义的最大数据速率,通常在 5 Mbps 量级以上。SPI 总线接口允许微控制器(MCU)与各种外设以串行方式进行通信和数据交换。这些外设包括闪存、A/D 转换器等。SPI 总线只需 3～4 根数据线和控制线即可与具有 SPI 总线接口功能的各种 I/O 器件进行接口连接,而扩展并行总线则需要 8 根数据线、8 根以上地址线、2～3 根控制线。可见,采用 SPI 总线接口可以简化电路设计,提高设计的可靠性。

SPI 数据的传输格式是最高有效位(MSB)在前、最低有效位(LSB)在后。从设备只有在主控制器发命令后才能接收或发送数据。其中,CS 的有效与否完全由主控制器决定,时钟信号也由主控制器发出。

2. STC 单片机的 SPI 接口

STC15 系列单片机内置一个高速串行通信接口 SPI。SPI 是一种全双工、高速、同步的通信总线,有两种操作模式:主模式和从模式。在主模式中支持高达 3 Mbps

的速率(工作频率为 12 MHz 时,如果 CPU 主频采用 20～36 MHz,则可更高。从模式时速度无法太快,SYSclk/4 以内较好),还具有传输完成标志和写冲突标志保护。STC15 系列单片机的 SPI 功能方框图如图 14－8 所示。与 SPI 功能模块相关的特殊功能寄存器如下:

① SPI 控制寄存器 SPCTL;

② SPI 状态寄存器 SPSTAT;

③ SPI 数据寄存器 SPDAT;

④ 中断允许寄存器 IE 及 IE2;

⑤ 中断优先级控制寄存器 IP2;

⑥ 控制 SPI 功能切换的寄存器 AUXR1(P_SW1)。

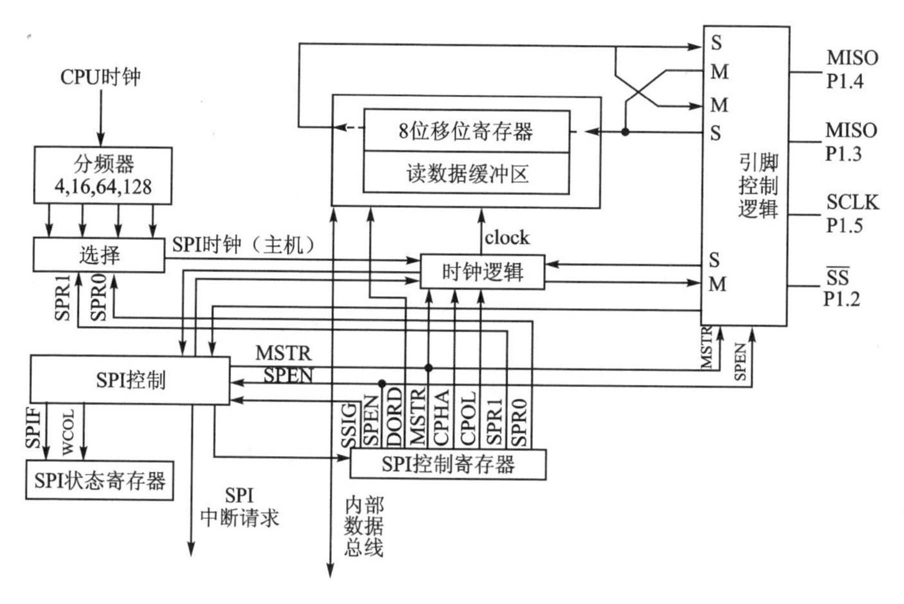

图 14－8　STC15 系列单片机的 SPI 功能方框图

SPI 的核心是一个 8 位移位寄存器和数据缓冲器,数据可以同时发送和接收。在 SPI 数据的传输过程中,发送和接收的数据都存储在数据缓冲器中。

对于主模式,若要发送一字节数据,只需将这个数据写到 SPDAT 寄存器中。主模式下 SS 信号不是必需的;但是在从模式下,必须在 SS 信号变为有效并接收到合适的时钟信号后,方可进行数据传输。在从模式下,如果一个字节传输完成后,SS 信号变为高电平,这个字节会立即被硬件逻辑标志为接收完成,SPI 接口准备接收下一个数据。

3. SPI 接口的数据通信

STC 单片机的 SPI 接口有 4 个引脚:SCLK、MISO、MOSI 和 SS,可在 3 组引脚

之间进行切换:[SCLK/P1.5, MISO/P1.4, MOSI/P1.3 和 SS/P1.2];[SCLK_2/P2.1, MISO_2/P2.2, MOSI_2/P2.3 和 SS_2/P2.4]; [SCLK_3/P4.3, MISO_3/P4.1, MOSI_3/P4.0 和 SS_3/P5.4]。

MOSI (Master Out Slave In,主出从入):主机的输出和从机的输入,用于主机到从机的串行数据传输。当 SPI 作为主机时,该信号是输出;当 SPI 作为从机时,该信号是输入。数据传输时最高位在先,低位在后。根据 SPI 规范,多个从机可以共享一根 MOSI 信号线。在时钟边界的前半周期,主机将数据放在 MOSI 信号线上,从机在该边界处获取该数据。

MISO (Master In Slave Out,主入从出):从机的输出和主机的输入,用于实现从机到主机的数据传输。当 SPI 作为主机时,该信号是输入;当 SPI 作为从机时,该信号是输出。数据传输时最高位在先,低位在后。SPI 规范中,一个主机可连接多个从机,因此,主机的 MISO 信号线会连接到多个从机上,或者说,多个从机共享一根 MISO 信号线。当主机与一个从机通信时,其他从机应将其 MISO 引脚驱动置为高阻状态。

SCLK (SPI Clock,串行时钟信号):串行时钟信号是主机的输出和从机的输入,用于同步主机和从机之间在 MOSI 和 MISO 线上的串行数据传输。当主机启动一次数据传输时,自动产生 8 个 SCLK 时钟周期信号给从机。在 SCLK 的每个跳变处(上升沿或下降沿)移出一位数据。所以,一次数据传输可以传输一个字节的数据。

SCLK、MOSI 和 MISO 通常和两个或更多 SPI 器件连接在一起。数据通过 MOSI 由主机传送到从机,通过 MISO 由从机传送到主机。SCLK 信号在主模式时为输出,在从模式时为输入。如果 SPI 系统被禁止,即 SPEN(SPCTL.6)=0(复位值),这些引脚都可作为 I/O 口使用。

SS(Slave Select,从机选择信号):这是一个输入信号,主机用它来选择处于从模式的 SPI 模块。主模式和从模式下,SS 的使用方法不同。在主模式下,SPI 接口只能有一个主机,不存在主机选择问题,该模式下 SS 不是必需的。主模式下通常将主机的 SS 引脚通过 10 kΩ 的电阻上拉高电平。每一个从机的 SS 接主机的 I/O 口,由主机控制电平高低,以便主机选择从机。在从模式下,不管发送还是接收,SS 信号必须有效。因此在一次数据传输开始之前,必须将 SS 设为低电平。SPI 主机可以使用 I/O 口来选择一个 SPI 器件作为当前的从机。

SPI 从机通过其 SS 引脚确定是否被选择。如果满足下面的条件之一,SS 就被忽略:

- SPI 系统被禁止,即 SPEN(SPCTL.6)= 0(复位值);
- SPI 配置为主机,即 MSTR(SPCTL.4)=1,并且 P1.2/SS 配置为输出(通过 P1M0.2 和 P1M1.2);
- SS 脚被忽略,即 SSIG(SPCTL.7)=1,该引脚配置用于 I/O 口功能。

STC15 系列单片机的 SPI 接口的数据通信方式有 3 种:单主机-从机方式、双机方式(可互为主机和从机)和单主机-多从机方式。

单主机-单从机方式的连接图如图 14-9 所示。

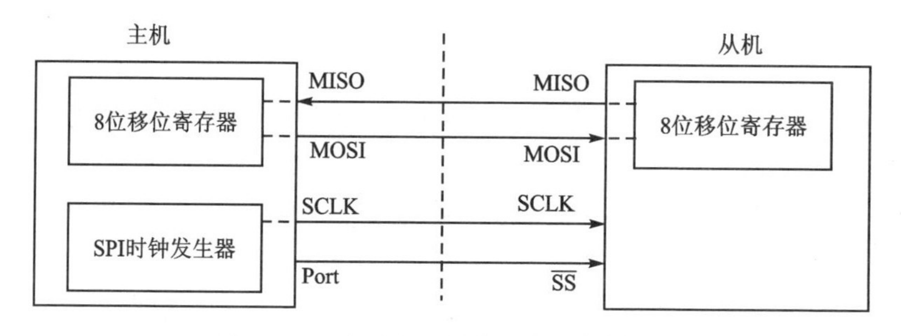

图 14-9　单主机—单从机方式的连接图

图中从机的 SSIG(SPCTL.7)为 0,SS 用于选择从机。SPI 主机可使用任何端口(包括 P1.2/SS)来驱动 SS 脚。主机 SPI 与从机 SPI 的 8 位移位寄存器连接成一个循环的 16 位移位寄存器。当主机程序向 SPDAT 寄存器写入一个字节时,立即启动一个连续 8 位的移位通信过程:主机的 SCLK 引脚向从机的 SCLK 引脚发出一串脉冲,在这串脉冲的驱动下,主机 SPI 的 8 位移位寄存器中的数据移动到了从机 SPI 的 8 移位寄存器中。与此同时,从机 SPI 的 8 位移位寄存器中的数据移动到了主机 SPI 的 8 位移位寄存器中。由此,主机既可向从机发送数据,又可读从机中的数据。

4. SPI 接口双机通信程序

STC15 双机通信 SPI 接口如图 14-10 所示。

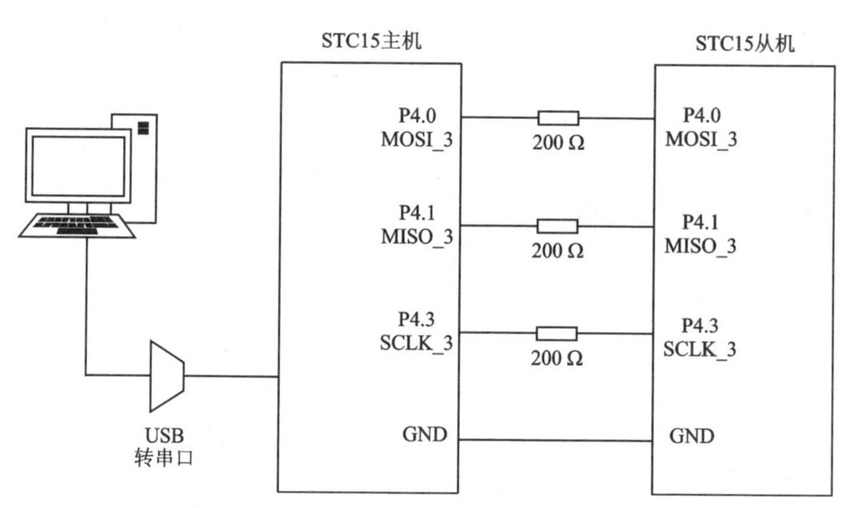

图 14-10　STC15 双机通信 SPI 接口图

SPI 接口双机通信主机程序如下:

```
//#define      MAIN_Fosc           22118400L   //定义主时钟
#include "STC15Fxxxx.H"
typedef unsigned char BYTE;
bit Recv;
unsigned char Buffer;
void UART_config(){
    TMOD = 0x20;                               //timer1 为 8 位自动重载模式
    TH1 = 0xFA;                                //波特率 9 600 bps,频率 22.1184 MHz
    TL1 = 0xFA;
    TR1 = 1;
    AUXR = 0x00;                               //timer1 工作在 1T 模式
    SCON = 0x50;                               //设置 UART 模式为 8 位数据,波特率可变
}
void Init_SPI(){
    UART_config();
    SPDAT = 0;
    SPSTAT = 0xc0;
    AUXR1 &= 0xF3;
    AUXR1 |= 0x08;                             //SPI 引脚切换
    SPCTL = 0xF0;                              //主机模式
}
void main(){
    unsigned char tmpdata;
    P4M1 = 0;    P4M0 = 0;                     //设置为准双向口
    Init_SPI();
    IE2 = IE2|0x02;                            //允许 SPIF 产生中断
    EA = 1;                                    //开中断
    Recv = 0;
    while(1){
        if(RI){                                //判断串口是否读到数据
            tmpdata = SBUF;                    //读取串口中的数据
            RI = 0;
            P17 = ! P17;                       //LED7 灯改变状态
            SPDAT = tmpdata;                   //SPI 发送数据
            IE2 |= 0x20;                       //ESPI = 1,允许 SPIF 产生中断
            P16 = ! P16;                       //LED8
            continue;
        }//end if RI
    }//end while 1
} //end main
void SendUart(BYTE dat){
```

```
    TI = 0;
    SBUF = dat;                       //发送当前数据
    while(! TI);                      //等待前面的数据发送完
    TI = 0;                           //清零 TI 标志
}
void SPI(void) interrupt 9 {
    SPSTAT = 0xC0;                    //清零 SPIF,WCOL
    P46 = ! P46;                      //LED10
    SendUart(SPDAT);
}
```

SPI 接口双机通信从机程序如下：

```
#include "STC15Fxxxx.H"
typedef unsigned char BYTE;
void Init_SPI(){
    SPDAT = 0;
    SPSTAT = 0xc0;
    AUXR1 &= 0xF3;
    AUXR1 |= 0x08;                    //SPI 引脚切换
    SPCTL = 0xE0;                     //从机模式
}
void main(){
    P4M1 = 0;    P4M0 = 0;            //设置为准双向口
    Init_SPI();
    IE2 = IE2|0x02;                   //允许 SPIF 产生中断
    EA = 1;                           //开中断
    while(1){
    }
}
void SPI(void) interrupt 9 {
    SPSTAT = 0xC0;                    //清零 SPIF,WCOL
    P46 = ! P46;                      //LED10
    SPDAT = SPDAT;
}
```

14.3.3　温湿度传感器 DHT11

DHT11 数字温湿度传感器是含有已校准数字信号输出的温湿度复合传感器。它利用专用的数字模块采集技术和温湿度传感技术，确保产品具有高可靠性与长期稳定性。传感器包括一个电阻式感湿元件和一个 NTC 测温元件，并与一个高性能 8 位单片机相连接。因此该产品具有品质卓越、超快响应、抗干扰能力强、性价比极高等优点。每个 DHT11 传感器都在极为精确的湿度校验室中进行校准，校准系数以程序的形式储存在 OTP 内存中，传感器内部在检测信号的处理过程中要调用这些校准系数。单线制串行接口,使系统集成变得简易快捷。超小的体积、极低的功耗,信号传输距离可达20 m以上。建议连接线长度短于20 m时用5 kΩ上拉电阻,长于20 m时根据实际情况使用合适的上拉电阻。

DHT11的供电电压为3~5.5 V。传感器上电后,要等待1 s以越过不稳定状态,在此期间无需发送任何指令。电源引脚(VDD,GND)之间可增加一个100 nF的去耦滤波电容。DHT11使用串行接口(单总线双向)。DATA用于微控制器与DHT11之间的通信和同步,采用单总线数据格式,一次通信时间4 ms左右。数据分小数部分和整数部分,当前小数部分用于以后扩展,现读出为零。一次完整的数据传输为40 bit,高位先出。数据格式如下:

8 bit湿度整数数据+8 bit湿度小数数据+8 bit温度整数数据+8 bit温度小数数据+8 bit校验和

数据传送正确时校验和数据等于“8 bit湿度整数数据+8 bit湿度小数数据+8 bit温度整数数据+8 bit温度小数数据”所得结果的末8位。测量分辨率分别为8 bit(温度)、8 bit(湿度)。用户MCU发送一次开始信号后,DHT11从低功耗模式转换到高速模式,等待主机开始信号结束后,DHT11发送响应信号,送出40 bit的数据,并触发一次信号采集,用户可选择读取部分数据。从模式下,DHT11接收到开始信号触发一次温湿度采集,如果没有接收到主机发送的开始信号,DHT11不会主动进行温湿度采集。采集数据后转换到低速模式。开始通信过程如图14-11所示。

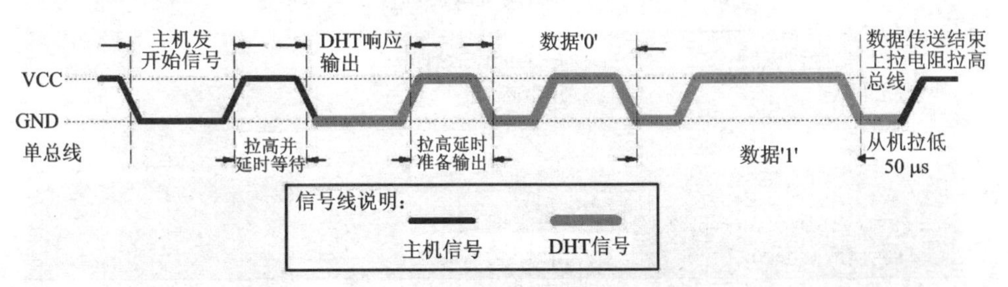

图14-11 DHT11开始通信过程

总线空闲状态为高电平,主机把总线拉低等待DHT11响应,主机把总线拉低必须大于18 ms,以保证DHT11能检测到起始信号。DHT11接收到主机的开始信号后,等待主机开始信号结束,然后发送80 μs低电平响应信号。主机发送开始信号结束后,延时等待20~40 μs后,读取DHT11的响应信号、主机发送开始信号后,可以切换到输入模式,或者输出高电平均可,总线由上拉电阻拉高。DHT11响应通信过程如图14-12所示。

总线为低电平,说明DHT11发送响应信号。DHT11发送响应信号后,再把总线拉高80 μs,准备发送数据。每一位数据都以50 μs低电平时隙开始,高电平的长短决定了数据位是0还是1。如果读取的响应信号为高电平,则DHT11没有响应,

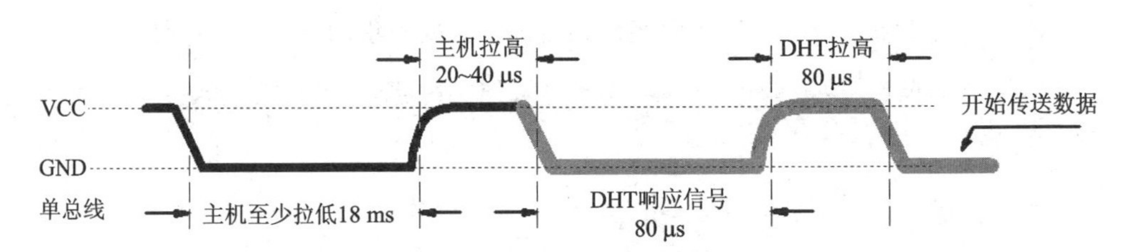

图 14-12　DHT11 响应通信过程

请检查线路是否连接正常。当最后一位数据传送完毕后，DHT11 拉低总线 50 μs，随后总线由上拉电阻拉高进入空闲状态。数字 0 信号的表示方法如图 14-13 所示。数字 1 信号的表示方法如图 14-14 所示。STC15 单片机与 DHT11 的接口电路如图 14-15 所示。晶振频率选 22.118 4 MHz。

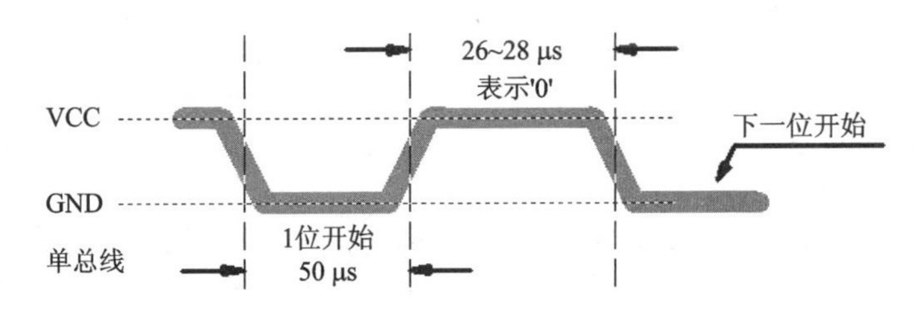

图 14-13　数字 0 信号表示方法

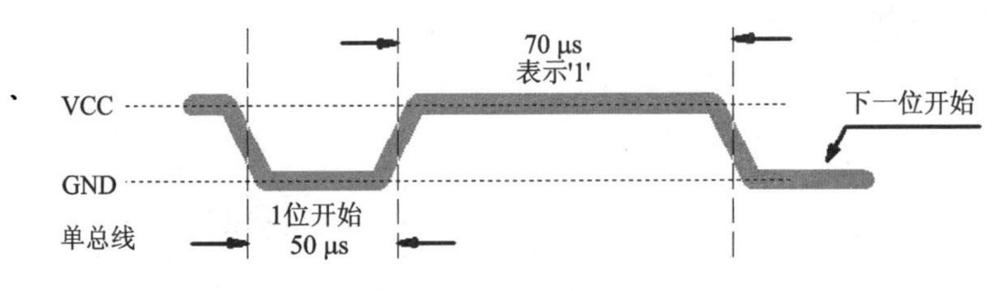

图 14-14　数字 1 信号表示方法

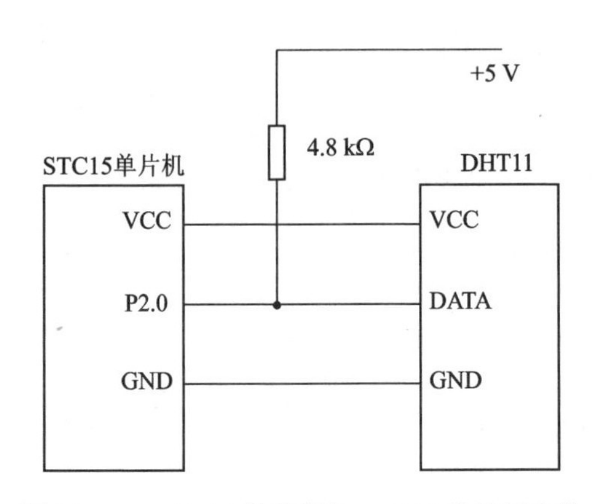

图 14-15　STC15 单片机与 DHT11 的接口电路

STC15 单片机使用 DHT11 温度传感器进行数据采集的主要程序代码如下：

```
void  COM(U8 * dest){                                   //单总线读取
    U8 i;
    U8comdata = 0;
    U8temp = 0;
    for(i = 0;i<8;i ++ ){
        U8FLAG = 2;
        while((! P2_0)&&U8FLAG ++ );
        Delay_10us();
        Delay_10us();
        Delay_7us();
        U8temp = 0;
        if(P2_0)U8temp = 1;
        U8FLAG = 2;
        while((P2_0)&&U8FLAG ++ );
        if(U8FLAG == 1)break;                           //超时则跳出 for 循环
        //判断数据位是 0 还是 1
        //如果高电平时间超过预定 0 高电平值,则数据位为 1
        U8comdata<< = 1;
        U8comdata| = U8temp;                            //0
    }//end for
    * dest  = U8comdata;
}
void RH(void){                                          //湿度读取子程序
    //主机拉低 18 ms
    P2_0 = 0;
    //Delay(180);
    Delay_18MS();
    P2_0 = 1;
    //总线由上拉电阻拉高,主机延时 20 μs
    Delay_10us();
    Delay_10us();
    //主机设为输入,判断从机响应信号
    P2_0 = 1;
    //判断从机是否有低电平响应信号,若不响应则跳出,若响应则向下运行
    //Delay_10us();
    if(! P2_0){        //T !
        U8FLAG = 2;
        //判断从机发出的 80 μs 的低电平响应信号是否结束
        while((! P2_0)&&U8FLAG ++ );
        U8FLAG = 2;
```

```
        //判断从机是否发出 80 μs 的高电平，如发出则进入数据接收状态
        while((P2_0)&&U8FLAG ++ );
        //数据接收状态
        COM(&U8RH_data_H_temp);
        //U8RH_data_H_temp = U8comdata;湿度高 8 位 == U8RH_dat
        COM(&U8RH_data_L_temp);
        //U8RH_data_L_temp = U8comdata;湿度低 8 位 == U8RH_data_L
        COM(&U8T_data_H_temp);
        //U8T_data_H_temp = U8comdata;温度高 8 位 == U8T_data_H
        COM(&U8T_data_L_temp);
        //U8T_data_L_temp = U8comdata;温度低 8 位 == U8T_data_L
        COM(&U8checkdata_temp);
        //U8checkdata_temp = U8comdata;校验 8 位 == U8checkdata
        //数据校验
        U8temp = (U8T_data_H_temp + U8T_data_L_temp + U8RH_data_H_temp + U8RH_data_L_
temp)&0xFF;
        if(U8temp == U8checkdata_temp) {
            U8RH_data_H = U8RH_data_H_temp;
            U8RH_data_L = U8RH_data_L_temp;
            U8T_data_H = U8T_data_H_temp;
            U8T_data_L = U8T_data_L_temp;
            U8checkdata = U8checkdata_temp;
        }//fi
        P2_0 = 1;
    }//fi
}
void main(){
    P0M1 = 0;  P0M0 = 0;                //设置为准双向口
    P1M1 = 0;  P1M0 = 0;                //设置为准双向口
    P2M1 = 0;  P2M0 = 0;                //设置为准双向口
    P3M1 = 0;  P3M0 = 0;                //设置为准双向口
    P4M1 = 0;  P4M0 = 0;                //设置为准双向口
    P5M1 = 0;  P5M0 = 0;                //设置为准双向口
    P6M1 = 0;  P6M0 = 0;                //设置为准双向口
    P7M1 = 0;  P7M0 = 0;                //设置为准双向口
    AUXR = 0x80;                        //Timer0 设置成 1T, 16 位自动重载定时器
    TH0 = (u8)(Timer0_Reload / 256);
    TL0 = (u8)(Timer0_Reload % 256);
    ET0 = 1;                            //Timer0 中断允许
    TR0 = 1;                            //Timer0 启动
    EA = 1;                             //开总中断
    display_index = 0;
```

```
    P2_0 = 1;
    while(1){
        if(B_1ms){    //1ms到
            B_1ms = 0;
            if( ++ msecond >= 3000){ //3秒到
                msecond = 0;
                RH();
                LED8[0] = 18;         //湿度
                LED8[1] = 16;
                LED8[2] = U8RH_data_H/10;
                LED8[3] = U8RH_data_H % 10;
                LED8[4] = 26;         //温度
                LED8[5] = 16;
                LED8[6] = U8T_data_H/10;
                LED8[7] = U8T_data_H % 10;
            }
        }
    }
}
```

14.3.4　加速度传感器MMA7660采集

MMA7660是一种电容式3轴加速度传感器，主要用于测量倾斜角、惯性力、冲击力及振动。电容式加速度传感器大多为欧美厂商生产，其技术是在晶元的表面做出梳状结构，当产生动作时，由侦测电容差来判断变形量，反推出加速度的值。与压阻式加速度传感器的不同点是，电容式加速度传感器很难在同一个结构中同时感测到三个轴(X,Y,Z)的变化，通常都是X,Y和Z分开来的(这也就是为什么当板子水平放置时，无论如何改变X,Y的位置，都不会有中断产生，因为这时它只能检测Z轴的变化，X,Y的变化它检测不到，只有当我们将板子倾斜一个角度后才能检测X,Y的变化)，而压阻式加速度传感器在同一个结构就能感测到三个轴的变化。MMA7660具有0g偏移和增益误差补偿、用户可配置的转换成6位分辨率及用户可配置输出速率等功能。它采用I^2C接口，主要有3种工作模式(通过设置MODE寄存器)：

1. Standby(待机)模式

此时只有I^2C工作，接收主机来的指令。该模式用来设置寄存器，要改变MMA7660的任何一个寄存器的值都必须先进入Standby模式。设置完成后再进入Active或Auto－Sleep模式。

2. Active &Auto－Sleep (活动和Auto－Sleep)模式

MMA7660的工作状态分两种，一种是高频度采样，另一种是低频度采样。这样分可降低功耗，在活动时又保持足够的灵敏度。所以说 MMA7660 的 Active 模式其实又分两种模式，一种是纯粹的 Active 模式，即进了 Active 模式后一直保持高的采样频率不变；一种是 Active & Auto - Sleep 模式，即系统激活后先进入高频率采样，经过一定时间后，如果没检测到有活动，它就进入低频率采样，所以就叫做 Auto - Sleep。Sleep 并不是真的 Sleep，只是降低采样频率。低频率采样模式又叫 Auto - Wake 模式，即自动唤醒模式。

3. Auto - Wake (自动唤醒)模式

Auto - Sleep 后就进入低频率采样模式，这种模式就叫做 Auto - Wake 模式，即自动唤醒模式。它不是睡眠模式，它只是降低采样频率。

用过加速度传感器后就会很好奇它与陀螺仪的关系。在动作感应方面，加速度计对有变化量的动作感应还不错，但是对均匀的动作变化，精度就不够了，陀螺仪则刚好弥补了这一缺陷。陀螺仪的原理是：对一个旋转的物体，旋转轴所指的方向在不受外力影响时，是不会改变的。人们根据这个原理，用它来保持方向。陀螺仪在工作时要快速旋转，用多种方法可读取旋转轴所指的方向，并自动将数据信号传给系统。物体在高速旋转后，其轴心就存在指向的稳定性。陀螺仪是一种在立体空间内全方位的角度偏移检测仪器。陀螺仪数据采集见 14.3.6 小节。

STC 单片机与 MMA7660 的接口电路如图 14 - 16 所示。

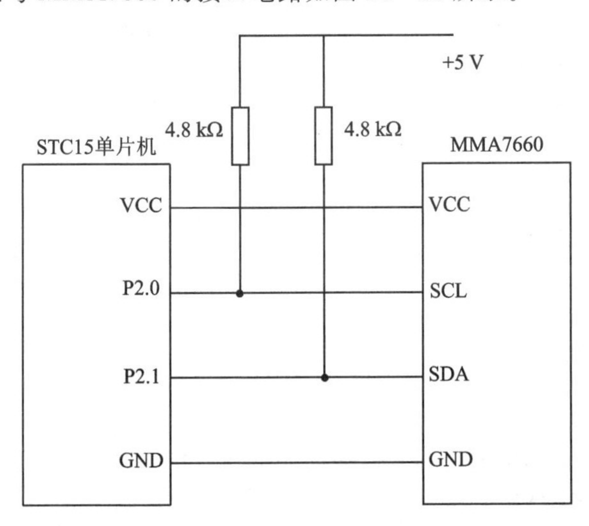

图 14 - 16　STC15 单片机与 MMA7660 接口电路

STC15 单片机连接 MMA7660 加速度传感器用 I^2C 总线接口进行数据采集的主要程序代码如下：

```
#include "stc15.h"
#include "MMA7660_IIC.h"
#include "MMA7660_App.h"
#include "intrins.h"                          //_nop_()函数包含在其中
//状态寄存器
unsigned char MMA7660_TILT_Value;       //倾斜状态寄存器值
unsigned char MMA7660_SRST_Value;       //采样率寄存器值
//参数设置寄存器
unsigned char MMA7660_SPCNT_Value;      //睡眠计数器寄存器值
unsigned char MMA7660_INTSU_Value;      //中断通道设置寄存器值
unsigned char MMA7660_MODE_Value;       //模式设置寄存器值
unsigned char MMA7660_SR_Value;
//自动唤醒/睡眠,每秒钟纵向横向采样数,去抖动滤波寄存器值
unsigned char MMA7660_PDET_Value;       //帧头监听寄存器值
unsigned char MMA7660_PD_Value;         //帧头去抖动寄存器值
char Xraw[RawDataLength],Yraw[RawDataLength],Zraw[RawDataLength];
//8 个空间的数组,采集 8 个数取一次平均
char Xnew8,Ynew8,Znew8;                 //新采集到的数据
int Xavg8,Yavg8,Zavg8;                  //存放平均值
unsigned char RawDataPointer = 0;
//在 MMA7660 的寄存器 RegAdd 处写入数据 Data
void MMA7660_IICWrite(unsigned char RegAdd, unsigned char Data){
    IIC_Start();
    IIC_SendByte(MMA7660_AddW);
    if (IIC_ChkAck()){
        IIC_Stop();
        return;
    }
    IIC_SendByte(RegAdd);
    if (IIC_ChkAck()){
        IIC_Stop();
        return;
    }
    IIC_SendByte(Data);
    if (IIC_ChkAck()){
        IIC_Stop();
        return;
    }
    IIC_Stop();
}
//读 MMA7660 的寄存器 RegAdd 的值
```

```
unsigned char MMA7660_IICRead(unsigned char RegAdd){
    unsigned char Data;
    IIC_Start();
    IIC_SendByte(MMA7660_AddW);
    if (IIC_ChkAck()){
        IIC_Stop();
        return 0;
    }
    IIC_SendByte(RegAdd);
    if (IIC_ChkAck()){
        IIC_Stop();
        return 0;
    }
    IIC_RepeatedStart();
    IIC_SendByte(MMA7660_AddR);
        if (IIC_ChkAck()){
        IIC_Stop();
        return 0;
    }
    Data = IIC_ReadByte();
    IIC_NAK();
    IIC_Stop();
    return Data;
}
//MMA7660 寄存器初始化
void MMA7660_Init(void)    {
    unsigned char i;
    MMA7660_SPCNT_Value = 240;    //Sleep delay = 60/16 * 16 = 60s
    MMA7660_IICWrite(MMA7660_SPCNT, MMA7660_SPCNT_Value);
    //休眠时间长度值设定
    MMA7660_INTSU_Value = 0x10;
    MMA7660_IICWrite(MMA7660_INTSU, MMA7660_INTSU_Value);//中断类型选择
    MMA7660_SR_Value = 0xF1;
    MMA7660_IICWrite(MMA7660_SR, MMA7660_SR_Value);      //采样率设定
    MMA7660_PDET_Value = 0x02;
    MMA7660_IICWrite(MMA7660_PDET, MMA7660_PDET_Value);
    //3 轴脉冲检测允许否设定
    MMA7660_PD_Value = 0x02;
    MMA7660_IICWrite(MMA7660_PD, MMA7660_PD_Value);      //去抖动脉冲数
    MMA7660_MODE_Value = 0x39;
    MMA7660_IICWrite(MMA7660_MODE, MMA7660_MODE_Value);  //模式设置
```

```
    for(i = 0;i<RawDataLength;i ++ )
    {     //数据缓存器初始化
        Xraw[i] = 0;
        Yraw[i] = 0;
        Zraw[i] = 0;
    }
}
//读取 MMA7660 XOUT,YOUT,ZOUT 3 个寄存器数据的正负极性
//RegAdd = MMA7660_XOUT、MMA7660_YOUT、MMA7660_ZOUT
char MMA7660_Read_Alert(unsigned char RegAdd) {
    char temp;
    do{
        temp = MMA7660_IICRead(RegAdd);            //读 MMA7660 的寄存器 RegAdd 的值
    } while (temp&0x40);
    return temp;
}
//读取 MMA7660 XOUT,YOUT,ZOUT 3 个 6 位有效数据位寄存器的值
void MMA7660_Read_XYZ6(char * pX, char * pY, char * pZ) {
    //读取 6 位有效数据位寄存器值的正负极性
    * pX = MMA7660_Read_Alert(MMA7660_XOUT);
    //判断 6 位有效数据位寄存器值的最高位,决定正负
    if ( * pX&0x20)
        * pX |= 0xC0;  //Sign extend  负数
    * pX &= 0x9F;
    * pY = MMA7660_Read_Alert(MMA7660_YOUT);
    if ( * pY&0x20)
        * pY |= 0xC0;  //Sign extend  负数
    * pY &= 0x9F;
    * pZ = MMA7660_Read_Alert(MMA7660_ZOUT);
    if ( * pZ&0x20)
        * pZ |= 0xC0;  //Sign extend  负数
    * pZ &= 0x9F;
}
void MMA7660_XYZ_Read_and_Filter(){
    unsigned char i;
    int temp;
    MMA7660_Read_XYZ6(&Xnew8, &Ynew8, &Znew8);
    if(( ++ RawDataPointer)> = RawDataLength)
        RawDataPointer = 0; //缓冲区的轮转
    //缓存新读入 3 维加速度数据
    Xraw[RawDataPointer] = Xnew8;
    Yraw[RawDataPointer] = Ynew8;
```

```
    Zraw[RawDataPointer] = Znew8;
    //对缓冲区中的 3 维加速度数据求平均值
    for(i = 0, temp = 0;i<RawDataLength;i ++ )
        temp + = Xraw[i];
    Xavg8 = temp/RawDataLength;
    for(i = 0, temp = 0;i<RawDataLength;i ++ )
        temp + = Yraw[i];
    Yavg8 = temp/RawDataLength;
    for(i = 0, temp = 0;i<RawDataLength;i ++ )
        temp + = Zraw[i];
    Zavg8 = temp/RawDataLength;
}
```

14.3.5 加速度传感器 ADXL345 采集

ADXL345 简介参见 13.4.2 节，STC15 单片机与 ADXL345 的接口电路如图 14－17 所示。STC 单片机连接 ADXL345 加速度传感器用 I^2C 总线接口进行数据采集的主要程序代码如下：

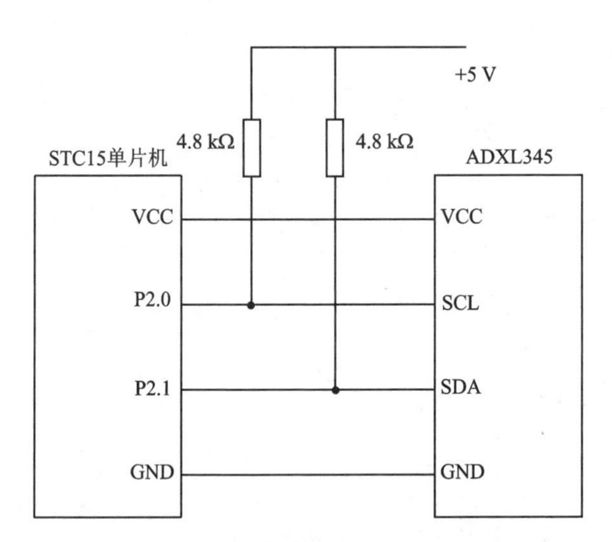

图 14－17　STC15 单片机与 ADXL345 接口电路

```
void Init_ADXL345(){                        //初始化 ADXL345
    Single_Write_iic(0x31,0x0B);            //测量范围,正负 16g,13 位模式
    Single_Write_iic(0x2C,0x08);            //速率设定为 12.5
    Single_Write_iic(0x2D,0x08);            //选择电源模式
    Single_Write_iic(0x2E,0x80);            //使能 DATA_READY 中断
    Single_Write_iic(0x1E,0x00);            //X 偏移量根据测试传感器的状态写入
```

```
        Single_Write_iic(0x1F,0x00);    //Y 偏移量根据测试传感器的状态写入
        Single_Write_iic(0x20,0x05);    //Z 偏移量根据测试传感器的状态写入
    }
    void main()     {
        u8  i,k;
        int locks[3];                   //锁,用于控制数码管循环显示 X,Y,Z 轴数据
        uchar devid;
        P0M1 = 0;   P0M0 = 0;           //设置为准双向口
        P1M1 = 0;   P1M0 = 0;           //设置为准双向口
        P2M1 = 0;   P2M0 = 0;           //设置为准双向口
        P3M1 = 0;   P3M0 = 0;           //设置为准双向口
        P4M1 = 0;   P4M0 = 0;           //设置为准双向口
        P5M1 = 0;   P5M0 = 0;           //设置为准双向口
        P6M1 = 0;   P6M0 = 0;           //设置为准双向口
        P7M1 = 0;   P7M0 = 0;           //设置为准双向口
        for(i = 0;i < 8;i ++){
            LED8[i] = 16;               //空格
        }
        AUXR = 0x80;                    //Timer0 设置成 1T, 16 位自动重载定时器
        TH0 = (u8)(Timer0_Reload / 256);
        TL0 = (u8)(Timer0_Reload % 256);
        ET0 = 1;                        //Timer0 中断允许
        TR0 = 1;                        //Timer0 启动
        EA = 1;                         //开总中断
        display_index = 0;
        delay(500);
        Init_ADXL345();                 //初始化 ADXL345
        devid = Single_Read_iic(0X00);  //读出的数据为 0XE5,表示正确
        for(i   = 0;i < 3;i ++){
            locks[i] = 1;
        }
        k = 0;
        while(1) {
            if(B_1ms) {                                     //1 ms 到
                B_1ms = 0;
                Multiple_read_iic();                        //连续读出数据,存储在 BUF 中
                if( ++ msecondx >= 1000&&locks[0]){         //1 秒显示 X 轴数据
                        locks[0] = 0;
                    display_x(10);                          //显示 X 轴
                }
                if( ++ msecondy >= 2000&&locks[1]){         //2 秒显示 Y 轴数据
                    locks[1] = 0;
                    display_y(11);
                }
                if( ++ msecondz >= 3000&&locks[2]){         //3 秒显示 Z 轴数据
                    display_z(12);
                    locks[0] = 1;
```

```
                locks[1] = 1;
                msecondx = 0;
                msecondy = 0;
                msecondz = 0;
            }
        }
    }
}
```

14.3.6　陀螺仪 MPU-6050 采集

MPU-6050 模块为 3 轴陀螺仪+3 轴加速度。MPU-6050 为全球首例整合性 6 轴运动处理组件,相较于多组件方案,免除了组合陀螺仪与加速度传感器之轴间差的问题,节约了大量的包装空间。MPU-6050 整合了 3 轴陀螺仪和 3 轴加速度传感器,并含可借由第二个 I^2C 端口连接其他厂家的加速度传感器、磁力传感器或其他传感器的数位运动处理(DMP, Digital Motion Processor)硬件加速引擎,主要由 I^2C 端口以单一数据流的形式,向应用端输出完整的 9 轴融合演算技术。

InvenSense 的运动处理资料库可处理运动感测的复杂数据,减轻了运动处理运算对操作系统的负荷,并为应用开发提供架构化的 API。

MPU-6050 的角速度全格感测范围为±250、±500、±1 000 与±2 000°/s(dps),可准确追踪快速与慢速动作,并且,用户可程序控制的加速器全格感测范围为±2g、±4g ±8g 与±16g。产品传输可透过最高至 400 kHz 的 I^2C 或最高达 20 MHz 的 SPI。

MPU-6050 可在不同电压下工作,VDD 供电电压可为 2.5(1±5%) V、3.0(1±5%)V 或 3.3(1±5%) V,逻辑接口 VVDIO 供电为 1.8(1± 5%) V。MPU-6050 的包装尺寸为 4×4×0.9 mm^3(QFN)。其他的特征包含内建的温度感测器、包含在运作环境中仅有±1%变动的振荡器。STC15 单片机与 MPU-6050的接口电路如图 14-18 所示。

STC 单片机连接 MPU-6050 传感器用 I^2C 总线接口进行数据采集的主要程序代码如下:

(1) 变量定义部分

```
sbit    SCL = P2^0;                 //IIC时钟引脚定义
sbit    SDA = P2^1;                 //IIC数据引脚定义
// 定义MPU6050内部地址
#define    SMPLRT_DIV    0x19      //陀螺仪采样率,典型值:0x07(125Hz)
#define    CONFIG    0x1A          //低通滤波频率,典型值:0x06(5Hz)
```

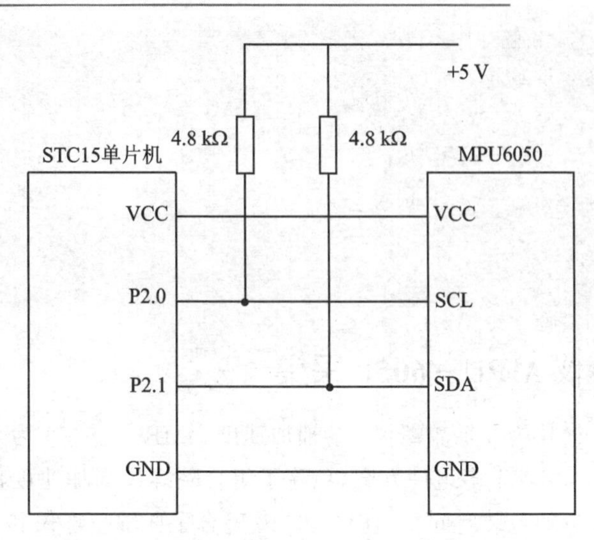

图 14-18 STC15 单片机与 MPU-6050 接口电路

```
#define    GYRO_CONFIG    0x1B //陀螺仪自检及测量范围,典型值:0x18(不自检,2000deg/s)
#define    ACCEL_CONFIG   0x1C //加速度计自检、测量范围及高通滤波频率,典型值:0x01
                               //(不自检,2G,5Hz)
#define    ACCEL_XOUT_H    0x3B
#define    ACCEL_XOUT_L    0x3C
#define    ACCEL_YOUT_H    0x3D
#define    ACCEL_YOUT_L    0x3E
#define    ACCEL_ZOUT_H    0x3F
#define    ACCEL_ZOUT_L    0x40
#define    TEMP_OUT_H      0x41
#define    TEMP_OUT_L      0x42
#define    GYRO_XOUT_H     0x43
#define    GYRO_XOUT_L     0x44
#define    GYRO_YOUT_H     0x45
#define    GYRO_YOUT_L     0x46
#define    GYRO_ZOUT_H     0x47
#define    GYRO_ZOUT_L     0x48
#define    PWR_MGMT_1      0x6B     //电源管理,典型值:0x00(正常启用)
#define    WHO_AM_I            0x75 //I²C地址寄存器(默认数值0x68,只读)
#define    SlaveAddress        0xD0 //I²C写入时的地址字节数据,+1为读取
```

(2) 主要函数部分

```
void InitMPU6050(){                          //初始化MPU6050
    Single_WriteI2C(PWR_MGMT_1, 0x00);    //解除休眠状态
    Single_WriteI2C(SMPLRT_DIV, 0x07);
```

```
     Single_WriteI2C(CONFIG, 0x06);
    Single_WriteI2C(GYRO_CONFIG, 0x18);
    Single_WriteI2C(ACCEL_CONFIG, 0x01);
}
int GetData(uchar REG_Address){                   //获取数据
    char H,L;
    H = Single_ReadI2C(REG_Address);
    L = Single_ReadI2C(REG_Address + 1);
    return (H<<8) + L;                            //合成数据
}
void main(){
    int tmpValue = 0;
    u8   i,k,count = 1;
    int locks[5] = {0};
    P0M1 = 0;    P0M0 = 0;                        //设置为准双向口
    P1M1 = 0;    P1M0 = 0;                        //设置为准双向口
    P2M1 = 0;    P2M0 = 0;                        //设置为准双向口
    P3M1 = 0;    P3M0 = 0;                        //设置为准双向口
    P4M1 = 0;    P4M0 = 0;                        //设置为准双向口
    P5M1 = 0;    P5M0 = 0;                        //设置为准双向口
    P6M1 = 0;    P6M0 = 0;                        //设置为准双向口
    P7M1 = 0;    P7M0 = 0;                        //设置为准双向口
    AUXR = 0x80;                                  //Timer0 设置成 1T, 16 位自动重载定时器
    TH0 = (u8)(Timer0_Reload / 256);
    TL0 = (u8)(Timer0_Reload % 256);
    ET0 = 1;                                      //Timer0 中断允许
    TR0 = 1;                                      //Timer0 启动
    EA = 1;                                       //开总中断
    delay(500);                                   //上电延时
    InitMPU6050();                                //初始化 MPU6050
    delay(150);
    for(i = 0; i<8; i ++ )     LED8[i] = 16;//显示 01234567
    k = 0;
    for(i = 0;i < 5;i ++ ) locks[i] = 1;
    while(1) {
        tmpValue = 0;
        if(B_1ms){                                //1 ms 到
            B_1ms = 0;
            if( ++ msecondx >= 1000&&locks[0]){           //1 s 到
                locks[0] = 0;
```

```
                lcd_printf(dis,GetData(ACCEL_XOUT_H)/64,10);
            }
            if( ++ msecondy >= 2000&&locks[1]){      //1 s 到
                locks[1] = 0;
                lcd_printf(dis,GetData(ACCEL_YOUT_H)/64,11);
            }
            if( ++ msecondz >= 3000&&locks[2]){      //1 s 到
                locks[2] = 0;
                lcd_printf(dis,GetData(ACCEL_ZOUT_H)/64,12);
            }
            if( ++ msecondu >= 4000&&locks[3]){      //1 s 到
                locks[3] = 0;
                lcd_printf(dis,GetData(GYRO_XOUT_H)/64,13);
            }
            if( ++ msecondv >= 5000&&locks[4]){      //1 s 到
                locks[4] = 0;
                lcd_printf(dis,GetData(GYRO_YOUT_H)/64,14);
            }
            if( ++ msecondw >= 6000){                //1 s 到
                lcd_printf(dis,GetData(GYRO_ZOUT_H)/64,15);
                initTimeCounter(locks,5);
            }
        }
                                                     //delay(500);
    }
}
```

附录

预处理

预处理是指在进行通常的编译(词法和语法分析、代码生成、优化等)之前所做的工作,由预处理程序负责完成,是C语言的一个重要功能。对一个源文件进行编译时,系统将自动引用预处理程序对源程序中的预处理部分作处理,处理完毕自动进入对源程序的编译。C51语言中提供了各种预处理命令,其作用类似于汇编程序中的伪指令。一般来说,对C51源程序进行编译前,编译器需要先对程序中的预处理命令进行处理,将预处理的结果和源代码一并进行编译,产生目标代码。预处理命令通常只进行一些符号的处理,并不执行具体的硬件操作。为了与C51源代码中的程序语句相区别,预处理命令前要加一个"#"。

预处理命令及用途如附表1所列。

附表1 预处理命令及其用途

预处理命令	用 途
#define	宏定义
#error	程序调试
#include	文件包含
#if	条件编译
#else	条件编译
#elif	多种条件编译选择
#endif	条件编译
#ifdef	条件编译
#ifndef	条件编译
#undef	宏定义
#line	更改行号
#pragma	传送控制指令

C语言主要提供了3种预处理功能,如宏定义、文件包含和条件编译。合理使用预处理功能,编写的程序便于阅读、修改、移植和调试,也有利于模块化程序设计。

1. 宏定义

在C语言源程序中允许用一个标识符代表一个字符串，称为“宏”。被定义为“宏”的标识符称为“宏名”。在编译预处理时，对程序中所有出现的“宏名”，都用宏定义中的字符串代换，称为“宏代换”或“宏展开”。

宏定义由源程序中的宏定义命令完成，宏代换由预处理程序自动完成。在C语言中，“宏”分为有参数和无参数2种。下面分别讨论这2种“宏”的定义和调用。

(1) 无参宏定义

不带参数的宏定义一般形式为：

#define 标识符字 符串

它的作用是在编译预处理时，将源程序中所有标识符替换成字符串。例如：

```
#define  PI   3.14
#define uint unsigned int
```

当需要修改程序中的某个常量时，可以不必修改整个程序，只要修改相应的符号常量定义行即可。所以说宏定义，不仅提高了程序的可读性，便于调试，而且也方便了程序的移植。

无参数的宏定义使用时，要注意以下几个问题：

① 宏名一般用大写字母，以便与变量名区别。当然，用小写字母也不为错。

② 宏定义不是说明或语句，在行末不必加分号，如加上分号则连分号也一起置换。

③ 在编译预处理中宏名与字符串进行替换时，不作语法检查，只是简单的字符替换，只有在编译时才对已经展开宏名的源程序进行语法检查。

④ 宏名的有效范围是从定义位置到文件结束。如果需要终止宏定义的作用域，可以用#undef命令。例如：

```
#undef  PI
```

则该语句之后的PI不再代表3.14，这样可以灵活控制宏定义的范围。

⑤ 宏定义时可以引用已经定义的宏名。例如：

```
#define  R   2.0
#define  PI   3.14
#define  ALL    PI*R
```

⑥ 对程序中用双引号扩起来的字符串内的字符，不进行宏的替换操作。

(2) 带参宏定义

C语言允许宏带有参数。在宏定义中的参数称为形式参数，在宏调用中的参数称为实际参数。对带参数的宏，调用时，不仅要宏展开，而且要用实参代换形参。

带参数的宏定义的一般形式为：

#define 标识符(参数表) 字符串

它的作用是在编译预处理时,将源程序中所有标识符替换成字符串,并且将字符串中的参数用实际使用的参数替换。例如:

```
#define  S(a,b)  (a+b)/2
```

则源程序中如果使用了 S(3,4),在编译预处理时将替换为(3+4)/2。

带参数的宏定义使用时,要注意以下几个问题:

① 带参宏定义中,宏名和形参表之间不能有空格出现。

例如把:#define MAX(a,b) (a>b)? a:b 写为:#define MAX　(a,b) (a>b)? a:b 将被认为是无参宏定义,宏名 MAX 代表字符串(a,b)(a>b)? a:b。

② 在带参宏定义中,形式参数不分配内存单元,因此不必作类型定义。而宏调用中的实参有具体的值。要用它们去代换形参,因此必须作类型说明。这与函数中的情况是不同的。在函数中,形参和实参是两个不同的量,各有自己的作用域,调用时要把实参值赋予形参,进行"值传递"。而在带参宏中,只是符号代换,不存在值传递的问题。

③ 在宏定义中的形参是标识符,而宏调用中的实参可以是表达式。

```
#define SQ(y) (y)*(y)
main(){
    int a,sq;
    printf("input a number: ");
    scanf("%d",&a);
    sq = SQ(a+1);
    printf("sq = %d\n",sq);
}
```

运行结果为:input a number:3

sq=16

上例中第一行为宏定义,形参为 y。程序第 6 行宏调用中实参为 a+1,是一个表达式,在宏展开时,用 a+1 代换 y,再用(y)*(y) 代换 SQ,得到如下语句:sq=(a+1)*(a+1);这与函数的调用是不同的,函数调用时要把实参表达式的值求出来再赋予形参。而宏代换中对实参表达式不作计算地直接照原样代换。

④ 在宏定义中,字符串内的形参通常要用括号括起来以避免出错。在上例中的宏定义中(y)*(y)表达式的 y 都用括号括起来,因此结果是正确的。如果去掉括号,把程序改为以下形式:

```
#define SQ(y) y*y
main(){
int a,sq;
printf("input a number: ");
```

```
    scanf(" %d",&a);
    sq = SQ(a + 1);
    printf("sq = %d\n",sq);
}
```

运行结果为:input a number:3

sq＝7

同样输入3,但结果却是不一样的。问题在哪里呢?这是由于代换只作符号代换而不作其他处理造成的。宏代换后将得到以下语句:sq＝a＋1 * a＋1;由于a为3故sq的值为7。这显然与题意相违,因此参数两边的括号是不能少的。

⑤ 带参的宏和带参函数很相似,但有本质上的不同,除上面已谈到的各点外,把同一表达式用函数处理与用宏处理两者的结果有可能是不同的。

程序1:

```
main(){
  int i = 1;
  while(i<= 5)
  printf(" %d\n",SQ(i++));
}
SQ(int y){
  return((y) * (y));
}
```


程序2:

```
#define SQ(y) ((y) * (y))
main(){
    int i = 1;
    while(i<= 5)
    printf(" %d\n",SQ(i++));
}
```

程序1中函数名为SQ,形参为y,函数体表达式为((y) * (y))。在程序2中宏名为SQ,形参也为y,字符串表达式为(y) * (y))。两例是相同的。函数调用为SQ(i＋＋),宏调用为SQ(i＋＋),两例实参也是相同的。从输出结果来看,却大不相同。分析如下:程序1函数调用是把实参i值传给形参y后自增1,然后输出函数值。因而要循环5次,输出1～5的平方值。而程序2宏调用时,只作代换,SQ(i＋＋)被代换为((i＋＋) * (i＋＋))。在第一次循环时,由于i等于1,其计算过程为:表达式中前一个i初值为1,然后i自增1变为2,因此表达式中第2个i初值为2,相乘的结果也为2,然后i值再自增1,得3。在第二次循环时,i值已有初值为3,因此表达式中前一个i为3,后一个i为4,乘积为12,然后i再自增1变为5。进入第三次循环,由于i值已为5,所以这将是最后一次循环。计算表达式的值为5×6等于30。i值再自增1变为6,不再满足循环条件,停止循环。从以上分析可知,函数调用和宏调用二者在形式上相似,在本质上是完全不同的。

⑥ 宏定义也可用来定义多个语句,在宏调用时,把这些语句又代换到源程序内。如:

```
#define SSSV(s1,s2,s3,v) s1 = l * w;s2 = l * h;s3 = w * h;v = w * l * h;
main(){
int l = 3,w = 4,h = 5,sa,sb,sc,vv;
SSSV(sa,sb,sc,vv);
printf("sa = % d\nsb = % d\nsc = % d\nvv = % d\n",sa,sb,sc,vv);
}
```

程序的第一行为宏定义,用宏名SSSV表示4个赋值语句,4个形参分别为4个赋值符左部的变量。宏调用时,把4个语句展开并用实参代替形参,将计算结果送入实参之中。

2. 文件包含

文件包含是C预处理程序的另一个重要功能。"文件包含"实际上就是前面已经多次用到的#include命令实现的功能,即一个源程序文件可以包含另外一个源程序文件的全部内容。"文件包含"不仅可以包含头文件,例如:#include <reg51.h>,还可以包含用户自己编写的源程序文件,例如:#include <my_prog.c>。

文件包含预处理命令的一般形式为:

#include <*文件名*>

或

#include"*文件名*"

上述两种方式的区别是:前一种形式的文件名用尖括弧括起来,系统将到包含C语言库函数的头文件所在的目录(通常是Keil目录中的include子目录)中寻找文件。后一种形式的文件名用双引号括起来,系统先在当前目录下寻找,若找不到,再到其他路径中查找。

使用文件包含要注意:

① 一个#include命令只能指定一个被包含的文件。

② "文件包含"可以嵌套。当文件包含嵌套时,如果文件1包含了文件2,而文件2包含了文件3,则在文件1中也要包含文件3,并且文件3的包含要写在文件2的包含之前,即文件1中的"文件包含"说明如下:

#include <*文件名*1>

#include <*文件名*2>

"文件包含"命令为多个源程序文件的组装提供了一种方法。在编写程序时,习惯上将公共的符号常量定义、数据类型定义和 extern 类型的全局变量说明构成一个源文件，并以".h"为文件名的后缀。如果其他文件用到这些说明，则只要包含该文件即可，无需再重新说明，减少了工作量。而且这样编程使得各源程序文件中的数据结构、符号常量及全局变量形式统一，便于程序的修改和调试。

文件包含命令行的一般形式为：#include"文件名"。在前面已多次用此命令包含过库函数的头文件。例如：

```
#include"stdio.h"
#include"math.h"
```

文件包含命令的功能是把指定的文件插入该命令行位置取代该命令行，从而把指定的文件和当前的源程序文件连成一个源文件。在程序设计中，文件包含很有用。一个大的程序可以分为多个模块，由多个程序员分别编程。有些公用的符号常量或宏定义等可单独组成一个文件，在其他文件的开头用包含命令包含该文件即可使用。这样，可避免在每个文件开头都去书写那些公用量，从而节省时间，并减少出错。

3. 条件编译

预处理程序提供了条件编译功能。可以按不同的条件编译不同的程序部分，因而产生不同的目标代码文件。这对于程序的移植和调试很有用。条件编译有 3 种形式：

① 第一种形式

```
#ifdef 标识符
程序段 1
#else
程序段 2
#endif
```

其功能为：如果标识符已被#define 命令定义过，则对程序段 1 进行编译；否则，对程序段 2 进行编译。如果没有程序段 2(它为空)，则本格式中的#else 可以没有。

② 第二种形式

```
#ifndef 标识符
程序段 1
#else
程序段 2
#endif
```

与第一种形式的区别是将"ifdef"改为"ifndef"。其功能为：如果标识符未被#define 命令定义过，则对程序段 1 进行编译；否则，对程序段 2 进行编译。这与第一种形式的功能正相反。

③ 第三种形式

#if 常量表达式

程序段 1

#else

程序段 2

#endif

其功能为:如常量表达式的值为真(非 0),则对程序段 1 进行编译;否则,对程序段 2 进行编译。因此可以使程序在不同条件下,完成不同的功能。

```
#define R 1
main(){
float c,r,s;
printf ("input a number: ");
scanf("%f",&c);
#if R
r = 3.14159 * c * c;
printf("area of round is: %f\n",r); #else
s = c * c;
printf("area of square is: %f\n",s);
#endif
}
```

本例中采用了第 3 种形式的条件编译。在程序的第一行宏定义中,定义 R 为 1,因此在条件编译时,常量表达式的值为真,故计算并输出圆面积。上面介绍的条件编译当然也可以用条件语句来实现,但是用条件语句将会对整个源程序进行编译,生成的目标代码程序很长,而采用条件编译,则根据条件只编译其中的程序段 1 或程序段 2,生成的目标程序较短。如果条件选择的程序段很长,采用条件编译的方法是十分必要的。

4. 其他一些指令

#error 指令将使编译器显示一条错误信息,然后停止编译。

#line 指令可以改变编译器用来指出警告和错误信息的文件号和行号。使用#line 命令的一般形式如下:#line 数字["文件名"],其中,“数字”为任意正整数,表示源程序中当前语句的行号;“文件名”为可选的任意有效文件标识符,表示源文件的名字。

#pragma 命令用于向编译程序传送各种 C51 编译器的控制指令。根据#pragma 指令后面的字符串,编译器将按照特定的方式来编译 C51 的字符串和函数。其使用的一般形式如下:

#pragma　字符串

其中,#pragma 指令后面的字符串,可以大写,也可以小写。#pragma 指令示例如下：

```
#pragma sfr                        //在C51中使用SFR
#pragma access                     //在C51中使用绝对地址
#pragma asm                        //在C51中插入汇编语句
```